普通高等教育“十二五”电子信息类规划教材

Protel 99SE 电路设计及应用

周润景　主　编
崔　栋　王和平　副主编

机　械　工　业　出　版　社

本书以音频电路原理图的设计与PCB设计为例，从Protel 99SE的应用角度详细讲解了软件的设置，原理图设计过程，元器件符号的创建；讲解了PCB的构成，元件封装创建方法，元件的布局、电路板的布线；重点介绍了约束规则的设定方法，加工文件的输出方法等内容；最后给出了基于Multisim 10的原理图仿真方法。

本书对于高校学生学习电路板设计，进行课程设计、毕业设计等有很大帮助，同时也可作为从事电路板设计的工程技术人员的参考书和职业培训教材。

本书配有免费电子课件，欢迎选用本书作教材的老师发邮件到jinacmp@163.com索取，或登录www.cmpedu.com注册下载。

图书在版编目（CIP）数据

Protel 99SE电路设计及应用/周润景主编．—北京：机械工业出版社，2012.1（2019.6重印）

普通高等教育“十二五”电子信息类规划教材

ISBN 978-7-111-36771-0

Ⅰ.①P…　Ⅱ.①周…　Ⅲ.①印刷电路－计算机辅助设计－应用软件，Protel 99SE－高等学校－教材　Ⅳ.①TN410.2

中国版本图书馆CIP数据核字（2011）第258070号

机械工业出版社（北京市百万庄大街22号　邮政编码100037）

策划编辑：吉　玲　责任编辑：吉　玲　王寅生　任正一

版式设计：常天培　责任校对：张　薇

封面设计：张　静　责任印制：郜　敏

涿州市京南印刷厂印刷

2019年6月第1版第7次印刷

184mm×260mm·16印张·499千字

标准书号：ISBN 978-7-111-36771-0

定价：33.00元

凡购本书，如有缺页、倒页、脱页，由本社发行部调换

电话服务	网络服务
服务咨询热线：010-88379833	机 工 官 网：www.cmpbook.com
读者购书热线：010-68326294	机 工 官 博：weibo.com/cmp1952
	教育服务网：www.cmpedu.com
封面无防伪标均为盗版	金　书　网：www.golden-book.com

前　言

随着现代科学技术的进步，电路设计进入了自动化设计阶段，即与电路设计相关的各种工作大多由计算机完成，如电路图的绘制、PCB 文件的制作、文档的输出等。Protel 设计系统是建立在 PC 环境下的 EDA 电路集成设计系统，Protel 是功能强大、使用广泛的电子设计 CAD 软件。本书中的电路均采用 Protel 99SE 作为开发环境。

本书基于 Protel 99SE SP6 软件，通过实例讲解用 Protel 99SE 软件绘制电路的原理及设计 PCB、输出报表和光绘文件等操作。本书共分 8 章，主要内容如下：

第 1 章：Protel 99SE 概述，介绍 Protel 99SE 的基本结构及功能。

第 2 章：电路原理图的设计，以音频放大电路为例，从元件的选取、放置、创建新元件到元件的连线、编辑、调整，详尽地讲述了电路原理图的设计过程，并介绍了在原理图设计中用户可使用的相关技巧。

第 3 章：PCB 设计预备知识，为使用 Protel 99SE 设计 PCB 提供基础。

第 4 章：PCB 设计，以优化后的音频放大电路为例，从 PCB 文件的创建、元件库的装入、元件封装与元件的匹配、新的元件封装的制作，到电路板的规划、网络表的载入、规则的设置。

第 5 章：电路板的布局、布线。

第 6 章：设置测试点、补泪滴、覆铜及其他处理。

第 7 章：PCB 报表及光绘文件输出。

第 8 章：基于 Multisim 的电路分析。

本书图文并茂，以实例贯穿全文，使读者在学习 Protel 99SE 的过程中，直接和实物对应，便于更好地理解原理图与 PCB 的设计过程。本书中的元器件符号采用的是软件库中的符号，与国标符号有一定差异，请读者注意。

全书由周润景统稿、定稿，其中王和平老师编写了第 1 章、第 2 章。

Protel 软件功能非常丰富，作者虽然力求完美，但由于水平和时间有限，书中难免有不妥之处，还望读者指正。

作　者

目　录

第 1 章　Protel 99SE 概述

内容提要：（建议 2 学时）

1. Protel 99SE 的 Client/Server 结构
2. Protel 电路原理图设计绘制概略
3. Protel 99SE PCB 设计概略

目的： 让学生对电路设计软件有个全面的了解

随着计算机的发展，从 20 世纪 80 年代中期开始，计算机应用进入各个领域。在这种背景下，1987 年、1988 年由美国 ACCEL Technologies Inc 推出了第一个应用于电子电路设计的软件包——TANGO，这个软件包开创了电子设计自动化（EDA）的先河。这个软件包现在看来比较简陋，但在当时给电子电路设计带来了设计方法和方式的革命，人们纷纷开始用计算机来设计电子电路，直到今天，国内许多科研单位还在使用这个软件包。

随着电子业的飞速发展，TANGO 日益显示出其不适应时代发展需要的弱点。为了适应科学技术的发展，Protel 公司以其强大的研发能力推出了 Protel For Dos 作为 TANGO 的升级版本，从此 Protel 这个名字在业内日益响亮。

20 世纪 80 年代末，Windows 系统开始日益流行，许多应用软件也纷纷开始支持 Windows 操作系统。Protel 也不例外，相继推出了 Protel For Windows 1.0、Protel For Windows 1.5 等版本。这些版本的可视化功能给用户设计电子电路带来了很大的方便，使设计者再也不用记一些烦琐的命令，也使用户体会到了资源共享的乐趣。

20 世纪 90 年代中，Windows 95 开始出现，Protel 也紧跟潮流，推出了基于 Windows 95 的 3.x 版本。3.x 版本的 Protel 加入了新颖的主从式结构，但在自动布线方面却没有什么出众的表现。另外由于 3.x 版本的 Protel 是 16 位和 32 位的混合型软件，所以不太稳定。

1998 年，Protel 公司推出了给人全新感觉的 Protel 98。Protel 98 以其出众的自动布线能力获得了业内人士的一致好评。

1999 年，Protel 公司又推出了最新一代的电子线路设计系统——Protel 99。在 Protel 99 中加入了许多全新的特色。

Protel 99SE 是 Protel 公司 2000 年推出的最新版产品，它基于 Windows 平台，集强大的设计能力、复杂工艺的可生产性到生成物理生产数据的全过程以及这中间的所有分析、仿真和验证于一体，既满足了产品的高可靠性，又极大地缩短了设计周期，降低了设计成本。

1.1　Protel 99SE 的 Client/Server 结构

Protel 99SE 软件包含 5 大功能模块：原理图编辑器（Schematic 99SE）、PCB 编辑器（PCB 99SE）、无网格布线器（Route 99SE）、数、模混合仿真器（SIM 99SE）和可编程序逻辑设计器（PLD 99SE）。以 Client/Server 结构组织各功能块，它的主程序是 Client 99SE.exe，如图 1-1 所示。

Client 99SE.exe 是 Protel 99SE 的用户接口，其功能块作为主程序的服务器来使用。服务器可以视做主程序的插件，Protel 99SE 的所有功能都是由这些服务器提供的，单击 Client 99SE.exe 应用程序即可进入 Protel 99SE 设计导航界面，如图 1-2 所示。

注： Protel 独特的设计导航（Design Explorer）提供了强大的工具整合环境、文件管理和团队分工合作的特性。Protel 99SE 的 Design Explorer 加快了用户设计文档开启及关闭的速度，并减少了网络拥塞与

过多的网络广播（Broadcast）与接收（Receive）动作，并向用户提供了两种存储 DDB 设计文档选项，使用户可将设计文档保存为简单的 Windows 系统格式或 Microsoft Access 资料库格式。

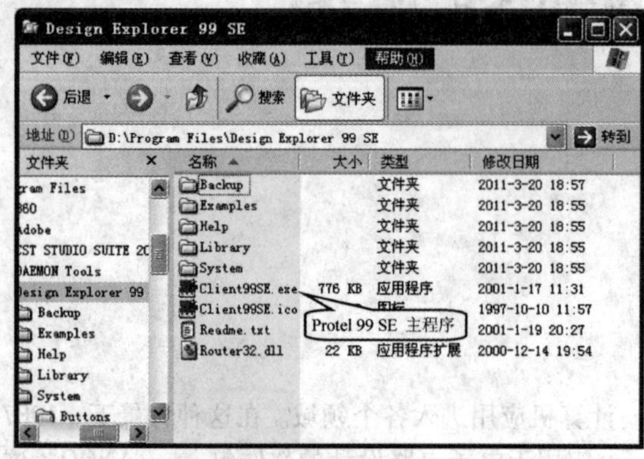

图 1-1　Protel 99SE 的主程序 Client 99SE. exe

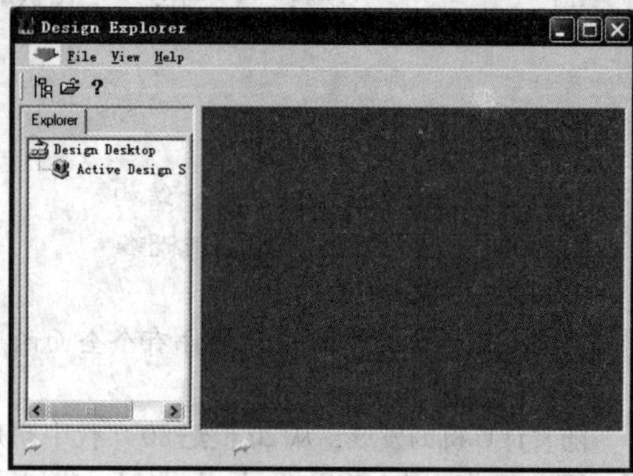

图 1-2　Protel 99SE 设计导航界面

在 Windows 环境中运行 Client 99SE. exe 时，所有的 Protel 99SE 服务器都可以自动启动。Client/Server 结构使软件具有很好的功能扩展性。用户自己开发的服务器可以和 Protel 99SE 自带的服务器一样使用。

1.2　Protel 电路原理图绘制概略

1. 电路原理图绘制

Protel 电路原理图绘制是在 Protel 99SE 的原理图设计系统 Advanced Schematic 99 中完成的，利用系统所提供的各种原理图绘图工具、在线库及强大的全局编辑功能完成电路原理图的绘制，如图 1-3 所示。

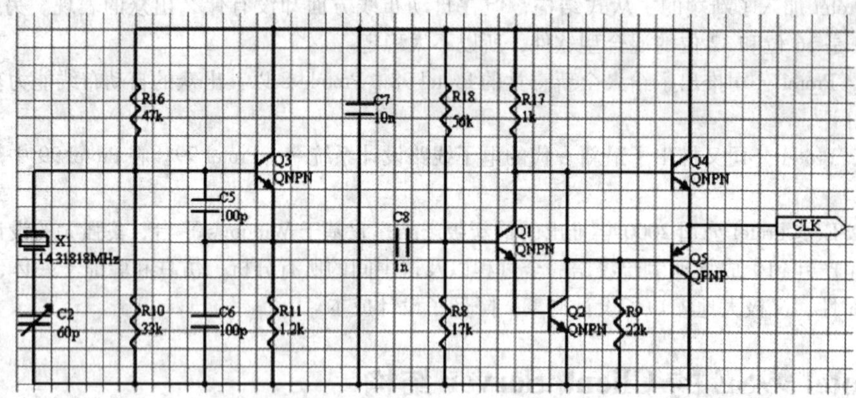

图 1-3　Protel 中绘制电路原理图

2. 项目管理

Protel 99SE 设计项目管理如图 1-4 所示。

Protel 99SE 将新项目的数据全部存储到项目数据库中，并且系统还提供了相应的管理工具：Design Team（设计组）管理器、Recycle Bin（回收站）管理器及 Documents（文档）管理器。其中各管理器的功能如下。

1）Design Team 管理器用于设定设计小组成员、设置成员的访问权限及数据管理，如图 1-5 所示。

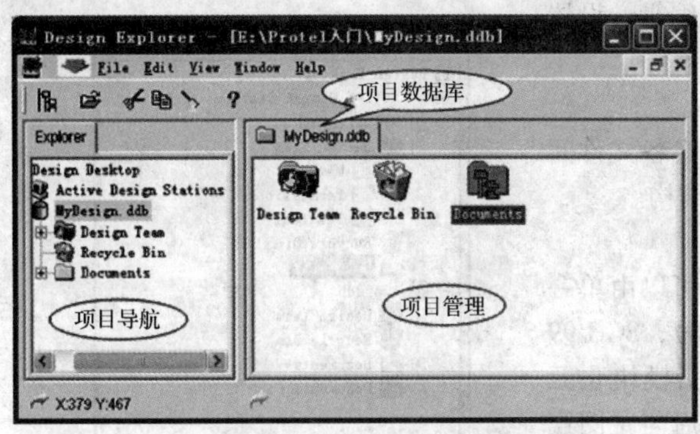

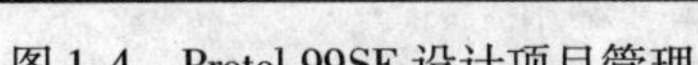
图 1-4　Protel 99SE 设计项目管理

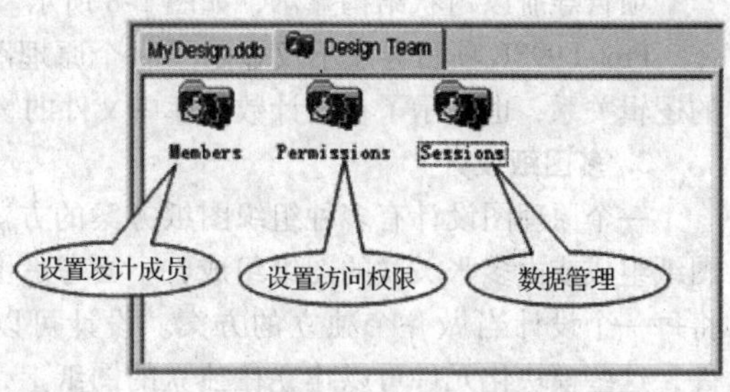

图 1-5　Design Team 管理器

Protel 99SE 可在一个设计组中进行协同设计，所有设计数据库和设计组特性都由设计组控制。定义组成员和设置它们的访问权限都在设计管理器中进行，确定其网络类型和网络专家独立性不需要求助于网络管理员。

无限制数量的设计组成员能同时访问相同的设计数据库。每个组成员都能看到什么文件当前是打开的以及谁在编辑，并能锁定文件以防止意外重写。

访问设计数据库可以通过建立设计组成员和指定其权限来控制。设计组成员建立在成员文件夹中，在成员文件夹中单击鼠标右键就会弹出浮动菜单，选择新成员。

为保证设计安全，为管理组成员设置一个口令。这样如果没有注册名字和口令就不能打开设计数据库。

2）Recycle Bin 管理器用于回收设计数据库中删除的文件，可以为用户找回由于误操作而删除的文件，如图 1-6 所示。

MyDesign.ddb | Recycle Bin | Documents

Name	Original Location	Deleted...	Deleted By	Type	Size
CAM Ou...	\Documents\	2008-1-...	Admin	CAMManager	5KB
exp.cfg	\Documents\	2008-1-...	Admin	Text	1KB
exp.xls	\Documents\	2008-1-...	Admin	SPREAD	10KB

图 1-6　Recycle Bin 管理器

在 Recycle Bin 管理器中列出了被删除文件的文件名、原始地址、类型等信息。

3）Documents 管理器用于存储设计文件，如图 1-7 所示。

MyDesign.ddb | Documents

CAM for PCB1	exp3.Sch	Gf.Sch	PCB1.SIG
exp.ERC	exp4.ERC	Gf1.Sch	PCB2.PCB
exp.NET	exp4.NET	Op.Sch	PCB3.PCB
exp.REP	exp4.Sch	Op1.Sch	PCBLIB1.LIB
exp.Sch	exp5.cfg	PCB1.DMP	Schlib1.Lib
exp.xrf	exp5.ERC	PCB1.DRC	Souce.Sch
exp2.NET	exp5.NET	PCB1.lib	Souce1.Sch
exp2.Sch	exp5.Rep	PCB1.PCB	
exp3.NET	exp5.Sch	PCB1.REP	

图 1-7　Documents 管理器

使用文件管理器，可以进行对设计文件的管理编辑、设置设计组的访问权限和监视对设计文件的访问。

项目导航以树状结构显示，如图 1-8 所示。

Protel 99SE 项目导航不仅显示了一个原理图方案各文件间的逻辑关系，也显示了在设计数据库中文件的物理结构。

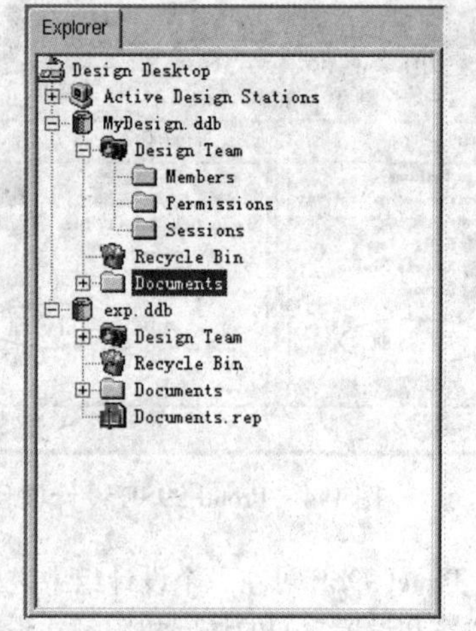

图 1-8　项目导航

3. 多图纸设计

一个原理图设计有多种组织图纸方案的方法。可以由单一图纸组成或由多张关联的图纸组成，不必考虑图纸号，SCH 99 将每一个设计当做一个独立的方案。设计可以包括模块化元件，这些模块化元件可以建立在独立的图纸上，然后与主图连接。作为独立的维护模块允许几个工程师同时在同一方案中工作，模块也可被不同的方案重复使用，便于设计者利用小尺寸的打印设备（如激光打印机）。Protel 99SE 支持模块化设计，如图 1-9 所示。

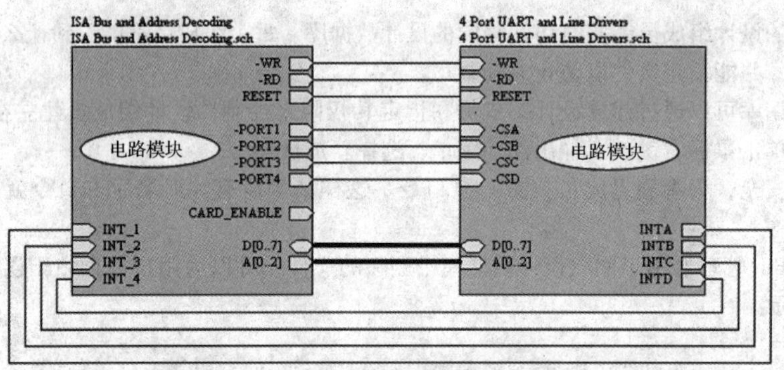

图 1-9　Protel 99SE 支持模块化设计

图中的矩形框称为原理图模块，每个原理图模块里包含一张图纸，一个总的原理图可以包含多个子原理图。如图 1-9 所示的 ISA Bus and Address Decoding. sch 的电路如图 1-10 所示。

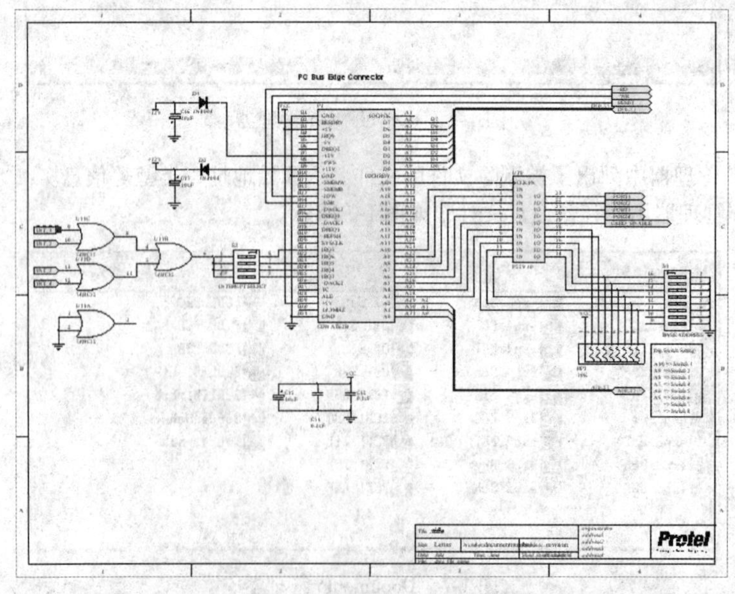

图 1-10　原理图模块的电路图

4. 原理图连线

确定起始点和终止点后，Protel 99 就会自动地在原理图上连线，如图 1-11 所示。

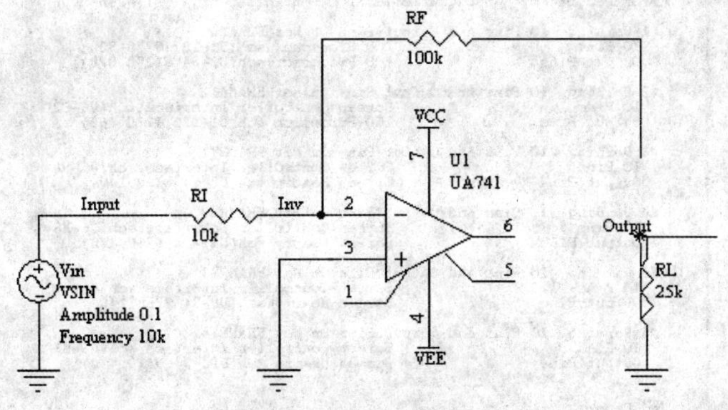

图 1-11　自动连线

在连线过程中，用户按空格键可切换连线方式，如自动连线、任意角度、45°连线、90°连线，而且自动连线可以从原理图的任何一点进行，不一定要从引脚到引脚，如图 1-12 所示。

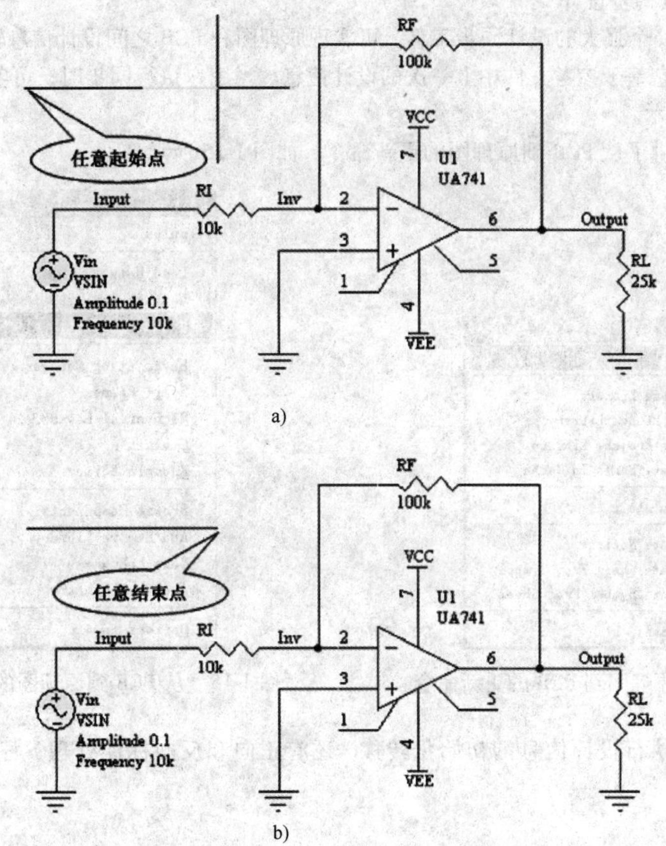

图 1-12　自动连线（从任意一点到任意的另一点）

a）从任意一点起始　b）到任意一点结束

5. 原理图电气性能检查

Protel 99SE 提供了电气规则检查功能，可对电路的电气性能进行检查，其结果如图 1-13 所示。电气性能检查提高了 PCB 的可靠性。

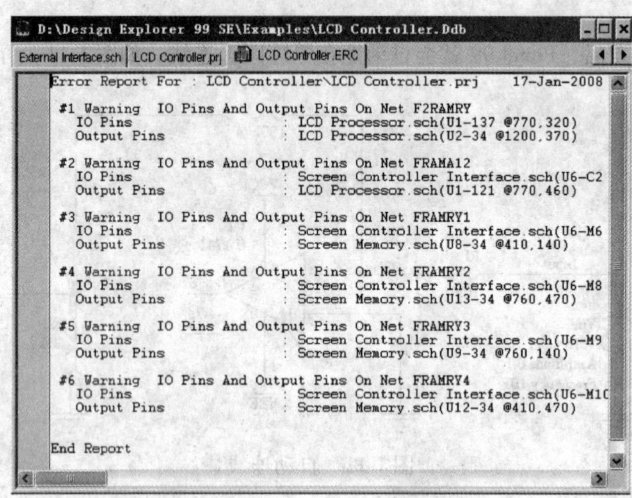

图 1-13 电气性能检查结果

6. 原理图与 PCB 同步设计

Protel 99SE 包含一个强大的设计同步工具，可实现原理图和 PCB 之间设计信息转移。同步设计是更新目标文件的过程，它基于参考文件中上一次的设计信息。当用户执行同步时，可实现从原理图到 PCB 的更新，如图 1-14 所示。

此外，系统还提供了从 PCB 到原理图的更新命令，如图 1-15 所示。

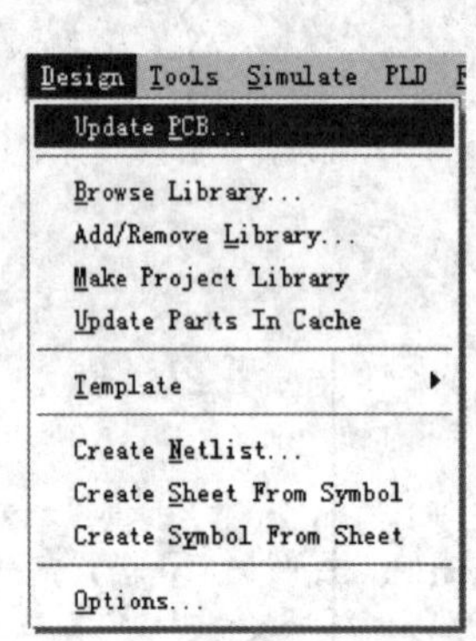

图 1-14 原理图到 PCB 的更新命令

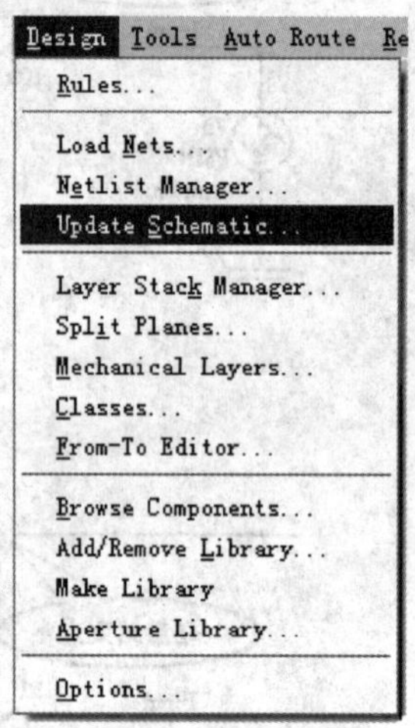

图 1-15 从 PCB 到原理图的更新命令

另外，同步设计执行设计信息的初始化转移，还有正向和反向标注处理、替换创建的网络表等功能。

7. 创建材料清单

Protel 99SE 提供了创建材料清单的功能，以便用户查看、统计电路设计中用到的材料，如图 1-16 所示。

8. 在原理图上标注汉字或使用国际标题栏

Protel 99SE 提供了在原理图中放置汉字的功能，如图 1-17 所示。

在原理图中放置汉字，可提高电路的可读性。

如果用户想要使用国标图纸做标题栏，Protel 99SE 也提供了国际标准的标题栏供用户使用，如

图 1-18所示。

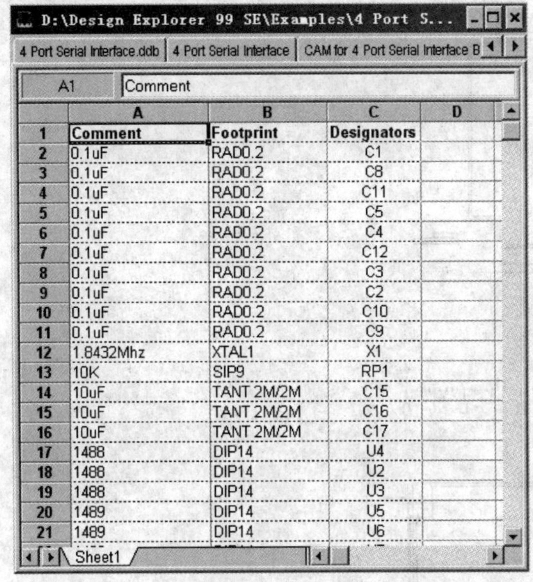

	A	B	C	D
1	Comment	Footprint	Designators	
2	0.1uF	RAD0.2	C1	
3	0.1uF	RAD0.2	C8	
4	0.1uF	RAD0.2	C11	
5	0.1uF	RAD0.2	C5	
6	0.1uF	RAD0.2	C4	
7	0.1uF	RAD0.2	C12	
8	0.1uF	RAD0.2	C3	
9	0.1uF	RAD0.2	C2	
10	0.1uF	RAD0.2	C10	
11	0.1uF	RAD0.2	C9	
12	1.8432Mhz	XTAL1	X1	
13	10K	SIP9	RP1	
14	10uF	TANT 2M/2M	C15	
15	10uF	TANT 2M/2M	C16	
16	10uF	TANT 2M/2M	C17	
17	1488	DIP14	U4	
18	1488	DIP14	U2	
19	1488	DIP14	U3	
20	1489	DIP14	U5	
21	1489	DIP14	U6	

图 1-16 材料清单

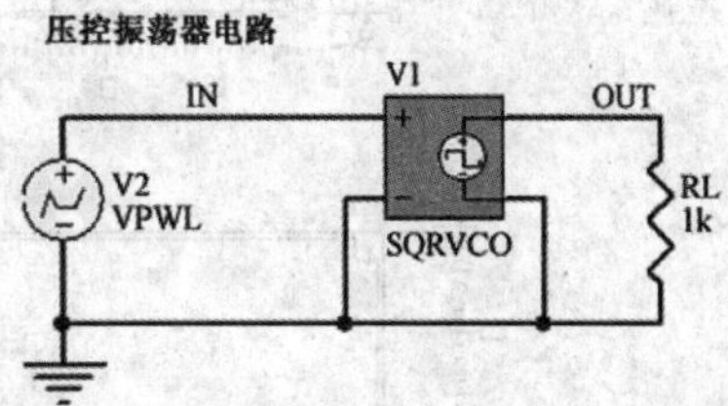

图 1-17 在原理图中放置汉字

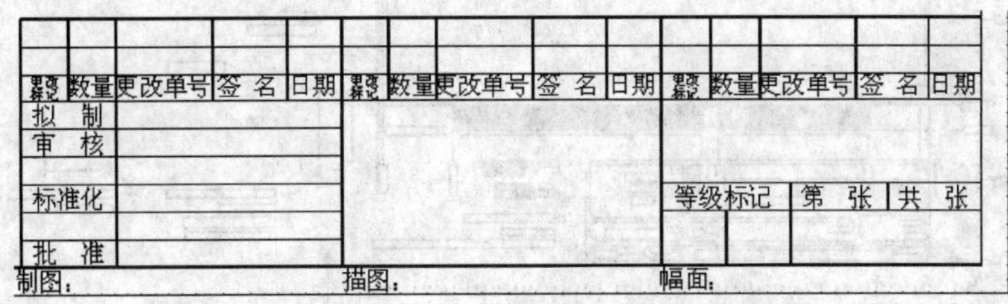

图 1-18 Protel 99SE 提供的国际标准的标题栏

1.3 Protel 99SE PCB 设计概略

1. PCB 板框向导

在制作 PCB 时，用户首先需要解决板框尺寸问题。在 Protel 99SE 中提供了板框向导工具，如图 1-19所示。

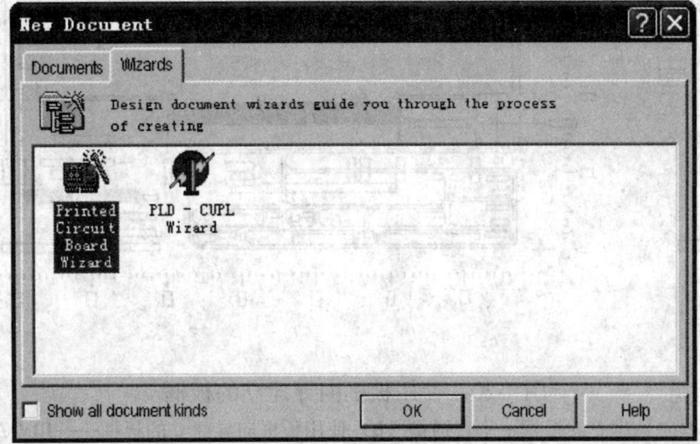

图 1-19 Protel 99SE 的板框向导工具

使用这一向导工具，用户可设计期望的板框，如图 1-20 所示。

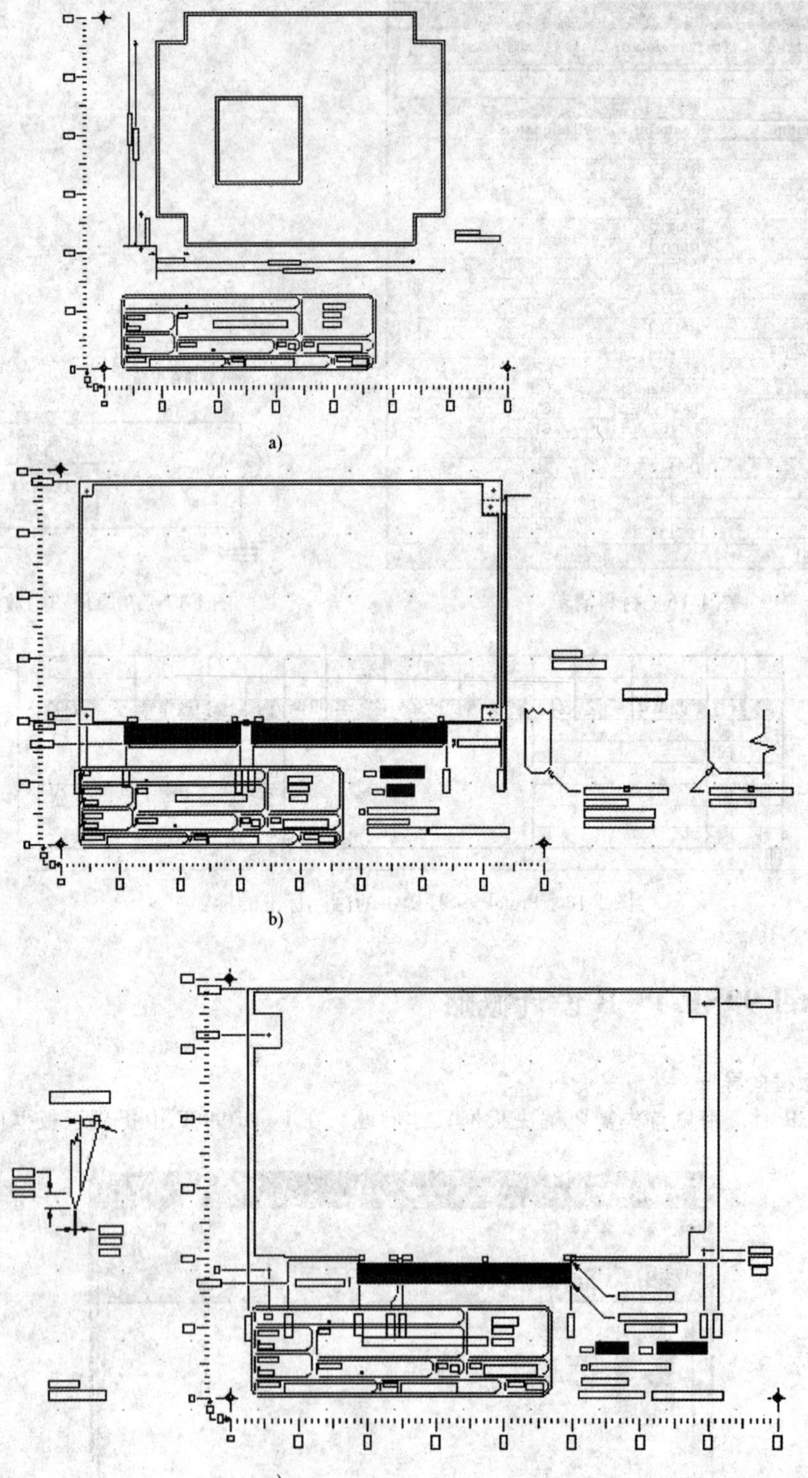

图 1-20　使用板框向导建立的板框

a）使用板框向导建立的板框——普通型　b）使用板框向导建立的板框——IBM AT 总线型

c）使用板框向导建立的板框——IBM&APPLE PIC 总线型

用户可根据实际电路设计选择相应的板框设计向导。

2. PCB 布局

Protel 99SE 提供了自动布局和手动布局两种电路元件布局方式。自动布局结果如图 1-21 所示。

由于自动布局时，系统需要一定的时间，因此用户需要有足够的耐心等待，并且自动布局对一些特殊元件，如发热元件的摆放一般不太合理，为此多数设计者采用手动布局的方式。手动布局结果如图 1-22所示。

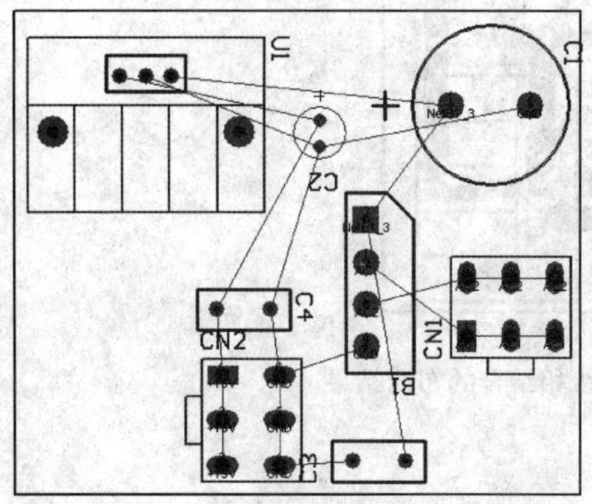

图 1-21　自动布局结果

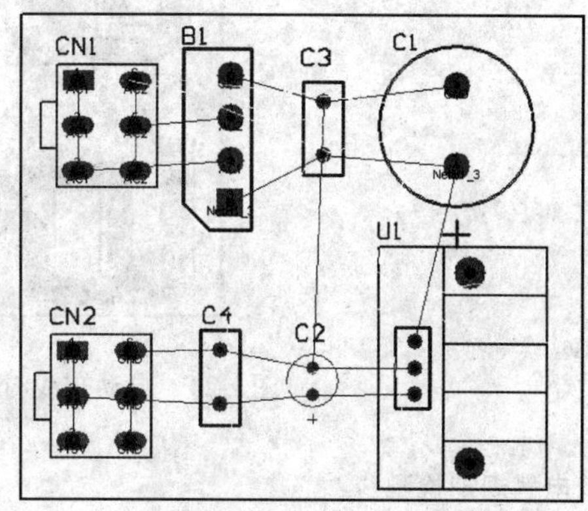

图 1-22　手动布局结果

手动布局可充分考虑特殊元件的特性，从而使 PCB 的设计更趋于合理。

3. PCB 布线

Protel 99SE 有 3 种布线方式：忽略障碍布线（Ignore Obstacle）、避免障碍布线（Avoid Obstacle）、推挤布线（Push Obstacle）。用户可以根据需要选用不同的布线方式。各种布线方式的布线结果如图 1-23 所示。

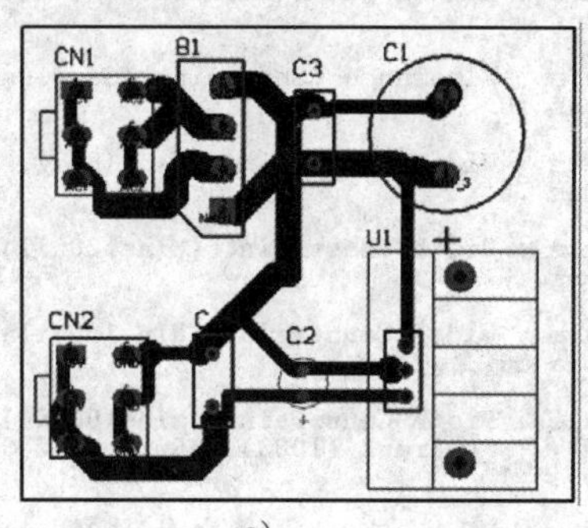

a）

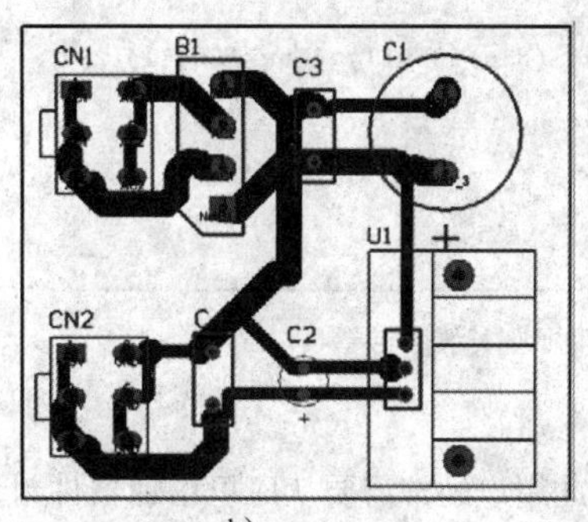

b）

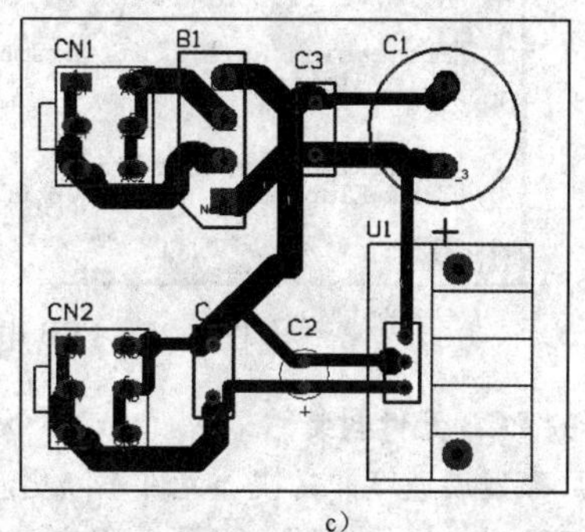

c）

图 1-23　各种布线方式的布线结果

a）忽略障碍布线方式的布线结果　b）避免障碍布线方式的布线结果　c）推挤布线方式的布线结果

Protel 99SE 提供了自动布线和手动布线两种方式。Protel 99SE 支持多种自动布线方式，可以对全板自动布线，也可以对某个网络、某个元件布线，也可手动布线。用户在布线时，可采用自动布线与手动布线相结合的方式进行布线。自动布线与手动布线相结合的布线结果如图 1-24 所示。

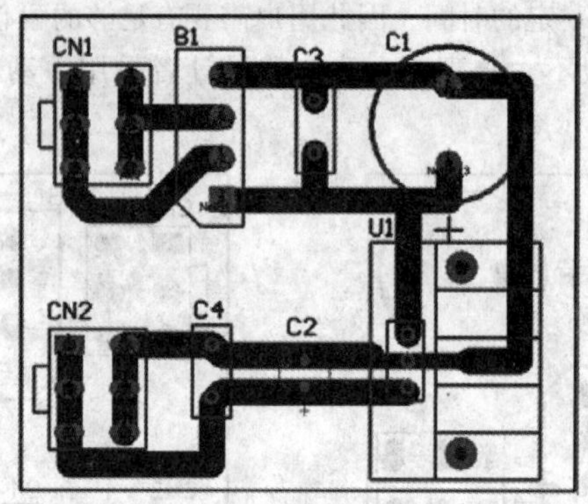

图 1-24　自动布线与手动布线相结合的布线结果

4. 电气规则检测

Protel 99SE 提供了 PCB 电气特性规则检测功能，其结果如图 1-25 所示。

用户可根据电气特性规则检测结果查看 PCB 中存在的规则错误，以便用户及时修正。

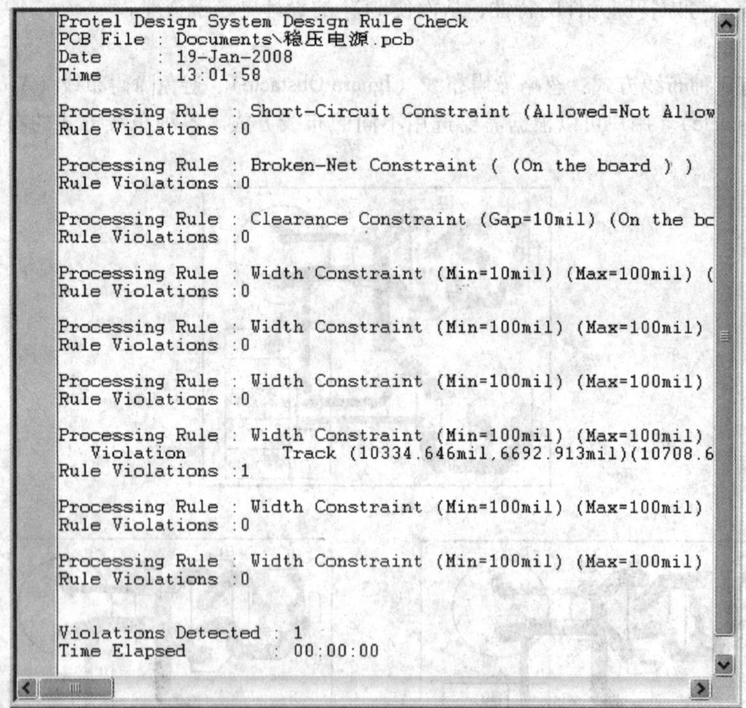

```
Protel Design System Design Rule Check
PCB File  : Documents\稳压电源.pcb
Date      : 19-Jan-2008
Time      : 13:01:58

Processing Rule : Short-Circuit Constraint (Allowed=Not Allow
Rule Violations :0

Processing Rule : Broken-Net Constraint ( (On the board ) )
Rule Violations :0

Processing Rule : Clearance Constraint (Gap=10mil) (On the bc
Rule Violations :0

Processing Rule : Width Constraint (Min=10mil) (Max=100mil) (
Rule Violations :0

Processing Rule : Width Constraint (Min=100mil) (Max=100mil)
Rule Violations :0

Processing Rule : Width Constraint (Min=100mil) (Max=100mil)
Rule Violations :0

Processing Rule : Width Constraint (Min=100mil) (Max=100mil)
   Violation         Track (10334.646mil,6692.913mil)(10708.6
Rule Violations :1

Processing Rule : Width Constraint (Min=100mil) (Max=100mil)
Rule Violations :0

Processing Rule : Width Constraint (Min=100mil) (Max=100mil)
Rule Violations :0


Violations Detected : 1
Time Elapsed        : 00:00:00
```

图 1-25　PCB 电气特性规则检测结果

5. 建立新的 PCB 元件封装

由于硬件厂家发展速度非常快，元件不断更新，因此用户经常需要从库里增加器件封装，或增加封装库。Protel 99SE 提供了导航器，可帮助用户完成元件的添加。图 1-26 所示为建立新的 PCB 元件封装向导。

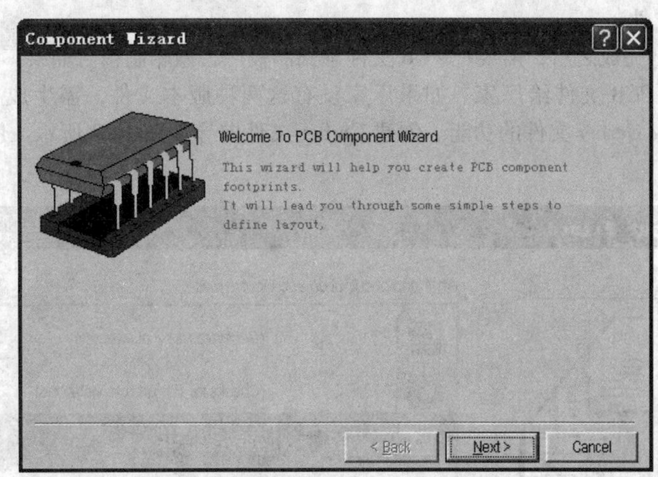

图 1-26　建立新的 PCB 元件封装向导

根据导航器，用户可制作期望的 PCB 元件，如图 1-27 所示。

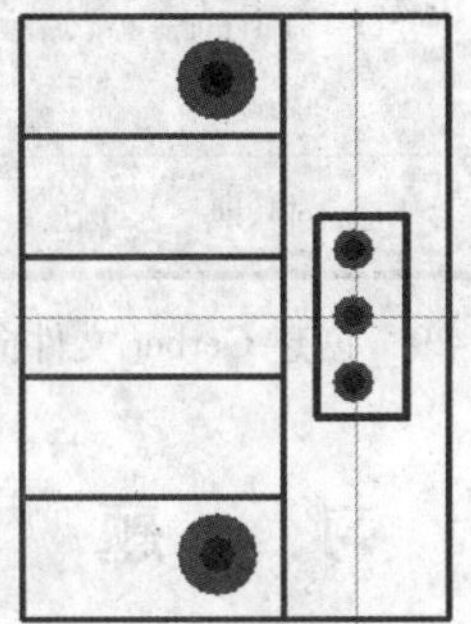

图 1-27　用户自制的 PCB 元件

6. 3D 预览

Protel 99SE 提供了 3D 预览功能，即用户在未完成电路板加工、元件焊接之前，即可直观地看到加工完成后元件焊接到电路上的影像，如图 1-28 所示。

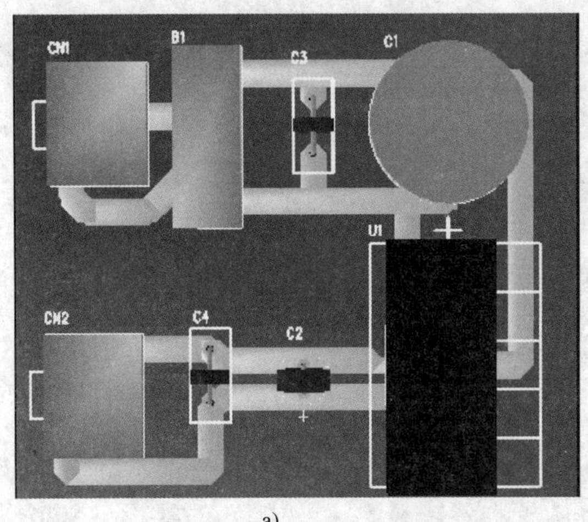

a)

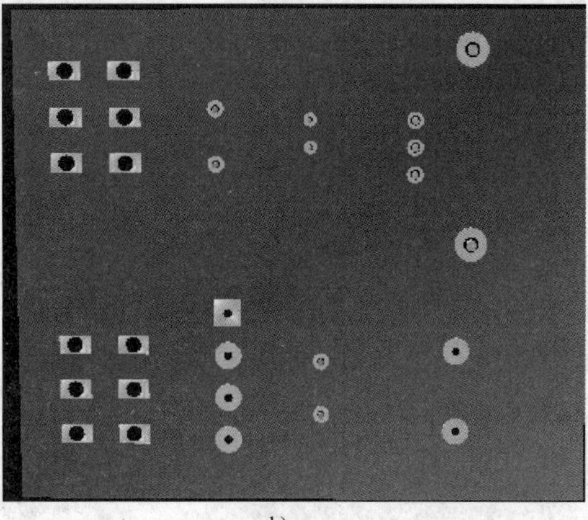

b)

图 1-28　电路板 3D 预览

a）电路板 3D 预览（正面）　b）电路板 3D 预览（背面）

7. 生成 Gerber 文件

当用户将所有设计完成之后，需要把 PCB 文件拿到制板厂去做印制板。如果厂家有 Protel 98 或 Protel 99，可以直接导出 PCB 文件给厂家。如果厂家没有这两种版本文件，需生成 Gerber 文件给厂家。Protel 99SE 提供了生成 Gerber 文件的功能。创建 Gerber 文件向导如图 1-29 所示。用户可使用这一向导创建 Gerber 文件。

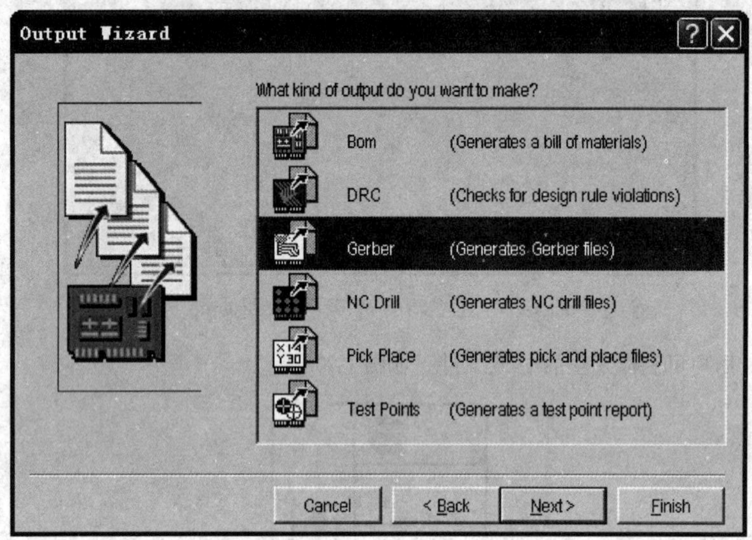

图 1-29 创建 Gerber 文件向导

习 题

1-1 简述 Protel 99SE 的 Client/Server 结构。

1-2 简述 Protel 99SE 绘制电路原理图的特点。

1-3 简述 Protel 99SE 制作 PCB 的流程。

第 2 章　电路原理图的设计

内容提要：（建议 4 ~ 6 学时）

1. 音频放大器电路设计
2. Protel 99SE 设计电路原理图——设计流程
3. Protel 99SE 设计电路原理图——放置元件
4. Protel 99SE 设计电路原理图——创建元件
5. Protel 99SE 设计电路原理图——连线
6. Protel 99SE 设计电路原理图——编辑与调整
7. 规则检查与网络表生成
8. 其他报表的输出
9. 原理图输出
10. 电路原理图设计相关技巧

目的：掌握电路原理图设计的全过程

如何在 Protel 99SE 环境下设计电路原理图呢？现以音频电路为例介绍 Protel 99SE 中电路原理图的设计。

音频放大器是音响系统中的关键部分，其作用是将传声器件获得的微弱信号放大到足够的强度去推动放声系统中的扬声器或其他电声器件，使原声响重现。

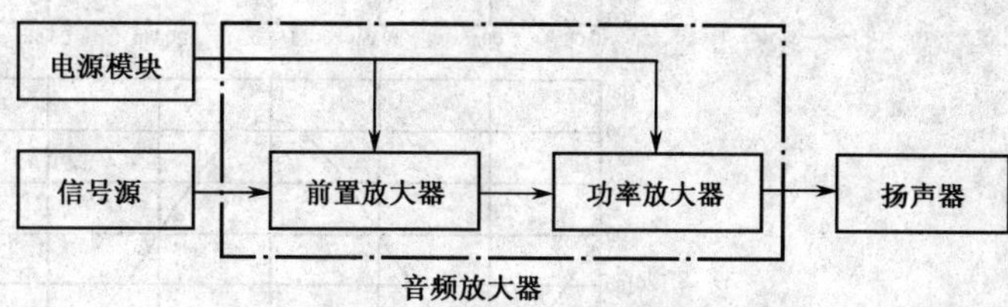

图 2-1　音响系统结构图

一个音频放大器一般包括两部分，如图 2-1 所示。

由于信号源输出幅度往往很小，不足以激励功率放大器输出的额定功率，因此常在信号源与功率放大器之间插入一个前置放大器将信号源输出信号加以放大，同时对信号进行适当的音色处理。

本例中，音频放大器在放大通道的正弦信号输入电压幅度为 5 ~ 10mV，等效负载电阻 R_L 在 8Ω 下应达到如下性能指标：

1）额定输出功率 $P \geqslant 2W$；
2）带宽 $B_W \geqslant (50 \sim 10\,000)Hz$；
3）在 P 和 B_W 下的非线性失真系数 $\gamma \leqslant 30\%$；
4）在 P 的效率大于等于 55%；
5）当前置放大器输入端交流短接到地时，$R_L = 8\Omega$ 时的交流噪声功率小于等于 10mW。

2.1　音频放大器电路设计

音频放大器系统包含 3 个组成部分，即电源模块、前置放大器及功率放大器，分别对应电源电路、放大电路和功率放大电路。下面首先介绍电源电路的设计过程。

1. 电源电路设计

在放大电路中，用户需用到集成运算放大器 LM347，该集成运算放大器的工作电压为 ±15V，用户需设计正、负 15V 稳压电源。本例中采用桥式整流电路产生 ±15V 稳压电源电路，如图 2-2 所示。

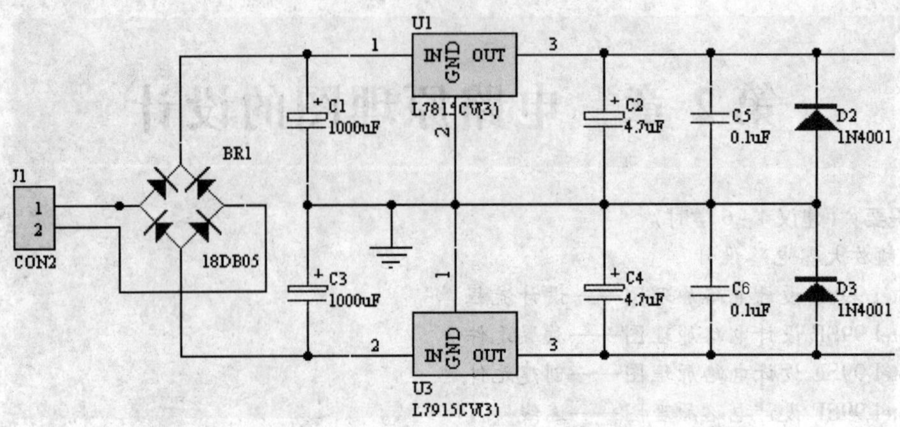

图 2-2　采用桥式整流构成的 ±15V 稳压电源电路

采用 4 只整流二极管构成全桥整流电路，将交流电压的某个半周电压转换极性，得到两个不同极性的单向脉动性直流电压，如图 2-3 所示。

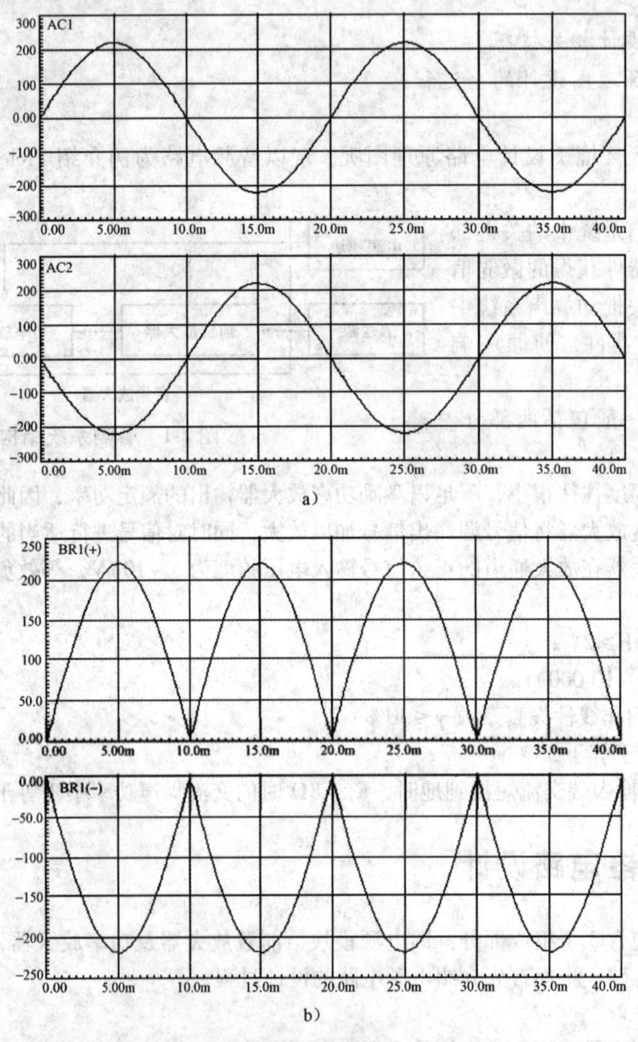

图 2-3　全桥整流

a）全桥整流电路输入信号 AC1、AC2　b）全桥整流电路输输出信号 BR1（+）、BR1（−）

通过整流桥整流滤波后得到的直流输入电压分别接在 7815 与 7915 的输入端，则在输出端即可得到稳定的输出正、负 15V 电压，如图 2-4 所示。

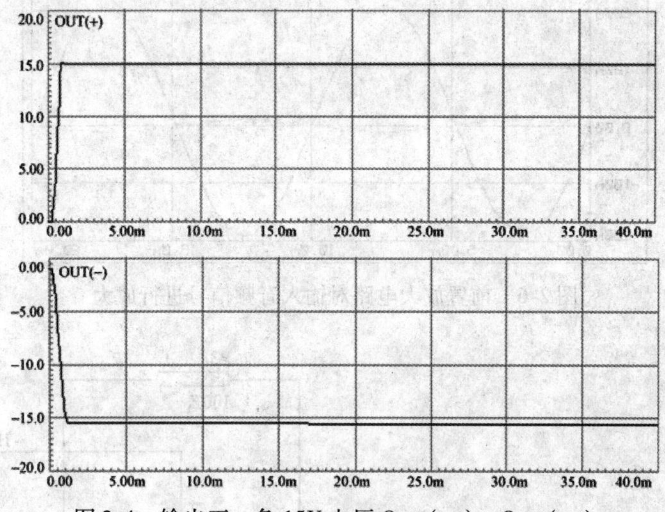

图 2-4　输出正、负 15V 电压 Out（+）、Out（−）

电路在三端稳压器的输入端接入电解电容 C1、C3 用于电源滤波，在三端稳压器输出端接入电解电容 C2、C4 用于减小输入电压波纹，而并入电容 C5、C6 用于改善负载的瞬态响应并抑制高频干扰。

此外，在输入端同时并入二极管 D1、D2 用于保护电路。

2. 放大电路设计

放大电路包括前置放大电路与二级放大电路，其中前置放大电路如图 2-5 所示。

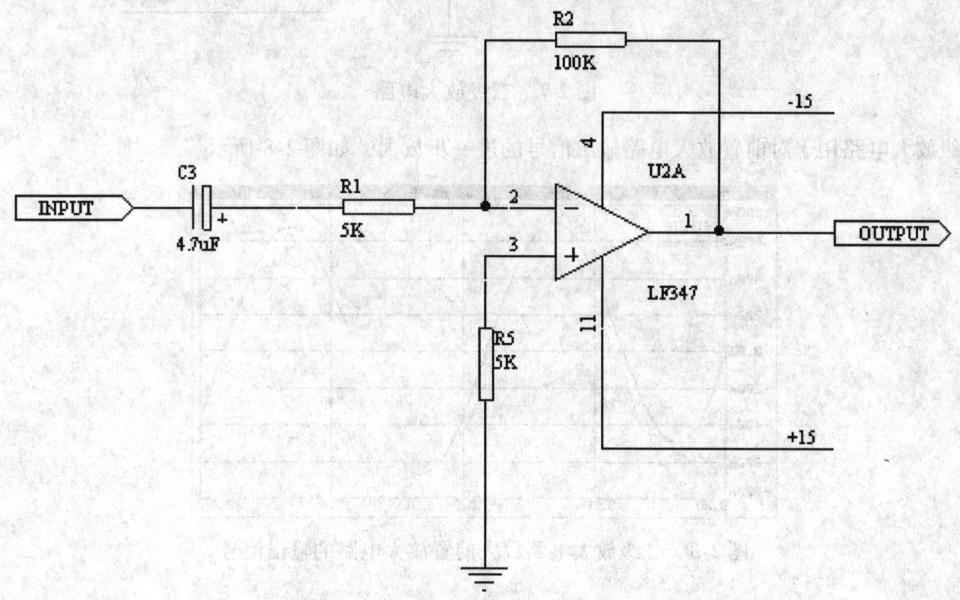

图 2-5　前置放大电路

前置放大电路用于对输入的音频信号进行放大，如图 2-6 所示。

即当输入前置放大电路的输入信号电压值为 10mV 时，输出信号对应的电压值为 209mV，即系统的电压放大倍数为 20，且此放大电路为反相放大电路。

放大电路的二级放大电路如图 2-7 所示。

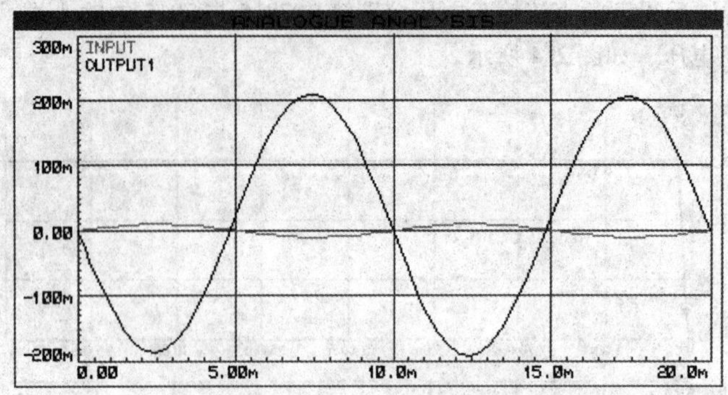

图 2-6　前置放大电路对输入音频信号进行放大

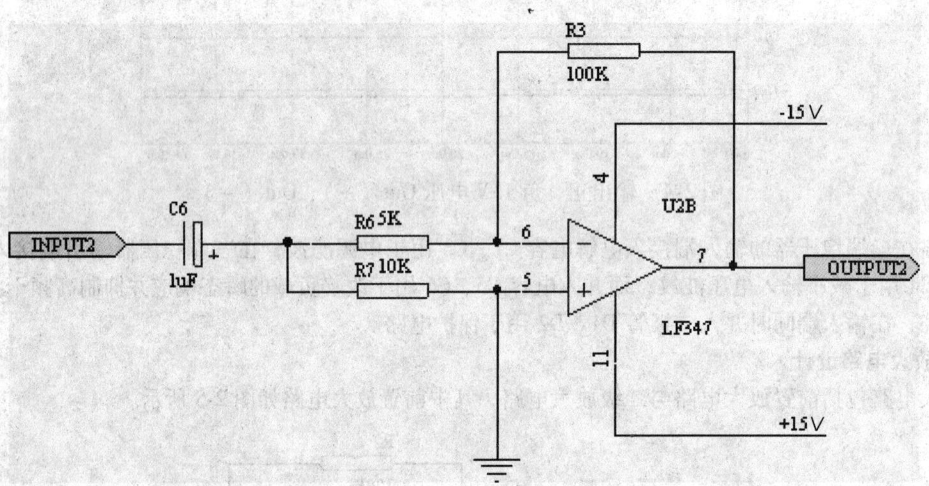

图 2-7　二级放大电路

二级放大电路用于对前置放大电路输出信号的进一步放大，如图 2-8 所示。

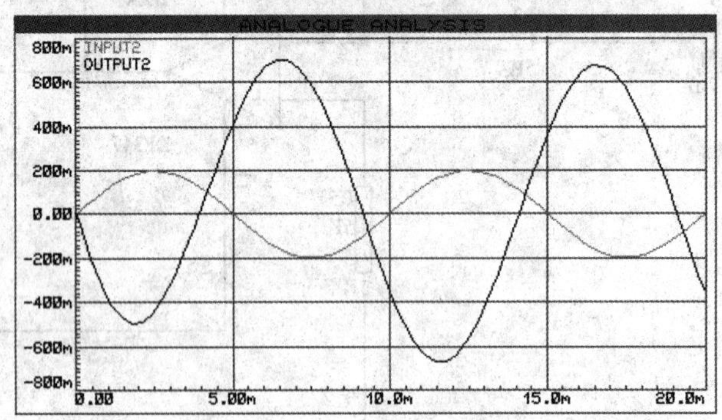

图 2-8　二级放大电路放大前置放大电路的输出信号

此电路对输入信号进行了反相放大，同时输出信号相位发生了偏移，即在放大信号的同时，对输入信号进行了一定的处理。

3. 功率放大电路设计

通用运算放大器的输出电流有限，多为十几毫安；输出电压范围受运算放大器电源的限制，不可能太大。为此，可以通过互补对称电路进行电流扩大，以提高电路的输出功率。功率放大电路如图 2-9 所示。

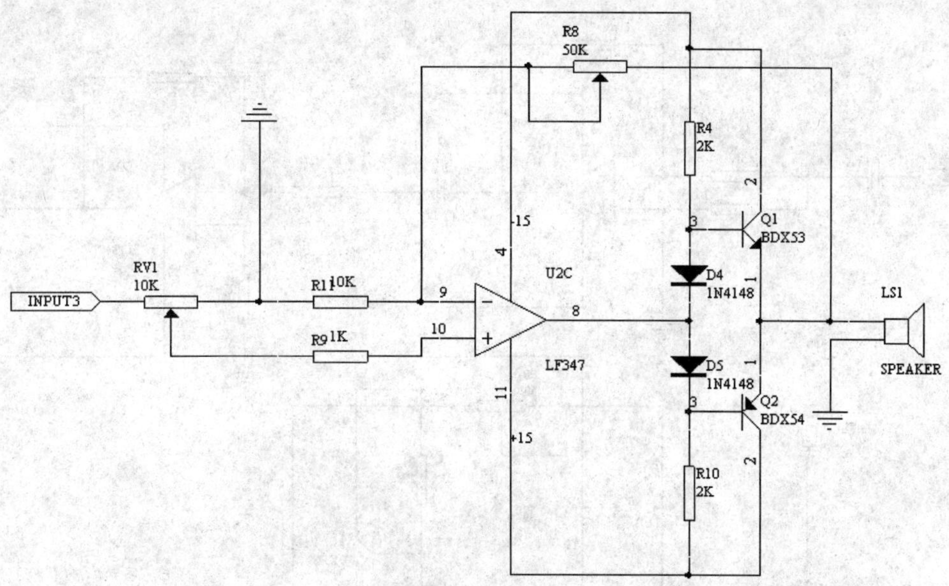

图 2-9　功率放大电路

当在功率放大电路的输入端输入一定功率的信号时，系统的输入功率及输入功率图如图 2-10 所示。

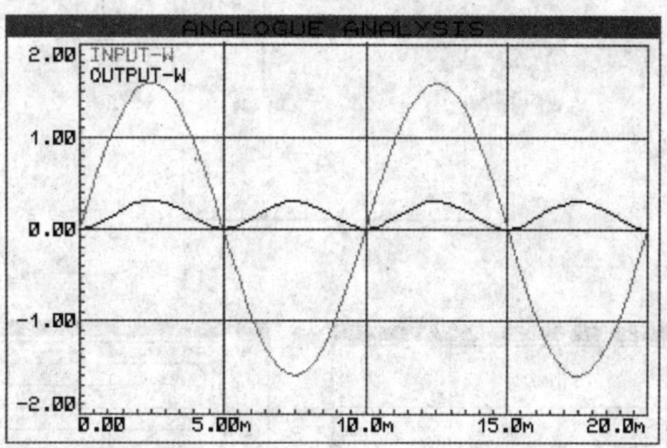

图 2-10　功率放大电路的输入功率及输入功率图

即功率放大电路可提供电路的带负载能力。此外调整电位器 RV1 及 R8 的值，可改变电路的输入阻抗，如图 2-11 所示。

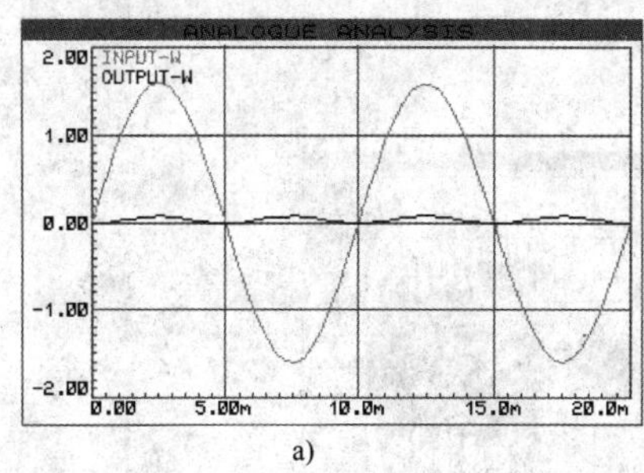

a)

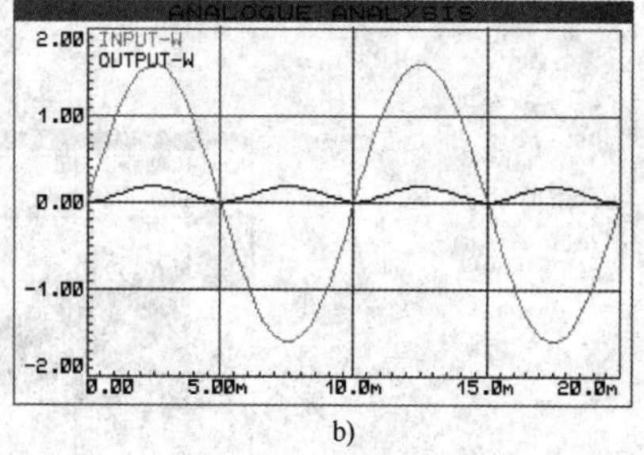

b)

图 2-11　调整 RV1、R8 后的电路输出结果及调节电路中 RV1 与 R8 可调节电路的输入阻抗

a）调整 RV1、R8 的滑动端到中点　b）RV1 的滑动端到中点，而调整电路完全引入 R8

4. 验证电路性能

按照上述设计方案设计的电路，其电路图及电路性能如图 2-12 所示。

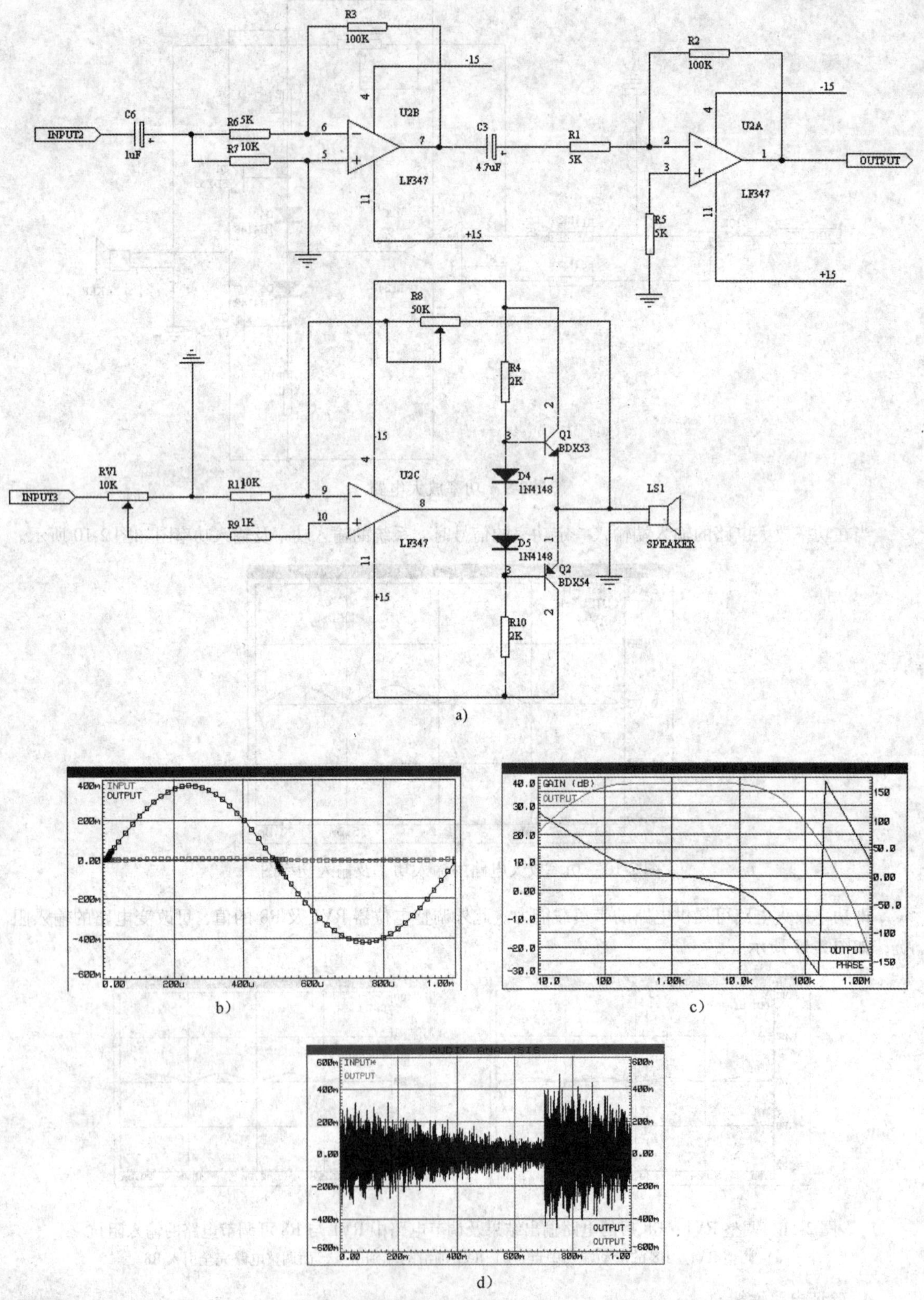

a）

b）　　c）

d）

图 2-12　电路性能

a）电路图　b）电路的放大特性　c）电路的频率特性　d）电路的音频响应

从电路性能分析结果可知，采用该方案设计的音频功率放大器电路符合设计要求。此时，即可进入 PCB 制板。随着现代科学技术的进步，电路设计进入了自动化阶段，即与电路设计相关的各种工作大多由计算机完成，如电路图的设计、PCB 文件的制作、文档的输出等。Protel 设计系统是建立在 PC 环境下的 EDA 电路集成设计系统，是功能强大、使用广泛的电子设计 CAD 软件，本文中的电路将采用 Protel 99SE 作为开发环境。

2.2　Protel 99SE 设计电路原理图——设计流程

Protel 99SE 设计电路原理图的流程如图 2-13 所示。

1. 创建项目数据库及原理图文件

单击 File 菜单，系统将弹出如图 2-14 所示的下拉式菜单。

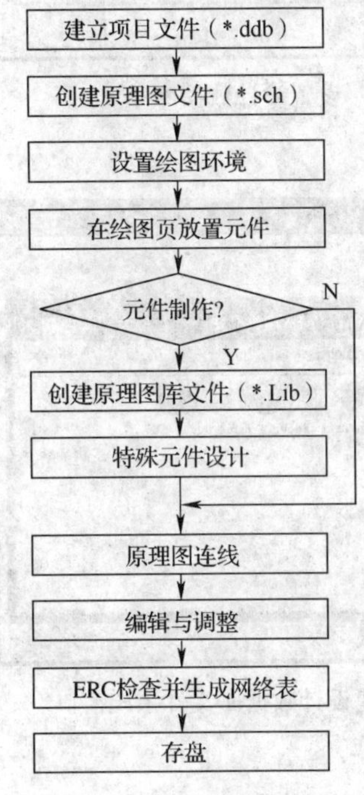

图 2-13　Protel 99SE 设计电路原理图的流程

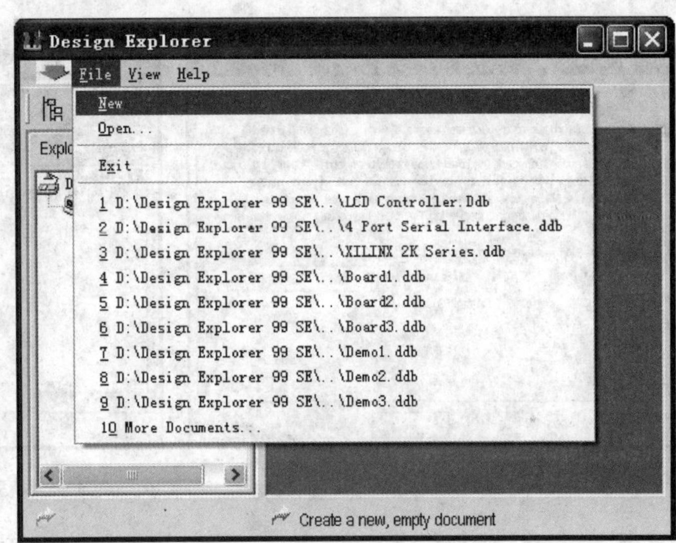

图 2-14　File 下拉式菜单

选择 New 选项，系统将弹出如图 2-15 所示的设计向导对话框。

选择 MS Access Database 设计存储类型，在 Database File Name 文本框中输入文件名 exp. ddb，并将设计数据库存放在 F 盘下 Protel 入门教程中的 Protel Exp 文件夹中，设置如图 2-16 所示。

单击 Password 选项卡，在弹出的选项卡中设置设计保护密码为 123，如图 2-17 所示。

设置完成后单击 OK 按钮即可完成设置，此时 Protel 99SE 将进入新建 Protel 设计数据库文件系统窗口，如图 2-18 所示。

打开导航窗口的 exp. ddb 设计数据库，如图 2-19 所示。

单击设计数据库导航中的 Documents 文件，系统将切换到文件夹窗口，如图 2-20 所示。

在 Documents 窗口单击鼠标右键，系统将弹出如图 2-21 所示的快捷菜单。

选中快捷菜单中的 New 选项，此时系统将弹出 New Document 对话框，如图 2-22 所示。

双击 New Documents 对话框中 Documents 选项卡中的 Schematic Document 图标，系统将在 Documents 窗口新建一个原理图文件，如图 2-23 所示。

修改文件的文件名为 exp. Sch，如图 2-24 所示。

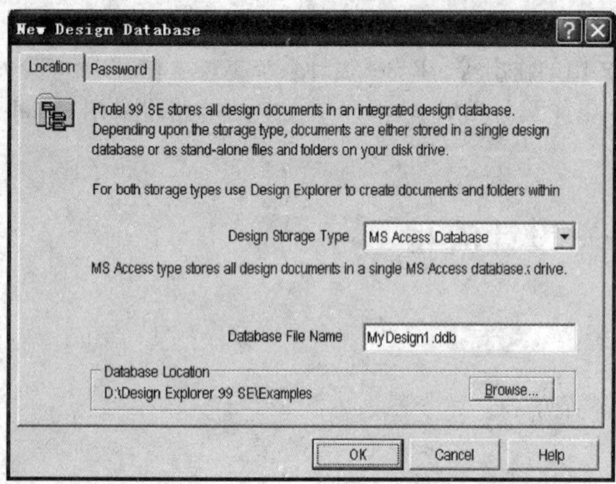

图 2-15　设计向导对话框

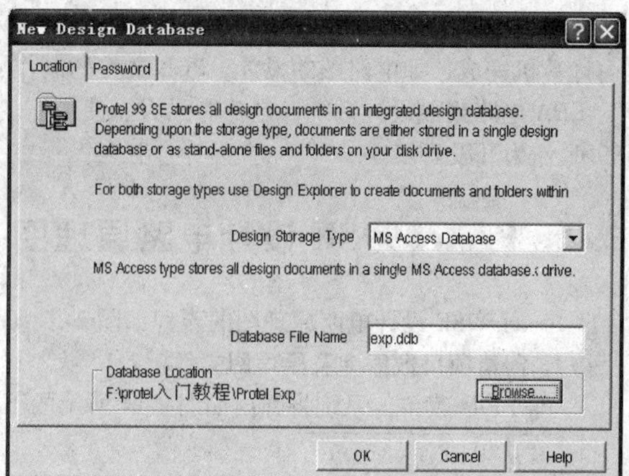

图 2-16　设置设计数据库

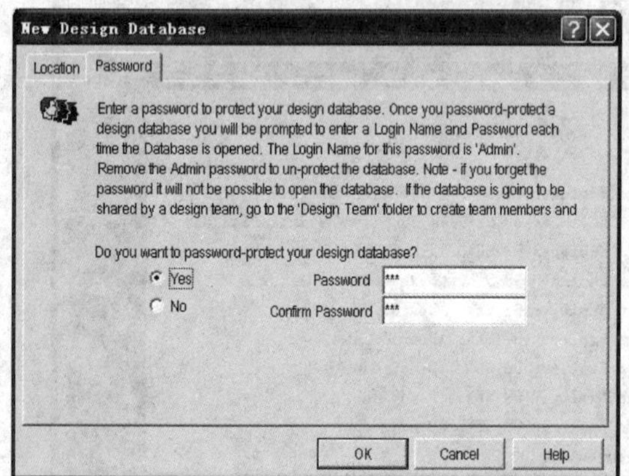

图 2-17　设置设计保护密码

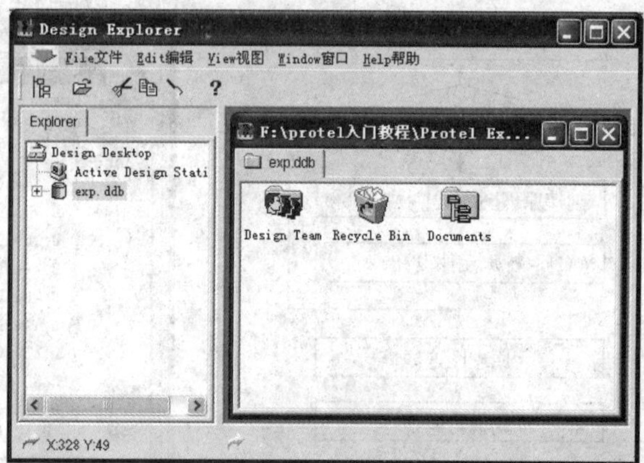

图 2-18　Protel 新建设计数据库文件系统窗口

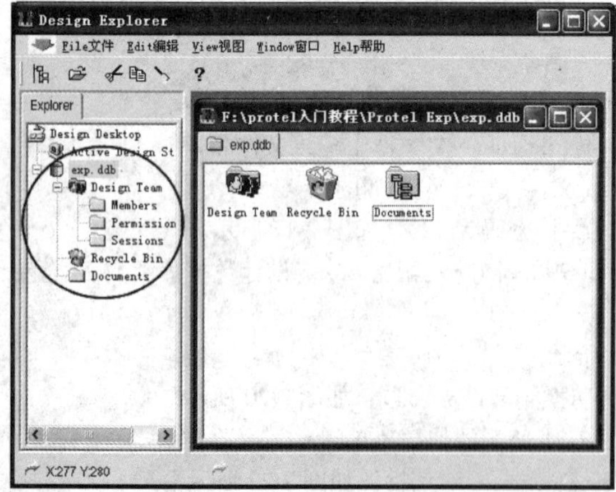

图 2-19　exp. ddb 设计数据库

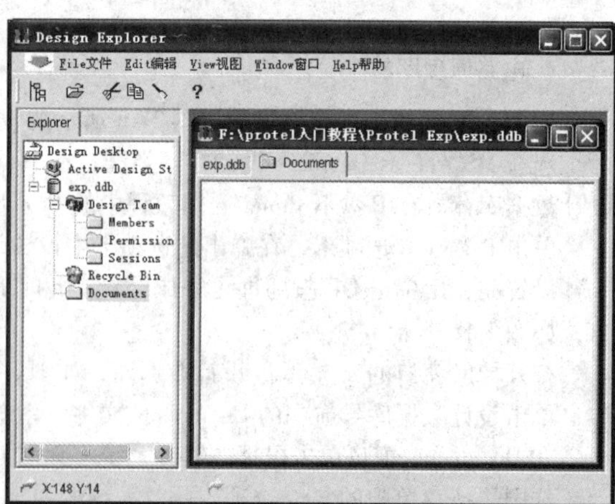

图 2-20　文件夹窗口

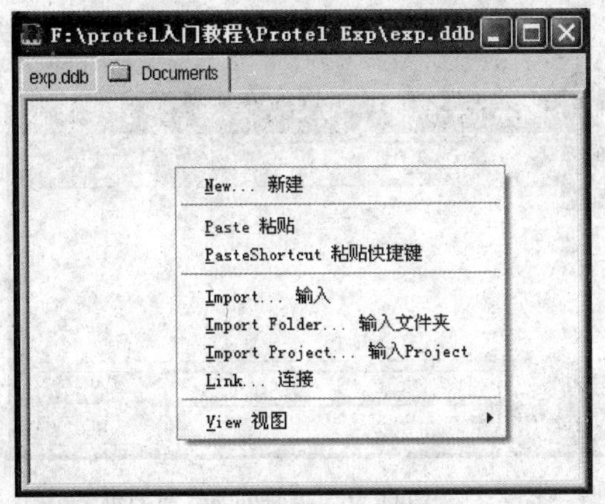

图 2-21　Documents 窗口的快捷菜单

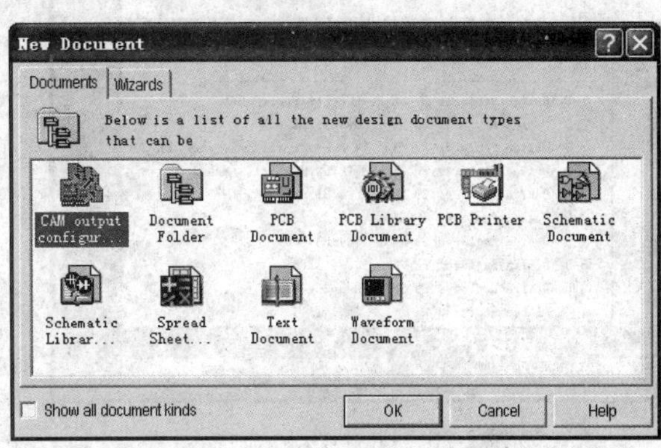

图 2-22　New Document 对话框

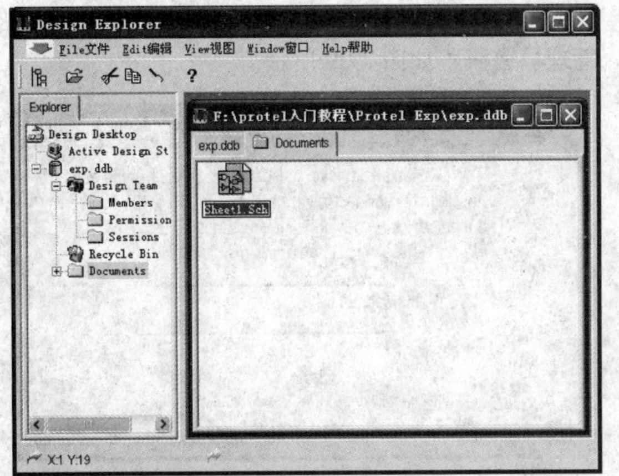

图 2-23　在 Documents 窗口新建的原理图文件

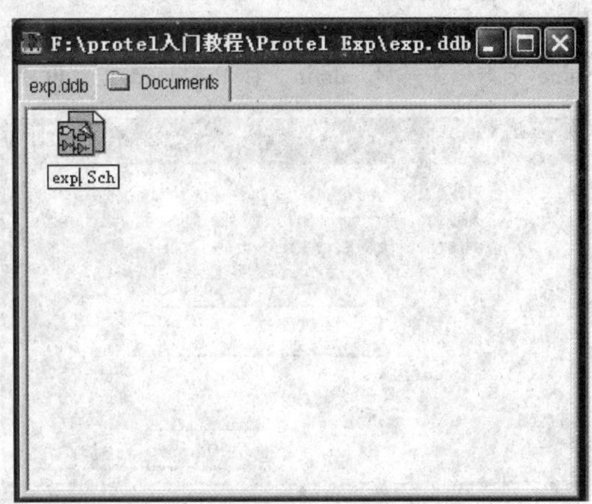

图 2-24　修改文件名

此时，设计绘图页的创建完成，保存并关闭。

2. 项目文件及原理图文件

首先打开原理图的 exp. Sch 文件。单击开始菜单，选择所有程序，在程序列表中选择 Protel 99SE，在弹出的级联菜单中单击 Protel 99SE，如图 2-25 所示。

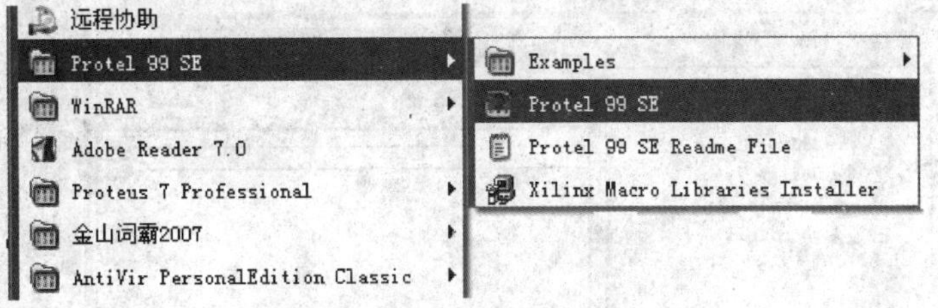

图 2-25　启动 Protel 99SE

在出现的 Protel 99SE 窗口中单击菜单命令 File→Open，如图 2-26 所示。

在弹出的 Open Design Database（打开设计数据库）对话框中选择希望打开的文件，如选择 exp 文件，如图 2-27 所示。

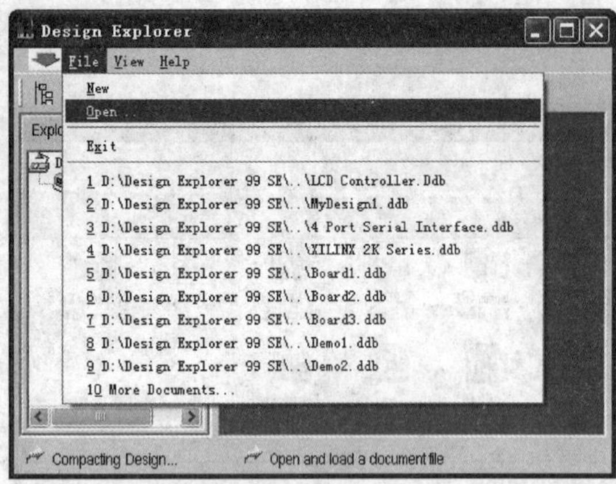

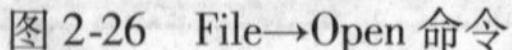
图 2-26　File→Open 命令

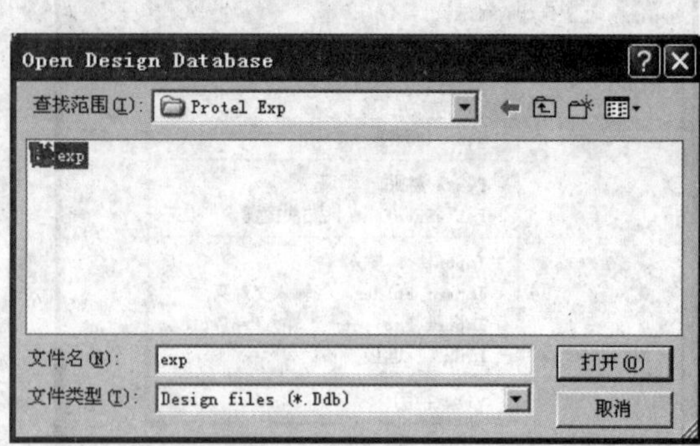

图 2-27　Open Design Database 对话框

单击打开按钮，此时将弹出身份验证窗口，如图 2-28 所示。

在 Name 文本框中输入用户名，在 Password 文本框中输入密码。现以管理员的身份进行设计，即在 Name 文本框中输入 admin，在 Password 文本框中输入管理员密码，如图 2-29 所示。

图 2-28　身份验证窗口

图 2-29　输入用户名和密码

单击 OK 按钮，系统进入 exp. Sch 编辑环境，如图 2-30 所示。

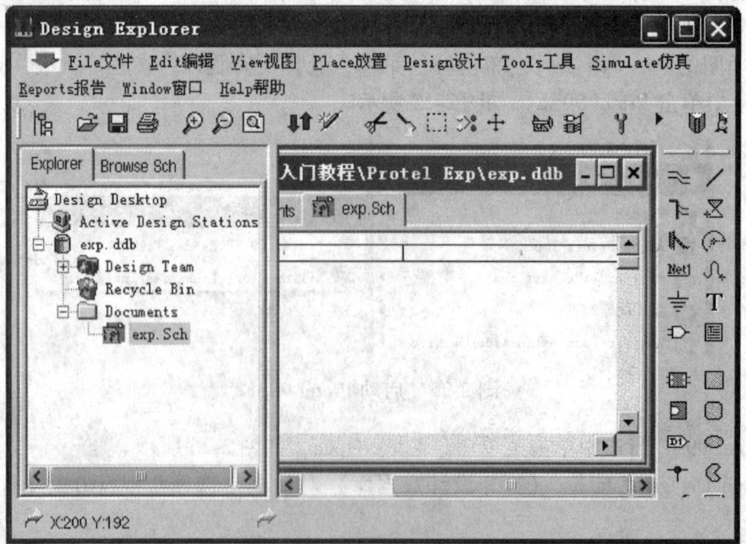

图 2-30　系统进入 exp. Sch 编辑环境

3. 设置绘图环境

在设置绘图环境中，通常需对图纸大小、捕捉栅格及电气栅格进行设置。单击菜单中的 Design→Options 命令，如图 2-31 所示。此时系统将弹出如图 2-32 所示的文档选项对话框。

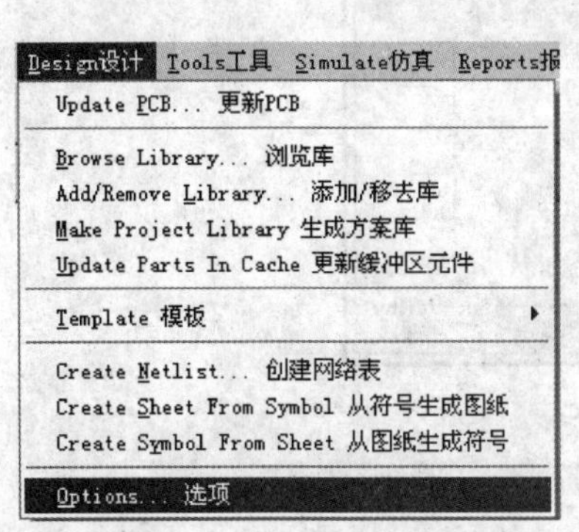

图 2-31　单击菜单中的 Design→Options 命令

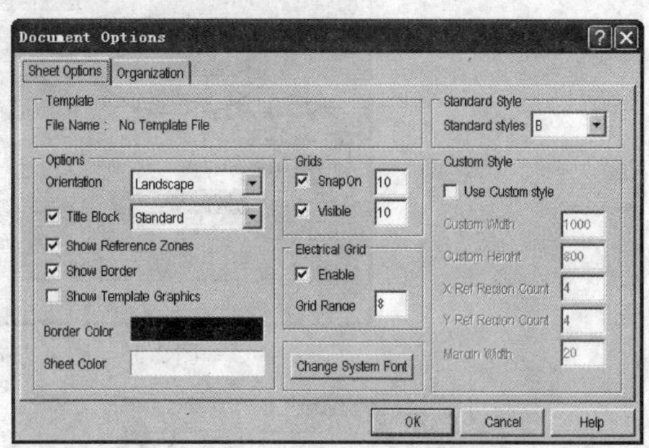

图 2-32　文档选项对话框

注： 文档选项对话框包括两个选项卡，即图纸属性设置（Sheet Options）选项卡及文件信息设置（Organization）选项卡，在 Sheet Options 选项卡中包含如图 2-33 所示的信息，该对话框用于设置图纸。

（1）Standard Style　Standard Style 为标准图纸格式，用于设置图纸大小。

用鼠标单击 Standard Styles 下拉列表的下拉按钮，将显示系统提供的多种标准图纸格式，如图 2-34 所示。

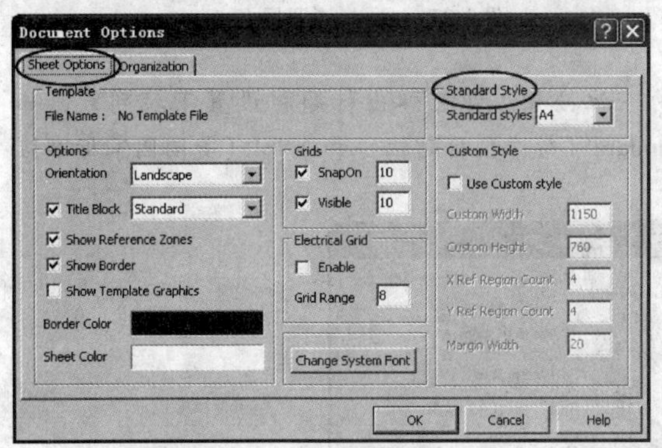

图 2-33　设置图纸对话框

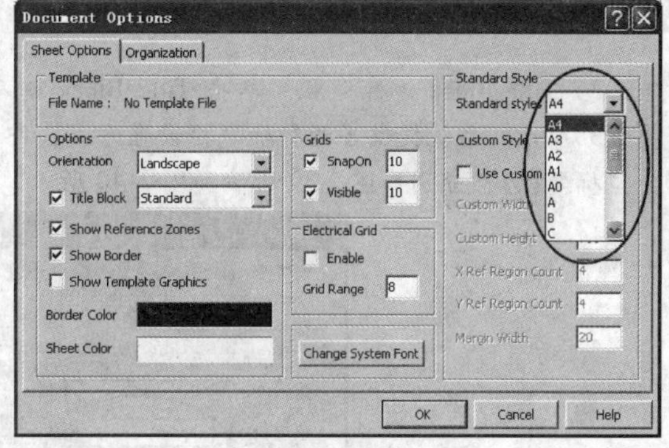

图 2-34　系统提供的多种标准图纸格式

用鼠标拖动列表框的滚动条，可查看系统提供的各种标准图纸格式。在 Protel 99SE 中提供了以下几种标准图纸格式：

1）米制：A0（最大）、A1、A2、A3、A4（最小）；

2）英制：A（最大）、B、C、D、E（最小）；

3）Orcad 图纸：OrcadA、OrcadB、OrcadC、OrcadD、OrcadE；

4）其他：Letter、Legal、Tabloid。

（2）Options 区域　Options 区域用于设置图纸方向、标题栏及边框等。

1）Orientation 用于选择图纸方向。单击 Orientation 选项的下拉按钮，即可弹出图纸方向选择列表，如图 2-35 所示。系统提供了两种图纸方向，即 Landscape（水平放置），如图 2-36 所示；Portrait（垂直放置），如图 2-37 所示。

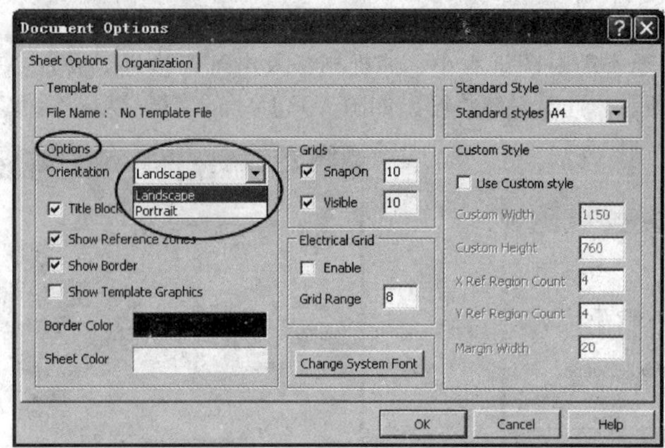

图 2-35　图纸方向选择列表

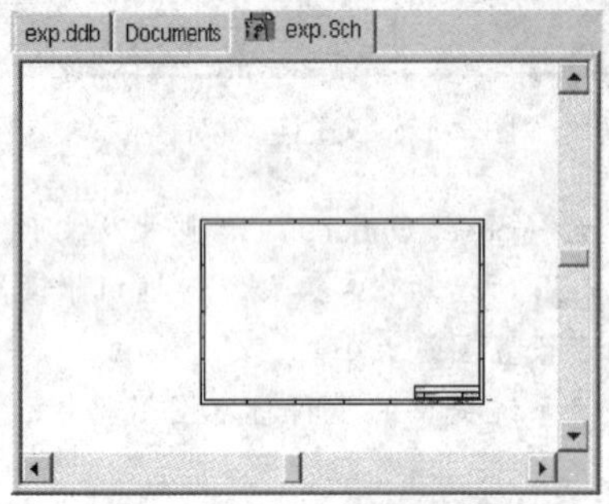

图 2-36　水平放置图纸

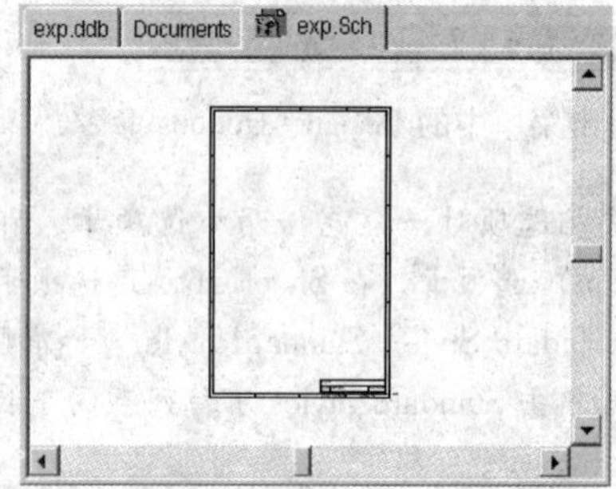

图 2-37　垂直放置图纸

2）Title Block 为标题栏。单击 Title Block 选项的下拉按钮，即可弹出标题栏设置下拉列表，如图 2-38所示。系统提供了两种标题栏设置方式，即 Standard（标准型标题栏）和 ANSI（美国国家标准协会型标题栏），分别如图 2-39 所示和图 2-40 所示。

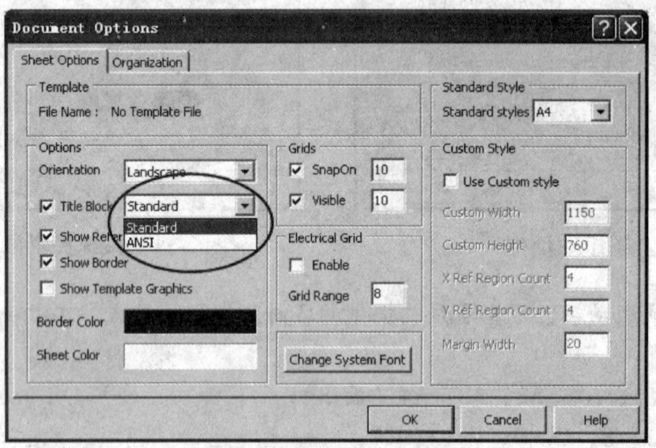

图 2-38　标题栏设置选择列表

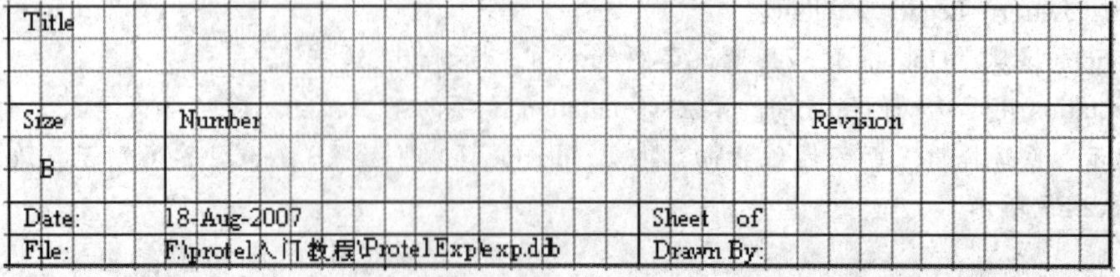

图 2-39　Standard 标题栏

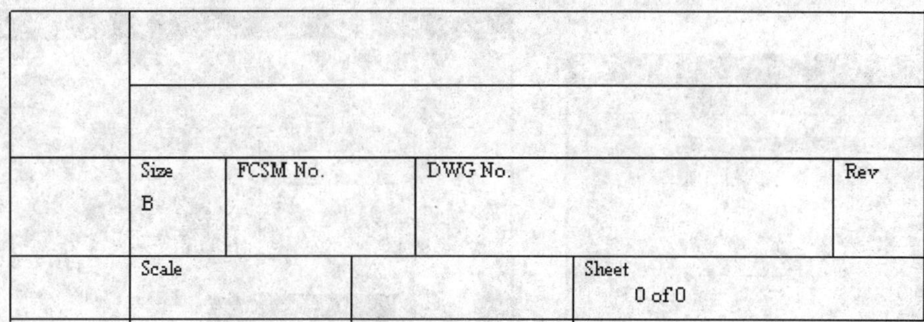

图 2-40　ANSI 标题栏

3）Show Reference Zones 为显示参考边框。

4）Show Border 为显示图纸边框。

5）Show Template Graphics 为显示图纸模板边框。

6）Border Color 为图纸边框颜色。

7）Sheet Color 为工作区颜色。

（3）Grids（图纸栅格）区域

1）SnapOn 为锁定栅格，选中 SnapOn 选项的复选框，即启动锁定栅格功能。该功能将使得鼠标在移动过程中，以设置的栅格距离为基本单位移动。其目的是为了对准对象或引脚。

2）Visible 为可视栅格，选中 Visible 选项的复选框，即启动可视栅格功能。该功能将使得绘图纸中显示栅格，显示的栅格大小由设置值设置。

设置图纸栅格区域如图 2-41 所示。

（4）Electrical Grid（电气节点）区域　该区域用于设置自动寻找电气节点功能。启动自动寻找电气节点功能后，用户在设计导线时，系统会以箭头光标为圆心，以 Grid Range 设置值为半径，向四周搜索电气节点，如果找到了最近的节点，就会把十字光标移到该节点上，并在该节点上显示出一个原点。

1）Enable 为使能，勾选 Enable 选项的复选框，将开启自动寻找电气节点功能。

2）Grid Range 为电气节点搜索半径。设置自动寻找电气节点区域如图 2-42 所示。

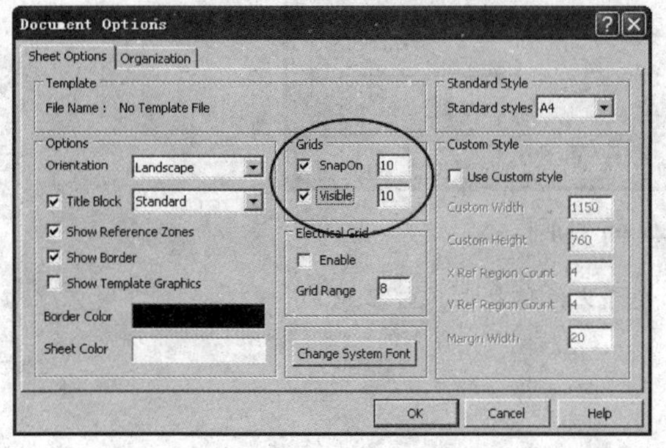

图 2-41　设置图纸栅格区域

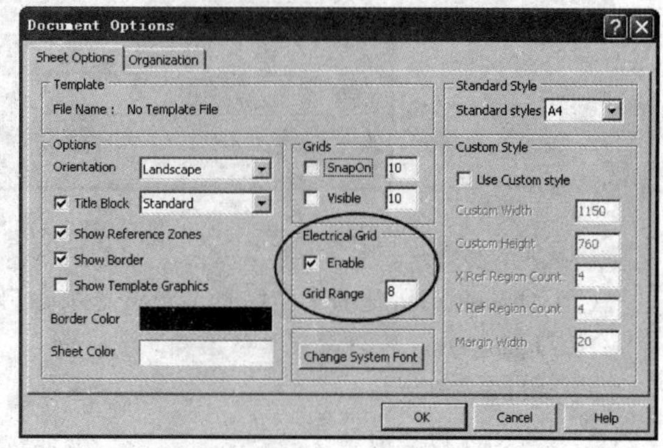

图 2-42　设置自动寻找电气节点区域

（5）Change System Font（更改系统字型）　单击 Change System Font 按钮，系统将弹出如图 2-43 所示的设置系统字型对话框。该设置方式和 Word 中字体设置方式相同，这里不再赘述。

（6）Custom Style（用户自定义）区域　用户自定义设置区域如图 2-44 所示。

当系统设置的图纸格式不能满足用户的需求时，用户可使用系统提供的用户自定义功能定义图纸格式。勾选 Use Custom style 选项的复选框即可启动用户自定义功能。

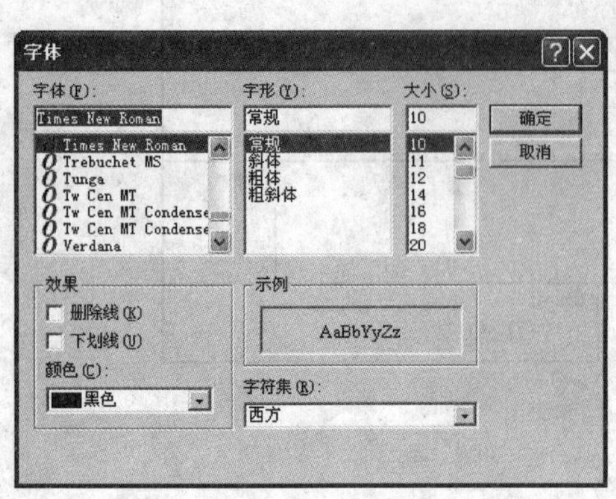

图 2-43　设置系统字型对话框

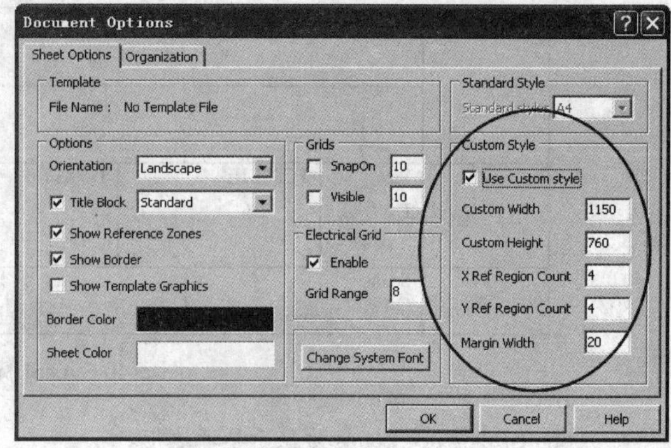

图 2-44　用户自定义区域

1）Custom Width 为自定义图纸宽度。

2）Custom Height 为自定义图纸高度。

3）X Ref Region Count 为水平划分参考边框的等份。

4）Y Ref Region Count 为垂直划分参考边框的等份。

5）Margin Width 为边框宽度。

单击 Document Options 对话框的 Organization 选项卡，系统将显示如图 2-45 所示的对话框。

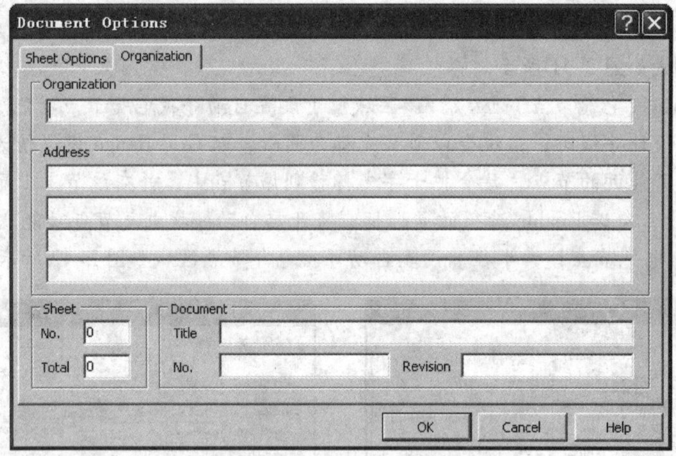

图 2-45　Organization 对话框

（7）Organization 选项卡　Organization 选项卡用于设置文件信息，其内容如下：

1）Organization 为公司或单位名称。

2）Address 为地址。

3）Sheet 为原理图编号。

4）Document 为文件其他信息，包括本张电路图的标题（Title）、编号（No.）及版本号（Revision）。

根据音频放大器的原理图大小及 A4 纸适合大多数打印机的特点，现设置绘图页图纸为 A4、图纸方向为横向、标题栏为标准型、栅格为 10、电气栅格为 8，更改图纸颜色为白色，其他设置按照默认设置，如图 2-46 所示。

同时设置文件相关信息，如图 2-47 所示。

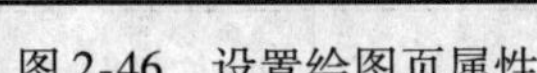
图 2-46　设置绘图页属性

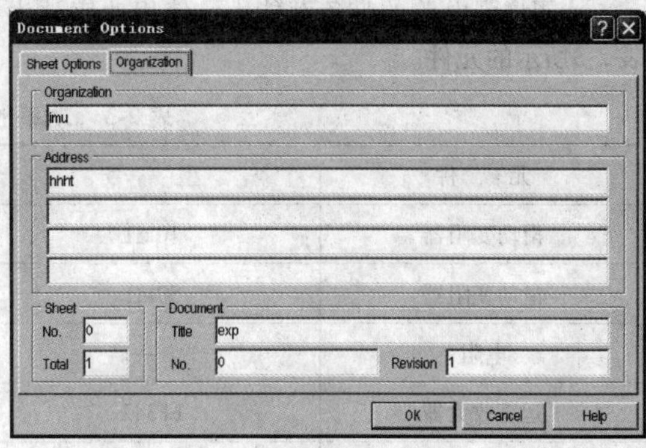

图 2-47　设置文件相关信息

设置完成后单击 OK 按钮，完成设置。

2.3　Protel 99SE 设计电路原理图——放置元件

Protel 99SE 的原理图器件库有 6 万多个元件，用户只需将元件所在的库加载到设计管理器中，浏览条上就会显示出元件的形状，双击元件可放到界面上。

1. 添加 Sch 元件库

在音频放大器电路中分为 3 部分：±15V 电源电路、放大电路及功率放大电路。在 ±15V 电源电路中包含表 2-1 中的元件。

表 2-1　±15V 电源电路元件列表

元　件	型　号	数　量	在电路中的功能
单排多针插座	—	1	引入输入信号
桥堆	18DB05	1	整流
电解电容	1000μF	2	滤波
正电压三端稳压器	L7815CV	1	产生 +15V 电压
负电压三端稳压器	L7915CV	1	产生–15V 电压
电解电容	4.7μF	2	滤波
普通电容	0.1μF	2	滤波
二极管	1N4001	2	稳定电压

放大电路采用集成运算放大器进行设计，其包含表 2-2 中的元件。

表 2-2　放大电路元件列表

元　件	型　号	数　量	在电路中的功能
单排多针插座	—	1	引入输入信号
电解电容	4.7μF	1	滤波
电阻	—	—	—
电解电容	1μF	1	滤波
运算放大器	LF347	2	—
滑动变阻器	10kΩ	1	—

为了增强电路的带负载能力，使用功率放大电路提高电路的输出功率。功率放大电路中包含如表 2-3所示的元件。

表 2-3　功率放大电路元件列表

元　件	型　号	数　量	在电路中的功能
滑动变阻器	10kΩ	1	—
滑动变阻器	50kΩ	1	—
电阻	—	—	—
运算放大器	LF347	1	—
二极管	1N4148	2	
晶体管	DBX53	1	
晶体管	DBX54	1	
扬声器	—	1	输出音频信号

首先添加元件库到设计中。在设计管理器中选择 Browse Sch 选项卡，在 Browse 区域的下拉框中选择 Libraries，然后单击 Add/Remove 按钮，启动添加/删除元件库进程，如图 2-48 所示。

此时系统将弹出添加/删除元件库对话框，在窗口中寻找 Protel 99SE 子目录，在该目录中选择 Libraries \ Sch 路径，如图 2-49 所示。

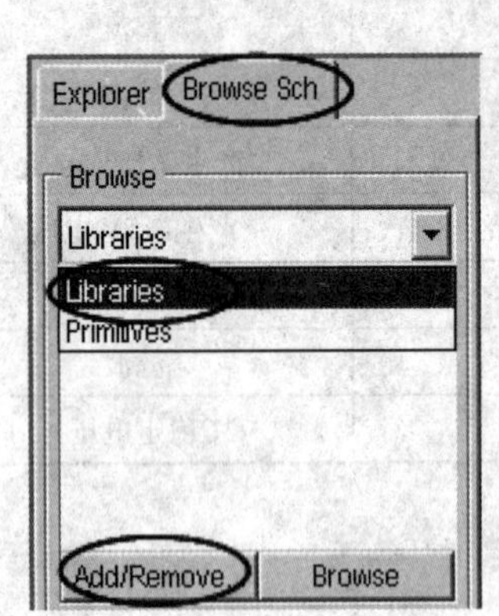

图 2-48　启动添加/删除元件库进程

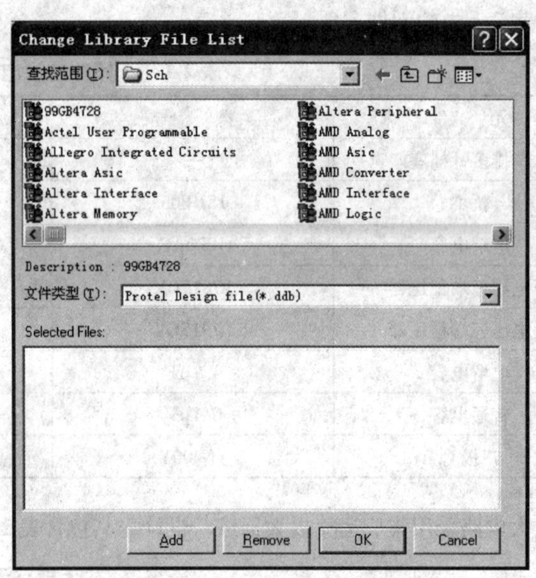

图 2-49　添加/删除元件库对话框

注：Sch 库为原理图元件库，包含 119 个子元件库，且子元件库以生产厂商 + 元件类型命名，其包含 Allegro、AMD、Atmel、Dallas 等公司生产的元件。通常用户使用 Protel DOS Schematic Libraries 元件库、Miscellaneous Devices 元件库、Spice 元件库与 Sim 元件库居多，其中常用到的分立元件可在 Miscellaneous Devices 元件库中找到，而 TTL 和 CMOS 等集成电路可在 Protel DOS Schematic Libraries 元件库中找到。

选择 Protel DOS Schematic Libraries，然后单击 “Add” 按钮，如图 2-50 所示。此时系统将会把元件库添加到 Selected Files 区域中，如图 2-51 所示。

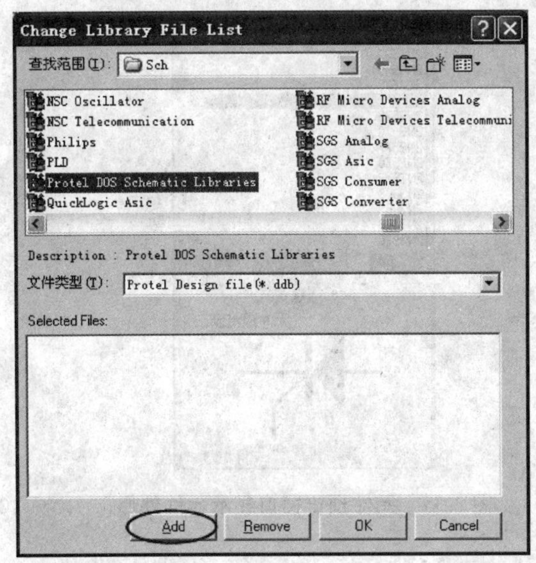

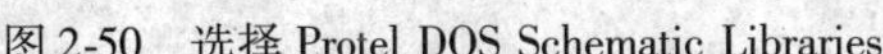
图 2-50　选择 Protel DOS Schematic Libraries

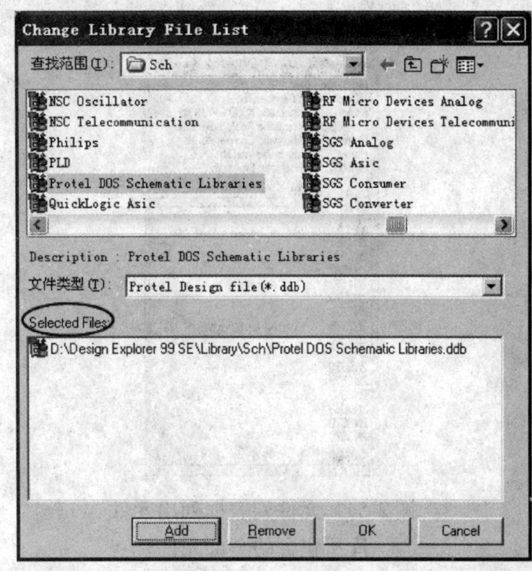

图 2-51　添加元件库到 Selected Files 区域中

同理，按照上述方式将 Miscellaneous Devices 元件库和 Spice 元件库添加到 Selected Files 中，如图 2-52所示。

元件库添加完成后，单击 OK 按钮完成添加。此时设计管理器中 Browse Sch 选项卡页 Libraries 中显示所添加的元件库，如图 2-53 所示。

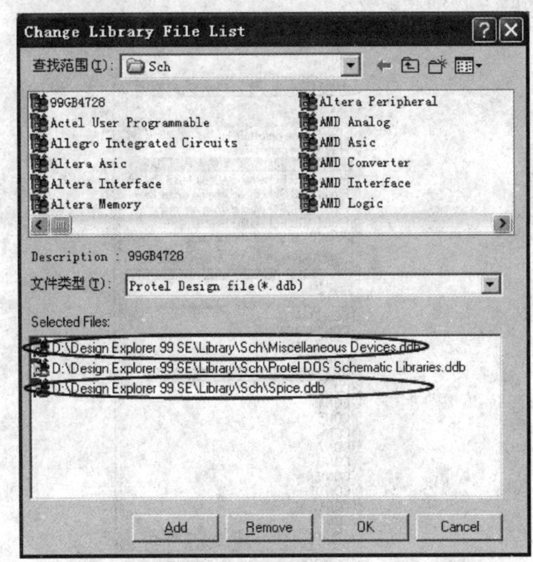

图 2-52　将 Miscellaneous Devices 元件库和 Spice 元件库添加到 Selected Files 区域

图 2-53　Libraries 中显示所添加的元件库

2. 逐库查找并放置元件

首先选取电源电路中的各个元件。

在图 2-2 所示的电源电路中，2 脚插座用于引入交流电源信号，为此首先放置 2 脚插座。选择 Libraries 中的 Misc Pspice parts. LIB 元件库，则在列表框中列出元件库所包含的全部元件，如图 2-54 所示。

选择列表窗口的元件，则在元件预览窗口显示元件外形，如图 2-55 所示。

图 2-54　元件列表框列出元件库所包含的全部元件

图 2-55　元件预览窗口显示元件外形

通过预览窗口，用户可查看各种元件的外观，同时也可从元件的外观确定元件的类型。从预览窗口的元件外形，用户可确定在 Misc Pspice parts. LIB 元件库中包含各种型号的二极管、晶体管及稳压管等，而不包含用户查找的 2 脚插座。

使用上述方法查看 Misc Spice parts. LIB 元件库，如图 2-56 所示。

通过预览窗口可知，在 Misc Spice parts. LIB 元件库中包含如电阻、电容、电感等基本元件外，还包含熔断丝、电流源、电压源等，但不包含用户查找的 2 脚插座。

再次使用上述方法查看 Miscellaneous Devices. lib 元件库中的元件，如图 2-57 所示。

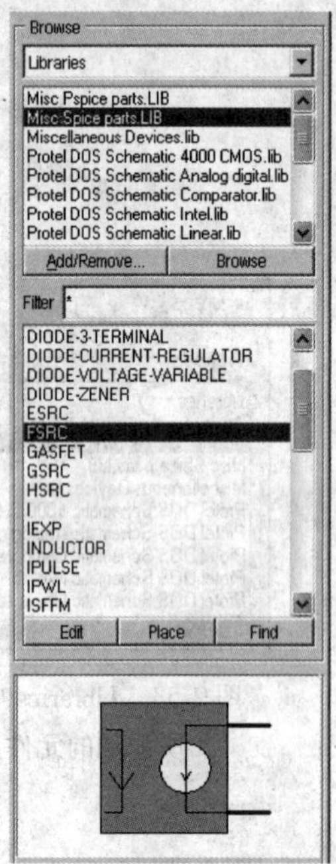

图 2-56　查看 Misc Spice parts. LIB 元件库

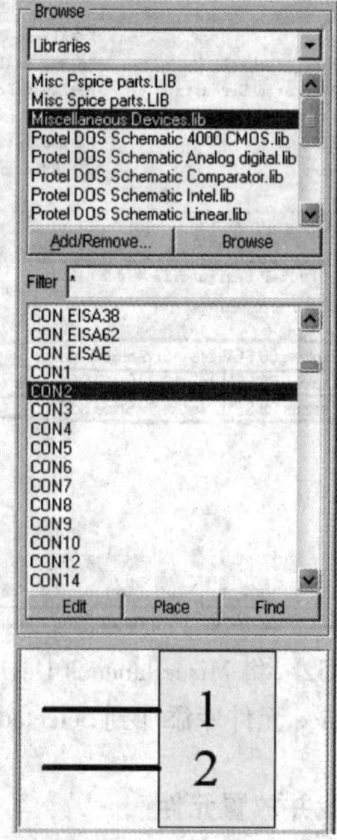

图 2-57　查看 Miscellaneous Devices. lib 元件库

在预览窗口，用户可看到 2 脚插座的外观，单击 Place 按钮，并移动鼠标到绘图区域，如图 2-58 所示。

可以看到元件随鼠标的移动而移动。单击鼠标左键即可将元件放置到绘图页，如图 2-59 所示。

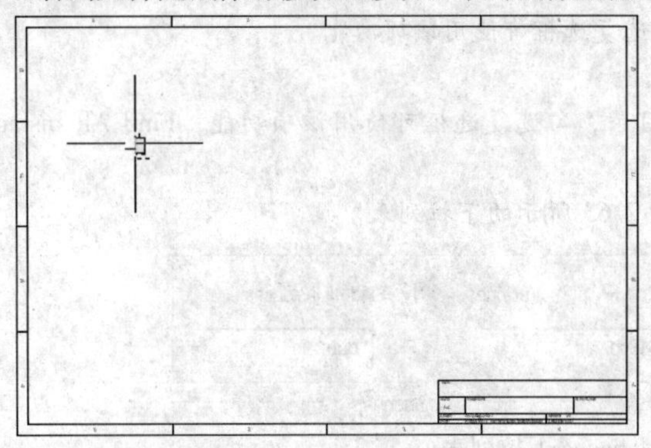

图 2-58　单击 Place 按钮并移动鼠标到绘图区域

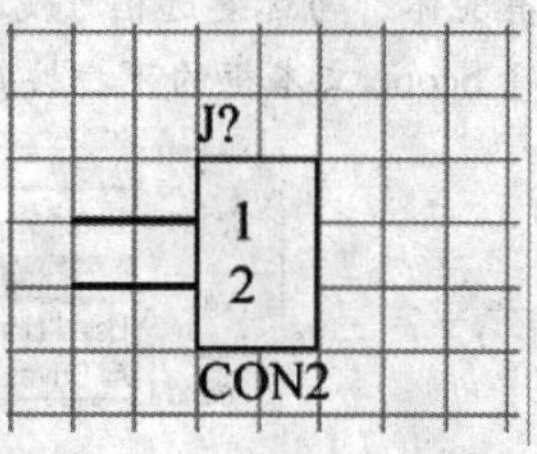

图 2-59　将元件放置到绘图页

3. 采用过滤方式查找并放置元件

接下来放置桥堆。在音频放大电路中使用的桥堆为 18DB05，即此时用户所用桥堆的型号，可采用下述方式放置元件。在设计管理器 Browse Sch 选项卡中的 Filter 文本框中输入元件型号，如图 2-60 所示。

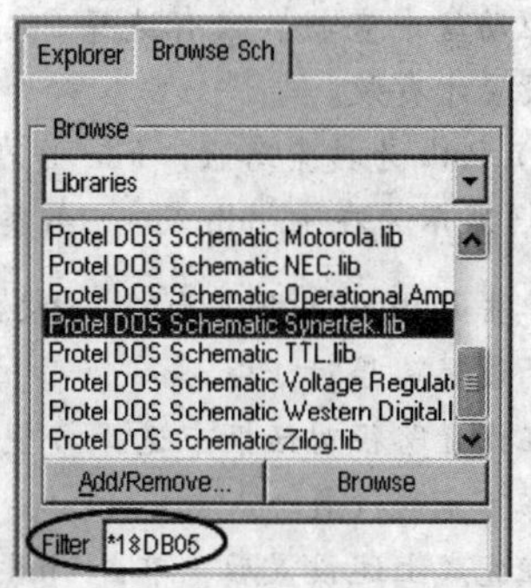

在元件库列表中单击元件库，则元件列表中列出所有包含 18DB05 字段的元件。以 Miscellaneous Devices. lib 为例，选择这一元件库，则在元件列表中将列出包含“18DB05”字段的所有元件，如图 2-61 所示。

从列表中可知，在 Miscellaneous Devices. lib 元件库中不包含 18BD05 字段的元件。按照上述方式查找元件库列表中的其他元件库是否包含 18BD05 字段的元件。经查找所添加的元件库均不包含 18BD05 字段的元件。那么未添加到元件库列表的元件库中是否包含这一元件呢？

图 2-60　使用 Filter 查找元件

单击元件列表下方的“Find”按钮，如图 2-50 所示系统将弹出如图 2-62 所示的查找元件对话框。

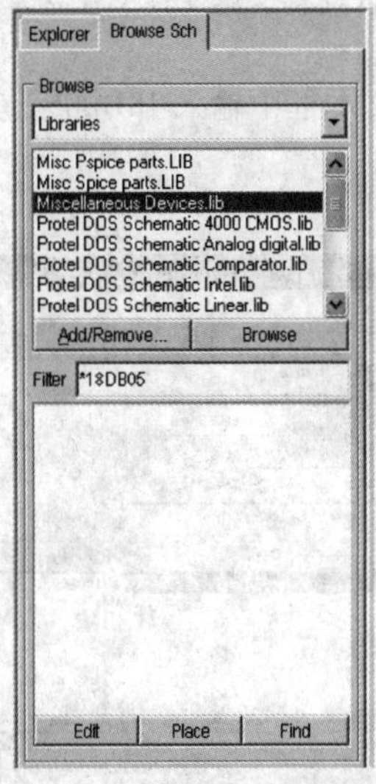

图 2-61　在元件库中查找包含 Filter 中字段的元件

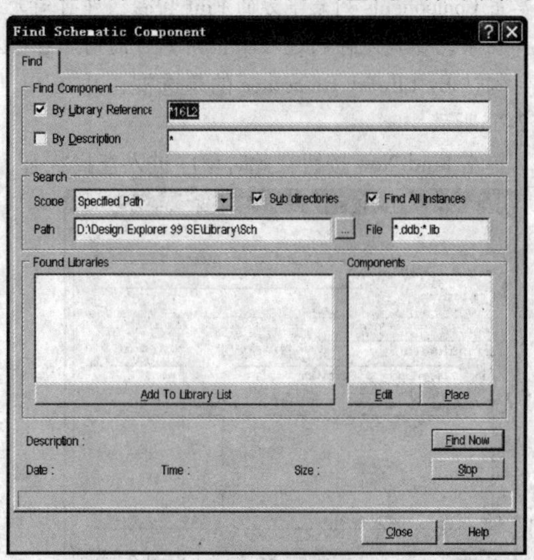

图 2-62　查找元件对话框

注：在 Find 选项卡中包含如下内容。

（1）Find Component（查找元件）

1）By Library Reference 为通过元件名称查找，勾选复选框可使用该项功能。

2）By Description 为通过元件描述查找，勾选复选框可使用该项功能。

（2）Search（搜索）

1）Scope 为搜索范围。Sub directories 为子目录，勾选复选框可使用该项功能；Find All Instances 为查找所有实体，勾选复选框可使用该项功能。

选择 Scope 文本框的下拉按钮，将弹出如图 2-63 所示的下拉列表。

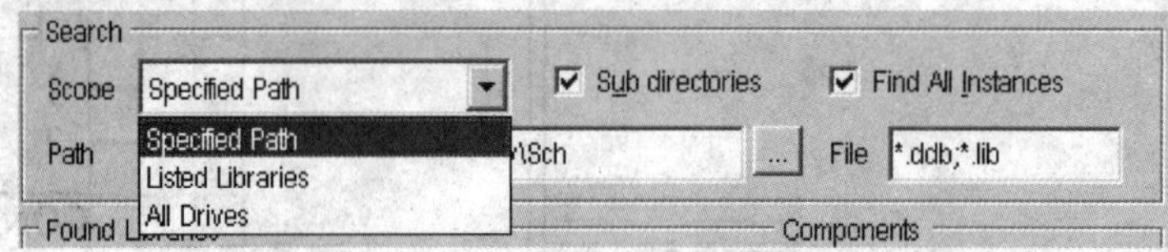

图 2-63　Scope 下拉列表

其中，Specified Path 为在指定路径的文件中查找，Listed Libraries 为在元件库列表中的元件库中查找，All Drives 为在所有驱动盘中查找。只有选择 Specified Path 为查找范围时，Path 设置才有效。

2）Path 为搜索路径。File 为在何种类型的文件中搜索，图 2-63 所示为在 *.ddb 及 *.lib 类型文件中搜索。

单击 Path 文本框之后的 ... 按钮，系统会弹出如图 2-64 所示的设置路径对话框。

图 2-64　设置路径对话框

在设置路径对话框中选择希望查找的文件后，单击确定按钮即可完成设置。

在完成上述设置后，单击 Find Now 按钮，系统开始在设置范围内查找元件，并将查找到元件的隶属库放置到 Found Libraries 列表中，而将元件列出到 Components 列表中。选择 Found Libraries 列表下方的 Add To Library List，即可添加 Found Libraries 列表中的元件库到元件库列表中，而单击 Components 列表下方的 Edit 按钮，即可对元件进行编辑，单击 Place 按钮可将元件放置到绘图页。

在系统查找元件的过程中，用户可随时单击 Stop 按钮停止查找。

勾选 By Library Reference 的复选框，并在 By Library Reference 文本框中输入 18DB05，其他设置如图 2-65所示。

单击 Find Now 按钮，此时程序进入查找状态，如图 2-66 所示。

图 2-65　使用查找元件对话框查找元件

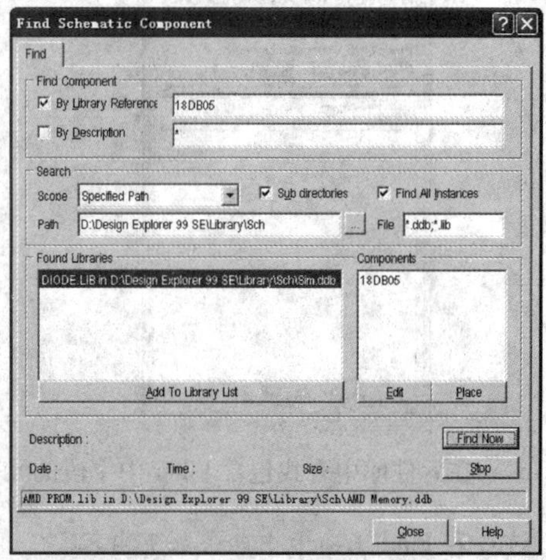

图 2-66　程序进入查找状态

当所有的文件均查找完成后，系统自动停止查找，如图 2-67 所示。

系统将查找结果放置到结果列表中。单击 Place 按钮，程序切换到绘图页，18DB05 元件随鼠标一起出现在绘图页中，如图 2-68 所示。

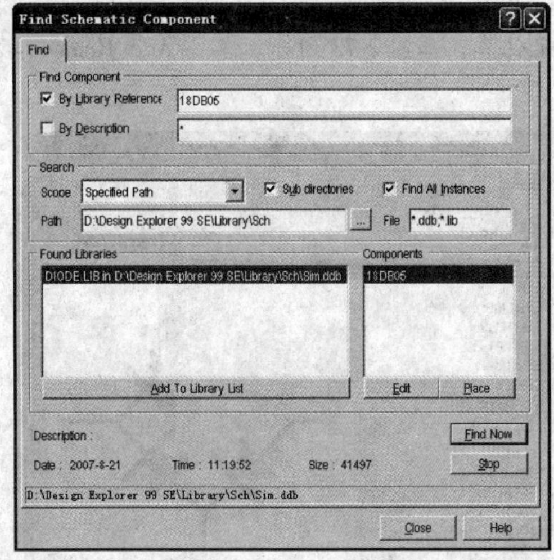

图 2-67　查找完成

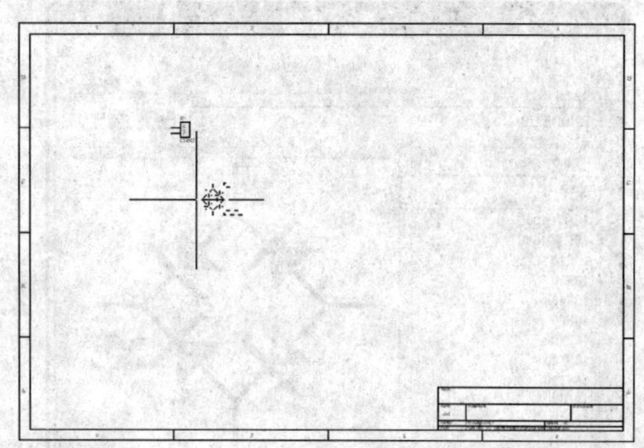

图 2-68　元件随鼠标一起出现在绘图页

在绘图页单击鼠标左键即可将元件 18DB05 放置到绘图页中，如图 2-69 所示。

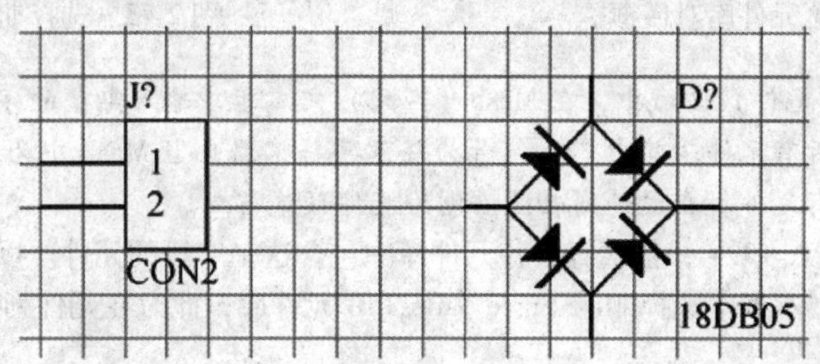

图 2-69　将 18DB05 放置到绘图页

4. 使用菜单命令查找元件并放置

放置电解电容。单击 Place 放置→Part 元件命令，如图 2-70 所示。此时系统将弹出如图 2-71 所示的放置元件对话框。

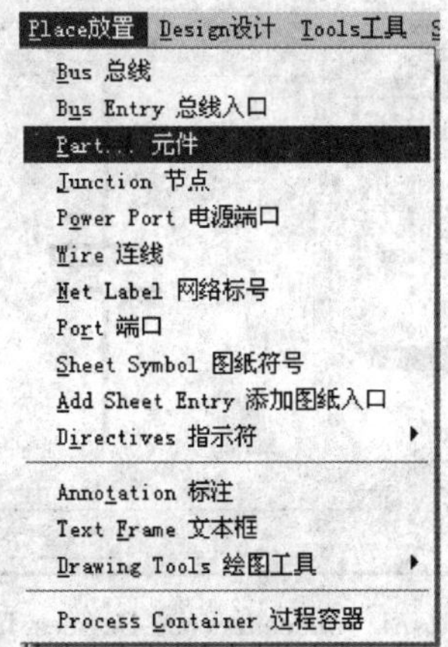

图 2-70　单击 Place 放置→Part 元件命令

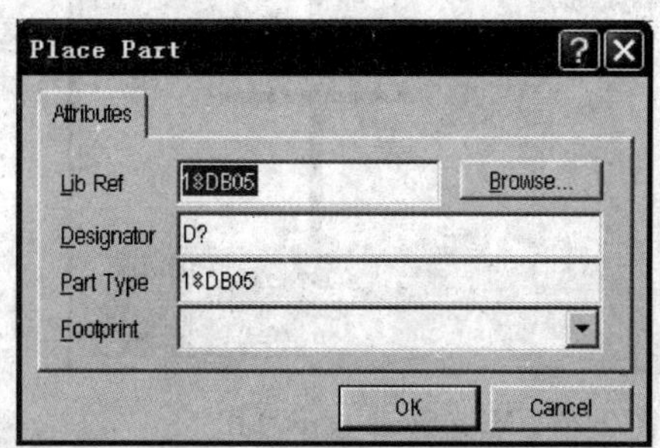

图 2-71　放置元件对话框

注：放置元件对话框的 Attributes 选项卡中包括 Lib Ref（元件名称）、Designator（元件标号）、Part Type（元件类型或元件标称值）、Footprint（元件封装）。

单击 Lib Ref 文本框后的 Browse 按钮，此时系统将弹出浏览元件库对话框，如图 2-72 所示。

注：在浏览元件库对话框的 Libraries 选项卡中包含如下内容。

1）单击 Libraries 文本框的下拉按钮，可选择期望的元件库，如图 2-73 所示。单击 Add/Remove 按钮可添加/删除元件库。

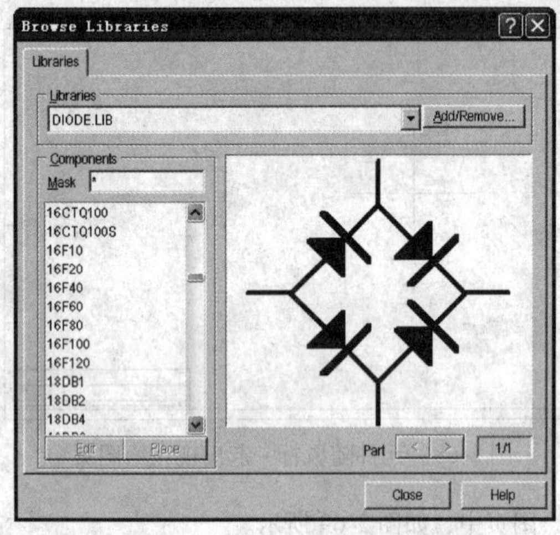

图 2-72　浏览元件库对话框

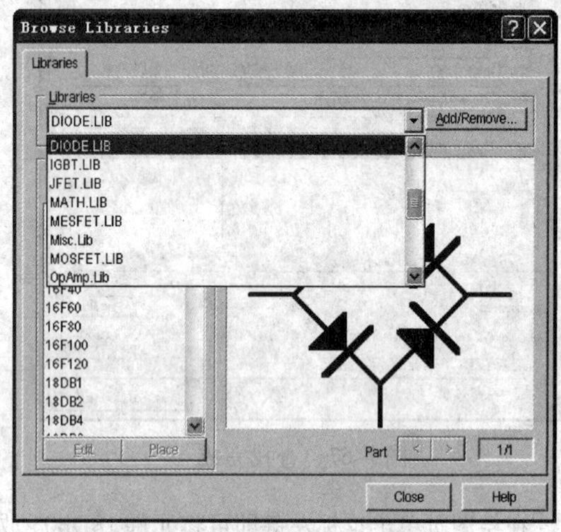

图 2-73　选择期望的元件库

2）在 Components（元件）区域中，在 Mask（匹配）文本框中输入期望的字段，则在其下方的列表框中列出包含其字段的所有元件。其中“＊”号为任意字符，因此当 Mask 中为“＊”号时，元件列表中将列出元件库中的所有元件。在元件列表区右侧为元件预览窗口。

在 Mask 文本框中输入＊C＊，依次查看各元件库中包含这一字段的元件。以 Misc Spice parts. LIB 元件库为例，在 Libraries 文本框中选择 Misc Spice parts. LIB 元件库，此时在元件列表中将列出如图 2-74 所示的元件。

通过元件的预览窗口可知，这一元件库中包含电容元件都为普通电容，而非所查找的电解电容。

按照上述方式继续查找，在 Miscellaneous Devices. lib 元件库中包含电解电容，如图 2-75 所示。

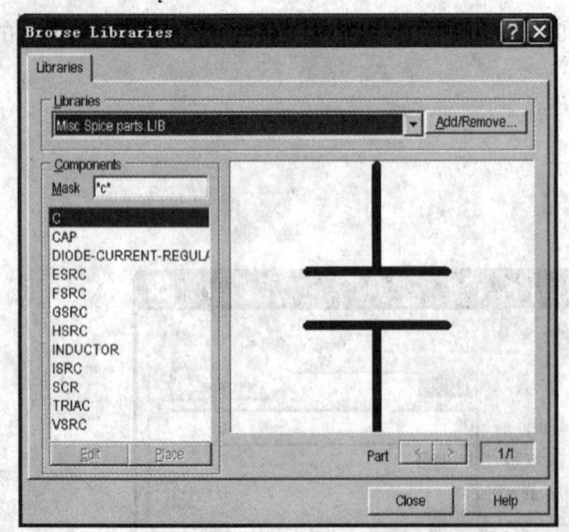

图 2-74　Misc Spice parts. LIB 中包含＊C＊字段的元件列表

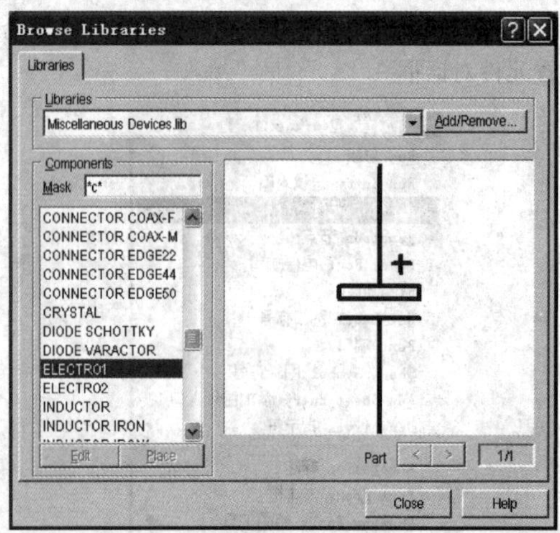

图 2-75　Miscellaneous Devices. lib 元件库中的电解电容

选中电解电容 ELECTRO1 元件后，单击 Close 按钮，此时元件将添加到放置元件对话框的元件名称文本框中，如图 2-76 所示。

在 Footprint 中输入元件封装 RB-. 2/. 4，如图 2-77 所示。

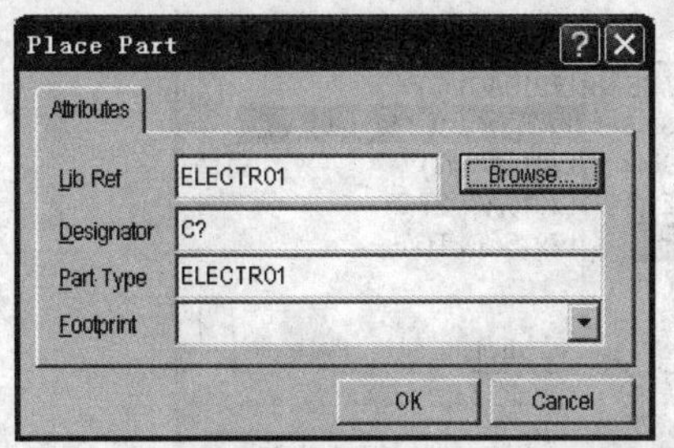

图 2-76　元件名称自动添加到文本框中

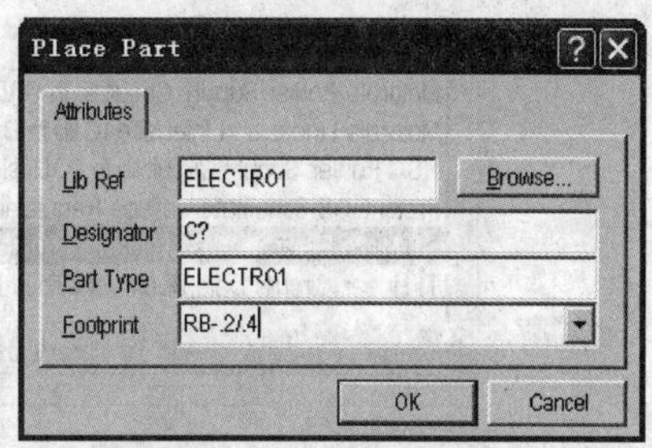

图 2-77　设置元件封装

完成设置后单击 OK 按钮即可将元件放置到绘图页，如图 2-78 所示。

再次单击菜单命令 Place→Part，在弹出的放置元件对话中单击 OK 按钮即可再次将电解电容放置到绘图页，如图 2-79 所示。

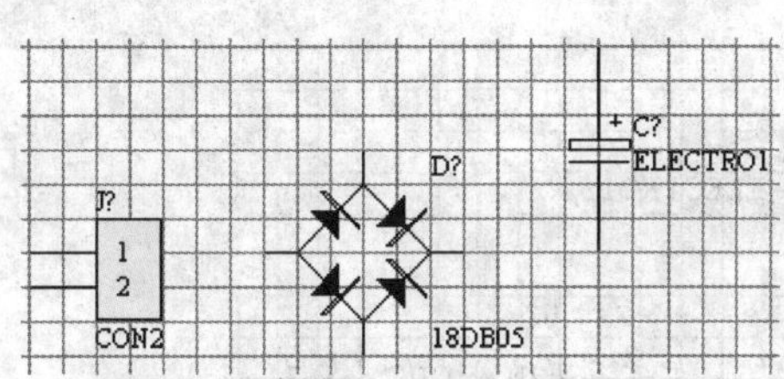

图 2-78　采用菜单命令放置元件

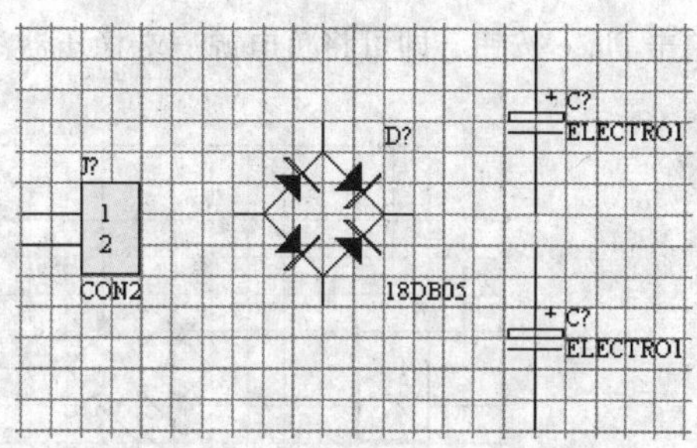

图 2-79　再次放置电解电容

5. 采用查询方式查找并放置元件

在电源电路中正电压三端稳压器用于为电路提供 +15V 电压，而负电压三端稳压器用于为电路提供 –15V 电压。在电路中使用的负电压三端稳压器为 L7915CV 型，单击设计管理器中 Browse Sch 选项卡中的 Find 按钮，在弹出的查找对话框中设置查找项，如图 2-80 所示。

单击 Find Now 按钮，程序进入查找元件状态，查找结束后系统显示查找结果，如图 2-81 所示。

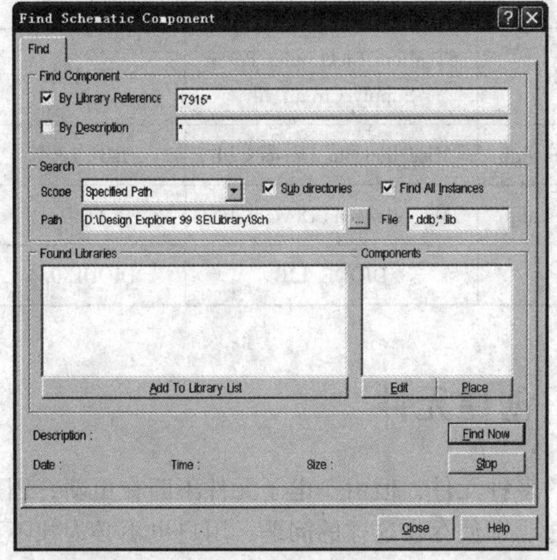

图 2-80　查找负电压三端稳压器 7915

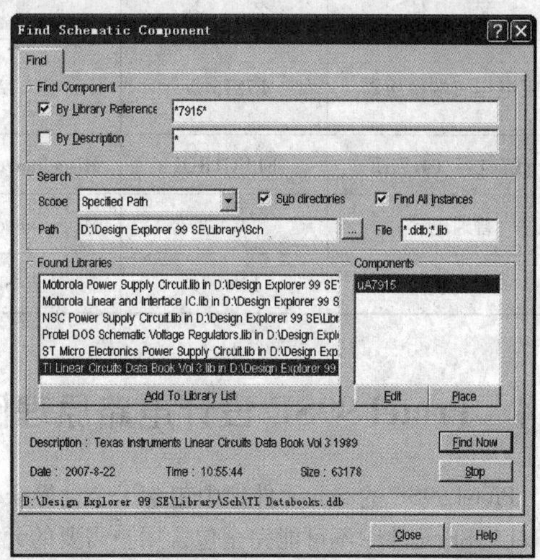

图 2-81　查找元件 7915 的显示结果

单击 Found Libraries 列表中的元件库，在 Components 列表框中将显示所有含有 uA7915 字段的元件。经查找，在 ST Micro Electronics Power Supply Circuit. lib 中包含 L7915CV 元件，如图 2-82 所示。

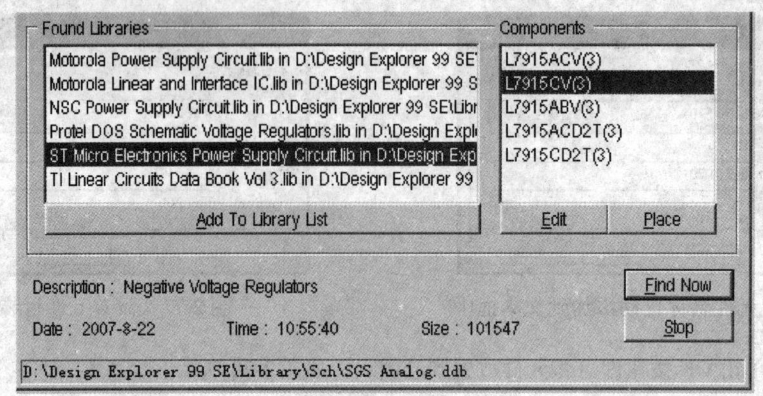

图 2-82　查找期望元件

单击 Place 按钮，即可将负电源三端稳压器添加到绘图页，如图 2-83 所示。

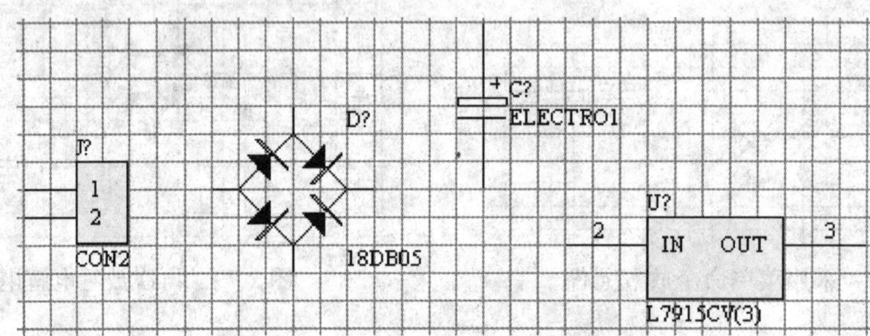

图 2-83　将负电源三端稳压器添加到绘图页

电源电路中其他元件的选取可参照上述方式。电源电路中各元件及其隶属库见表 2-4。

表 2-4　电源电路中各元件及其隶属库

元　　件	名　　称	隶　属　库	隶 属 子 库	封　　装
正电压三端稳压器	L7815CV	SGS Analog. ddb	ST Micro Electronics Power Supply Circuit. lib	TO220
电解电容（4. 7μF）	ELECTRO1	Miscellaneous Devices. ddb	Miscellaneous Devices. lib	RB-. 1/. 2
普通电容	CAP	Miscellaneous Devices. ddb	Miscellaneous Devices. lib	RAD-0. 1
二极管	1N4001	Sim. ddb	DIODE. LIB	DIODE-0. 4

2. 4　Protel 99SE 设计电路原理图——创建元件

Protel 99SE 的 Sch 元件库中包含了全世界众多厂商的多种元件，但由于电子元件不断在更新，因此 Protel 99SE 元件库不可能完全包含用户需要的元件。不过，即使存在这样的问题，用户也不必为找不到元件而忧虑，因为在 Protel 中提供了创建新元件的功能。如用户使用到单总线数字温度传感器 DS18B20

时，从系统显示的查询结果可知，在 Protel 99SE 原件库中无法找到元件，如图 2-84 所示。这时，用户可以在 Protel 99SE 中创建该元件。

1. 创建原理图库文件

将显示窗口切换回到 Documents 窗口，如图 2-85 所示。

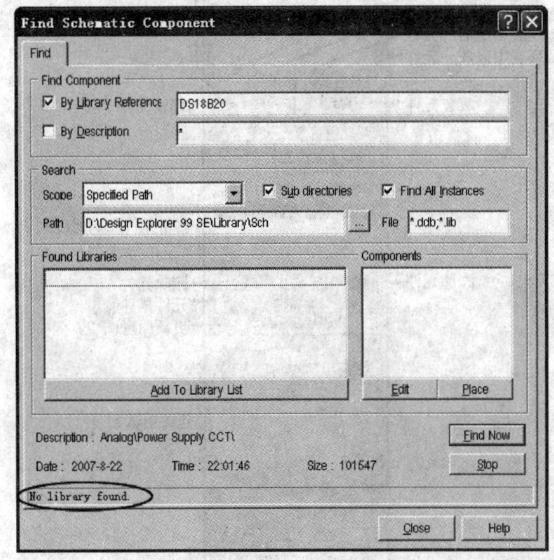

图 2-84　在 Protel 99SE 中查找 DS18B20

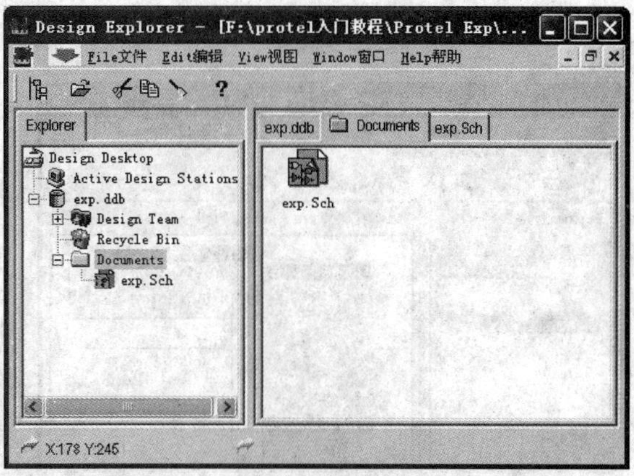

图 2-85　将窗口切换到 Documents 窗口

在 Documents 窗口中单击鼠标右键，在弹出的下拉式菜单中选择 New 选项，此时系统将弹出新建文件对话框，在对话框中选择 Schematic Library Document 文件，如图 2-86 所示。

双击 Schematic Library Document 文件后，系统将在 Documents 窗口新建一个原理图库文件，如图 2-87所示。

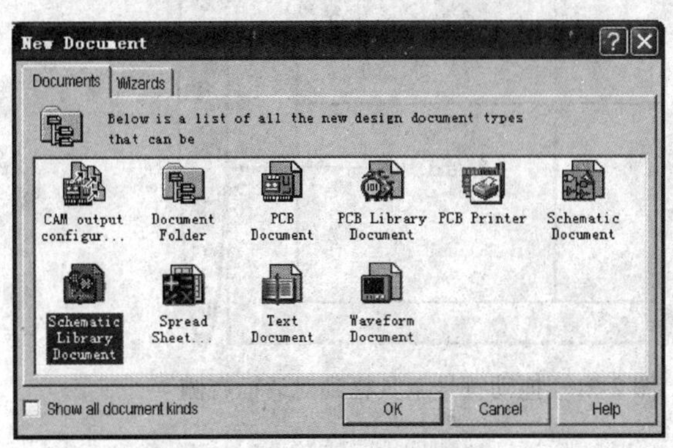

图 2-86　选择 Schematic Library Document 文件

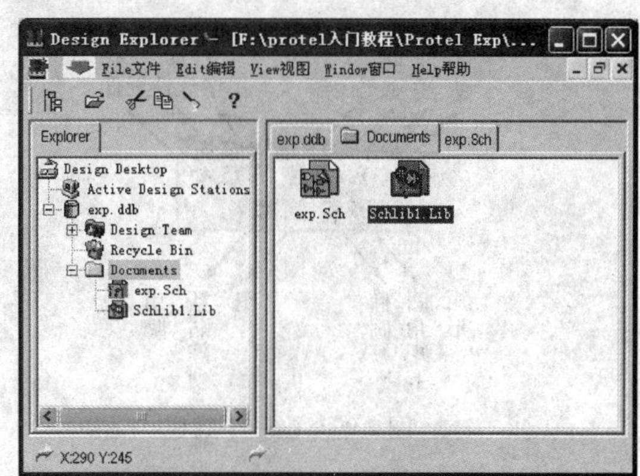

图 2-87　系统新建一个原理图库文件

采用系统的默认名称，双击 Schlib1. Lib 图标后，系统进入元件设计界面，如图 2-88 所示。

注：元件设计界面中的 Browse SchLib 选项卡用于元件管理，其包含如图 2-89 所示的信息。

此外，用户可看到在元件设计界面包含 SchLibIEEETools 符号工具栏及 SchLibDrawingTools 画图工具栏。符号工具栏用于放置信号方向符号、阻抗状态符号等，而画图工具栏提供设计元件的基本元素，如直线、圆形、矩形等基本图形，如图 2-90 所示。

单击符号工具栏，将其拖动到绘图对话框右侧，如图 2-91 所示。

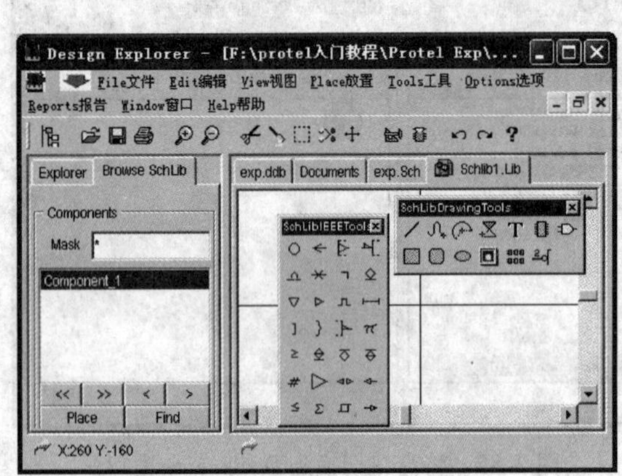

图 2-88　系统进入元件设计界面

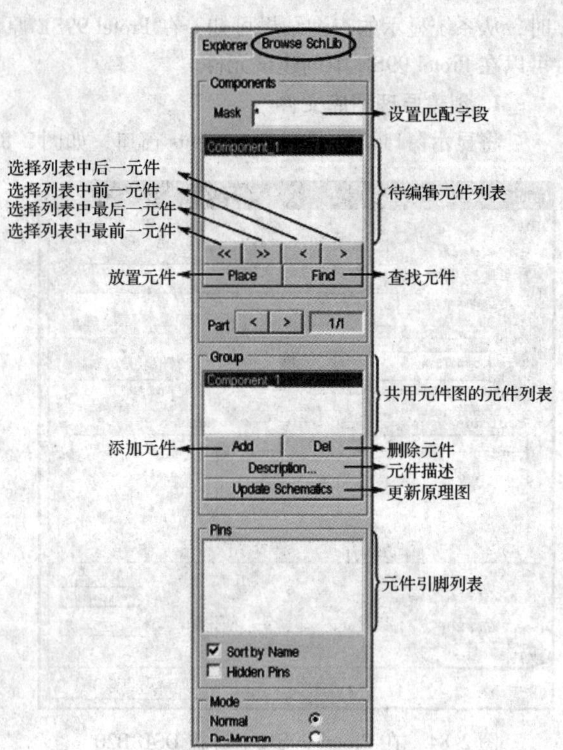

图 2-89　元件设计界面中的 Browse SchLib 选项卡信息

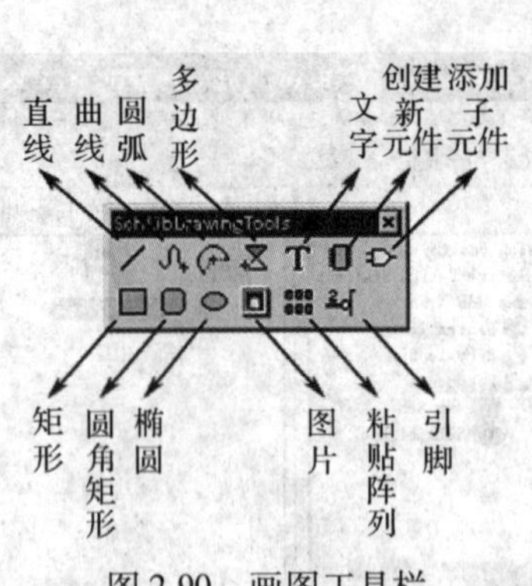

图 2-90　画图工具栏

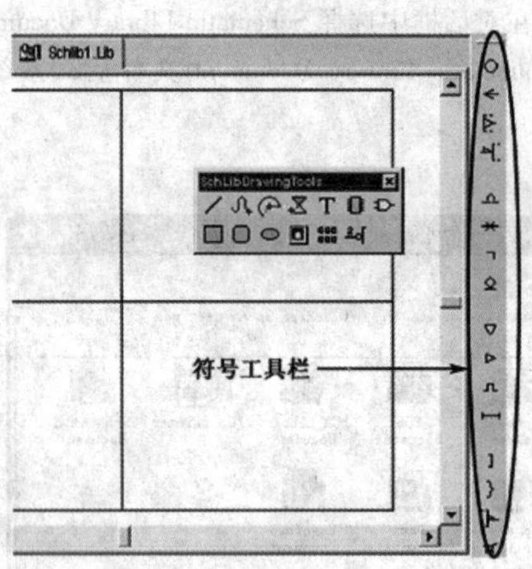

图 2-91　拖动符号工具栏到对话框右侧

按照同样方式将画图工具栏也拖动到窗口右侧，以便于编辑元件。

2. 新建法

在创建 DS18B20 之前，首先看 DS18B20 的元件外观，如图 2-92 所示。

其采用 TO-29 封装。其中 1 脚接地，2 脚为数据输入/输出端口，而 3 脚为电源引脚。按照上述元件模型在 Protel 99SE 中创建元件。在元件设计窗口单击 Add 按钮，系统将弹出如图 2-93 所示的编辑新元件名称对话框。

在 Name 选项卡的文本框中输入新元件名称 DS18B20，如图 2-94 所示。

然后单击 OK 按钮完成编辑，系统将新建元件添加到元件列表，如图 2-95 所示。

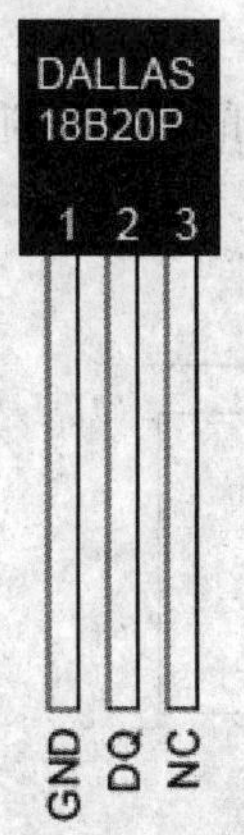

图 2-92　DS18B20 元件外观

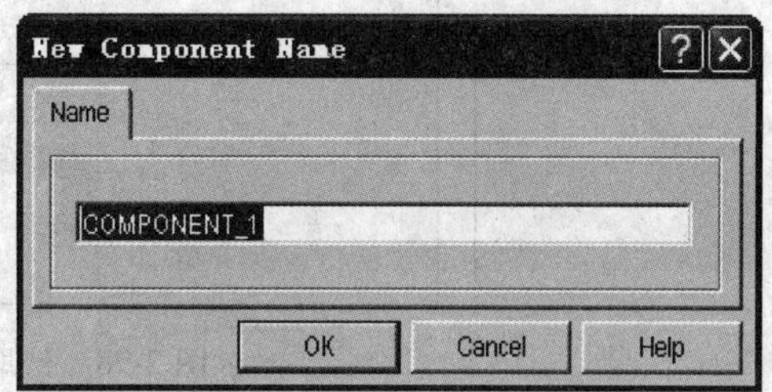

图 2-93　编辑新元件名称对话框

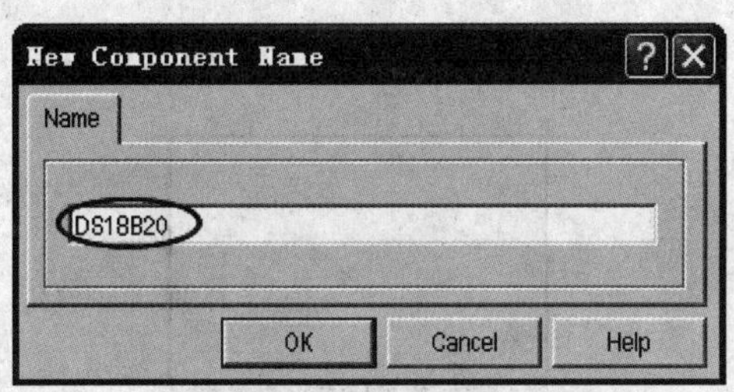

图 2-94　为新元件命名

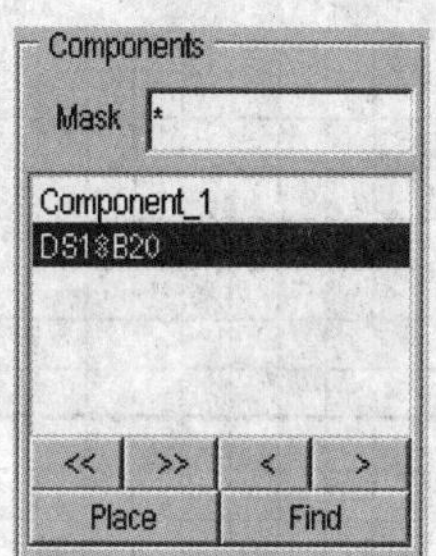

图 2-95　系统将新建元件添加到元件列表

单击 Protel 菜单栏的 View→Visible Grid 命令，如图 2-96 所示，显示网格命令。

此时编辑窗口将显示网格，如图 2-97 所示。

图 2-96　显示网格命令

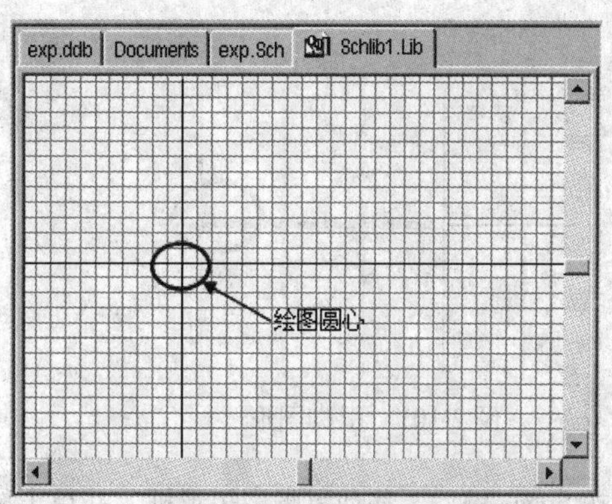

图 2-97　编辑窗口显示网格

注：在设计元件时，要在绘图圆心开始设计元件，否则在原理图中放置新创建的元件时，可能会出现鼠标指针总是与元件相隔很远的现象。

单击绘图工具栏的设计矩形图标，并移动鼠标到编辑窗口，可以看到鼠标下跟随一矩形框，如图2-98所示。

图2-98　选取矩形框

在绘图圆心单击鼠标左键后，拖动鼠标到希望的矩形大小，如图2-99所示。

直到绘图页出现希望的矩形框时，单击鼠标左键确认，此时矩形框被放置到绘图页，如图2-100所示。

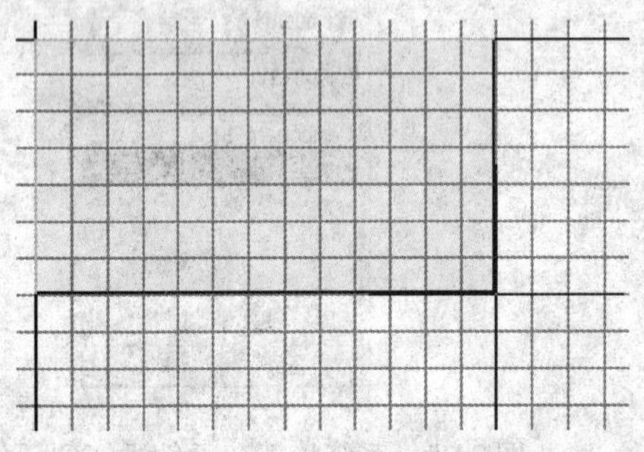

图2-99　拖动鼠标到希望的矩形大小

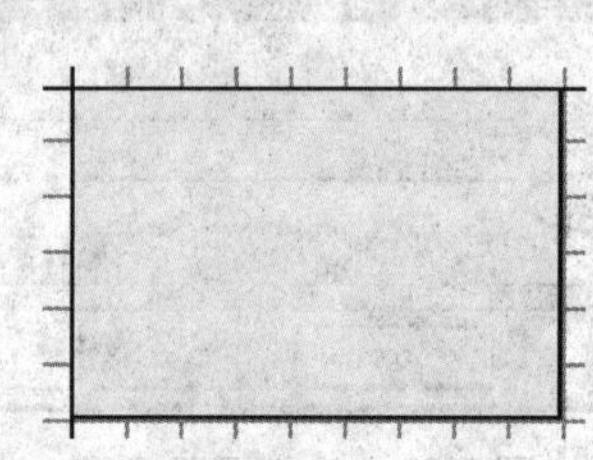

图2-100　放置矩形框

放置完成后，单击鼠标右键退出放置矩形框状态。

选取绘图工具栏的引脚图标，并移动鼠标到编辑窗口，可以看到鼠标下跟随一引脚图形，如图2-101所示。图中带有点状的端口应该放在元件的外部，因为它具有节点的作用，导线只有与它相连，才能使电路导通。

按Space键，引脚将以90°为步长逆时针旋转，如图2-102所示。

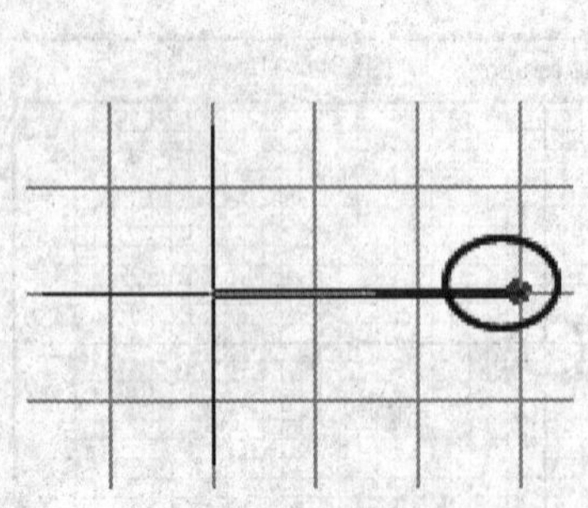

图2-101　引脚图形

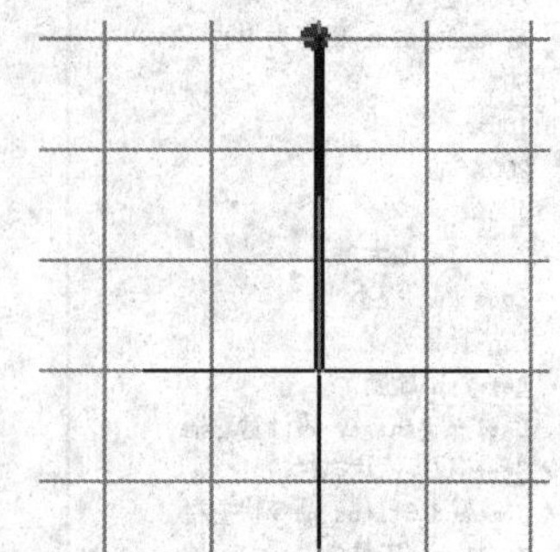

图2-102　使用Space键逆时针旋转引脚

再次按Space键后，移动引脚到矩形框，并单击鼠标左键放置引脚，如图2-103所示。

因为DS18B20包含3个引脚，因此，再次单击鼠标放置第2个引脚。第3个引脚的放置方式与第2个引脚相同。引脚放置结果如图2-104所示。

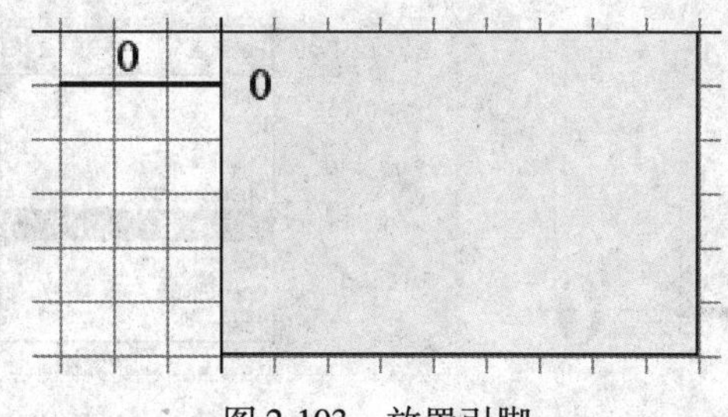

图 2-103　放置引脚

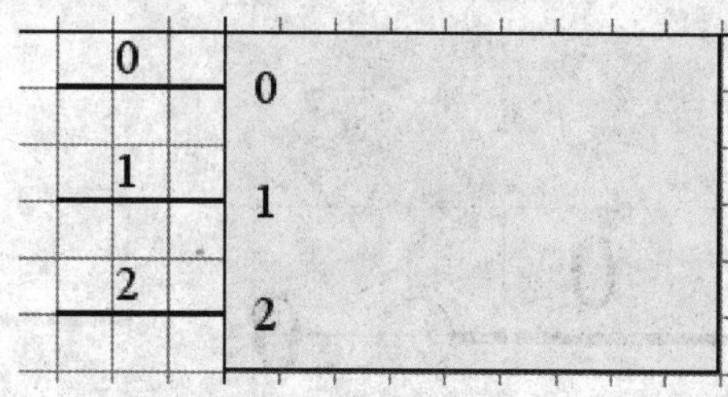

图 2-104　引脚放置结果

引脚放置完成后，单击鼠标右键退出放置引脚状态。

将鼠标放置到标号为 0 的引脚上，单击鼠标左键，同时按下 Tab 键，系统将弹出引脚编辑对话框，如图 2-105 所示。

注：引脚编辑对话框的 Properties 选项卡包含如下内容：

1）Name 为引脚名称。

2）Number 为引脚标号。

3）X-Location 为引脚起点横坐标。

4）Y-Location 为引脚起点纵坐标。

5）Orientation 为引脚方向，单击其文本框后的下拉按钮，可选择元件方向，如图 2-106 所示。

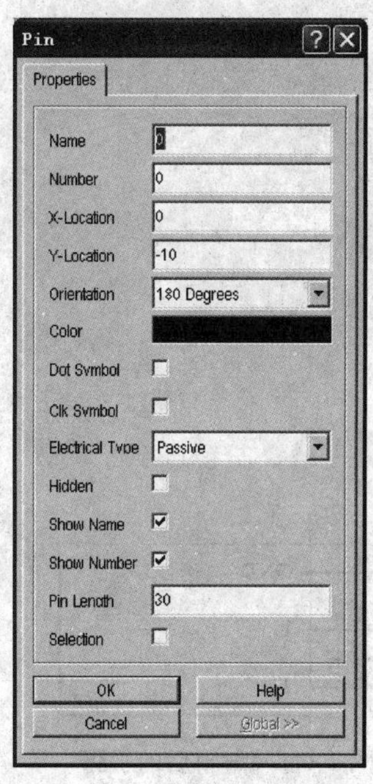

图 2-105　引脚编辑对话框

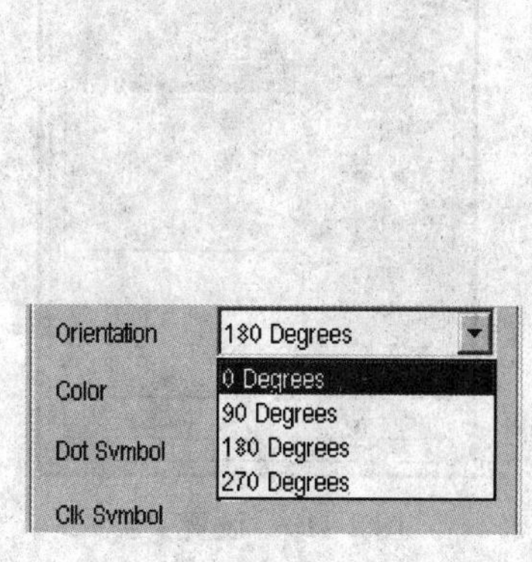

图 2-106　选择元件方向

6）Color 为引脚颜色。

7）Dot Symbol 为是否带有取反符号，勾选这一选项前面的复选框可使能这一功能。带有取反标志的引脚如图 2-107 所示。

8）Clk Symbol 为是否带有时钟符号，勾选这一选项前面的复选框可使能这一功能。带有时钟标志的引脚如图 2-108 所示。

9）Electrical Type 为引脚电气类型，单击其文本框后的下拉按钮，可选择引脚的电气类型，如图 2-109所示。

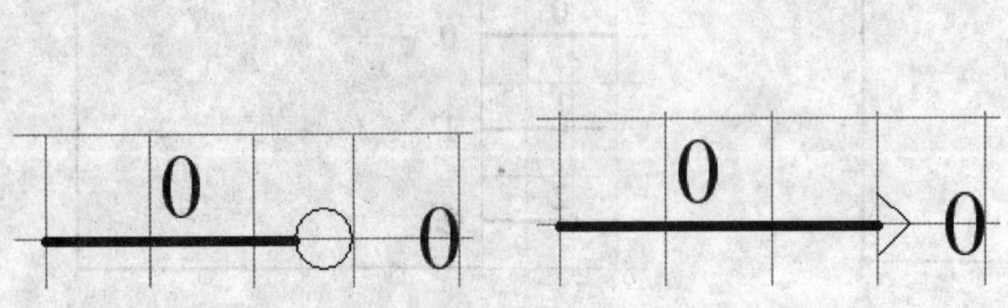

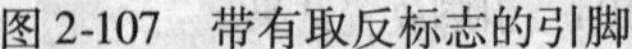

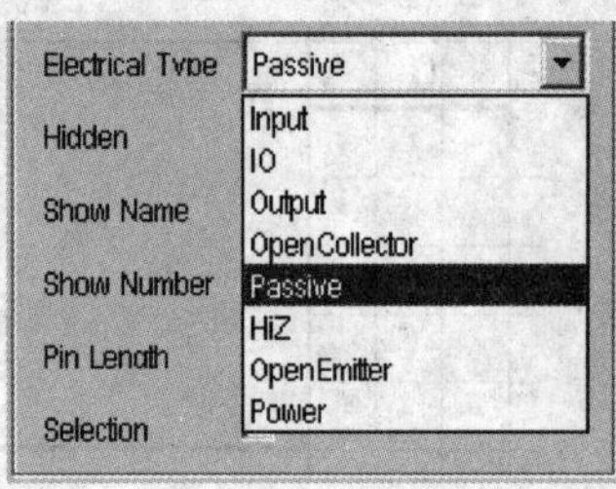

图 2-107　带有取反标志的引脚　　图 2-108　带有时钟标志的引脚　　图 2-109　选择引脚电气类型

10）Hidden 为是否隐藏引脚。

11）Show Name 为是否显示引脚名称。

12）Show Number 为是否显示引脚标号。

13）Pin Length 为引脚长度。

14）Selection 为是否选中引脚。

设置引脚名称为 GND，引脚标号为 1，引脚的电气类型为 Power，其他选项采用系统默认设置，如图 2-110 所示。

设置完成后，单击 OK 按钮完成设置。编辑后的引脚如图 2-111 所示。

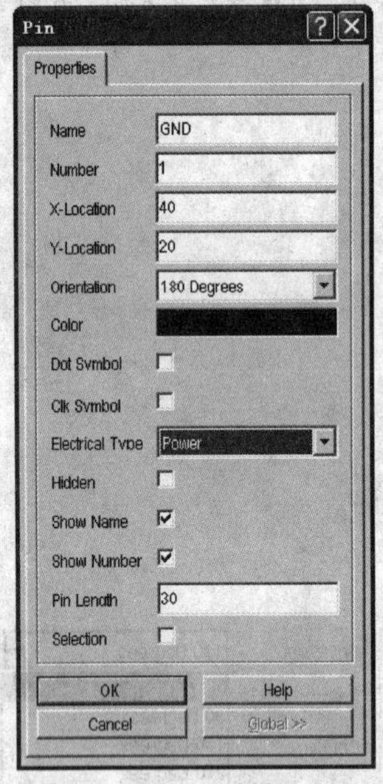

图 2-110　设置引脚

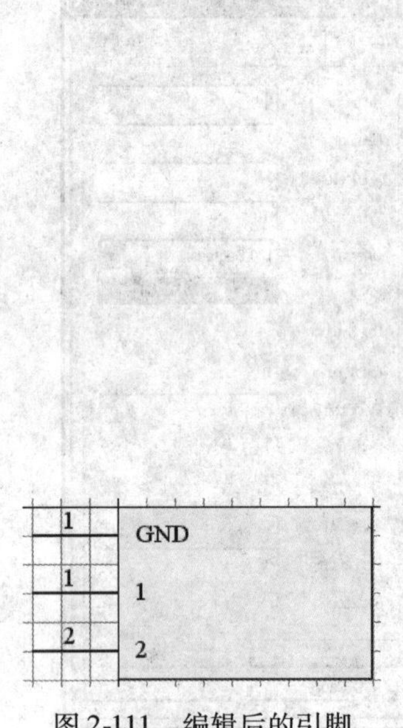

图 2-111　编辑后的引脚

其他引脚的设置如图 2-112 所示。

编辑好的元件引脚如图 2-113 所示。

此外，用户也可通过矩形框的属性编辑对话框设置矩形框。将鼠标放置到矩形框中，双击鼠标左键，即可打开矩形框的属性编辑对话框，如图 2-114 所示。

注：在矩形框的属性编辑对话框中包含如下编辑选项：

1）X1-Location 为矩形框左下角横坐标。

2）Y1-Location 为矩形框左下角纵坐标。

3）X2-Location 为矩形框右上角横坐标。

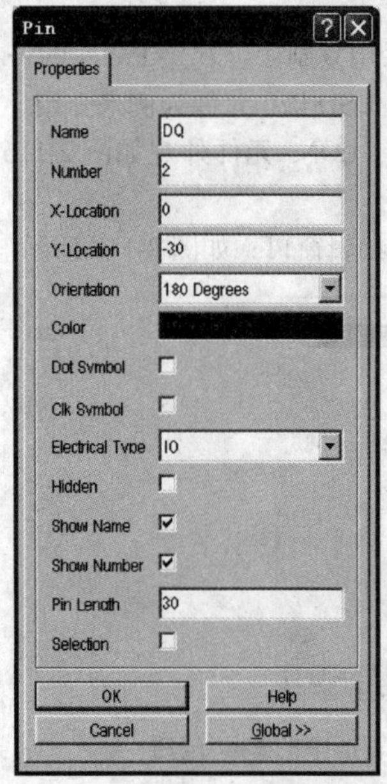

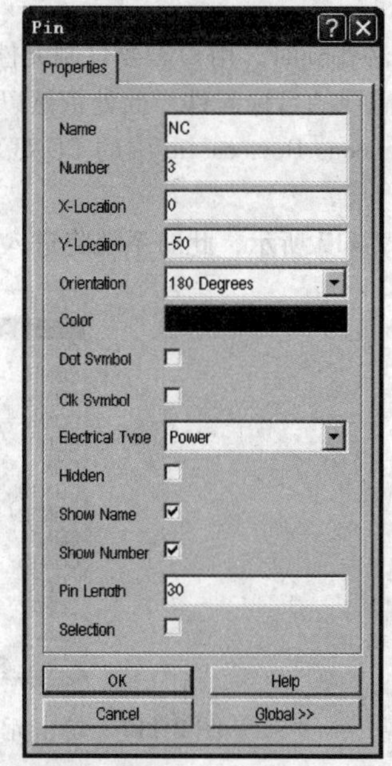

图 2-112　其他引脚的设置

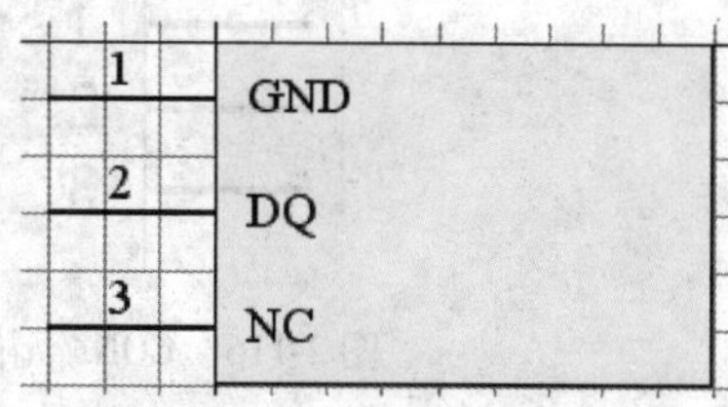

图 2-113　编辑好的元件引脚

4）Y2-Location 为矩形框右上角纵坐标。

5）Border Width 为矩形框线宽，单击下拉列表的下拉按钮可选择系统提供的选项。

6）Border Color 为矩形框边框颜色，在文本框中单击鼠标左键，即可弹出颜色选择对话框，如图 2-115 所示。

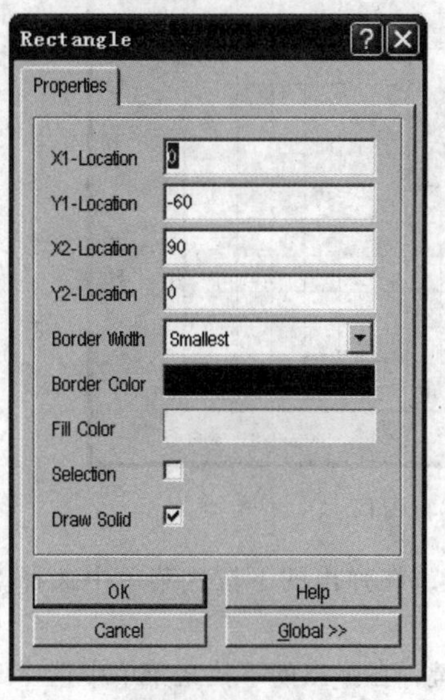

图 2-114　矩形框的属性编辑对话框

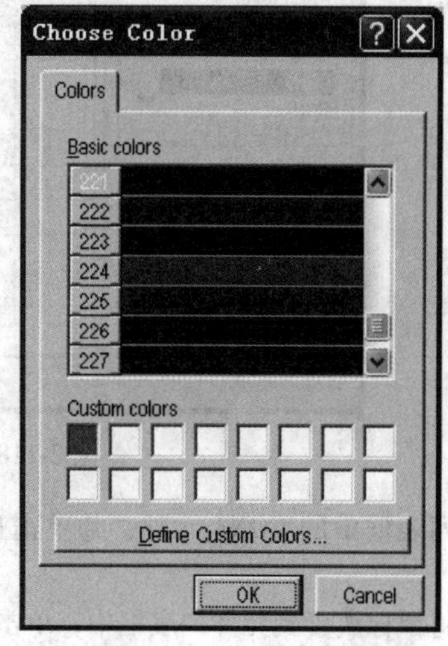

图 2-115　颜色选择对话框

选择期望的颜色后，单击 OK 按钮即可完成颜色设置。

7）Fill Color 为矩形框填充颜色，选择其后的文本框可选择填充色，方法同上。

8）Selection 为是否选中矩形框。

9）Draw Solid 为是否以实体形式显示。

在本设计中采用矩形框的默认设置。

3. 复制法

当用户所需的元件在 Protel 99SE 中无法找到时，用户需要自制元件。采用复制法可利用 Protel 99SE 元件库中现有的元件，经过修改成为用户需要的目标元件。此处依然以建立 DS18B20 元件为例来介绍。

经观察，DS18B20 元件外观与 Miscellaneous Devices. lib 中的 CON3 相像，CON3 元件外观如图 2-116 所示。

单击元件列表框中的 Edit 按钮，如图 2-117 所示，此时系统将进入元件编辑窗口，如图 2-118 所示。

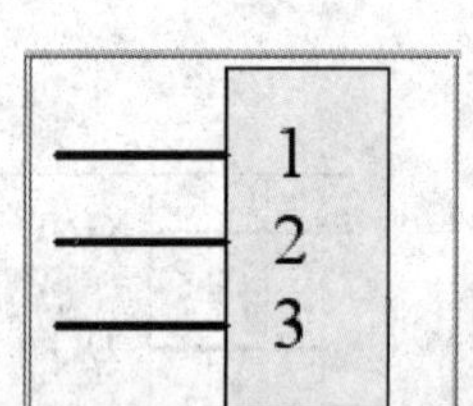

图 2-116　CON3 元件外观

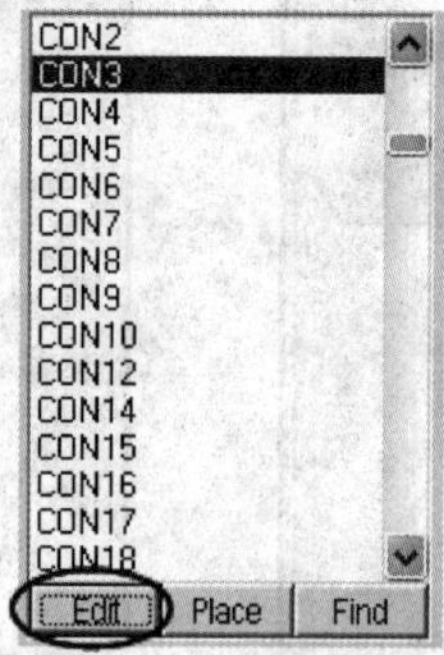

图 2-117　单击元件列表框中的 Edit 按钮

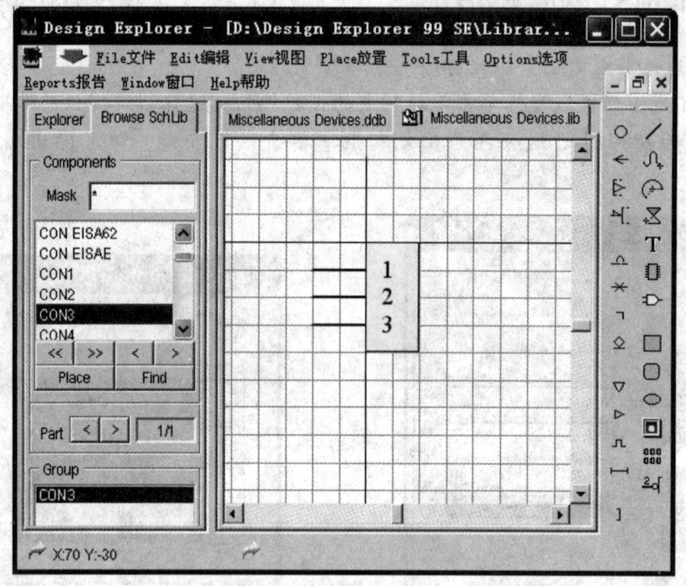

图 2-118　元件编辑窗口

选中元件列表框中的 CON3 元件，并单击鼠标右键，在弹出的下拉式菜单中选择 Copy 选项，如图 2-119所示。

然后再次将鼠标放置到元件列表框中，单击鼠标右键，在弹出的下拉式菜单中选择 Paste 选项，如图 2-120 所示。

此时在元件列表框中出现 CON3_1 元件，复制后的元件如图 2-121 所示。

单击菜单 Tools→Rename Component 命令，如图 2-122 所示，此时系统将弹出如图 2-123 所示的新创建元件命名对话框。

在 Name 栏中输入 DS18B20，如图 2-124 所示。单击 OK 按钮确认设置。此时在元件列表框中出现元件 DS18B20，如图 2-125 所示。

图 2-119　选择 Copy 选项

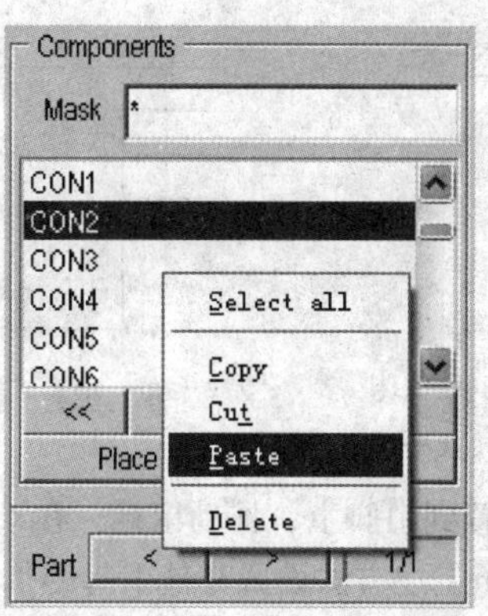

图 2-120　选择 Paste 选项

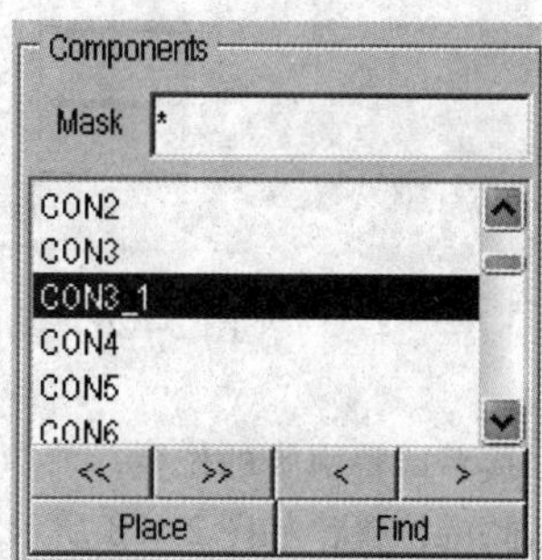

图 2-121　复制后的元件

图 2-122　菜单 Tools→Rename Component 命令

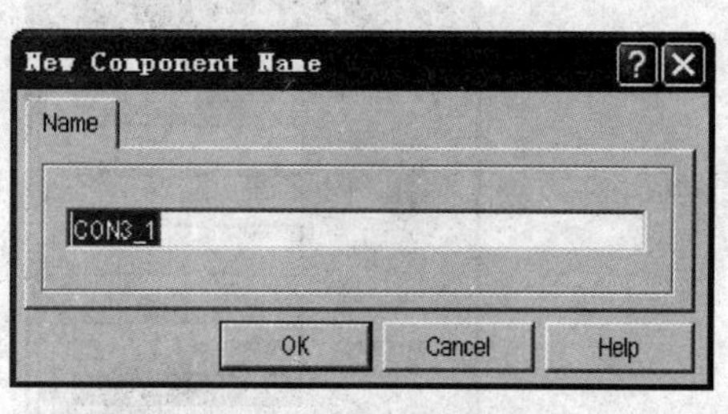

图 2-123　新创建元件命名对话框

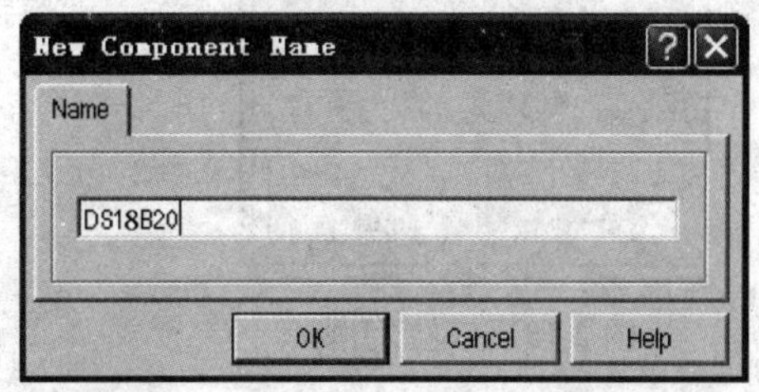

图 2-124　在 Name 栏中输入 DS18B20

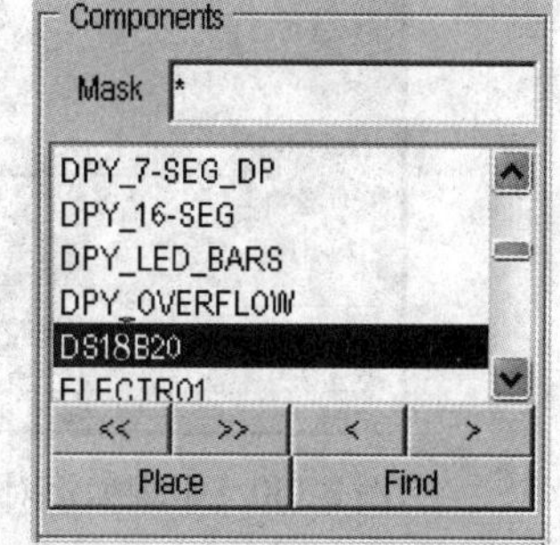

图 2-125　在元件列表框中新增 DS18B20 元件

选择元件设计矩形框，则在四周出现如图 2-126 所示的手柄。拖动手柄，在希望的位置释放鼠标，即可改变矩形框的尺寸，如图 2-127 所示。

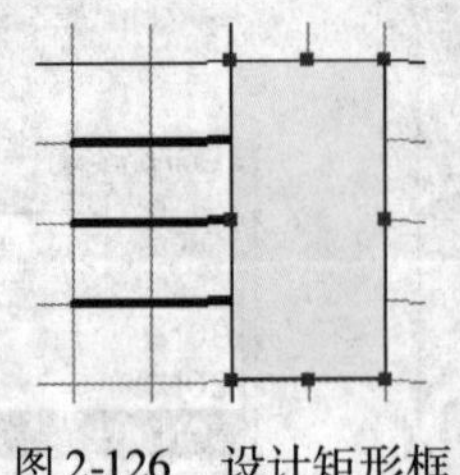

图 2-126　设计矩形框

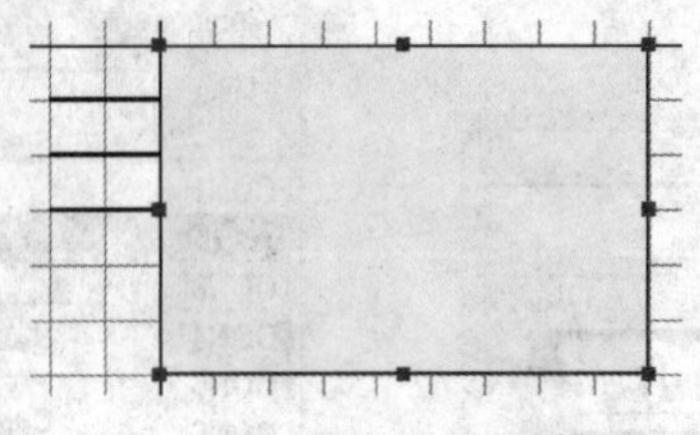

图 2-127　更改矩形框尺寸

接着调整引脚的位置。将鼠标放置到引脚上，拖动鼠标，在期望放置引脚的位置释放鼠标，即可改变引脚的位置，如图 2-128 所示。按照上述方法设置其他引脚的位置，结果如图 2-129 所示。

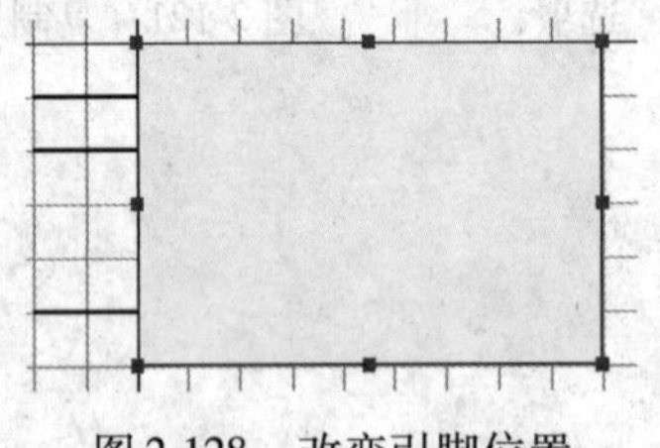

图 2-128　改变引脚位置

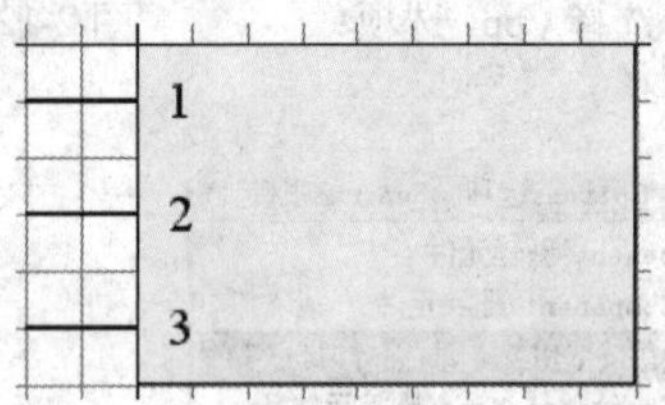

图 2-129　设置其他引脚的位置

双击 1 号引脚，将弹出引脚编辑对话框，如图 2-130 所示。

设置引脚名称为 GND，引脚标号为 1，引脚的电气类型为 Power，显示引脚号，引脚长度为 20，其他选项采用系统默认设置，如图 2-131 所示。

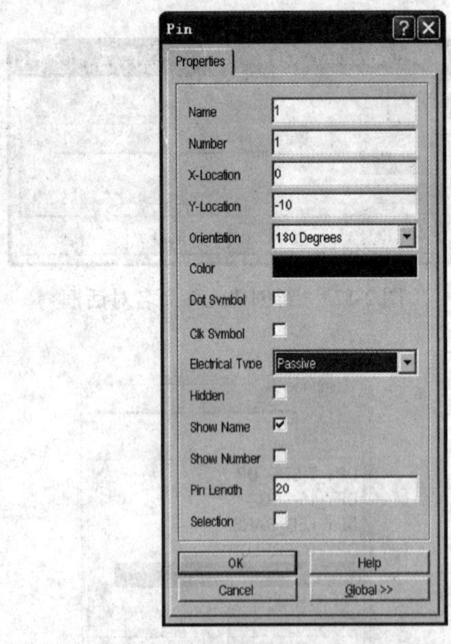

图 2-130　引脚编辑对话框

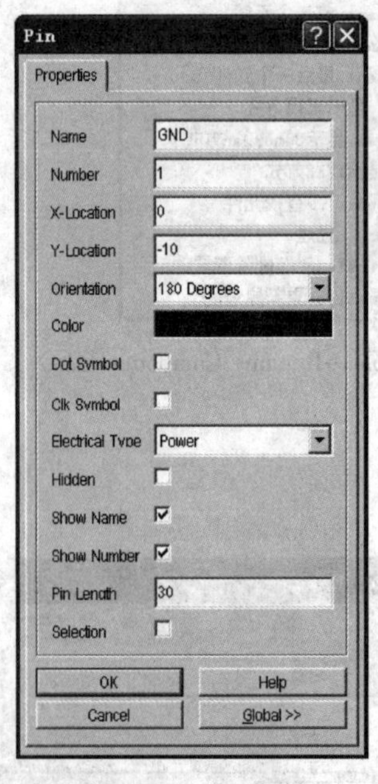

图 2-131　设置引脚

设置完成后，单击 OK 按钮完成设置。编辑后的文件引脚如图 2-132 所示。

按照上述方法编辑其他引脚，结果如图 2-133 所示。

单击主工具栏保存按钮，保存新创建的元件，然后系统回到原理图设计窗口。

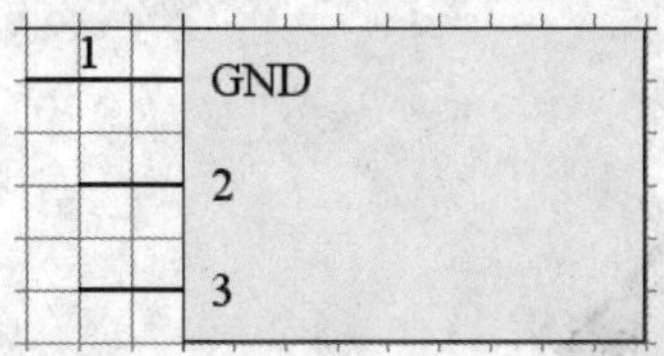

图 2-132　编辑后的引脚

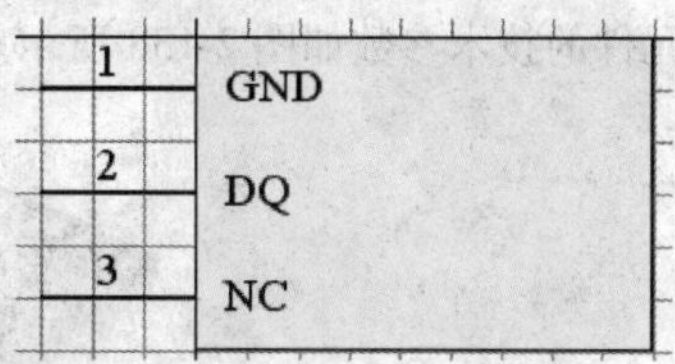

图 2-133　编辑好的元件引脚

4. 采用新建法创建的元件的放置

在设计元件窗口选中 DS18B20，然后单击 Place 按钮，如图 2-134 所示。此时系统将自动切换回原理图窗口，鼠标下跟随 DS18B20 元件，如图 2-135 所示。

图 2-134　选中元件 DS18B20 后单击 Place 按钮

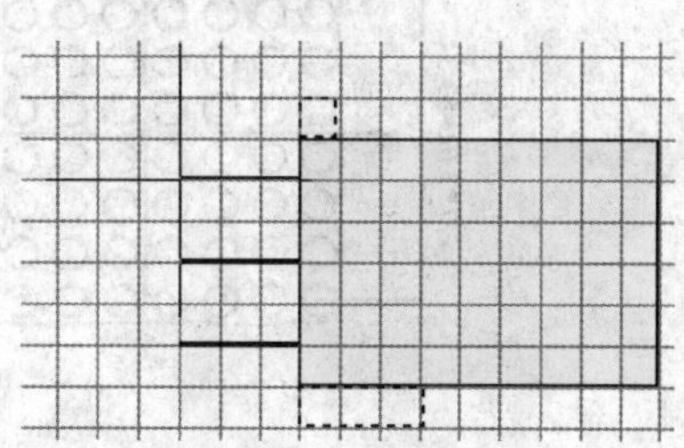

图 2-135　鼠标下跟随 DS18B20 元件

在原理图窗口期望放置元件的位置单击鼠标左键即可放置元件，而单击鼠标右键，将退出元件放置状态。

5. 采用复制法创建的元件的放置

在原理图设计窗口的库浏览窗口选择 Miscellaneous Devices. lib 库，则在元件列表中可查看到 DS18B20 元件，如图 2-136 所示。选中 DS18B20 元件后，单击 Place 按钮，即可放置元件到绘图窗口。

6. 新建 LED 元件

以 8 × 8 双色 LED 点阵元件创建为例。在 Protel 99SE 软件环境下设计电路的电路原理图时，用户发现在 Protel 99SE 的元件库中找不到 8 × 8 双色 LED 点阵元件，因此需要手动制作元件。在制作元件之前，用户需创建自己的元件库，如图 2-137 所示。

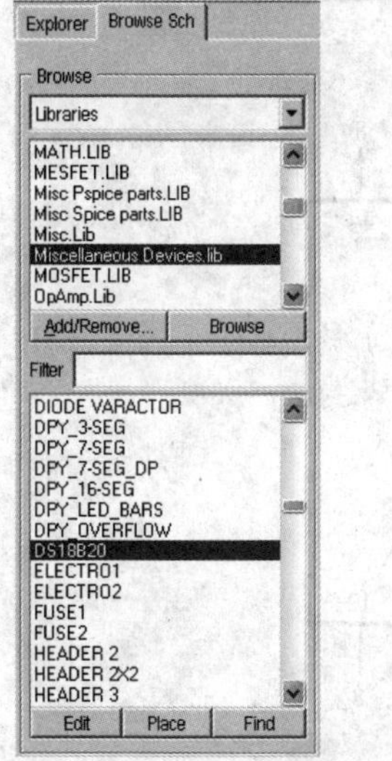

图 2-136　在 Miscellaneous Devices. lib 库中查找 DS18B20 元件

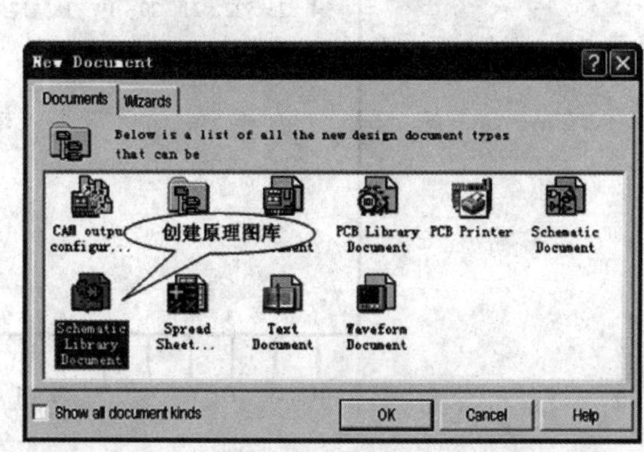

图 2-137　创建元件库

LED 点阵元件的技术参数如图 2-138 所示。

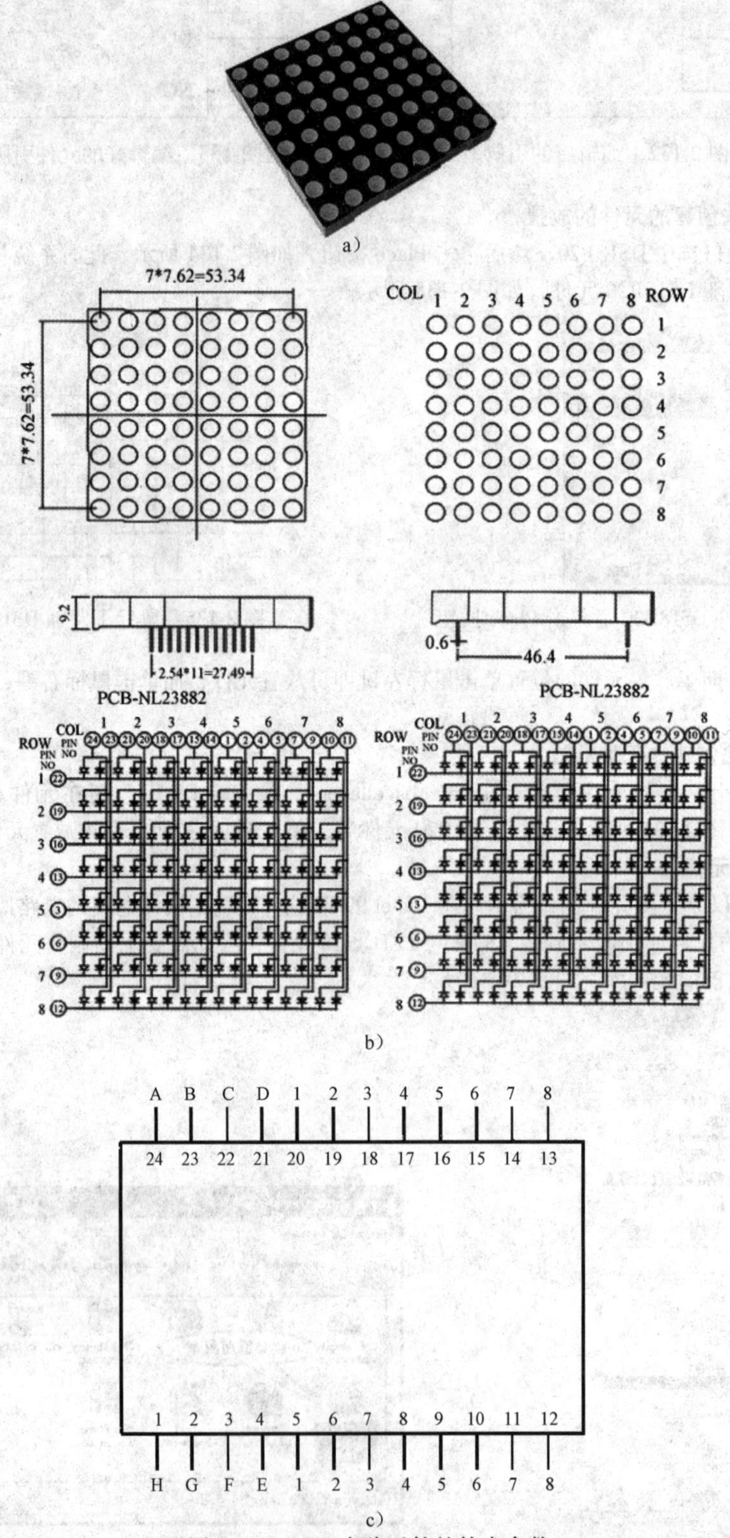

a）

b）

c）

图 2-138　LED 点阵元件的技术参数

a）双色 LED 点阵元件实物　b）双色 LED 点阵元件尺寸　c）双色 LED 点阵元件引脚

在原理图编辑窗口，按照 LED 点阵设计元件，如图 2-139 所示。

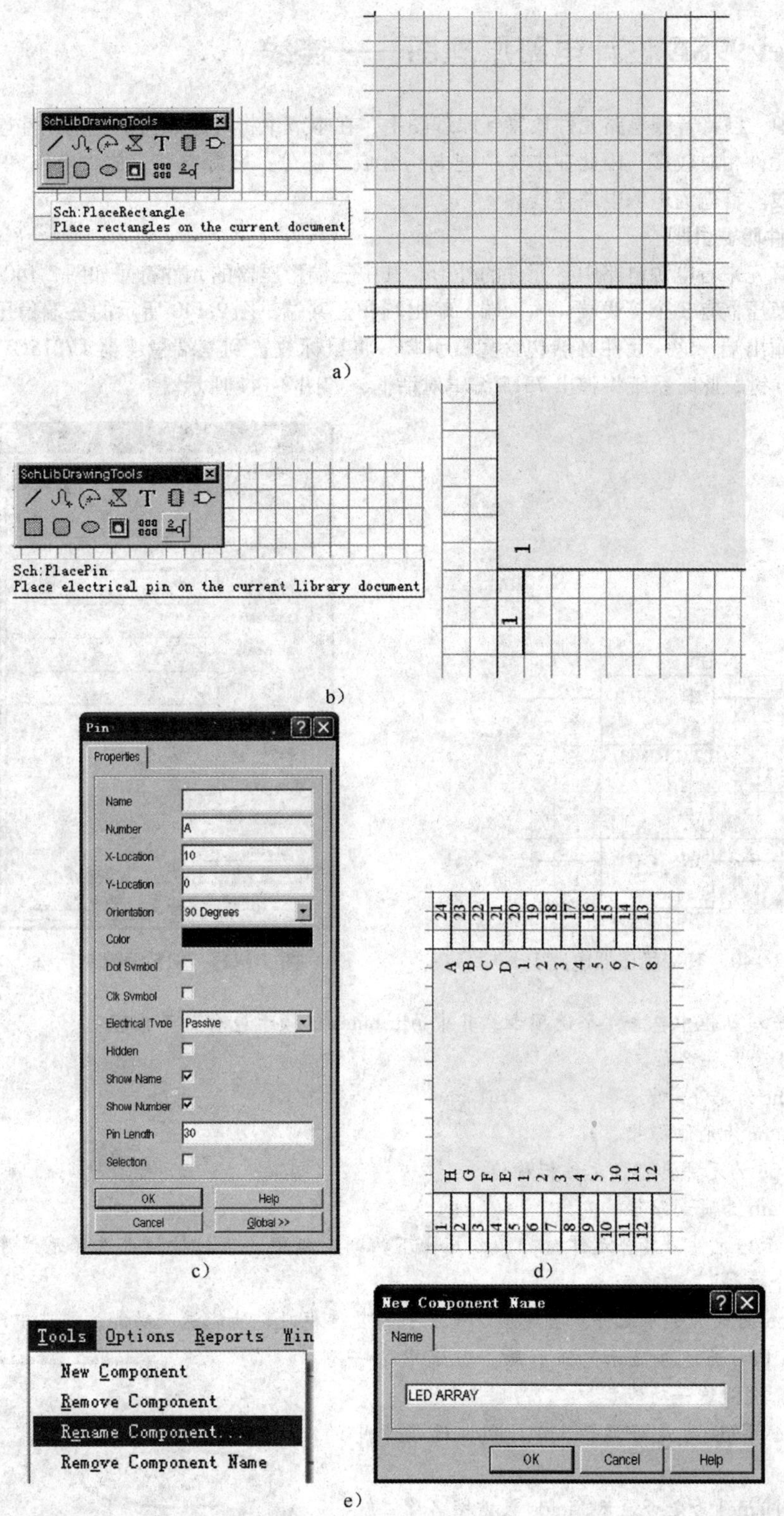

图 2-139　按照 LED 点阵设计元件

a）放置矩形框　b）放置元件引脚　c）编辑元件引脚　d）编辑好的 LED 点阵元件　e）元件重命名

至此，LED 点阵制作完成。

2.5　Protel 99SE 设计电路原理图——连线

在 2.3 节中，已将音频电路元件放置到原理图中，在本节中将讲述如何把这些元件连接起来。

由于电路元件相对较多，因此在本文中把电路分成 3 部分：电源电路、放大电路和功率放大电路，并分别进行布线。首先为电源电路连线。

1. 显示元件隐藏引脚

在布线前首先来看电源电路中各元件的外形。其中三端稳压器的元件符号如图 2-140 所示。

三端集成稳压器有 3 个接线端：输入端、输出端和公共端。图 2-140 所示的三端稳压器电路符号只给出输入端与输出端，这一元件必然包含隐藏引脚。将鼠标放置到三端稳压器 L7815CV 上，按鼠标左键，同时按 Tab 键，此时系统将弹出 7815 编辑对话框，如图 2-141 所示。

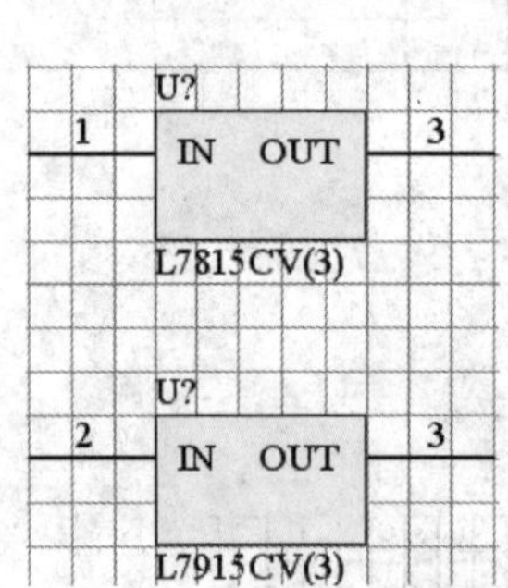

图 2-140　三端稳压器电路符号

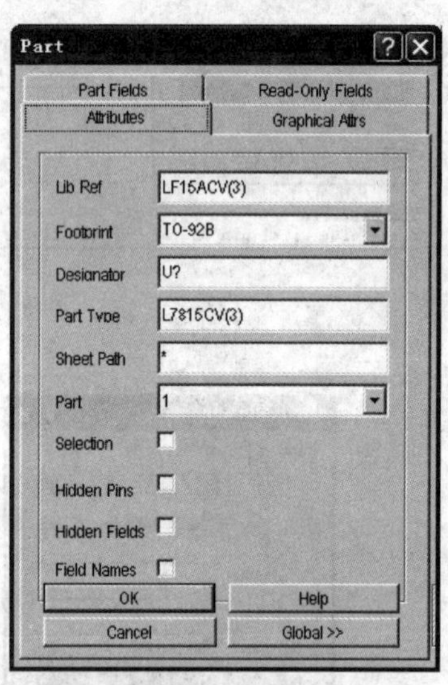

图 2-141　7815 编辑对话框

注： 在这一对话框中包含 4 个选项卡，其中 Altributes 选项卡包含如下内容：

1）Lib Ref 为元件名称。

2）Footprint 为元件封装。

3）Designator 为元件标号。

4）Part Type 为元件类型或元件标称值。

5）Sheet Path 为页面路径。

6）Part 表示当元件为复合元件时，单击 Part 下拉列表框中的下拉按钮可选择元件序号，即为复合元件中的第几个元件。

7）Selection 为是否选中元件。当选中这一选项的复选框时，使能这一功能，即选中元件。

8）Hidden Pins 为是否显示隐藏引脚。当选中这一选项的复选框时，使能这一功能。

9）Hidden Fields 为是否显示 Part Fields 选项卡中的数据。

10）Field Names 为是否显示 Fields 数据栏名称。

勾选 Hidden Pins 选项对应的复选框，如图 2-142 所示。

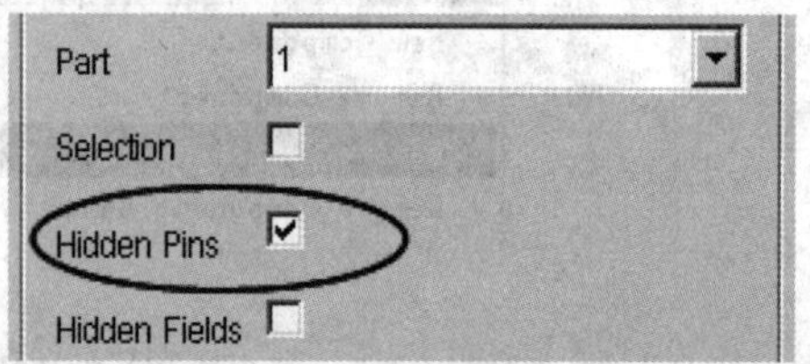

图 2-142　勾选 Hidden Pins 选项

设置完成后，单击 OK 按钮，此时 7815 的外观如图 2-143 所示。

按照上述方法显示 7815 的隐藏引脚，结果如图 2-144 所示。

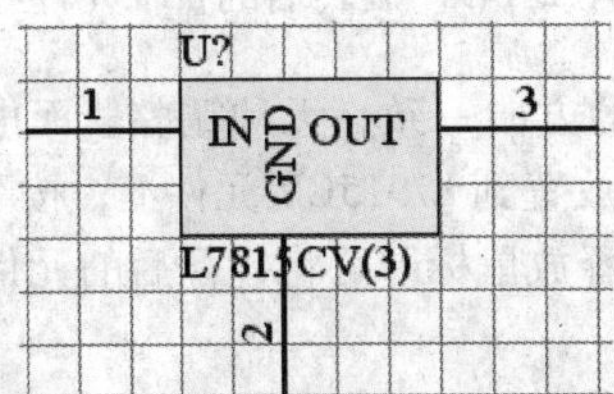

图 2-143 显示隐藏引脚后的 7815

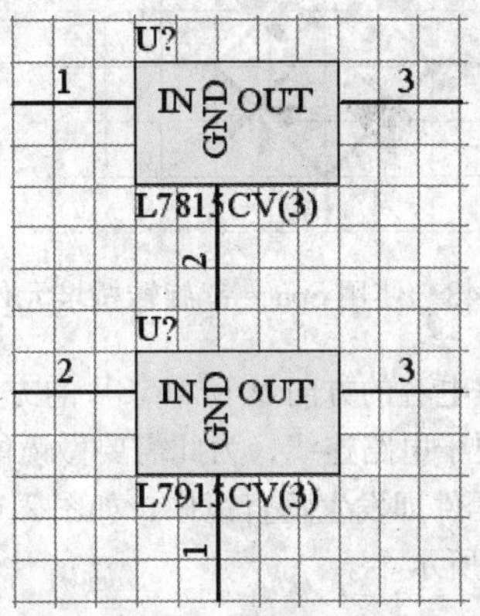

图 2-144 显示 7815 的隐藏引脚

2. 调整元件方向

在显示必要的元件引脚之后，看看电路元件的分布情况，如图 2-145 所示。

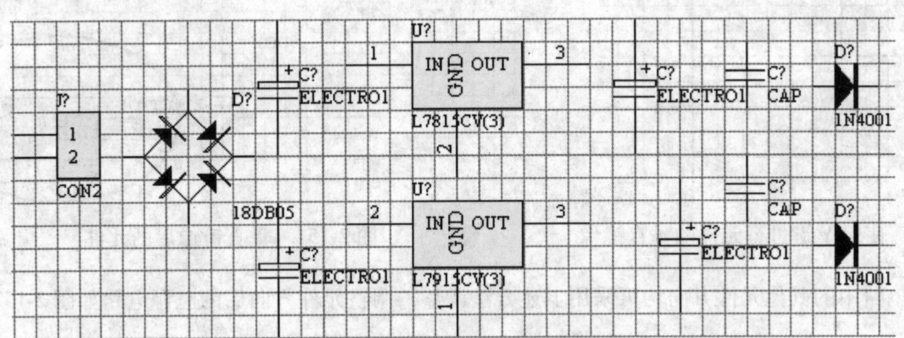

图 2-145 电源电路元件的分布情况

其中，CON2 为 2 脚插座，用于为电路接入经变压器输入的交流信号，其引脚应朝向电路。将鼠标放置到 CON2 元件上，按下鼠标左键的同时按下 X 键，元件即发生水平镜像，如图 2-146 所示。此时释放鼠标即可将镜像后的元件放置到绘图页中，如图 2-147 所示。

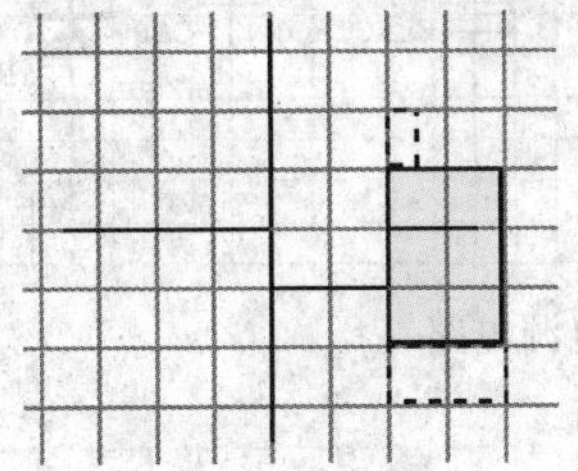

图 2-146 使用 X 键进行元件的水平镜像

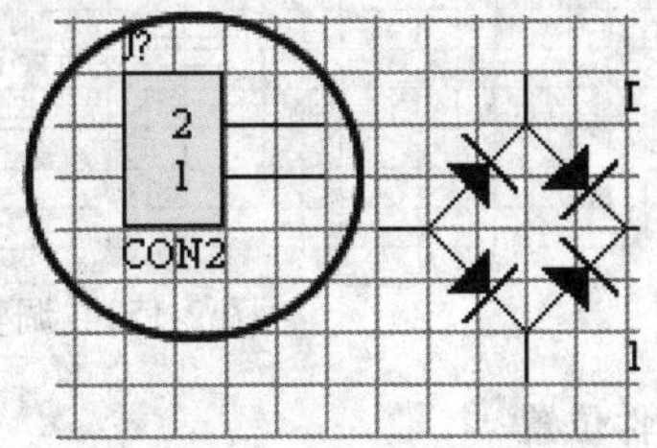

图 2-147 镜像后的元件

接下来对桥堆 18DB05 进行处理。在这一电路中，期望从桥堆的上下方向引出整流后的交流电，而左右方向引入变压器输出的交流电，便于电路的后续连接，为此，需要调整 18DB05 的方向。将鼠标放置到桥堆元件上，按下鼠标左键的同时按 Space 键，元件即以 90°为步长进行逆时针旋转，如图 2-148 所示。此时释放鼠标即可将旋转后的桥堆元件放置到绘图页中，如图 2-149 所示。

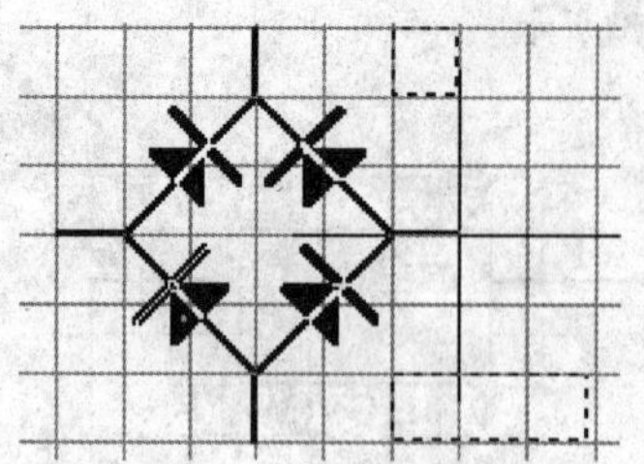

图 2-148　使用 Space 键旋转桥堆元件

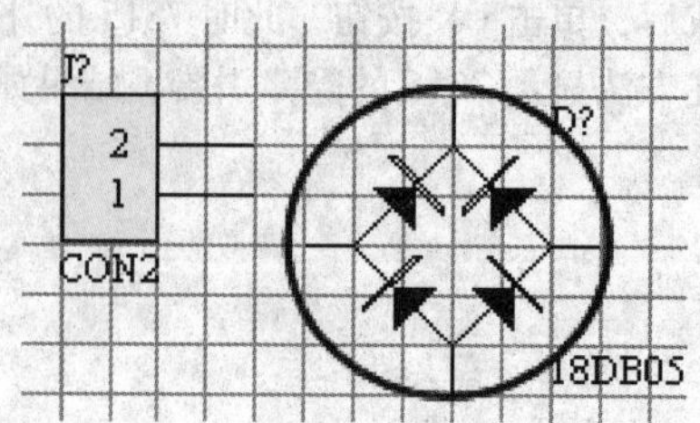

图 2-149　旋转后的桥堆元件

电路中电解电容的方向及 L7815CV 的方向与电路要求的方向一致，无须调整。而电路中 L7915CV 元件的方向不便于电路连线，为此需要做镜像调整。将鼠标放置到 L7915CV 元件上，按下鼠标左键的同时按下 Y 键，元件即发生垂直镜像，如图 2-150 所示。此时释放鼠标即可将镜像后的元件放置到绘图页中，如图 2-151 所示。

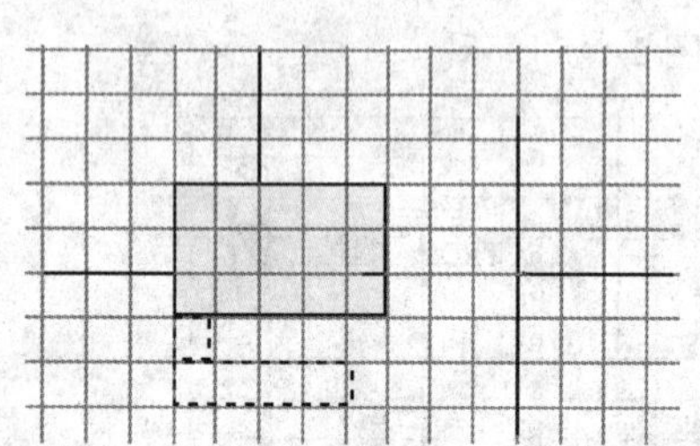

图 2-150　使用 Y 键进行元件的垂直镜像

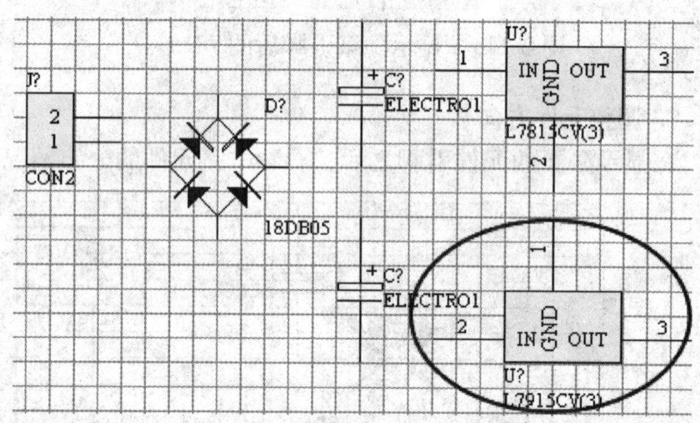

图 2-151　垂直镜像后的元件

电源电路中的其他元件方向均可采用上述方法调整，调整元件方向后的电源电路如图 2-152 所示。

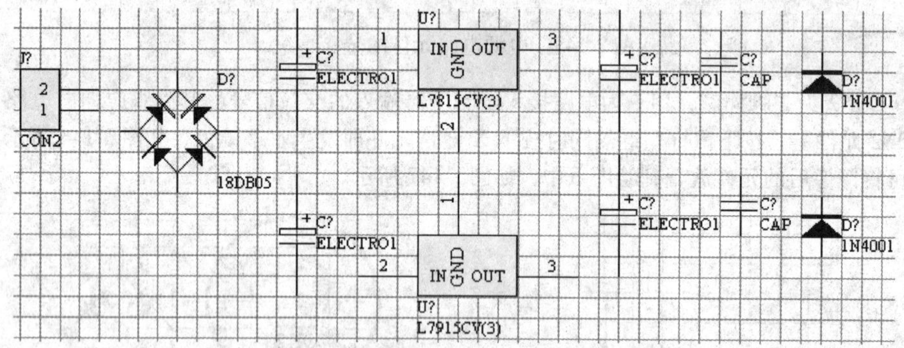

图 2-152　调整元件方向后的电源电路

3. 调整元件位置

为了使电路便于布线，接下来需要调整元件在电路中的位置。在调整元件位置的过程中，用户需要掌握元件选定与取消元件选定的方法、元件的对齐方法及元件的排列方法。

纵观整个电源电路，CON2 的位置偏离电路的中心位置，为此首先调整 CON2 的位置。将鼠标放置到 CON2 元件上，按下鼠标左键拖动元件，此时元件将随着鼠标的移动而移动，如图 2-153 所示。

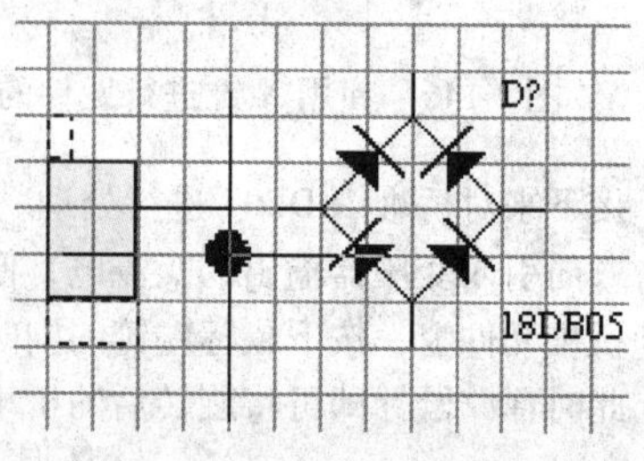

图 2-153　拖动元件

在放置元件的期望位置释放鼠标即可将元件放置到新的位置。接下来，按照上述方法移动其他元件，移动结果如图 2-154 所示。

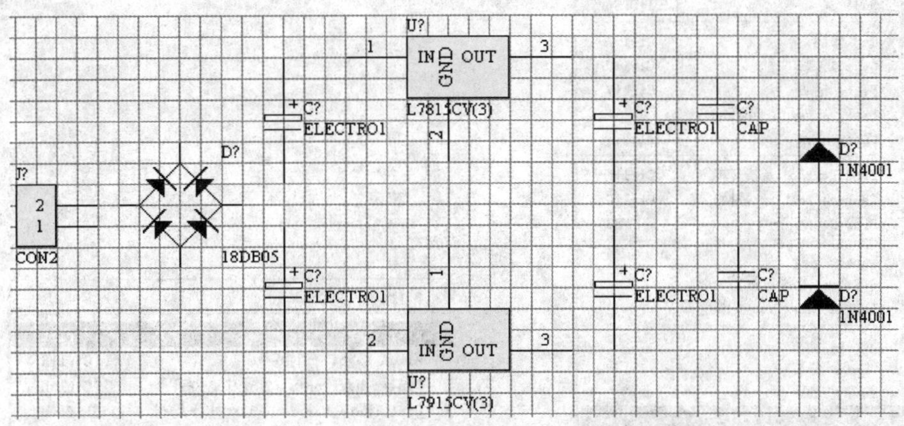

图 2-154　重新布置元件

从图 2-154 中可看出两个普通电容未对齐，为了使电路图比较美观，现使用系统提供的对齐功能对齐电路中的元件。双击电容将弹出电容编辑对话框，在对话框中使能 Selection 属性，如图 2-155 所示。

设置完成后，单击 OK 按钮完成设置。此时元件处于选定状态，如图 2-156 所示。

Part
Part Fields　Read-Only Fields
Attributes　Graphical Attrs
Lib Ref　CAP
Footprint
Designator　C?
Part Type　CAP
Sheet Path　*
Part　1
Selection　☑
Hidden Pins　☐
Hidden Fields　☐
Field Names　☐
OK　Help
Cancel　Global >>

图 2-155　使能元件的 Selection 属性

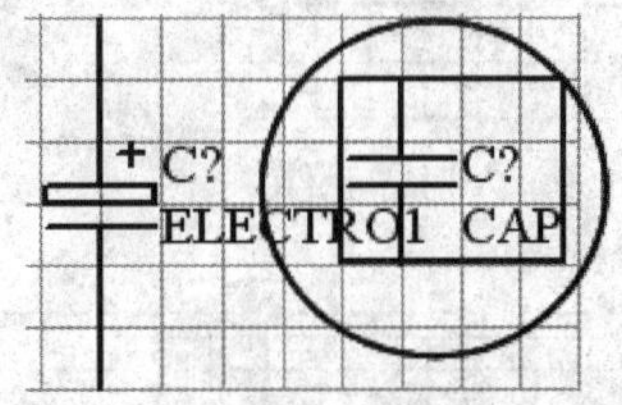

图 2-156　选定元件

按照同样的方式选中另一个电容，然后单击菜单命令 Edit→Align，如图 2-157 所示。

Align 对齐菜单包含一级联菜单，如图 2-158 所示。

单击 Align Left（左对齐）选项，可看到两个电容元件以左对齐方式对齐，如图 2-159 所示。

单击工具栏的撤销元件选定按钮，选定的元件即可取消被选定状态，如图 2-160 所示。

为了进一步使电路美观，现排列多个元件。在所有待排列元件所在区域的左上角单击鼠标左键，然后拖动鼠标，此时将出现一个选择框，如图 2-161 所示。

拖动选择框直至选择框内包含所有期望编辑的元件，然后单击鼠标左键确定选择框的右下角位置，然后再次单击鼠标左键确认，此时选择框内的元件被选中，如图 2-162 所示。

Edit编辑　View视图　Place放置　Design设计
Undo　Alt+BkSp
Redo　Ctrl+BkSp
Cut 剪切　Ctrl+X
Copy 复制　Ctrl+C
Paste 粘贴　Ctrl+V
Paste Array... 阵列粘贴
Clear 清除　Ctrl+Del
Find Text... 查找文本　Ctrl+F
Replace Text... 替换文本　Ctrl+G
Find Next 下一个　F3
Select 选择
DeSelect 撤消选择
Toggle Selection 切换选择
Delete 删除
Change 修改
Move 移动
Align 对齐
Jump 跳转
Set Location Marks 设置位置标志
Increment Part Number 增加部件号
Export to Spread... 导出到电子表格

图 2-157　单击 Edit→Align 菜单命令

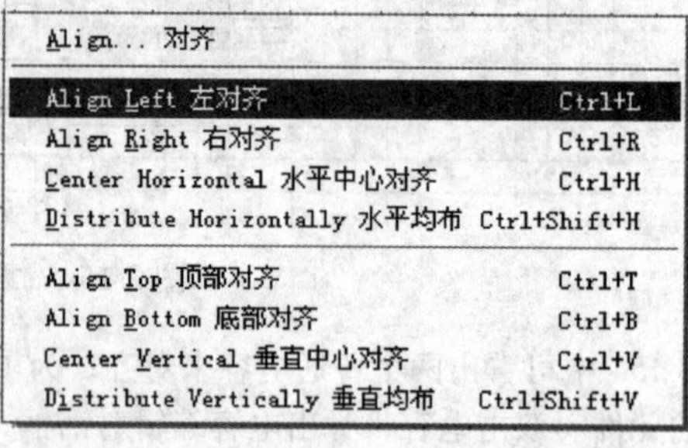

图 2-158　Align 对齐菜单的级联菜单

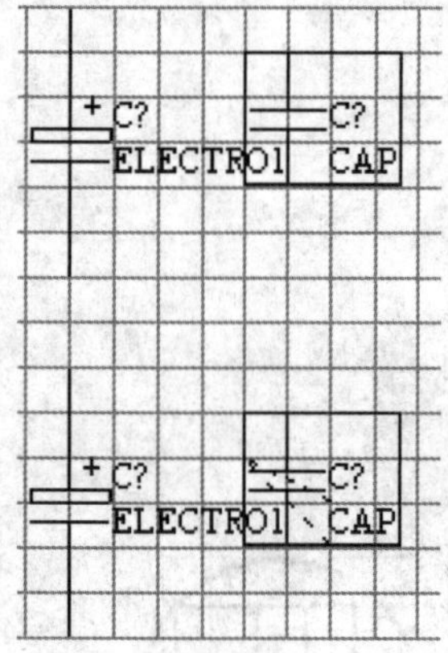

图 2-159　左对齐元件

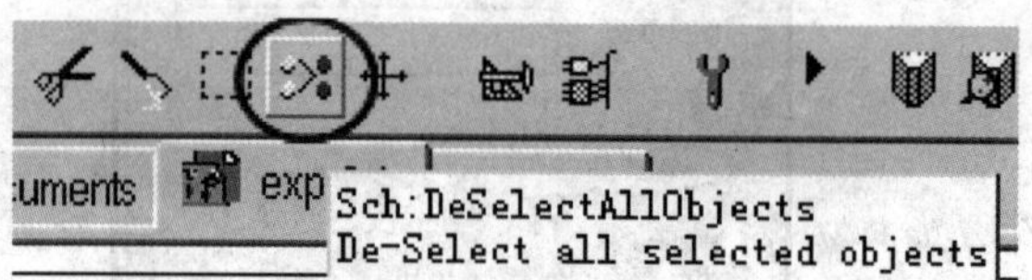

图 2-160　撤销元件选定按钮

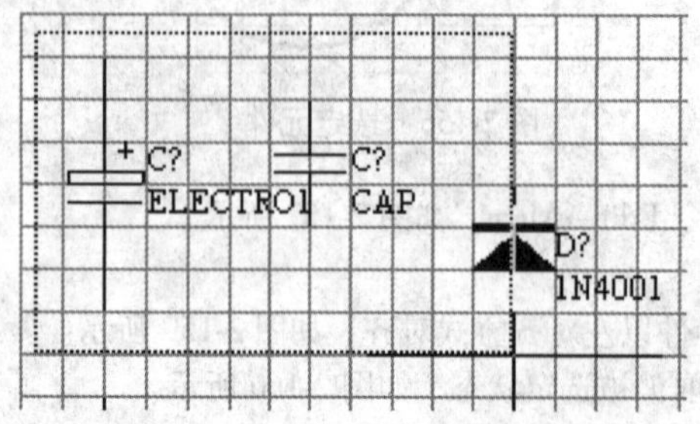

图 2-161　使用选择框选择多个元件

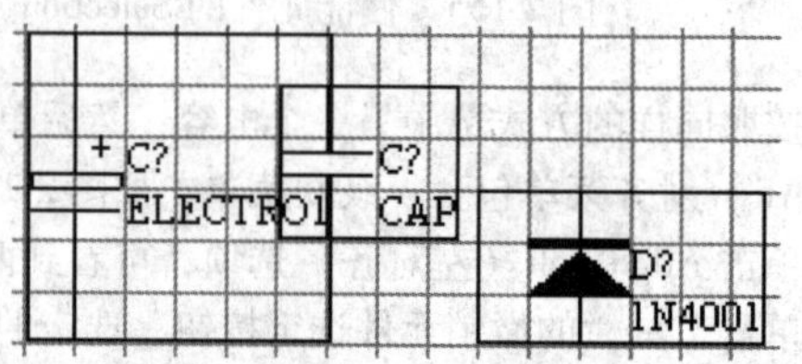

图 2-162　选择框内的元件被选中

单击菜单命令 Edit→Align，在其级联菜单中选择 Center Vertical 命令，此时选中的元件将执行中心垂直对齐命令，如图 2-163 所示。

然后将鼠标放置到其中任意元件上，拖动鼠标，即可将所有选中的元件拖动，如图 2-164 所示。

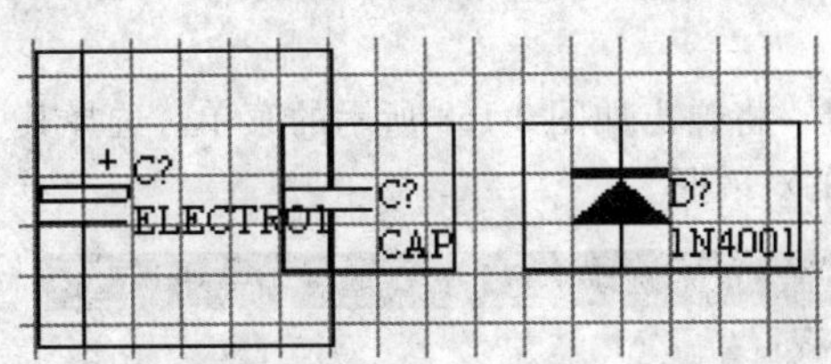

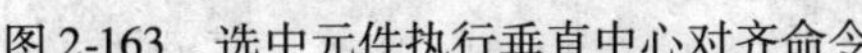
图 2-163　选中元件执行垂直中心对齐命令

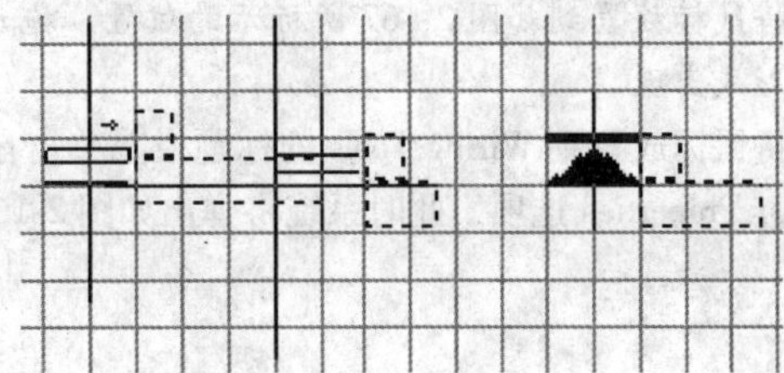
图 2-164　拖动所有元件

在放置的期望位置释放鼠标，即可退出移动状态。然后单击工具栏的撤销元件选定按钮，取消元件被选定状态。

按照上述方法调整电源电路中的各个元件，在保证电路功能的同时，使电路更加便于连线、更加美观。调整好的电源电路如图 2-165 所示。

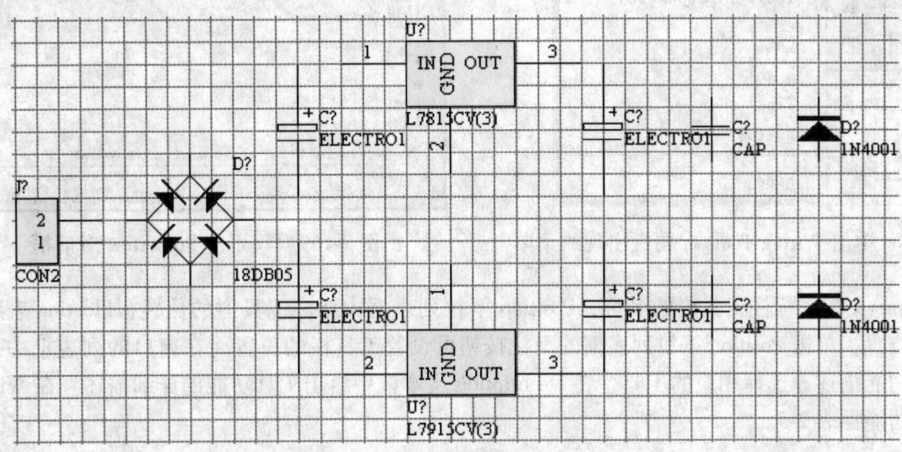

图 2-165　调整好的电源电路

4. 放置接地符号

在电路原理图中通常需要放置具有电气特性的电源符号及接地符号，在放置电源符号或接地符号前，首先看 Protel 99SE 中提供的原理图设计工具，如图 2-166 所示。

注：有时原理图绘图工具不是以如图 2-166 所示形式出现，而是出现在原理图窗口的右侧，如图 2-167所示。

图 2-166　原理图设计工具

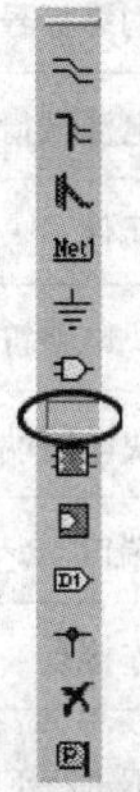

图 2-167　出现在原理图窗口右侧的原理图绘图工具栏

将鼠标放置到如图 2-167 所标示的位置，拖动鼠标到原理图窗口，即可看到工具栏将以图 2-166 所示的形式出现。

将鼠标放置到 Wiring Tools 的标题栏上单击鼠标右键，将弹出如图 2-168 所示的菜单。选择其中的 Toolbar Properties 选项，此时系统将弹出如图 2-169 所示的对话框。

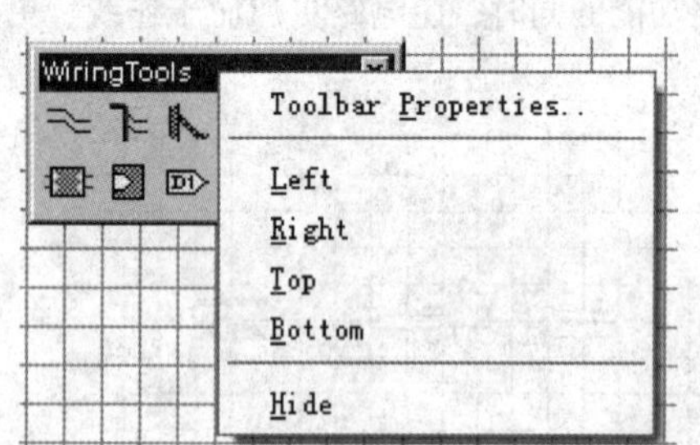

图 2-168　单击 Wiring Tools 标题栏出现的菜单

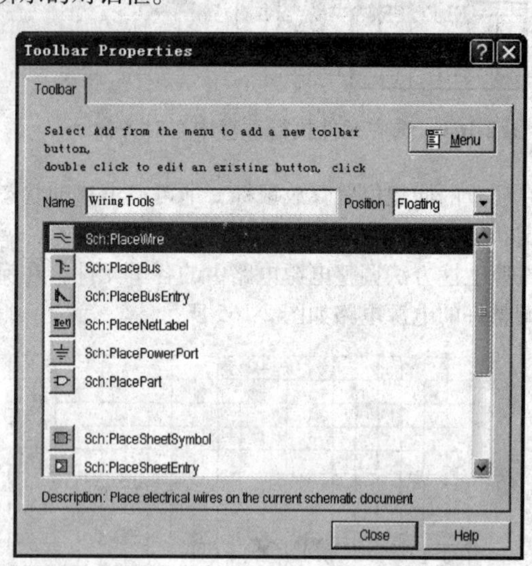

图 2-169　Toolbar Properties 对话框

在 Name 文本框标注工具栏的名称，Position 下拉列表框中标注工具栏的位置，Floating 表示工具栏处于浮动位置，单击 Position 下拉列表框的下拉按钮可设置工具栏的位置而在窗口的列表框中列出所有工具及其功能描述。选择相应的工具，在 Description 文本框中给出工具功能的详细描述。在 Wiring Tools 中各工具功能见表 2-5。

表 2-5　Wiring Tools 中各工具功能

图　标	功　能	描　述
	画线	在原理图文件中放置具有电气意义的连线
	画总线	在原理图文件中放置具有电气意义的总线
	画总线分支线	在原理图文件中放置具有电气意义的总线分支
	放置网络标号	在原理图中放置网络标号
	放置电源端口	在原理图中放置电源、接地符号等
	放置元件	在原理图中放置元件
	放置块电路符号	在原理图中放置层次电路块符号
	放置块电路端口	为层次电路块符号添加网络连接端口
	放置端口	在电路原理图中放置端口
	放置连接点	在电路原理图中放置连接点
	放置不进行 ERC 检测标识	在电路进行 ERC 检测时，放置不进行 ERC 检测标识的端口系统不给出无连接错误警告
	放置 PCB 指示符	

单击原理图设计工具栏中的放置电源端口，然后拖动鼠标到绘图窗口，此时电源符号出现在鼠标下，如图 2-170 所示。

拖动电源符号到电路中放置的期望位置，并按 Space 键调整元件方向，如图 2-171 所示。调整好方向后，按 Tab 键，此时系统将弹出如图 2-172 所示的电源符号属性编辑对话框。

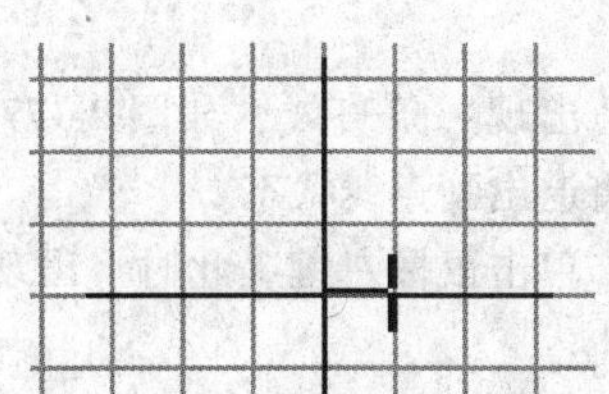

图 2-170　单击电源符号

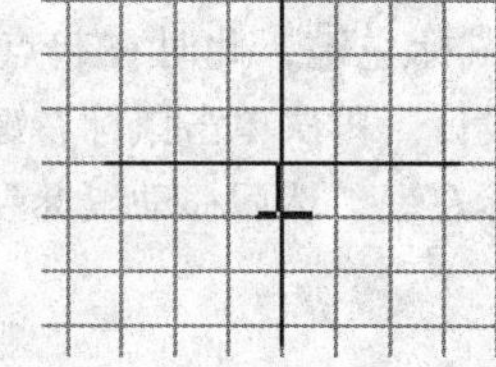

图 2-171　调整电源符号方向

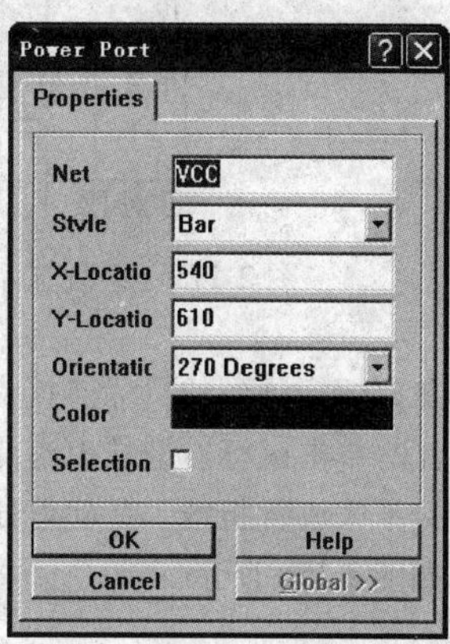

图 2-172　电源符号属性编辑对话框

注：在电源符号属性编辑对话框中包含如下选项：

1）Net 为电源网络名称。

2）Style 为电源符号风格，单击下拉列表框中的下拉按钮，可选择各种风格的电源符号。

3）X-Location 为电源符号横坐标。

4）Y-Location 为电源符号纵坐标。

5）Orientation 为方向，可设置电源符号的角度。

6）Color 为电源符号颜色。

7）Selection 为是否选中电源符号。

在本设计中用户需要一个接地符号，为此在 Net 文本框中输入 GND，选择 Power Ground 风格的接地符号，其他选项采用默认设置，如图 2-173 所示。

设置完成后，单击 OK 按钮完成设置，其结果如图 2-174 所示。

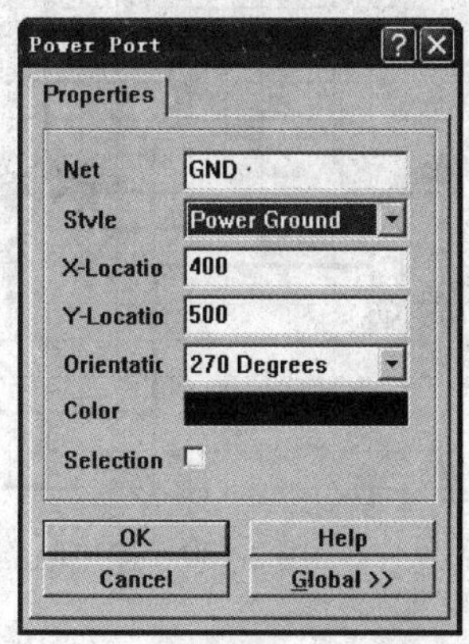

图 2-173　设置接地符号

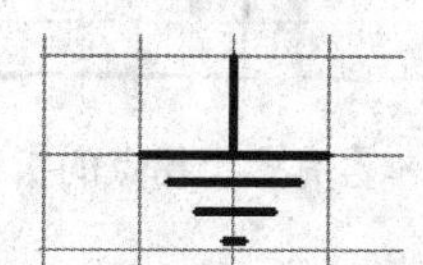

图 2-174　设置好的接地符号

此时连接电源电路一切准备工作就绪，接下来实现电路连接。

5. 连接电路

使用原理图设计工具连接电路。选择原理图设计工具中的画线工具，移动鼠标到期望的连线处，此时鼠标将自动在搜索范围内搜索电气连接点，并以黑色原点的形式显示电气连接点，如图 2-175 所示。

在检测到的电气连接点处单击鼠标左键，并移动鼠标，此时在连线起点处与鼠标之间将出现一段直线，如图 2-176 所示。

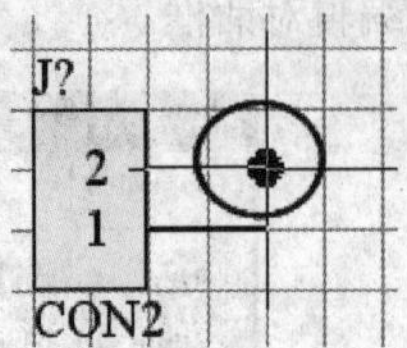

图 2-175　系统显示电气连接点

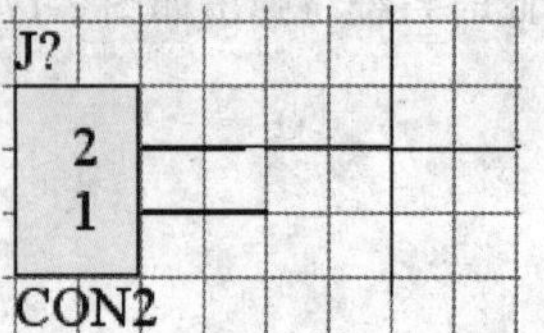

图 2-176　设计直线

在鼠标探测到的目标连接点处单击鼠标左键，此时在起点与终点处出现一条直线，如图 2-177 所示。此时单击鼠标右键结束当前直线的设计。再次单击鼠标右键，系统将退出画直线状态。

接下来放置折线。在起点处单击鼠标左键，然后移动鼠标到拐点处，单击鼠标左键，此时将出现折线，如图 2-178 所示。

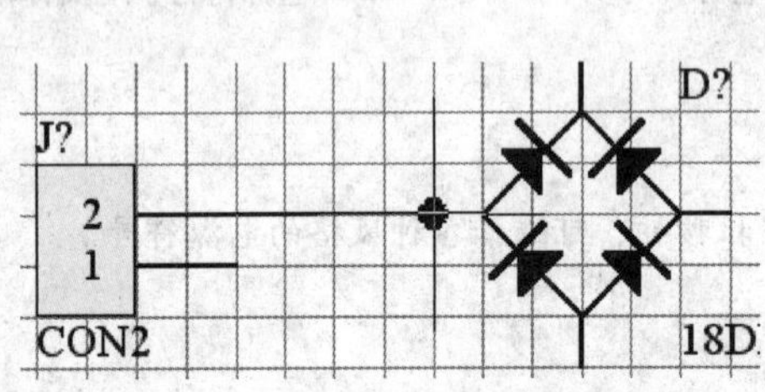

图 2-177　放置直线

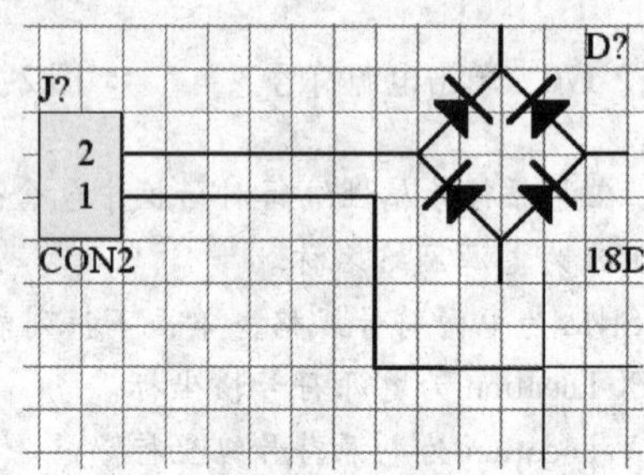

图 2-178　设计折线

当连线具有多个拐点时，每次遇到拐点，单击鼠标左键，即可放置拐点。在折线终点处单击鼠标左键，再单击鼠标右键，即可放置折线，如图 2-179 所示。

按照上述方式连接电路，结果如图 2-180 所示。

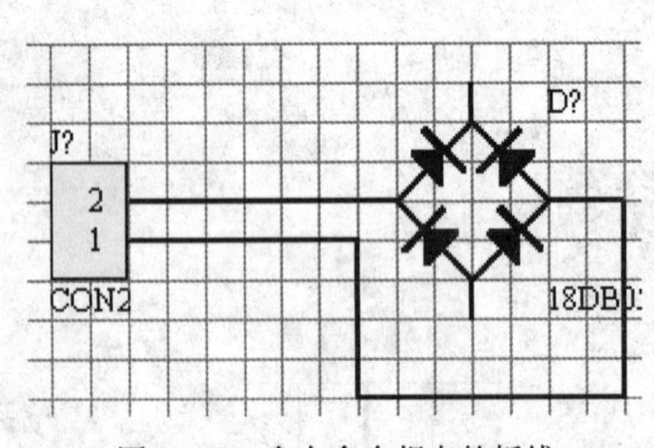

图 2-179　含有多个拐点的折线

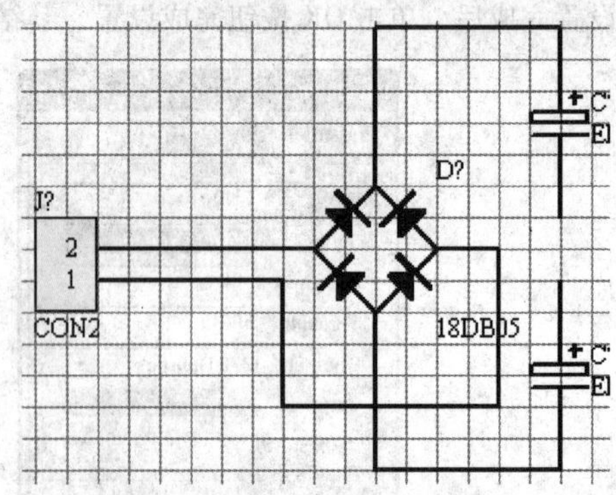

图 2-180　连接电路结果

当电路中出现“T”形或“+”形连线时，系统将自动放置连接点，如图 2-181 所示。

在设计电路原理图中，用户也可手动放置连接点。单击设计电路原理图中的放置连接点工具，移动鼠标到电路图中放置连接点的期望位置，单击鼠标左键即可放置连接点，如图 2-182 所示。

选择画线工具，并将鼠标移动到连接点，系统自动检测到用户放置的连接点，在此处单击鼠标即可放置连线，如图 2-183 所示。

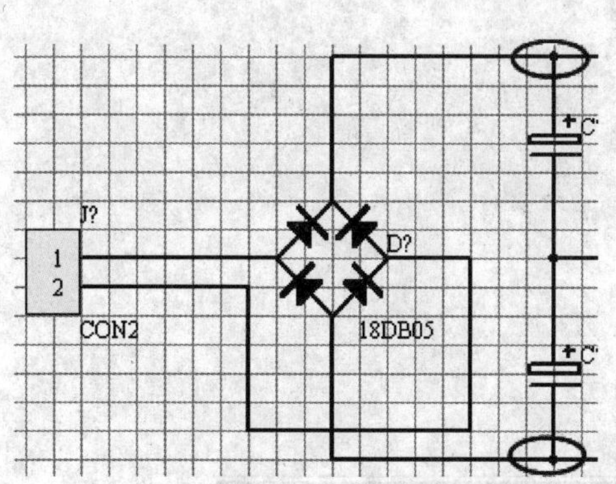

图 2-181　系统自动放置连接点

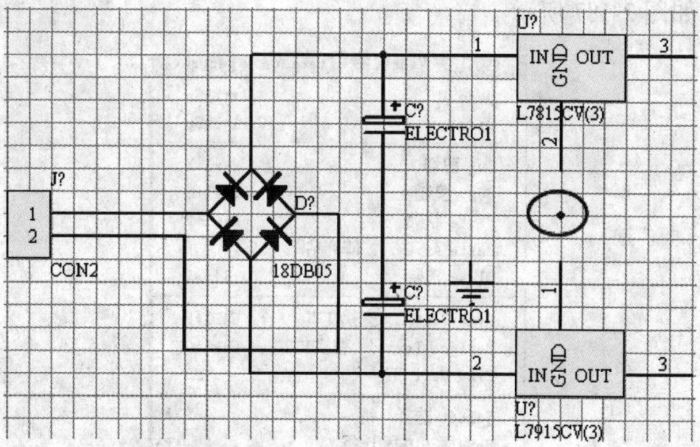

图 2-182　手动放置连接点

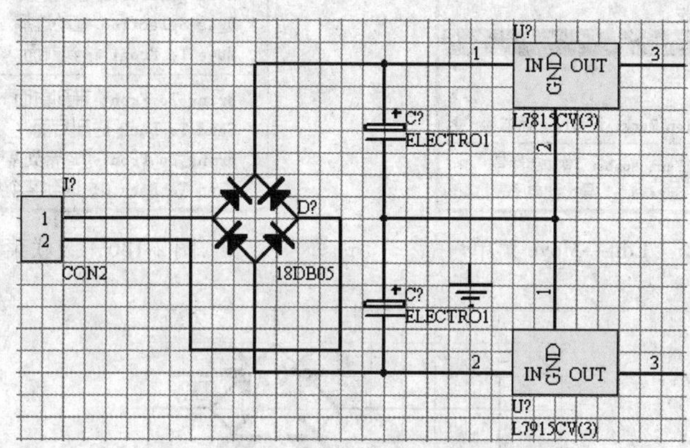

图 2-183　使用连接点连线

按照上述方法连接电路，连接好的电源电路如图 2-184 所示。

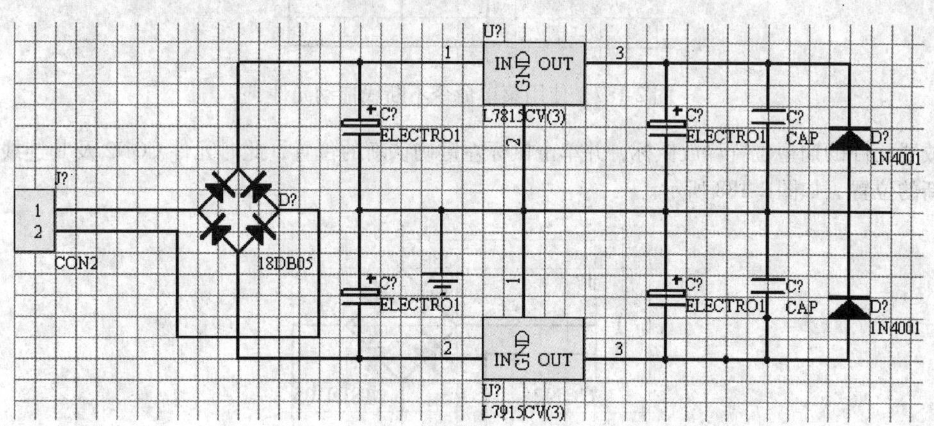

图 2-184　连接好的电源电路

6. 电路中不断线拖动元件

在图 2-184 中，CON2 元件的位置相对于主电路仍较远，期望移动元件以使电路更加紧凑、美观，但在电路中，CON2 元件已经连好线，为此，在移动元件 CON2 时应确保不断线。

单击 Edit→Move 菜单，如图 2-185 所示。此时系统将弹出如图 2-186 所示的级联菜单。选择 Drag（拖拽）选项，然后将鼠标放置到 CON2 元件上，拖动鼠标，此时 CON2 元件将随着鼠标的移动而移动，如图 2-187 所示。

Edit编辑 View视图 Place放置 Design设计
Undo　Alt+BkSp
Redo　Ctrl+BkSp
Cut 剪切　Ctrl+X
Copy 复制　Ctrl+C
Paste 粘贴　Ctrl+V
Paste Array... 阵列粘贴
Clear 清除　Ctrl+Del
Find Text... 查找文本　Ctrl+F
Replace Text... 替换文本　Ctrl+G
Find Next 下一个　F3
Select 选择
DeSelect 撤消选择
Toggle Selection 切换选择
Delete 删除
Change 修改
Move 移动
Align 对齐
Jump 跳转
Set Location Marks 设置位置标志
Increment Part Number 增加部件号
Export to Spread... 导出到电子表格

图 2-185　Edit→Move 菜单

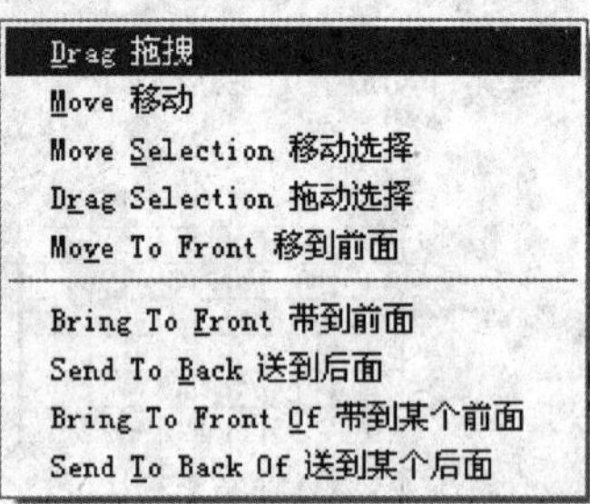

图 2-186　级联菜单

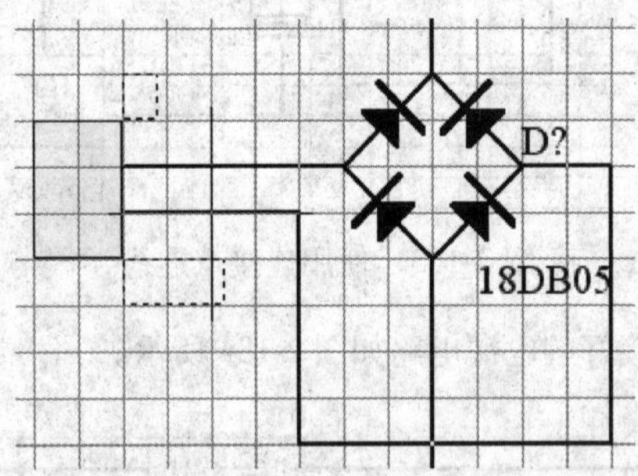

图 2-187　使用菜单命令不断线拖动元件

在放置元件的期望位置释放鼠标，并单击鼠标左键确认新的位置，此时元件 CON2 及其连线一起被移动到新的位置，如图 2-188 所示。

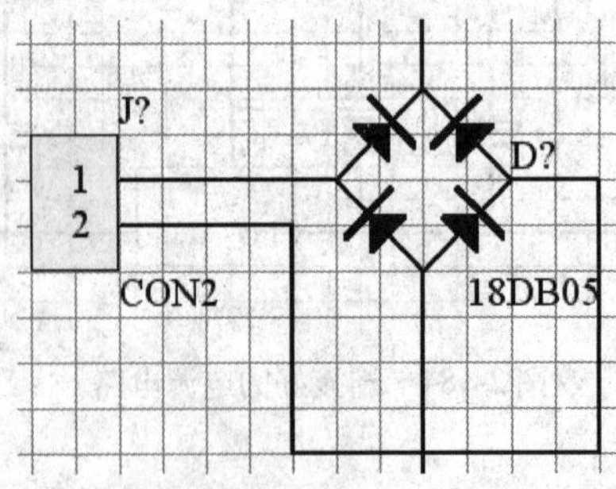

图 2-188　移动元件及其连线到新的位置

此时电源电路的连接结束。

参照本节中介绍的方法连接放大电路、功率放大电路。当 3 部分电路均连接好后，再将 3 部分电路连接起来，连接好的音频电路如图 2-189 所示。

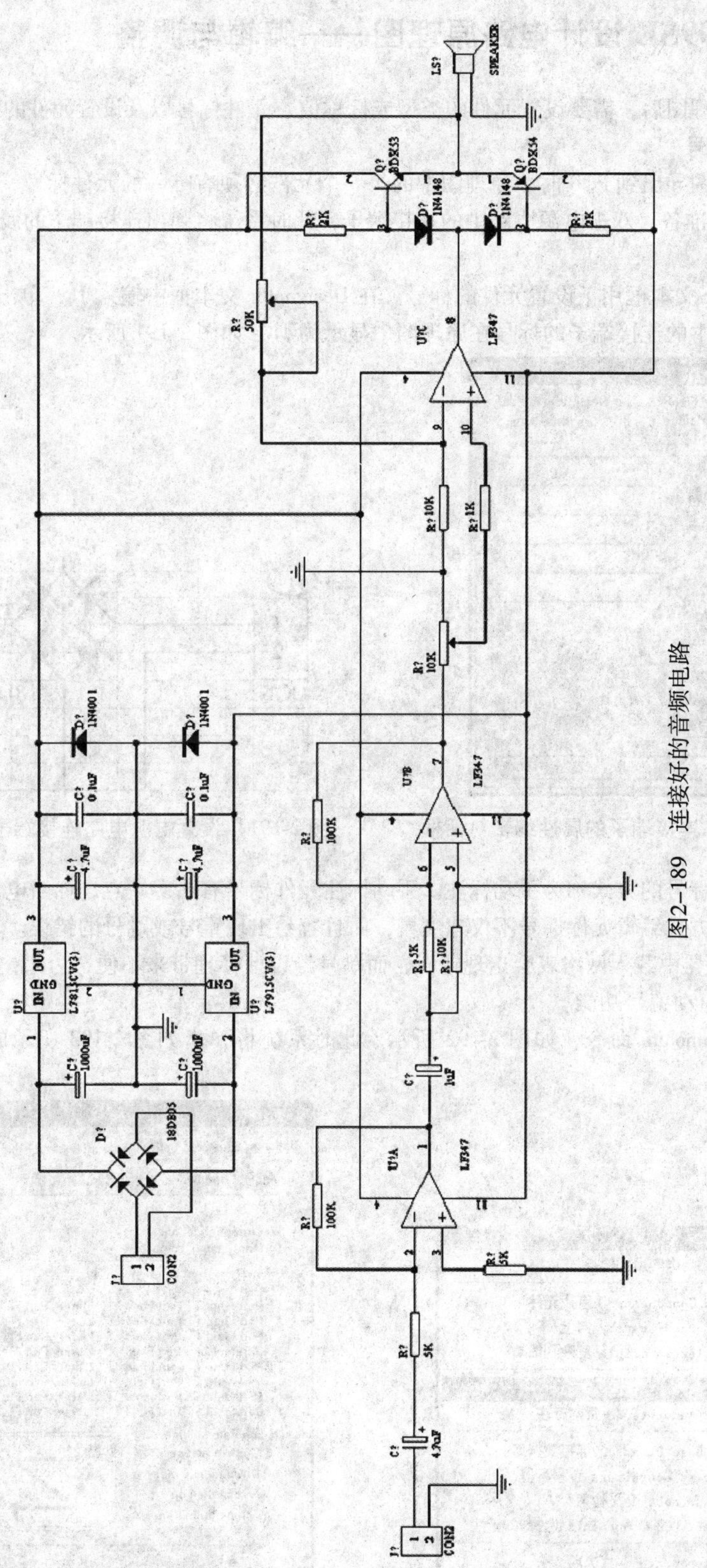

图2-189　连接好的音频电路

2.6 Protel 99SE 设计电路原理图——编辑与调整

连接好电路原理图后，需要设置元件的类型或标称值、元件标号以及设置元件的封装形式。

1. 设置元件标号

当用户将原理图导出到 PCB 时，原理图中的每一个元件必须有唯一的元件标号，因此需要设置元件标号为制作 PCB 做准备。双击电源电路中的连接端子，此时系统将弹出连接端子的属性编辑对话框，如图 2-190 所示。

其中 Designator 文本框用于设置元件的标号。在 Designator 文本框中输入 J1，单击 OK 按钮，确认设置，此时电源电路中的连接端子的标号在原理图中显示为 J1，如图 2-191 所示。

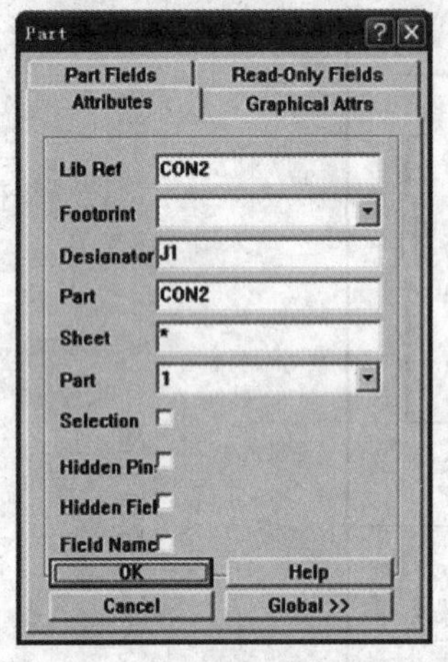

图 2-190　连接端子的属性编辑对话框

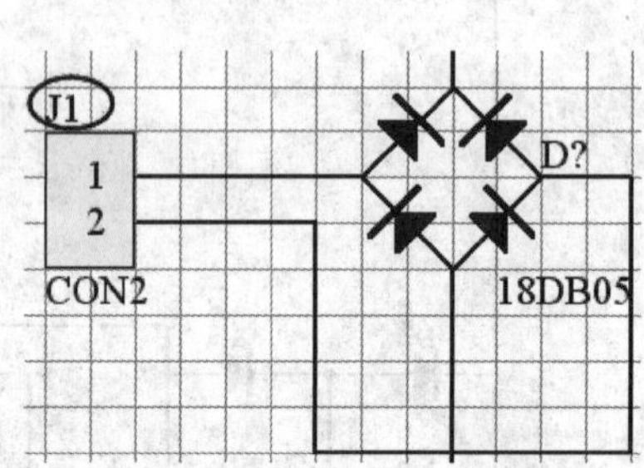

图 2-191　设置电源电路连接端子标号

上述标注元件标号的方式称为手动标注。手动标注元件标号有诸多缺点，如当电路复杂或电路元件数量较多时，手动方式编辑元件标号不仅速度慢，而且容易出现重号或跳号的错误。当原理图中出现重号时，在 PCB 编辑器中载入网络表会出现错误，而跳号给设计管理带来不便，为此，用户可以使用 Protel 99SE 中提供的自动编号功能。

单击 Tools→Annotate 命令，如图 2-192 所示。此时系统将弹出如图 2-193 所示的自动标注设置对话框。

图 2-192　Tools→Annotate 命令

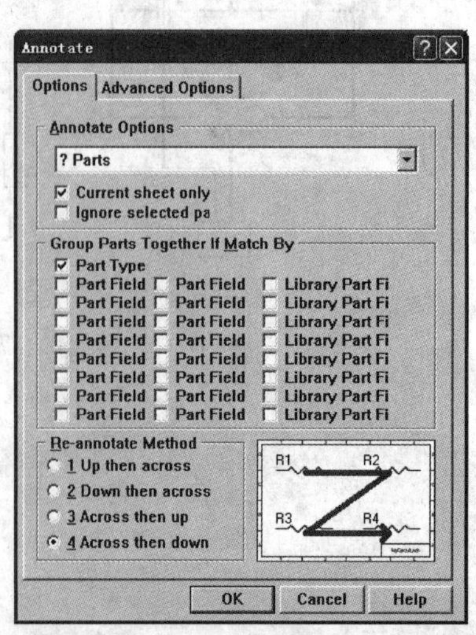

图 2-193　自动标注设置对话框

注：自动标注设置对话框中包含 Options 选项卡及 Advanced Options 选项卡。在 Options 选项卡中包含以下内容：

1）Annotate Options 为标注选项，用于设置标注的方式及范围等。单击下拉列表框中的下拉按钮，将出现如图 2-194 所示的下拉式选项。All Parts 为对整个设计中的所有元件标号；? Parts 为对整个设计中以 R?、C?、U? 等带有“?”形式的标注的元件标号；Reset Designators 为将设计中所有的元件以 R?、C?、U? 等形式标注，这一功能用于以 1 为起始号对元件进行重新标号；Update Sheets Number Only 为更新原理图中的元件标号。

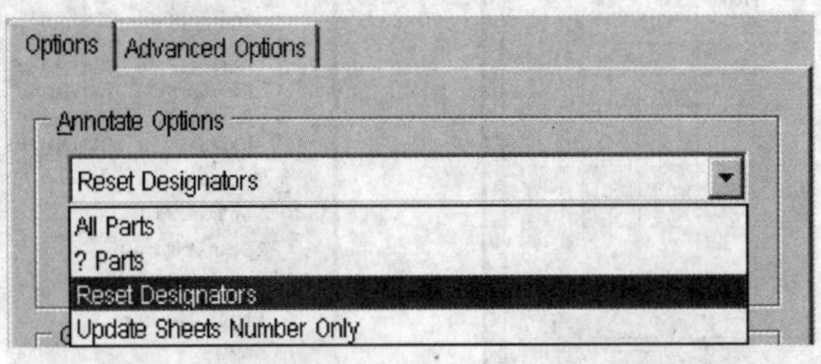

图 2-194 Annotate Options 下拉式选项

2）Current sheet only 为仅对当前原理图绘图页进行编辑。

3）Ignore selected parts 为忽略已选中的元件。

4）Group Parts Together If Match By 为使用列表中的匹配项目识别元件组。

5）Re-annotate Method 为重新标注的标注方向。Up then across 为自下而上、从左到右标注，如图 2-195所示；Down then across 为自上而下、从左到右标注，如图 2-196 所示；Across then up 为从左到右、自下而上标注，如图 2-197 所示；Across then down 为从左到右、自上而下标注，如图 2-198 所示。

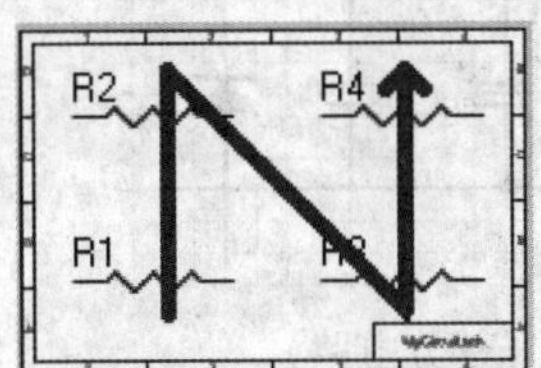

图 2-195 自下而上、从左到右标注

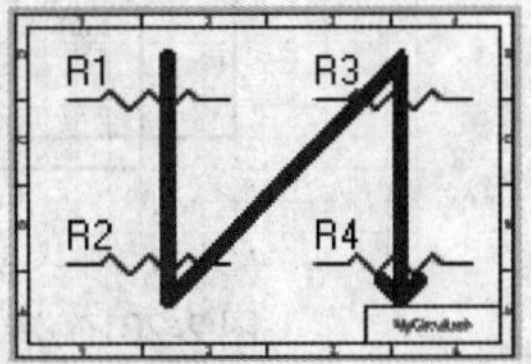

图 2-196 自上而下、从左到右标注

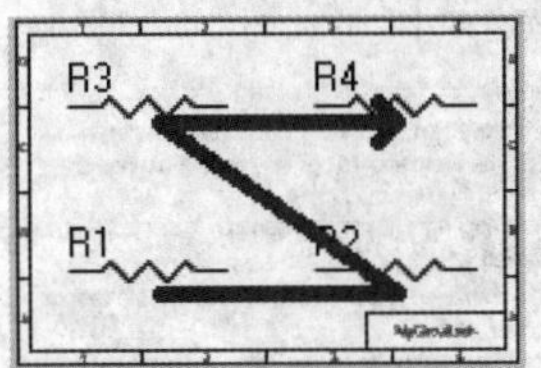

图 2-197 从左到右、自下而上标注

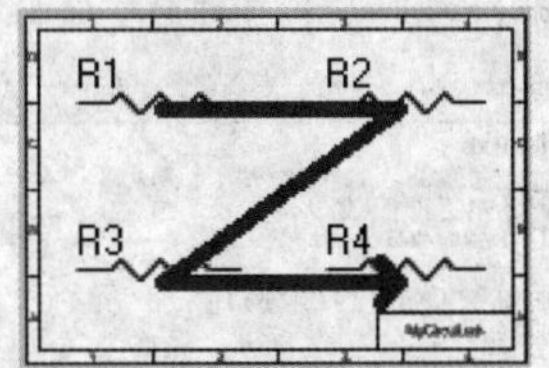

图 2-198 从左到右、自上而下标注

单击自动标注对话框的 Advanced Options 选项卡，将出现如图 2-199 所示的对话框。

其中 Sheets in Project 栏中列出待标注的原理图页，From 栏中显示标注的起始值，To 栏中显示标注的最大值，Suffix 为后缀列表。

本设计中首先清除已编辑的元件标号，清除已设置的元件标号如图 2-200 所示。

设置完成后，单击 OK 按钮，程序执行清除命令，所有元件将以 R?、C?、U? 等带有“?”形式标注，如图 2-201 所示。

再次单击 Tools→Annotate 命令，在自动标注对话框中的 Annotate Options 选择 All Parts，并使能 Current sheet only 功能，以元件类型值识别元件组，按照从左到右、自上而下的方式标号，同时设置标注从 1 起始，设置如图 2-202 所示。

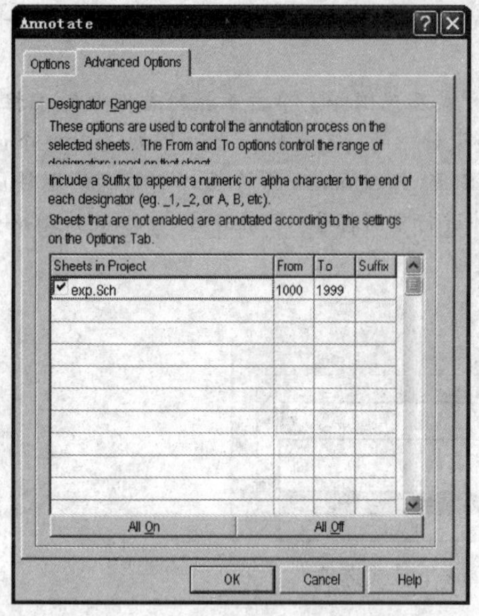

图 2-199　Advanced Options 选项卡

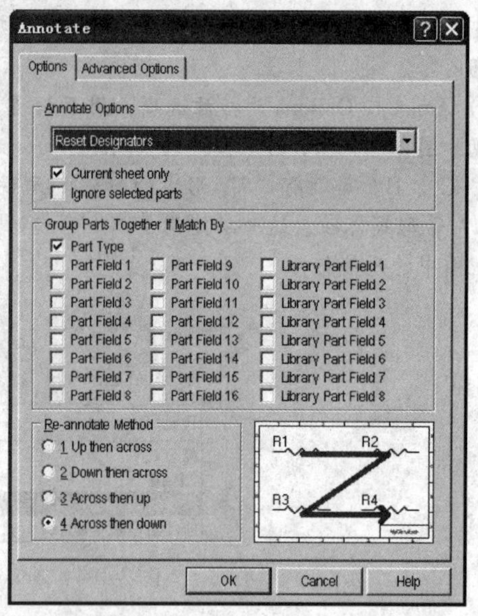

图 2-200　清除已设置的元件标号

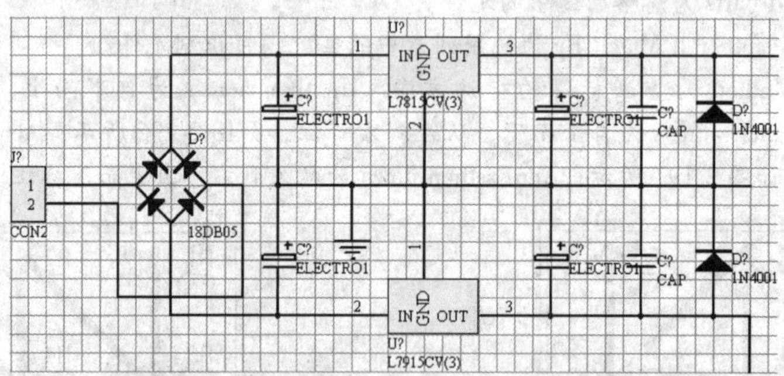

图 2-201　清除元件标号后的电路图（部分电路）

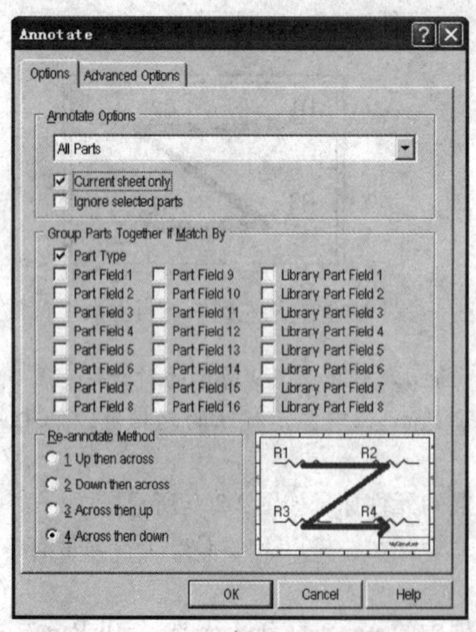

a）

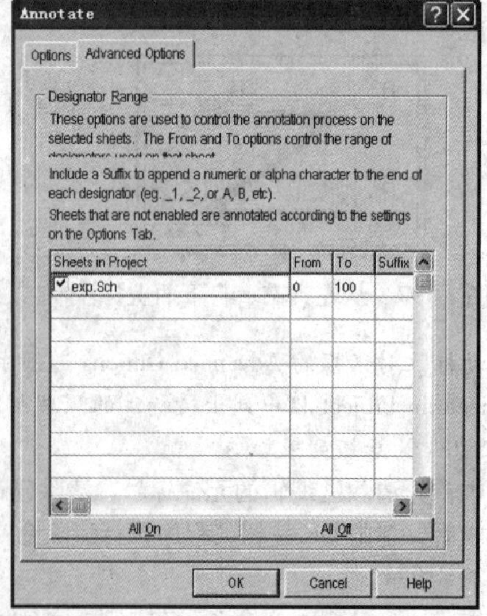

b）

图 2-202　设置标号选项

a）设置标号选项（Options 选项卡设置）　b）设置标号选项（Advanced Options 选项卡设置）

设置完成后单击 OK 按钮确认设置。采用自动标注方式标注的音频电路如图 2-203 所示。

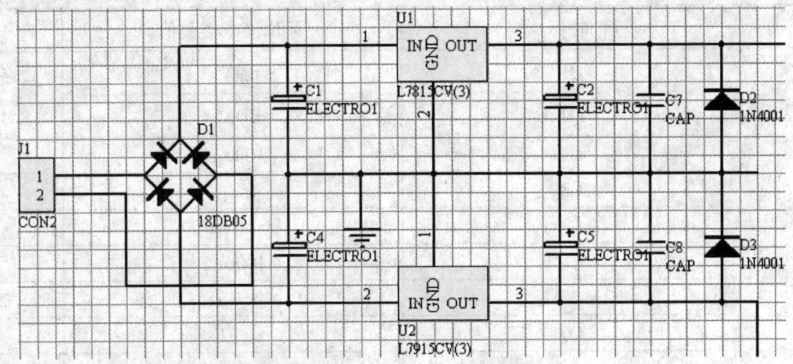

图 2-203　采用自动标注方式标注的音频电路（部分电路）

2. 设置元件类型或标称值及其元件封装

元件类型值用于识别元件组，而元件标称值便于在焊制电路板时实物与电路对应。

将鼠标放置到电解电容 C1 上，双击鼠标后，系统将弹出电解电容的属性编辑对话框，如图 2-204 所示。

在 Part 文本框中输入元件标称值 1（1000μF），在 Footorint 文本框中输入 RB-. 2/. 4，单击 OK 按钮完成设置，此时电解电容的标称值显示在电路中，如图 2-205 所示。

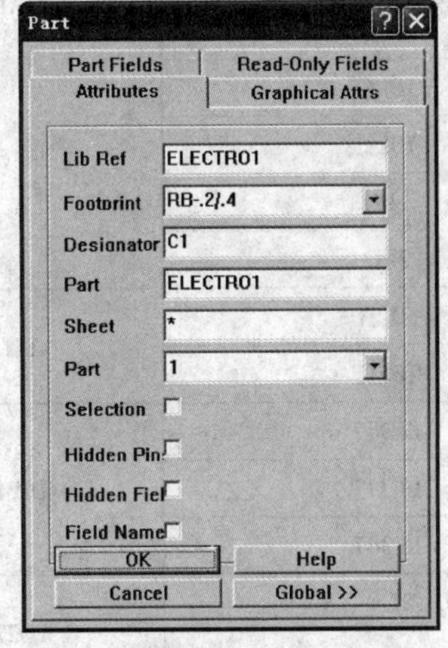

图 2-204　电解电容属性编辑对话框

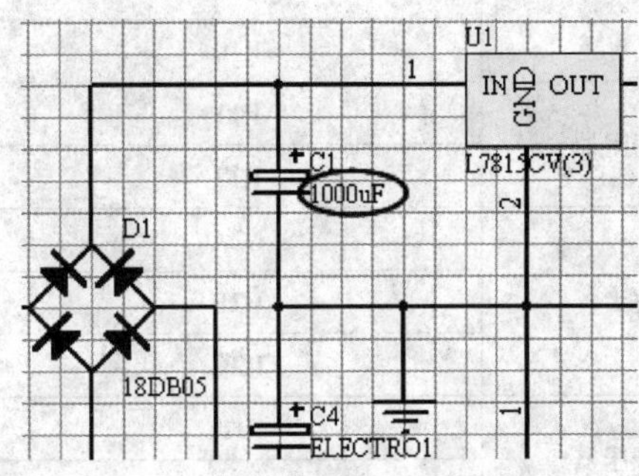

图 2-205　设置电解电容标称值

其他元件的标称值及元件封装按照上述方式标注。元件的标称值及其元件封装见表 2-6。

表 2-6　元件的标称值及其元件封装

元 件 类 型	元 件 标 号	标称值或类型值	封　　装
连接端子	J1	CON2	SIP2
	J2	CON2	
桥堆	D1	18DB05	bridge
二极管	D2	1N4001	DIODE-0. 4
	D3	1N4001	
	D4	1N4148	DO-35
	D5	1N4148	

（续）

元件类型	元件标号	标称值或类型值	封装
晶体管	Q1	BDX53	TO220
	Q2	BDX54	
电解电容	C1	1000μF	RB-.3/.6
	C2	4.7μF	RB-.1/.2
	C3	4.7μF	RB-.1/.2
	C4	1000μF	RB-.3/.6
	C5	4.7μF	RB-.1/.2
	C6	1μF	RB-.1/.2
电容	C7	0.1μF	RAD-0.1
	C8	0.1μF	
电阻	R1	5kΩ	AXIAL0.4
	R2	100kΩ	
	R3	100kΩ	
	R4	2kΩ	
	R5	5kΩ	
	R6	5kΩ	
	R7	10kΩ	
	R8	10kΩ	
	R9	1kΩ	
	R10	2kΩ	
滑动变阻器	R11	50kΩ	POT
	R12	10kΩ	
运算放大器	U2A	LF347	DIP14
	U2B	LF347	
	U2C	LF347	
三端稳压器	U1	L7815CV（3）	TO220
	U3	L7915CV（3）	
扬声器	LS1	SPEAKER	SIP2

设置元件标号或标称值及其元件封装后的音频电路如图 2-206 所示。

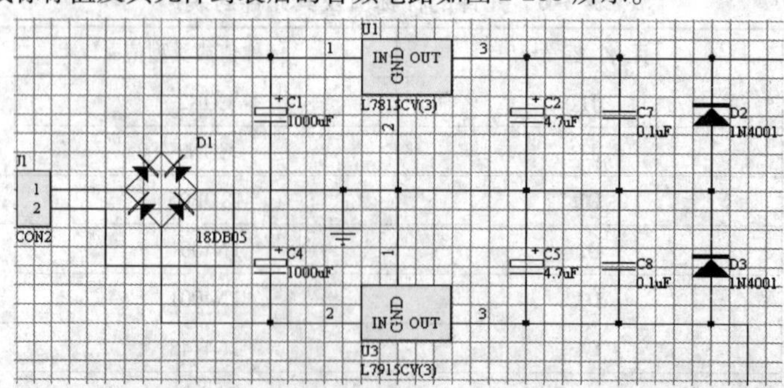

图 2-206　设置元件标号或标称值及其元件封装后的音频电路（部分电路）

3. 电路元件属性检查

在编辑调整电路完成后，设计者必须对电路元件属性进行检查，特别是封装的遗漏检查。如果电路中某个元件为设置元件封装，则 Protel 99SE 无法生成有效的网络表。

在 Protel 99SE 中提供了表格编辑器用来快速检查元件的属性遗漏。单击菜单命令 Edit→Export to Spread，如图 2-207 所示，系统将弹出如图 2-208 所示的导出电子表格向导。

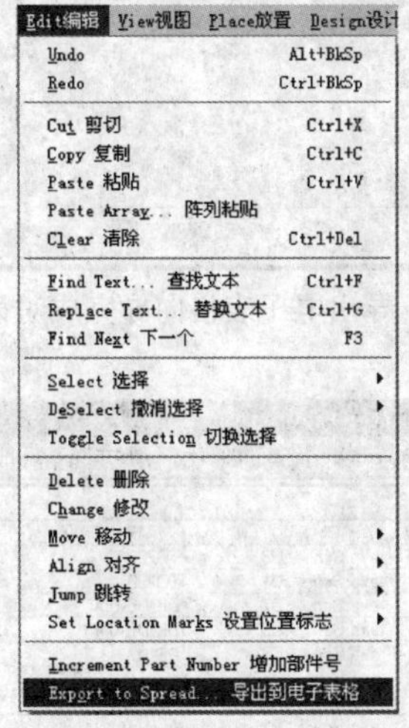

图 2-207　单击菜单命令 Edit→Export to Spread

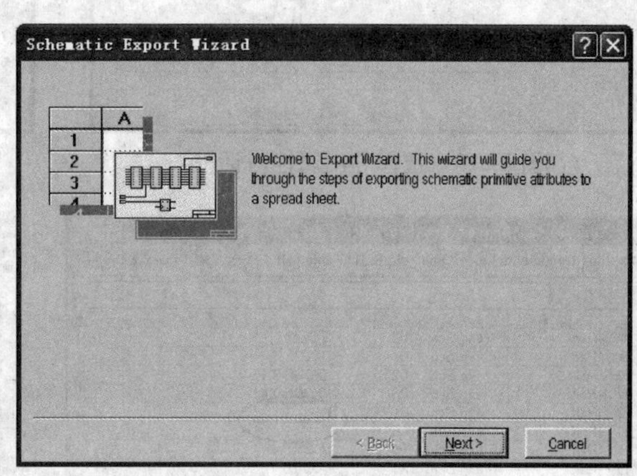

图 2-208　导出电子表格向导

单击 Next 按钮，将出现如图 2-209 所示的对话框。

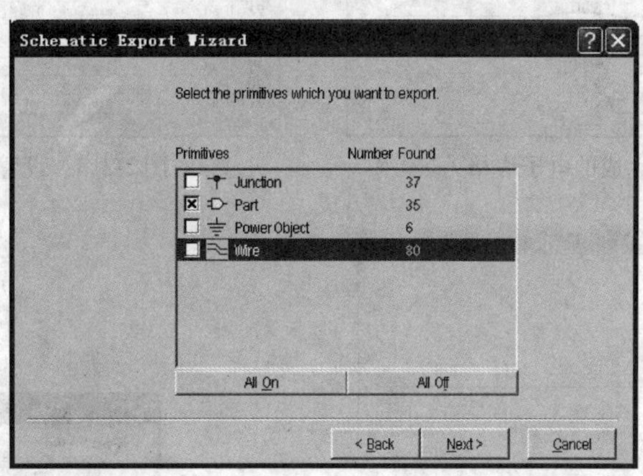

图 2-209　选择需要导出的内容对话框

继续单击 Next 按钮，出现选择导出属性对话框，如图 2-210 所示。在这一对话框中选择导出 Designator、Footprint、LibraryName 及 LibRef 属性（LibraryName 和 LibRef 在下拉列表中，图中未显示）。再次单击 Next 按钮，出现如图 2-211 所示的导出电子表格向导完成对话框。

单击 Finish 按钮，确认完成，系统显示生成的电子表格窗口，如图 2-212 所示。

从系统生成的电子表格可知，在电路图中有多个元件未标注元件封装。

Protel 99SE 提供的这一电子表格可直接对元件属性进行修改。单击未编辑元件封装的单元格，如选中 C3 的封装单元格，在其中输入 RB-. 1/. 2 封装值，如图 2-213 所示。元件 C3 的封装被添加到电子表格。

按照上述方式设置其他未编辑的元件封装，编辑完成后，单击保存按钮保存修改后的电子表格。然后单击 File→Update 命令，如图 2-214 所示。此时用户切换回原理图编辑窗口，双击 C3 元件，可看到 C3 元件的属性编辑窗口中封装一栏中添加了元件的封装值，如图 2-215 所示。

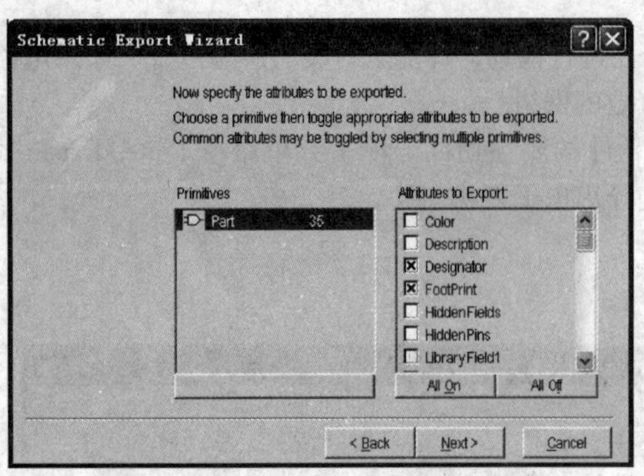

图 2-210　选择导出属性对话框

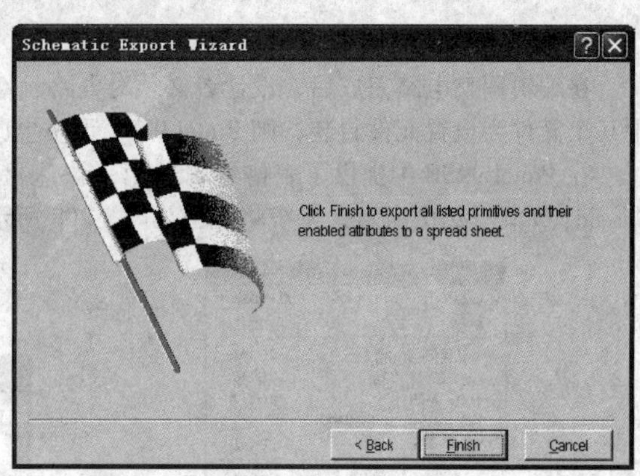

图 2-211　导出电子表格向导完成对话框

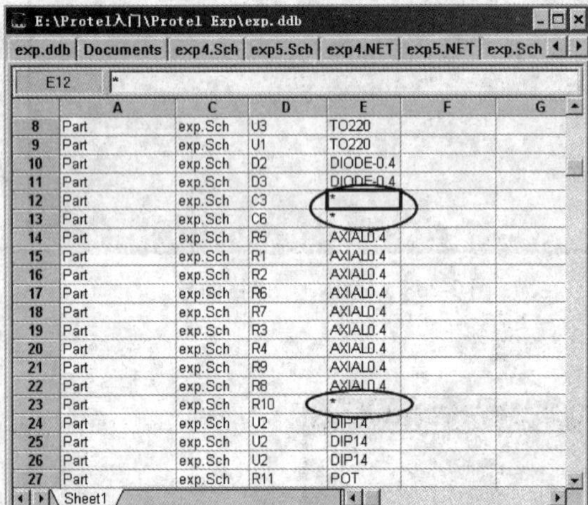

	A	C	D	E	F	G
8	Part	exp.Sch	U3	TO220		
9	Part	exp.Sch	U1	TO220		
10	Part	exp.Sch	D2	DIODE-0.4		
11	Part	exp.Sch	D3	DIODE-0.4		
12	Part	exp.Sch	C3	*		
13	Part	exp.Sch	C6	*		
14	Part	exp.Sch	R5	AXIAL0.4		
15	Part	exp.Sch	R1	AXIAL0.4		
16	Part	exp.Sch	R2	AXIAL0.4		
17	Part	exp.Sch	R6	AXIAL0.4		
18	Part	exp.Sch	R7	AXIAL0.4		
19	Part	exp.Sch	R3	AXIAL0.4		
20	Part	exp.Sch	R4	AXIAL0.4		
21	Part	exp.Sch	R9	AXIAL0.4		
22	Part	exp.Sch	R8	AXIAL0.4		
23	Part	exp.Sch	R10	*		
24	Part	exp.Sch	U2	DIP14		
25	Part	exp.Sch	U2	DIP14		
26	Part	exp.Sch	U2	DIP14		
27	Part	exp.Sch	R11	POT		

图 2-212　系统生成的电子表格

E:\Protel入门\Protel Exp\exp.ddb
exp.ddb | Documents | exp4.Sch | exp5.Sch | exp4.NET | exp5.NET | exp.Sch
E12 RB-.1/.2

	A	C	D	E	F	G
8	Part	exp.Sch	U3	TO220		
9	Part	exp.Sch	U1	TO220		
10	Part	exp.Sch	D2	DIODE-0.4		
11	Part	exp.Sch	D3	DIODE-0.4		
12	Part	exp.Sch	C3	RB-.1/.2		
13	Part	exp.Sch	C6	*		
14	Part	exp.Sch	R5	AXIAL0.4		
15	Part	exp.Sch	R1	AXIAL0.4		
16	Part	exp.Sch	R2	AXIAL0.4		
17	Part	exp.Sch	R6	AXIAL0.4		
18	Part	exp.Sch	R7	AXIAL0.4		
19	Part	exp.Sch	R3	AXIAL0.4		
20	Part	exp.Sch	R4	AXIAL0.4		
21	Part	exp.Sch	R9	AXIAL0.4		
22	Part	exp.Sch	R8	AXIAL0.4		
23	Part	exp.Sch	R10	*		
24	Part	exp.Sch	U2	DIP14		
25	Part	exp.Sch	U2	DIP14		
26	Part	exp.Sch	U2	DIP14		
27	Part	exp.Sch	R11	POT		

Sheet1

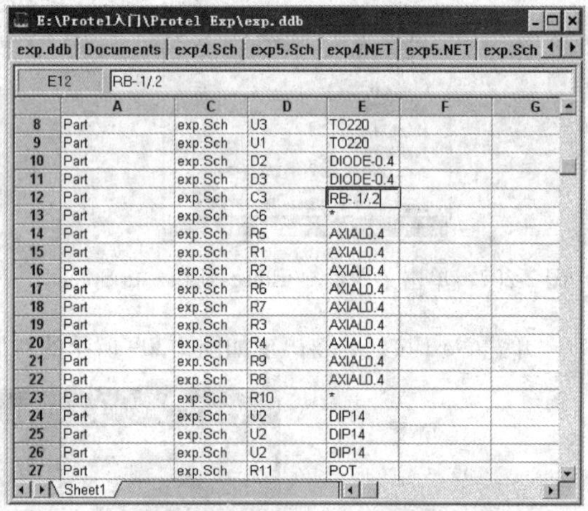

图 2-213　设置元件 C3 的封装

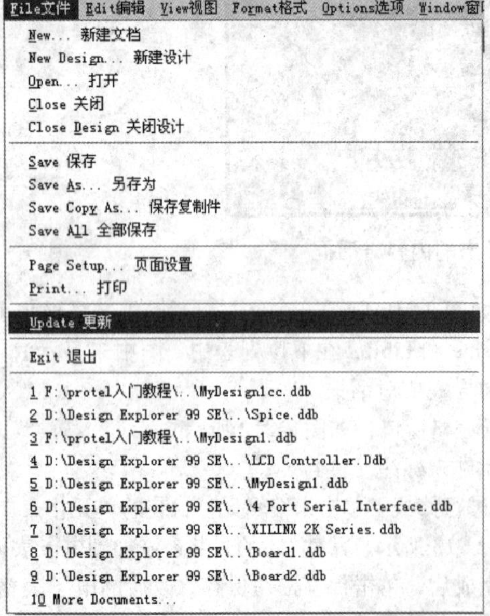

图 2-214　单击 File→Update 命令

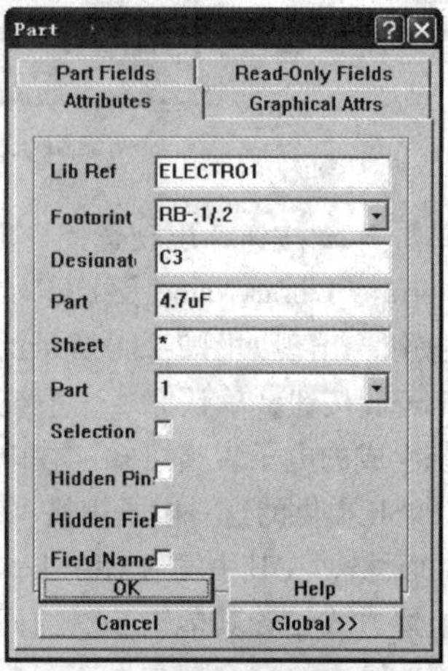

Part
Part Fields | Read-Only Fields
Attributes | Graphical Attrs
Lib Ref: ELECTRO1
Footprint: RB-.1/.2
Designat: C3
Part: 4.7uF
Sheet: *
Part: 1
Selection
Hidden Pin
Hidden Fiel
Field Name
OK | Help
Cancel | Global >>

图 2-215　使用电子表格添加元件封装

此时音频电路的编辑与调整完成。

2.7　规则检查与网络表生成

规则检查用于检测设计者在设计过程中的疏漏之处和电气连接错误，例如未连接电源实体、悬空输入引脚、输入引脚连接在电源上等；而网络表用于PCB制板。

1. 电气规则检测

单击菜单命令Tools→ERC，如图2-216所示。系统将弹出如图2-217所示的启动设计规则检查对话框。

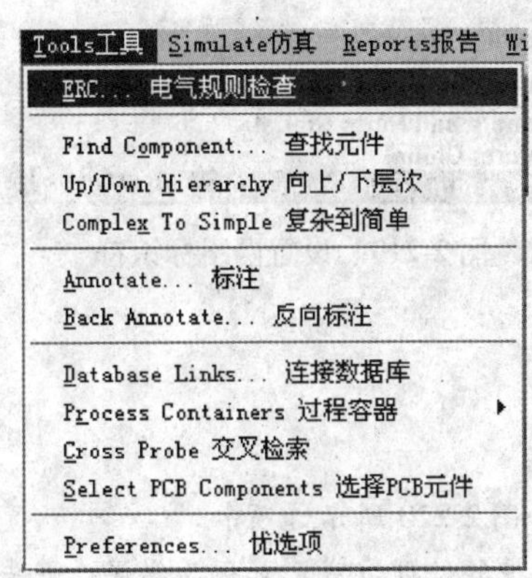

图2-216　菜单命令Tools→ERC

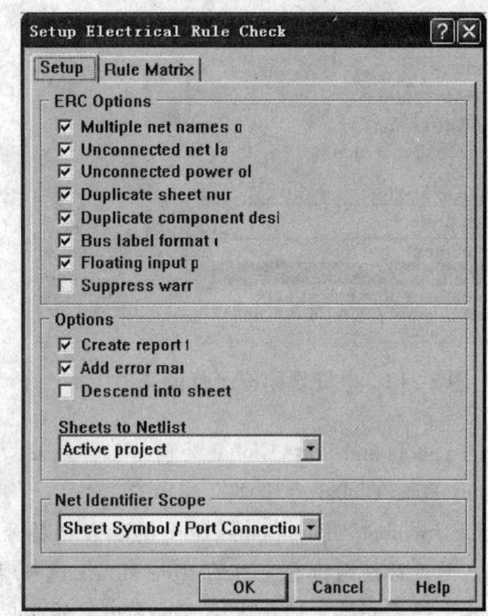

图2-217　启动设计规则检查对话框

注：启动设计规则检查对话框包含Setup和Rule Matrix两个选项卡，其中Setup选项卡包含如下内容。

（1）ERC Options区域

1）Multiple net names on net为检查同一个网络上是否拥有多个不同名称的网络标号。

2）Unconnected net labels为检查电路中是否有未实际连接的网络标号。

3）Unconnected power objects为检查是否有未连接到电气对象的电源符号。

4）Duplicate sheet numbers为检查项目中绘图页号码是否发生重号。

5）Duplicate component designators为检查绘图页中是否有元件标号重号发生。

6）Bus label format errors为检查总线标号的格式是否合法。当总线标号格式发生错误时，将无法正确地反映出信号的名称与方位。由于总线的逻辑连贯性是由放置于总线上的网络选项卡来指定的，所以总线的网络选项卡应该能够描绘全部信号。

7）Floating input pins为检查是否有输入引脚浮接的情况。

8）Suppress warning为设置在执行ERC时，忽略警告登记的情况，而只对错误等登记情况进行标识。这种做法主要是为了让设计师省略一部分，以加速ERC流程。但是，为了确保电路的完美无缺，在最后一次进行的电气规则检查时，千万不要设置这个选项。

（2）Options区域

1）Create report file为创建ERC信息报告。

2）Add error makers 为在绘图页中检测到错误或者警告的位置上放置错误标志。这些错误标志可以帮助用户精确地找到问题网络。

3）Descend into sheet parts 为要求执行 ERC 时，同时深入到元件的内部电路进行检查。

4）Sheets to Netlist 为设置电气规则检测的范围。单击下拉列表框中的下拉按钮，系统将列出用户可选择的选项，如图 2-218 所示。Active sheet 为当前被激活的绘图页，Active project 为检查整个项目，Active sheet plus sub sheets 为当前被激活的绘图页及其所包含的子绘图页。

（3）Net Identifier Scope 区域

该区域为设置网络标识符的标识范围。设置网络标识的标识范围主要用于在一个多张绘图页的设计中确定网络能够连通的范围。单击下拉列表框中的下拉按钮，系统将列出用户可设置的选项，如图 2-219所示。

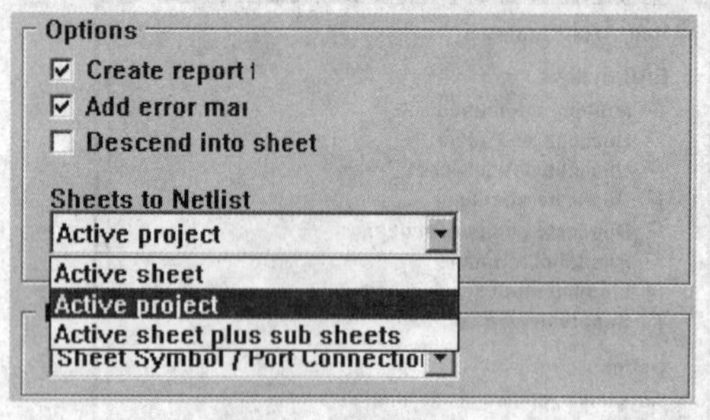

图 2-218　电气规则检测范围选项

图 2-219　设置网络标识符

1）Net Labels and Ports Global 为网络标号及端口。

2）Only Ports Global 为端口。

3）Sheet Symbol / Port Connections 为原理图符号/端口连接。

单击启动设计规则检查窗口的 Rule Matrix 选项卡，打开如图 2-220 所示选项卡。

单击其中规则矩阵中的小方框可设置出现的相应情况下系统的处理方式，如视为错误、警告等。

本设计中采用系统的默认设置，单击 OK 按钮，系统将弹出电气规则检测报告，如图 2-221 所示。

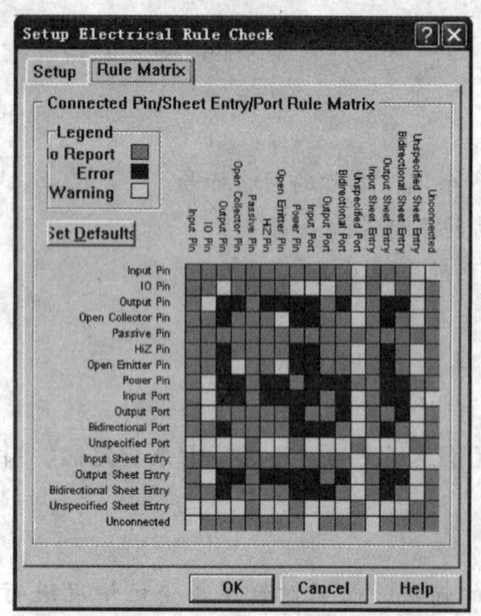

图 2-220　启动设计规则检查窗口的 Rule Matrix 选项卡

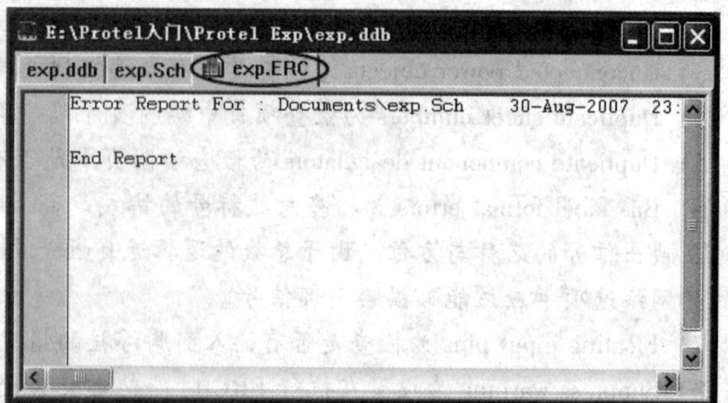

图 2-221　电气规则检测报告

从这一检测报告中可知，音频电路不存在违反电气规则的错误。

2. 生成网络表

单击菜单命令 Design→Create Netlist，如图 2-222 所示。此时系统将弹出网络表创建对话框，如图 2-223所示。

图 2-222　菜单命令 Design→Create Netlist

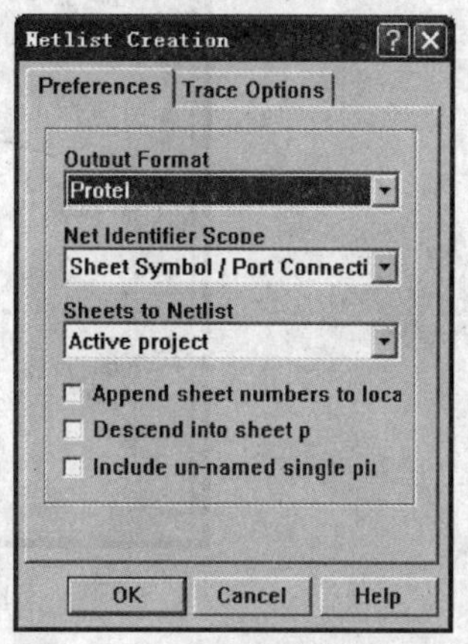

图 2-223　网络表创建对话框

注：网络表创建对话框中包含 Preferences 选项卡和 Trace Options 选项卡。

(1) Preferences 选项卡

1) Output Format 为输出格式，通常以 Protel 格式输出。

2) Net Identifier Scope 为网络标识的标识范围。

3) Sheets to Netlist 为设置生成网络表的范围。

4) Append sheet numbers to location 为设置在产生网络表时，为每个网络编号附加绘图页号码数据。例如用户在 Net Identifier Scope 文本框中选择 Only Ports Global 项，那么不同绘图页中的网络选项卡是区域性的。也就是说，在不同的绘图页中可能有名称相同的网络选项卡。通过附加绘图页号码的功能，用户可以确保在产生的网络表中每个网络的编号都是独一无二的。

5) Descend into sheet parts 为当电路原理图中存在电路图式元件时激活这个选项。系统在产生的网络表中将电路图式元件的绘图页也包含在内。电路图式元件应该在其 Part 对话框的 Sheet Path 文本框中标识出其对应的子绘图页文件路径与名称。

6) Include un－named single pins net 为当使能这一功能后，系统生成的网络表中包含没有名称的元件引脚。

(2) Trace Options 选项卡

单击网络表创建对话框中的 Trace Options 选项卡，出现如图 2-224 所示选项卡。在 Trace Options 选项卡中包含以下内容。

1) Trace Netlist Generation 为跟踪网络表的产生。Enable Trace 为使能跟踪功能，The trace result is written to 为系统将跟踪结果写入 *.tng 文件中。

2) Trace Options 为跟踪选项。Netlist before any resolving 为在生成网络表时，将任何动作都写入跟踪文件。Netlist after resolving sheets 为当电路图中的内部网络结合到项目网络后，系统加以跟踪，并形成跟踪文件。Netlist after resolving project 为当整个项目转换完成后才记录跟踪文件。

3) Merge Report 为合并报告。Include Net Merging Information 为指定跟踪文件内包含网络合并信息。

在本设计中，采用系统的默认设置。

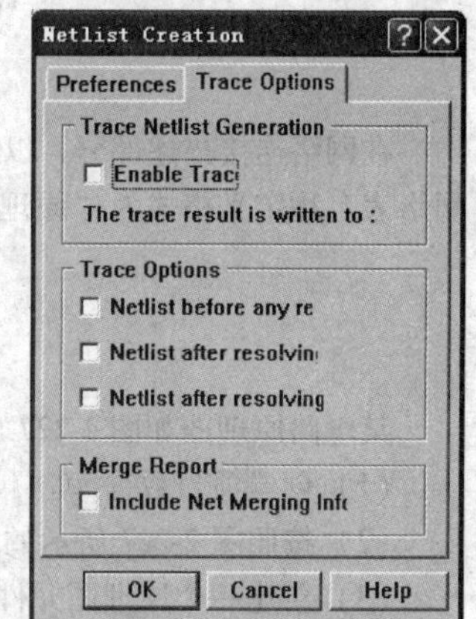

图 2-224　网络表创建对话框中的“Trace Options”选项卡

单击 OK 按钮，系统将生成设计的网络表，如图 2-225 所示。

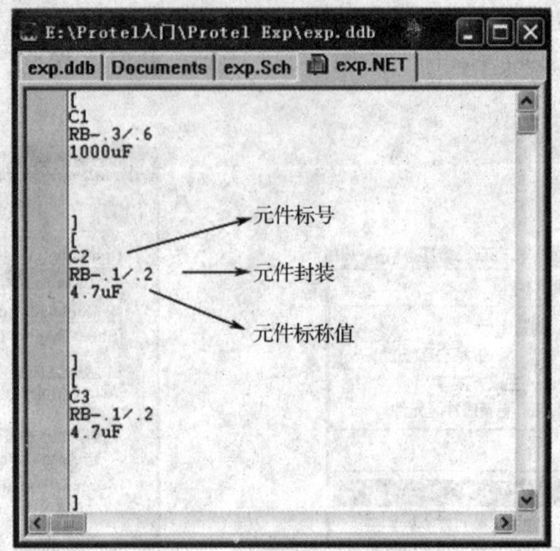

图 2-225　设计的网络表

在网络表中，前一部分为元件描述，以左方括号为元件声明的起始，接着为元件标号、元件封装及元件标称值或元件类型描述，最后以右方括号作为元件声明结束。

此外在网络表中，还包含网络连接描述，如图 2-226 所示。

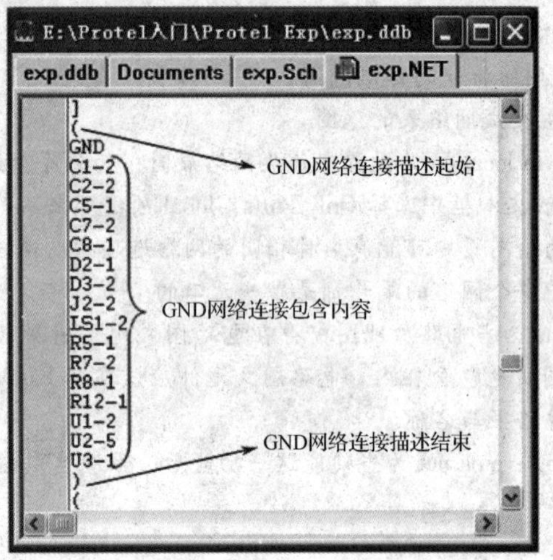

图 2-226　网络连接描述

在网络连接描述部分，以左圆括号作为起始，接下来为网络所包含的内容，最后以右圆括号结束。网络表名称定义格式为“原理图名 . NET”。

习　题

某电路原理图如图 2-227 所示。

（1）创建项目数据库。

（2）按照图 2-227 所示的电路，添加元件库并放置元件。

（3）新建一个原理图元件库，并制作 AT89S52 元件。

（4）按照如图 2-227 所示连接电路，并编辑、调整电路。

（5）对电路进行电气规则检测，在无违反规则的状态下创建网络表并生成其他报表。

U1
AT89S52
U2
DAC0808
U3
LF351
RS1
RS2
RS3
SW1
SW-SPST
SW2
SW-4
SW3
SW-8
J1
POWER
J2
DATA_10
XTAL
RV1
RPO1
VCC
GND
+15V
-15V

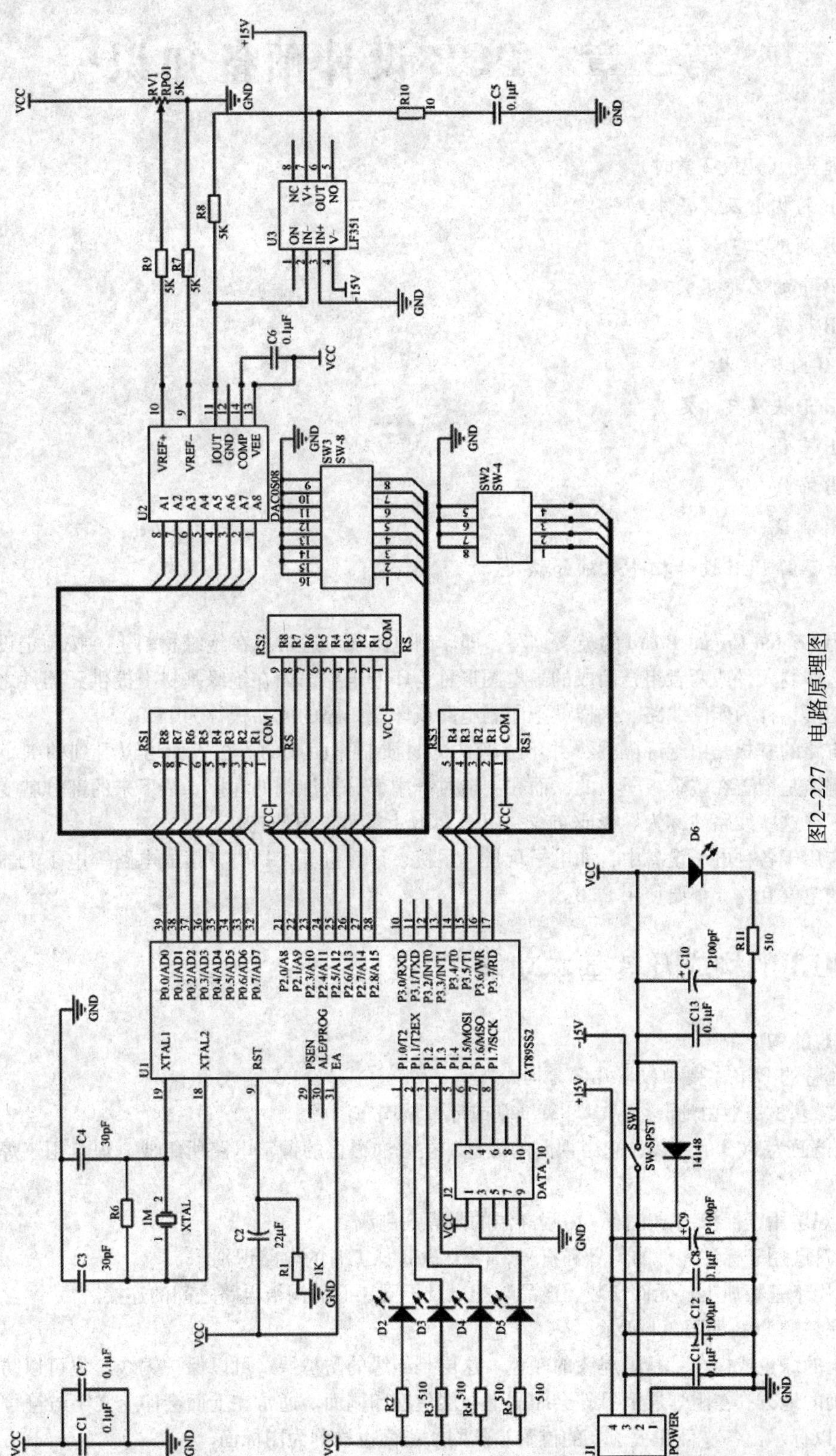

图2-227　电路原理图

第 3 章　PCB 设计预备知识

内容提要：（建议 2 学时）

1. PCB 的构成及其基本功能
2. PCB 制造工艺流程
3. PCB 中的名称定义
4. PCB 板层
5. 元件封装技术
6. PCB 形状及尺寸定义
7. PCB 布局
8. PCB 布线
9. PCB 测试

目的：了解 PCB 设计相关基础知识

PCB 为 Printed Circuit Board 的英文缩写，即印制电路板。通常把在绝缘材料上，按预定设计，制成印制线路、印制元件或两者组合而成的导电图形称为印制电路。而在绝缘基材上提供元器件之间电气连接的导电图形，称为印制线路。这样就把印制电路或印制线路的成品板称为 PCB。

印制电路的基板是由绝缘隔热，并不易弯曲的材质制作而成的。在表面可以看到的细小线路是铜箔，原本铜箔是覆盖在整个板子上的，而在制造过程中部分被蚀刻处理掉，留下来的部分就变成网状的细小线路了，这些线路被称为导线或布线，用于 PCB 上零件的电路连接。

PCB 应用于各种电子设备中，如电子玩具、手机、计算机等，只要有集成电路等电子元器件，为了它们之间的电气互连，都要使用 PCB。

3.1　PCB 的构成及其基本功能

1. PCB 的构成

一块完整的 PCB 主要由以下几部分构成。

1）绝缘基材一般由酚醛纸基、环氧纸基或环氧玻璃布制成。

2）铜箔面为 PCB 的主体，它由裸露的焊盘和被绿油覆盖的铜箔电路所组成，焊盘用于焊接电子元器件。

3）阻焊层用于保护铜箔电路，由耐高温的阻焊剂制成。

4）字符层用于标注元件的编号和符号，便于 PCB 加工时的电路识别。

5）孔用于基板加工、元件安装、产品装配以及不同层面的铜箔电路之间的连接。

一块完整的 PCB 如图 3-1 所示。

PCB 上的绿色或棕色，是阻焊漆的颜色。这层是绝缘的防护层，可以保护铜线，也可以防止零件被焊到不正确的地方。在阻焊层上另外会印刷上一层丝网印刷面。通常在上面会印上文字与符号（大多是白色的），以标示出各零件在板子上的位置。丝网印刷面也被称为图标面。

2. PCB 的功能——提供机械支撑

PCB 为集成电路等各种电子元器件固定、装配提供了机械支撑，如图 3-2 所示。

图 3-1　一块完整的 PCB

图 3-2　PCB 为元器件提供机械支撑

3. PCB 的功能——实现电气连接或电绝缘

PCB 实现了集成电路等各种电子元器件之间的布线和电气连接，如图 3-3 所示。PCB 也实现了集成电路及各种电子元器件之间的电绝缘。

4. PCB 的功能——其他功能

PCB 为自动装配提供阻焊图形，同时也为元器件的插装、检查、维修提供识别字符和图形，如图 3-4所示。

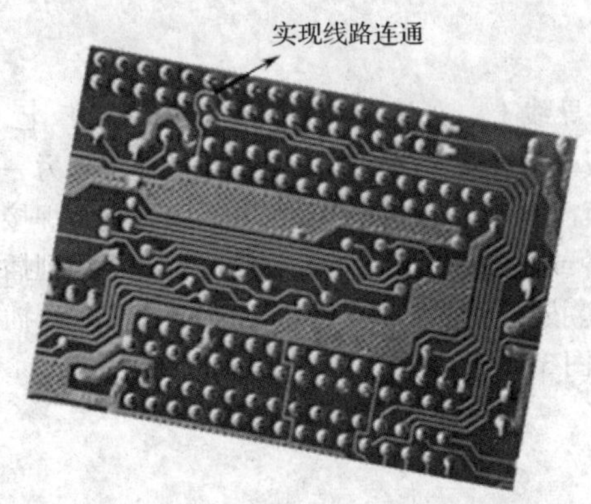

图 3-3　实现电气连接

图 3-4　提供识别字符

3.2　PCB 制造工艺流程

1. 菲林底版

菲林底版是 PCB 生产的前导工序。在生产某一种 PCB 时，PCB 的每种导电图形（信号层电路图形和地、电源层图形）和非导电图形（阻焊图形和字符）至少都应有一张菲林底版。菲林底版在 PCB 生产中的用途如下：图形转移中的感光掩模图形，包括线路图形和光致阻焊图形；网印工艺中的丝网模板的制作，包括阻焊图形和字符；机械加工（钻孔和外形铣）数控机床编程依据及钻孔参考。

2. 基板材料

覆铜箔层压板（Copper Clad Laminates，CCL），简称覆铜箔板或覆铜板，是制造 PCB 的基板材料。目前最广泛应用的蚀刻法制成的 PCB，是在覆铜箔板上有选择地进行蚀刻，得到所需线路的图形。

覆铜箔板在整个 PCB 上，主要担负着导电、绝缘和支撑三个方面的功能。

3. 拼版及光绘图数据生成

PCB 设计完成后，因为 PCB 板形太小，不能满足生产工艺要求，或者一个产品由几块 PCB 组成，因此需要把若干小板拼成一个面积符合生产要求的大板，或者将一个产品所用的多个 PCB 拼在一起便于生产安装，此道工序即为拼版。

拼版完成后，用户需生成光绘图数据。PCB 生产的基础是菲林底版。早期制作菲林底版时，需要先制作菲林底图，然后再利用底图进行照相或翻版。随着计算机技术的发展，印制板 CAD 技术得到极大的进步，PCB 生产工艺水平也不断向多层、细导线、小孔径、高密度方向迅速提高，原有的菲林制版工艺已无法满足印制板的设计需要，于是出现了光绘技术。使用光绘机可以直接将 CAD 设计的 PCB 图形数据文件送入光绘机的计算机系统，控制光绘机利用光线直接在底片上绘制图形，然后经过显影、定影得到菲林底版。

光绘图数据的产生，是将 CAD 软件产生的设计数据转化成为光绘数据（多为 Gerber 数据），经过 CAM 系统进行修改、编辑，完成光绘预处理（拼版、镜像等），使之达到 PCB 生产工艺的要求。然后将处理完的数据送入光绘机，由光绘机的光栅（Raster）图像数据处理器转换成为光栅数据，此光栅数据通过高倍快速压缩还原算法发送至激光光绘机，完成光绘。

3.3 PCB 中的名称定义

1. 导线

原本铜箔是覆盖在整个板子上的，而在制造过程中有的部分被蚀刻处理掉，留下来的部分就变成网状的细小线路了，这些线路被称为导线或布线，如图 3-5 所示。

2. ZIF 插座

为了将元器件固定在 PCB 上面，将它们的引脚直接焊在导线上。在最基本的 PCB（单面板）上，元器件都集中在其中一面，导线则都集中在另一面，需要在板子上打洞，这样引脚才能穿过板子到另一面，显然元器件的引脚是焊在另一面上的。其中，PCB 的正面被称为元器件面，而 PCB 反面被称为焊接面。如果 PCB 上有某些元器件，需要在制作完成后也可以拿掉或装回去，那么该元器件安装时会用到插座。由于插座是直接焊在板子上的，元器件可以任意拆装。零拔插方式（Zero Insertion Force，ZIF）插座，它可以让零件轻松插进插座，也可以拆下来。ZIF 插座如图 3-6 所示。

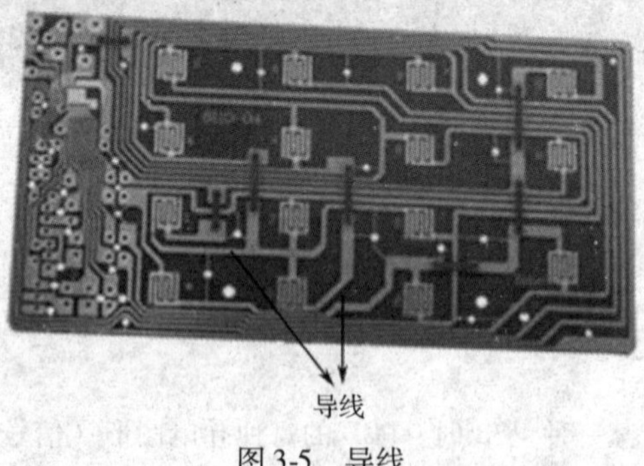

图 3-5　导线

图 3-6　ZIF 插座

3. 边接头（俗称金手指）

如果要将两块 PCB 相互连接，一般都会用到俗称“金手指”的边接头（Edge Connector）。金手指上包含了许多裸露的铜垫，这些铜垫事实上也是 PCB 导线的一部分。通常连接时，将其中一片 PCB 上的金手指插进另一片 PCB 上合适的插槽上（一般称为扩充槽 Slot）。在计算机中，像显卡、声卡或其他类似的界面卡，都是借着金手指来与主板连接的。边接头如图 3-7 所示。

图 3-7　边接头

3.4　PCB 板层

1. PCB 分类

（1）单面板　在最基本的 PCB 上，元件集中在其中一面，导线则集中在另一面上。因为导线只出现在其中一面，所以就将这种 PCB 称为单面板（Single-Sided Boards）。因为单面板在设计线路上有许多严格的限制（因为只有一面，布线间不能交叉而必须绕各自的路径），所以只有早期的电路才使用这类 PCB。

（2）双面板　双面板（Double-Sided Boards）的两面都有布线。不过要用上两面的导线，必须在两面间有适当的电路连接才行。这种电路间的“桥梁”称为导孔（Via）。导孔是在 PCB 上充满或涂上金属的小洞，它可以与两面的导线相连接。由于双面板的面积比单面板大了一倍，而且由于布线可以互相交错（可以绕到另一面），因此它更适合用在比单面板复杂的电路上。双面板实例如图 3-8 所示。

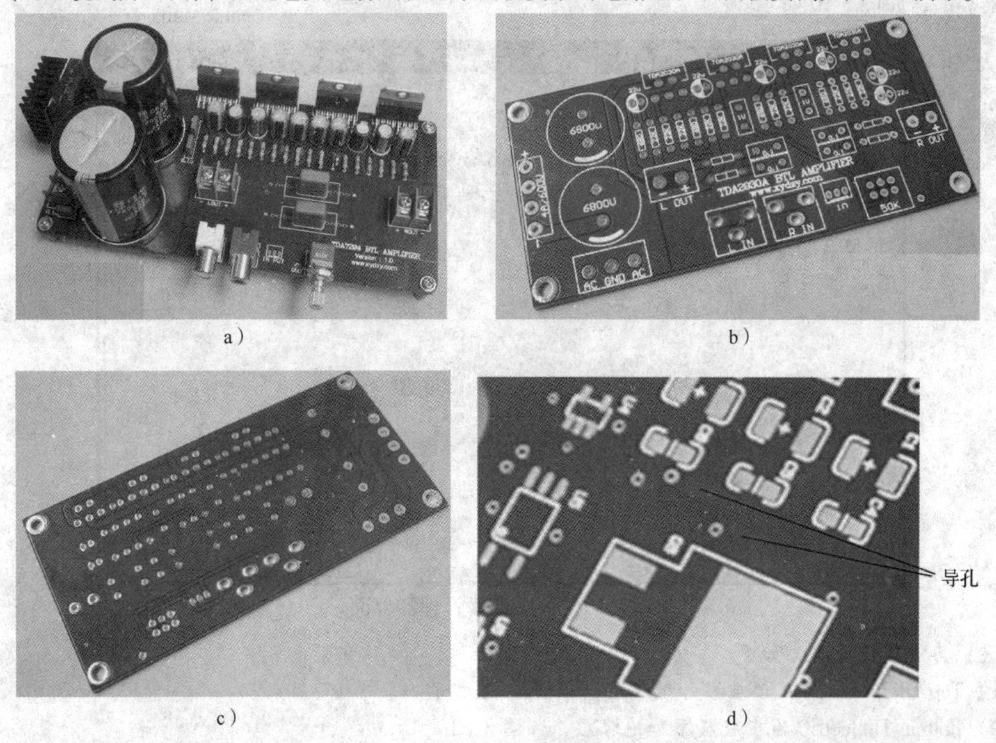

图 3-8　双面板

a）双面板成品　b）双面板上面　c）双面板下面　d）双面板上的导孔

（3）多层板　为了增加可以布线的面积，多层板（Multi-Layer Boards）用上了更多单、双面的布线板。多层板使用数片双面板，并在每层板间放进一层绝缘层后粘牢（压合）。板子的层数代表了有几层独立的布线层。通常层数都是偶数，并且包含最外侧的两层。大部分主机板都是4到8层的结构，不过技术上可以做到近100层的PCB。大型的超级计算机大多使用相当多层的主板，不过这类计算机已经可以用许多普通计算机的集群代替，超多层板已经渐渐不被使用了。PCB中的各层都紧密地结合，一般不太容易看出实际数目，不过如果仔细观察主板，也许可以看出来。

刚刚提到的导孔，如果应用在双面板上，那么一定都是打穿整个PCB。不过在多层板中，如果只想连接其中一些线路，那么导孔可能会浪费一些其他层的线路空间。埋孔（Buried Vias）和盲孔（Blind Vias）技术可以避免这个问题，因为它们只穿透其中几层。盲孔是将几层内部PCB与表面PCB连接，不需穿透整个PCB。埋孔则只连接内部的PCB，从表面是看不出来的。

在多层PCB中，整层都直接连接地线与电源。将各层分类为信号层（Signal）、电源层（Power）或是接地层（Ground）。如果PCB上的零件需要不同的电源供应，则这类PCB会有两层以上的电源与电线层。

2. Protel 99SE 中的板层管理

Protel 99SE 现扩展到32个信号层、16个内层电源/接地层、16个机械层，在层堆栈管理器中用户可以定义层的结构，看到层堆栈的结构。

在PCB服务器工作状态下，单击菜单命令 Design→Layer Stack Manager，如图3-9所示，系统将出现板层堆栈管理器界面，如图3-10所示。

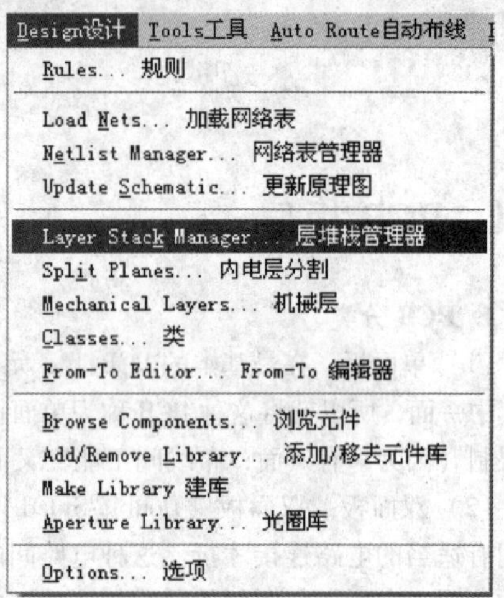

图3-9　单击菜单命令 Design→Layer Stack Manager

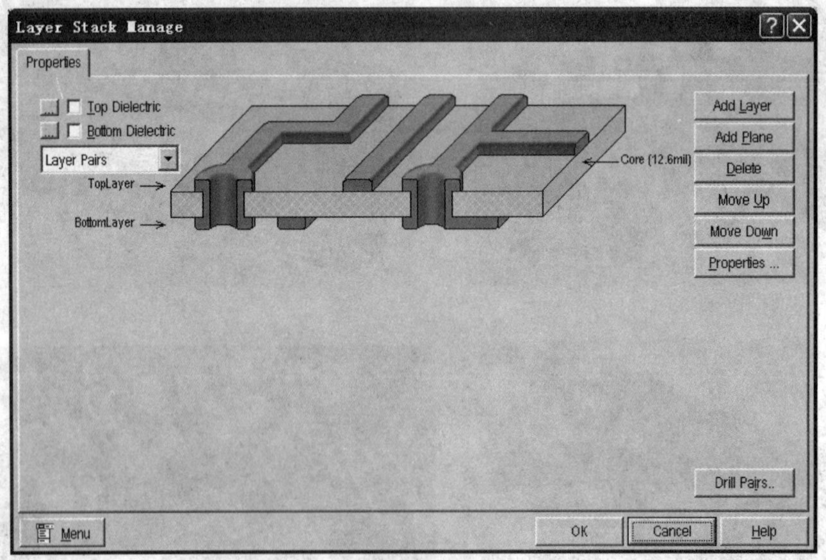

图3-10　板层堆栈管理器界面

注：其中各项目意义如下。

1）Top Dielectric 为在顶层添加绝缘层，如图3-11所示。

2）Bottom Dielectric 为在底层添加绝缘层，如图3-12所示。

3）Add Layer 为添加信号层。用鼠标选择信号层添加位置，单击 Add Layer 按钮，电路板层增加一层信号层，如图3-13所示。

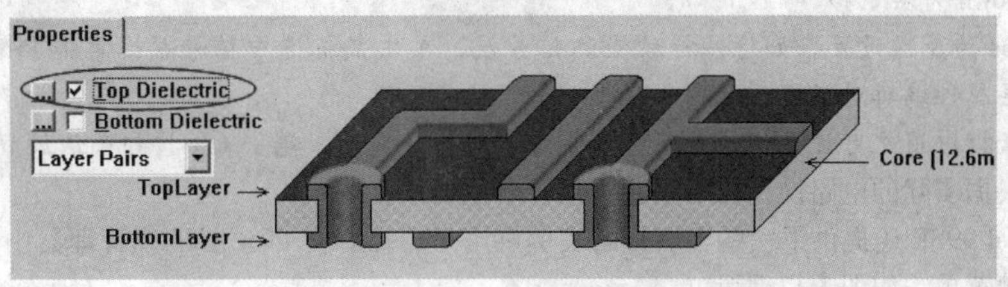

图 3-11　在顶层添加绝缘层

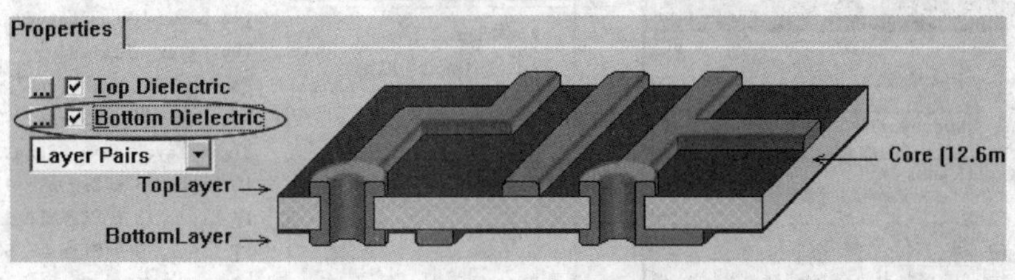

图 3-12　在底层添加绝缘层

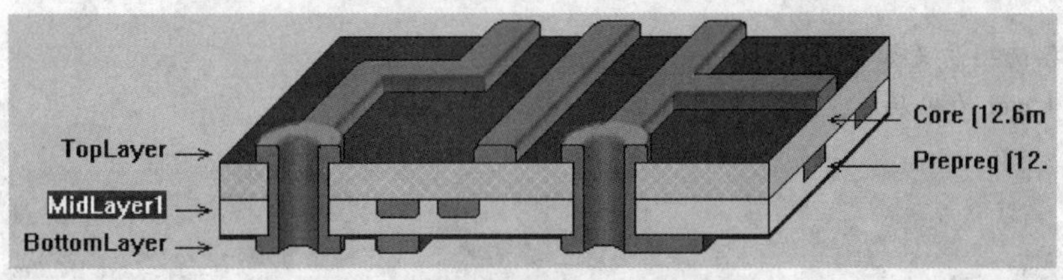

图 3-13　添加信号层

4）Add Plane 为添加内层电源/接地层，如图 3-14 所示。

图 3-14　添加内层电源/接地层

5）Delete 为删除选项。鼠标选中相应的层后，单击 Delete 按钮即可实现删除操作。

6）Move Up 为层上移。例如，当鼠标放置到内层电源/接地层上时，单击鼠标选中内层电源/接地层，单击 Move Up 按钮，其结果如图 3-15 所示。

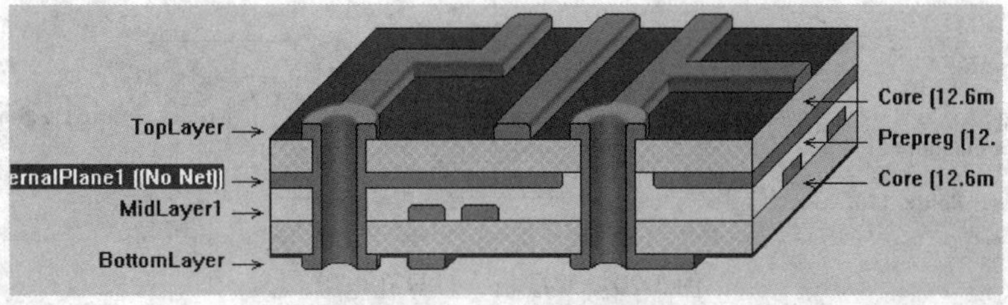

图 3-15　上移内层电源/接地层

7）Move Down 为层下移。

8）Properies 为属性设置。如将鼠标放置到信号层，单击鼠标选中信号层，单击 Properies 按钮，系统将弹出信号层属性编辑对话框，如图 3-16 所示。

在这一对话框中用户可设置信号层名称及铜厚，设置完成后，单击 OK 按钮确认设置。

用户可以根据实际的电路设计要求设置板层及各层的厚度。

此外，Protel 99SE 还提供了一些多层板的实例供用户选择。在 PCB 层堆栈管理器中单击鼠标右键，系统将弹出右键菜单，如图 3-17 所示。

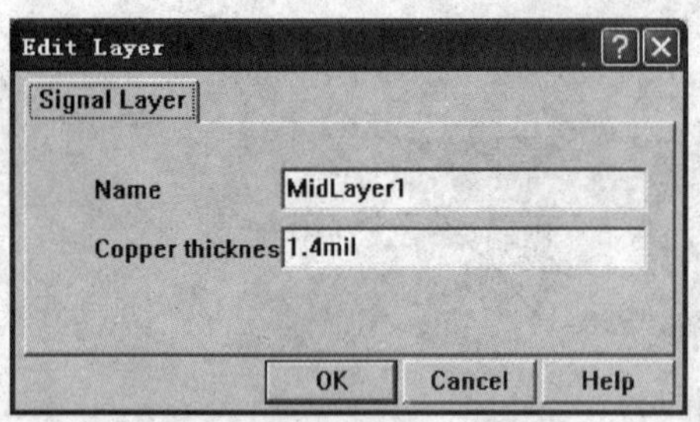

图 3-16　信号层属性编辑对话框

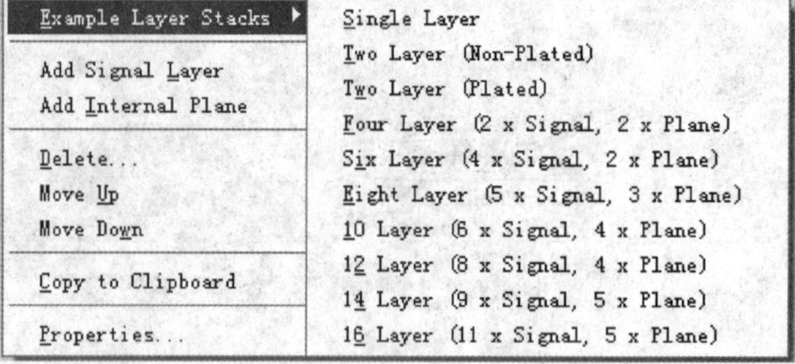

图 3-17　层堆栈管理器中的右键菜单

注：其中各选项意义如下。

1）Single Layer 为单层板，如图 3-18 所示。

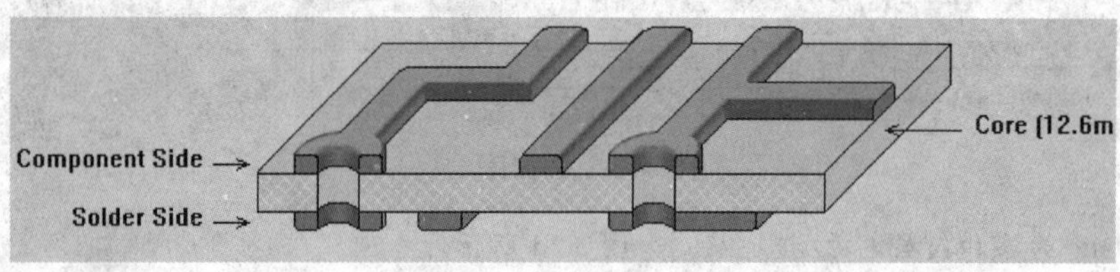

图 3-18　单层板

2）Two Layer（Non-Plated）为双层板，且导孔不电镀，如图 3-19 所示。

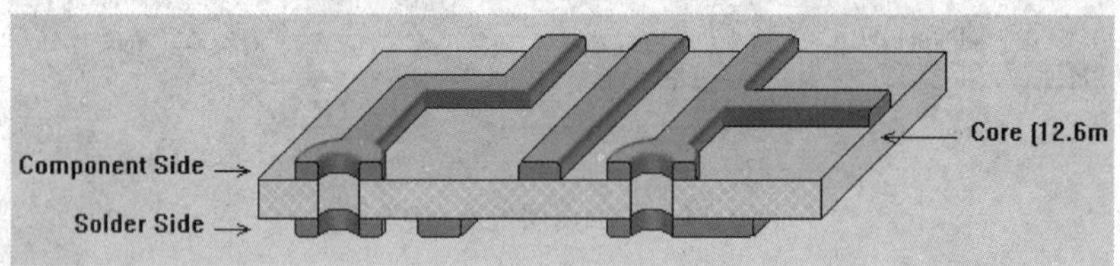

图 3-19　双层板，且导孔不电镀

3）Two Layer（Plated）为双层板，且导孔电镀，如图 3-20 所示。

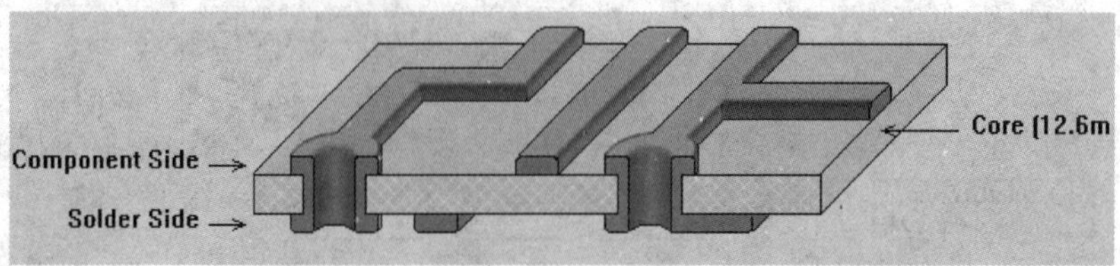

图 3-20　双层板，且导孔电镀

4）Four Layer（2×Signal，2×Plane）为4层板，包括2个信号层和2个内层电源/接地层，如图3-21所示。

图3-21　4层板，2个信号层，2个内层电源/接地层

5）Six Layer（4×Signal，2×Plane）为6层板，包括4个信号层和2个内层电源/接地层，如图3-22所示。

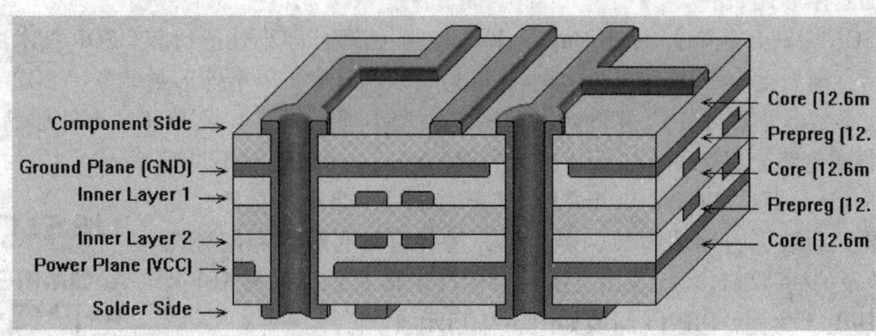

图3-22　6层板，4个信号层，2个内层电源/接地层

6）Eight Layer（5×Signal，3×Plane）为8层板，包括5个信号层和3个内层电源/接地层。

7）10 Layer（6×Signal，4×Plane）为10层板，包括6个信号层和4个内层电源/接地层。

8）12 Layer（8×Signal，4×Plane）为12层板，包括8个信号层和4个内层电源/接地层。

9）16 Layer（11×Signal，5×Plane）为16层板，包括11个信号层和5个内层电源/接地层。

单击期望的板层后，单击OK按钮确认设置。

3. Protel 99SE中各层的意义

在Protel 99SE PCB编辑窗口中列出电路板设计中相关的层，如图3-23所示。

1）TopLayer/BottomLayer为顶层/底层，属于信号层。

2）Mechanical1为机械层，用于定义整个PCB的外观，即整个PCB的外形结构。

3）KeepOutLayer为禁止布线层，用于定义在布电气特性的铜一侧的边界。也就是说先定义了禁止布线层后，在以后的布过程中，所布的具有电气特性的线不可以超出禁止布线层的边界。

4）TopOverlay/BottomOverlay为顶层丝印层/底层丝印层，用于定义顶层和底的丝印字符，就是一般在PCB上看到的元件编号和一些字符。

5）MultipLayer为多层，指PCB的所有层。

6）此外，Protel 99SE还包含其他层，各层的意义如下：Toppaste/Bottompaste为顶层焊盘层/底层焊盘层，是指用户可以看到的露在外面的

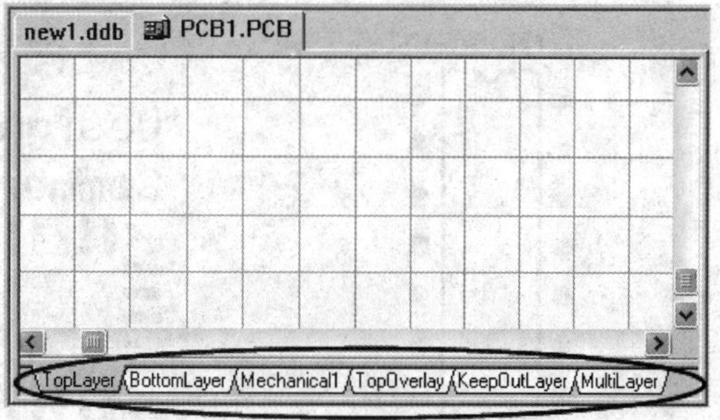

图3-23　列出电路板设计中相关的层

铜箔；Topsolder/Bottomsolder 为顶层阻焊层/底层阻焊层，与 Toppaste 和 Bottompaste 两层相反，是要盖绿油的层。Drillguide 为过孔引导层，Drilldrawing 为过孔钻孔层。

3.5 元件封装技术

1. 元件封装的具体形式

元件封装分为插装式封装和表面贴装式封装。其中将元件安置在板子的一面，并将引脚焊在另一面上，这种技术称为插装式（Through Hole Technology，THT）封装；而引脚是焊在与元件同一面，不用为每个引脚的焊接而在 PCB 上钻洞，这种技术称为表面贴装式（Surface Mounted Technology，SMT）封装。使用 THT 封装的元件需要占用大量的空间，并且要为每只引脚钻一个洞，可见它们的引脚实际上占去两面的空间，而且焊点也比较大，而 SMT 封装的元件比 THT 封装的元件所占空间要小，其 PCB 上的零件就密集很多。SMT 封装元件也比 THT 封装的元件便宜，现今的 PCB 上大部分都是 SMT 封装元件。但 THT 封装的元件和 SMT 封装的元件比起来，与 PCB 连接的构造比较好。

元件封装的具体形式如下。

（1）SOP/SOIC　SOP 是英文 Small Outline Package 的缩写，即小外形封装。SOP 技术由飞利浦公司开发成功，以后逐渐派生出 SOJ（J 形引脚小外形封装）、TSOP（薄小外形封装）、VSOP（甚小外形封装）、SSOP（缩小型小外形封装）、TSSOP（薄的缩小型小外形封装）及 SOT（小外形晶体管）封装、SOIC（小外形集成电路）封装等。以 SOJ 封装为例，SOJ-14 封装如图 3-24 所示。

（2）DIP　DIP 是英文 Double In-line Package 的缩写，即双列直插式封装。其属于插装式封装，引脚从封装两侧引出，封装材料有塑料和陶瓷两种。DIP 是最普及的插装型封装，应用范围包括标准逻辑 IC、存储器 LSI 及微机电路。以 DIP-14 为例，DIP-14 封装如图 3-25 所示。

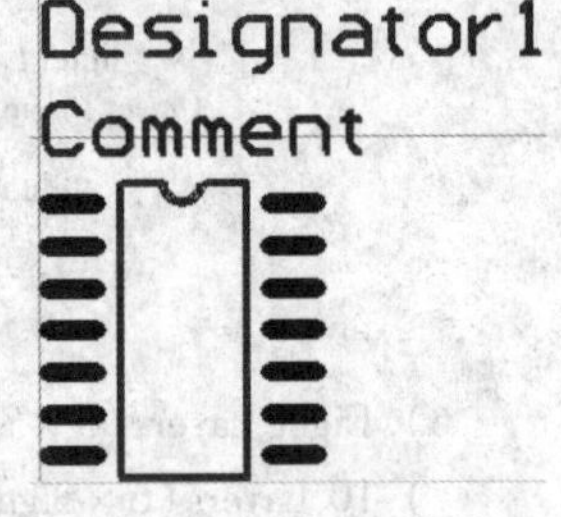

图 3-24　SOJ-14 封装

（3）PLCC 封装　PLCC 是英文 Plastic Leaded Chip Carrier 的缩写，即塑料引线芯片封装。PLCC 封装方式，外形呈正方形，四周都有引脚，外形尺寸比 DIP 小得多。PLCC 封装适合用表面贴装技术在 PCB 上安装布线，具有外形尺寸小，可靠性高的优点。PLCC-20 封装如图 3-26 所示。

（4）TQFP　TQFP 是英文 Thin Quad Flat Package 的缩写，即薄塑封四角扁平封装。TQFP 工艺能有效利用空间，从而降低 PCB 空间大小的要求。这种封装工艺缩小了高度和体积，非常适合对空间要求较高的应用，如 PCMCIA 卡和网络器件。

（5）PQFP　PQFP 是英文 Plastic Quad Flat Package 的缩写，即塑封四角扁平封装。PQFP 的芯片引脚之间距离很小，引脚很细，一般大规模或超大规模集成电路采用这种封装形式。以 PQFP84（N）为例，如图 3-27 所示。

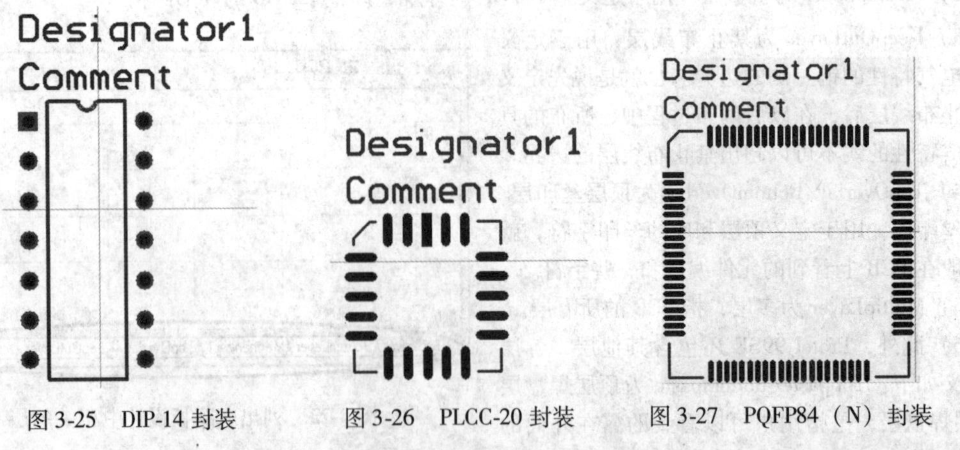

图 3-25　DIP-14 封装　　图 3-26　PLCC-20 封装　　图 3-27　PQFP84（N）封装

(6) TSOP TSOP是英文Thin Small Outline Package的缩写，即薄小外形尺寸封装。TSOP内存封装技术的一个典型特征是在封装芯片的周围做出引脚，TSOP适合用SMT在PCB上安装布线，适合高频应用场合，操作比较方便，可靠性也比较高。以TSOP8×14封装为例，其封装如图3-28所示。

(7) BGA封装 BGA是英文Ball Grid Array的缩写，即球栅阵列。BGA封装的I/O端子以圆形或柱状焊点按阵列形式分布在封装下面，BGA技术的优点是I/O引脚数虽然增加了，但引脚间距并没有减小反而增加了，从而提高了组装成品率；虽然它的功耗增加，但BGA能用可控塌陷芯片法焊接，从而可以改善它的电热性能；厚度和重量都较以前的封装技术有所减少；寄生参数减小，信号传输延迟小，使用频率大大提高；组装可用共面焊接，可靠性高。以BGA10_23-1.5封装为例，其封装如图3-29所示。

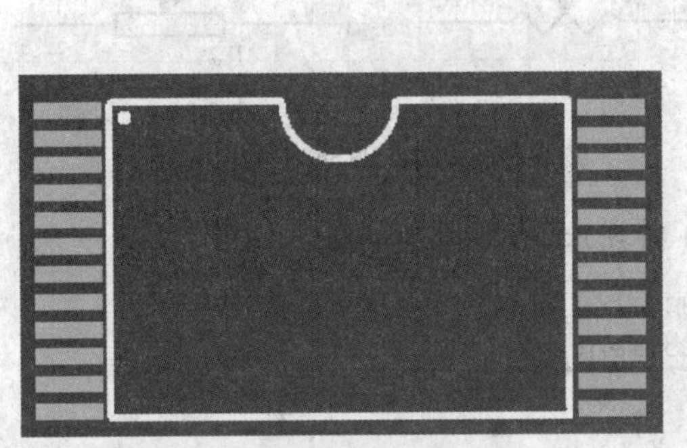

图3-28 TSOP8×14封装

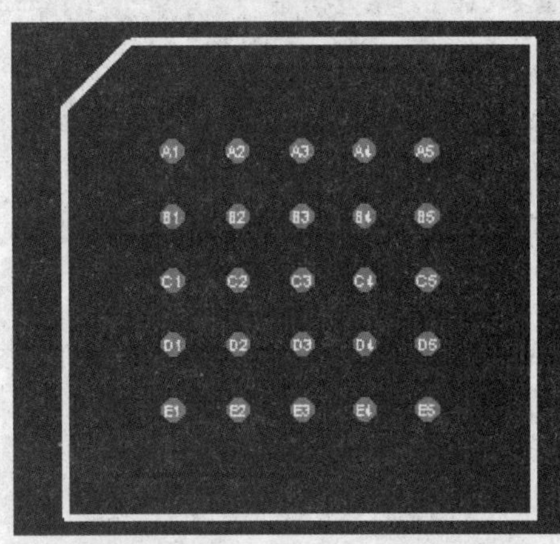

图3-29 BGA10_23-1.5封装

2. Protel 99SE中的元件及封装

Protel 99SE中提供了多种元器件的封装，如电阻、电容、二极管、晶体管等元器件的封装，同时也提供了稳压电源、扬声器、话筒等器件的封装。

(1) 电阻 电阻是电路中最常用的元件，如图3-30所示。

Protel 99SE中的电阻的标识为RES1、RES2、RES3等，其封装属性为AXIAL系列。而AXIAL的中文意思为轴状的。Protel 99SE中的电阻如图3-31所示。

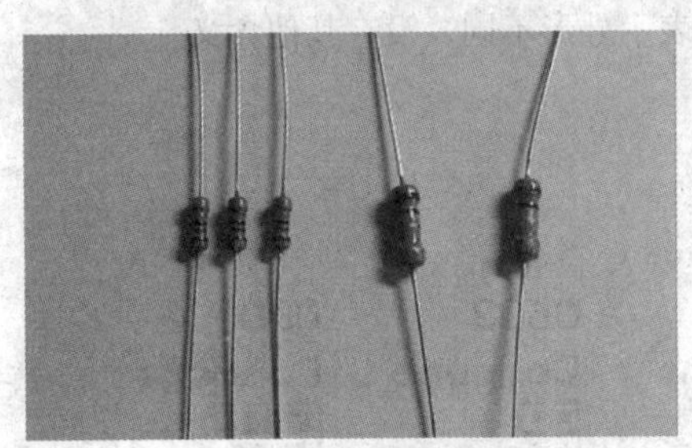

图3-30 电阻

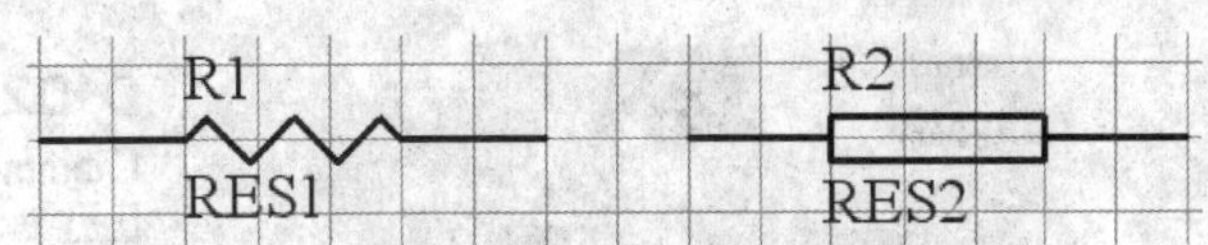

图3-31 Protel 99SE中的电阻

Protel 99SE中提供的电阻封装AXIAL系列如图3-32所示。

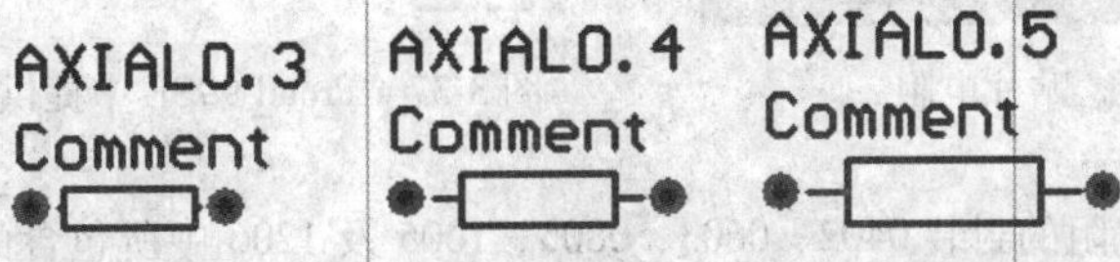

图3-32 Protel 99SE中提供的电阻封装AXIAL系列

图中所列出的电阻封装为 AXIAL0.3、AXIAL0.4 及 AXIAL0.5，其中 0.3 是指该电阻在 PCB 上焊盘间的间距为 300mil，0.4 是指该电阻在 PCB 上焊盘间的间距为 400mil，依次类推。

（2）电位器　电位器实物如图 3-33 所示。

Protel 99SE 中电位器的标识为 POT 等，其封装属性为 VR 系列。Protel 99SE 中的电位器如图 3-34 所示。

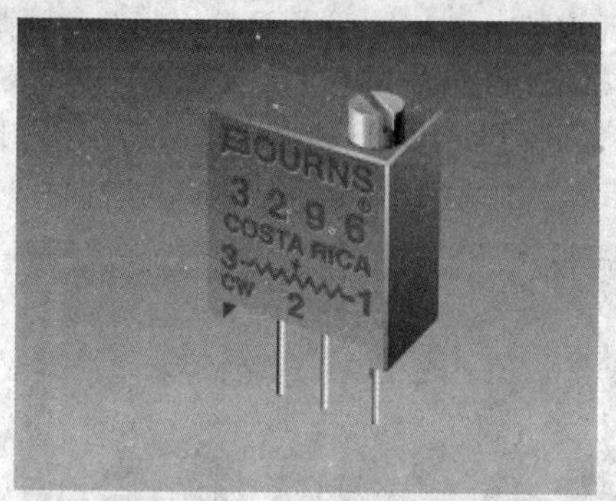

BOURNS
3296
COSTA RICA
CW 2 1

图 3-33　电位器

R1
POT1
R2
POT2

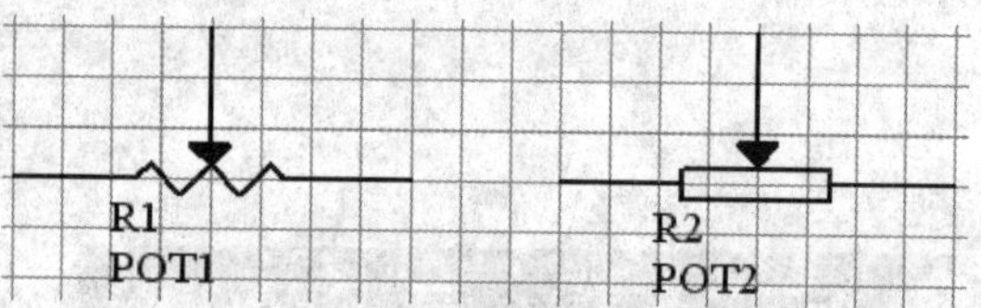

图 3-34　Protel 99SE 中的电位器

Protel 99SE 中提供的电位器封装 VR 系列如图 3-35 所示。

VR1
Comment
VR3
Comment
VR4
Comment
VR2
Comment
VR5
Comment

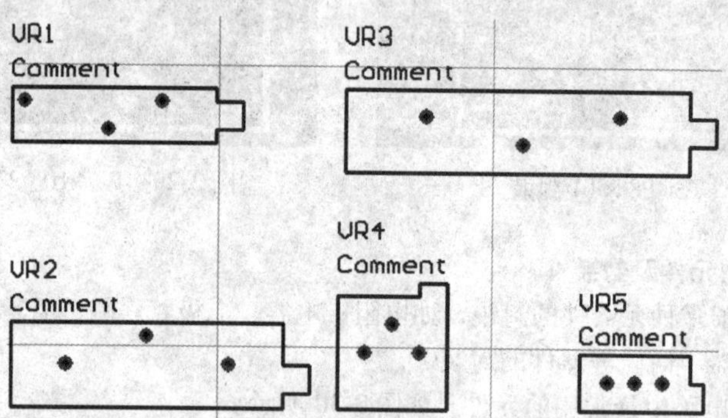

图 3-35　Protel 99SE 中提供的电位器封装 VR 系列

图中所列出的电位器封装为 VR1 ~ VR5，其中的数字只是表示外形不同，没有其他含义。

（3）贴片电阻　贴片电阻实物如图 3-36 所示。

Protel 99SE 中提供的贴片电阻封装如图 3-37 所示。

181
181
201
201

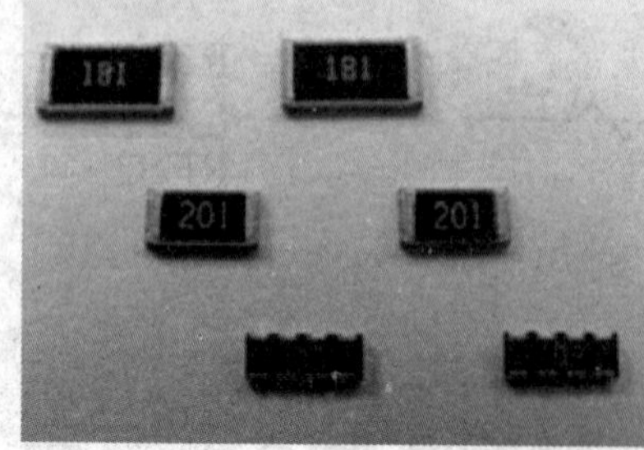

图 3-36　贴片电阻

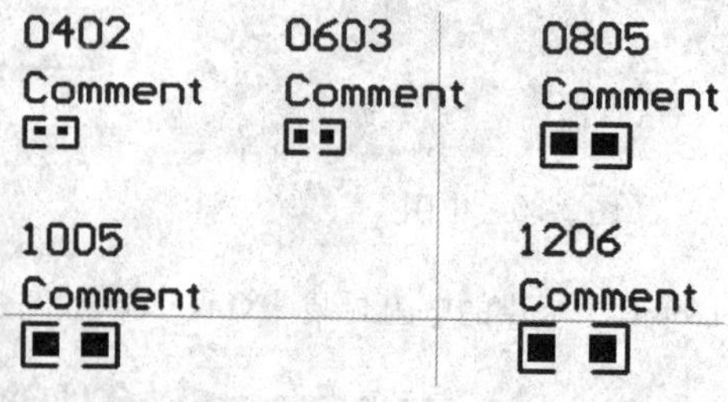

0402
Comment
0603
Comment
0805
Comment
1005
Comment
1206
Comment

图 3-37　Protel 99SE 中提供的贴片电阻封装

图中所列出的贴片电阻的封装 0402、0603、0805、1005 及 1206 中所包含的数字与尺寸无关，与电阻的具体阻值无关，但与功率有关，通常贴片电阻封装与电阻功率的关系见表 3-1。

表 3-1　贴片电阻封装与电阻功率的关系

封　装	功率/W	封　装	功率/W
1005	1/20	0402	1/16
0603	1/10	0805	1/8
1206	1/4		

（4）无极性电容　电路中的无极性电容如图 3-38 所示。

Protel 99SE 中无极性电容的标识为 CAP 等，其封装属性为 RAD 系列。Protel 99SE 中的电容如图 3-39所示。

Protel 99SE 中提供的无极性电容封装 RAD 系列如图 3-40 所示。

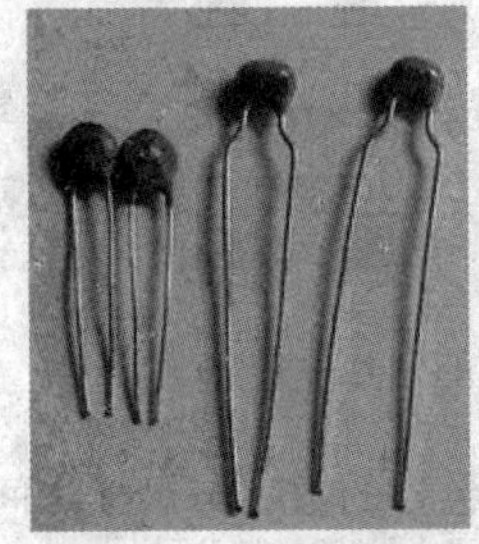

图 3-38　无极性电容

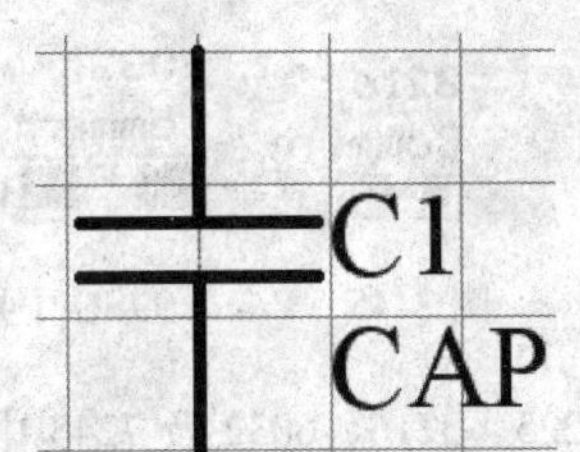

图 3-39　Protel 99SE 中的电容

图 3-40　Protel 99SE 中提供的无极性电容封装 RAD 系列

图中所列出的电容封装为 RAD0. 1、RAD0. 2 及 RAD 0. 3，其中 0. 1 是指该电阻在 PCB 上焊盘间的间距为 100mil，0. 2 是指该电阻在 PCB 上焊盘间的间距为 200mil，依次类推。

（5）极性电容　电路中的极性电容如电解电容，如图 3-41 所示。

Protel 99SE 中的电解电容的标识为 CAPACITOR，其封装属性为 RB 系列。Protel 99SE 中的电解电容如图 3-42 所示。

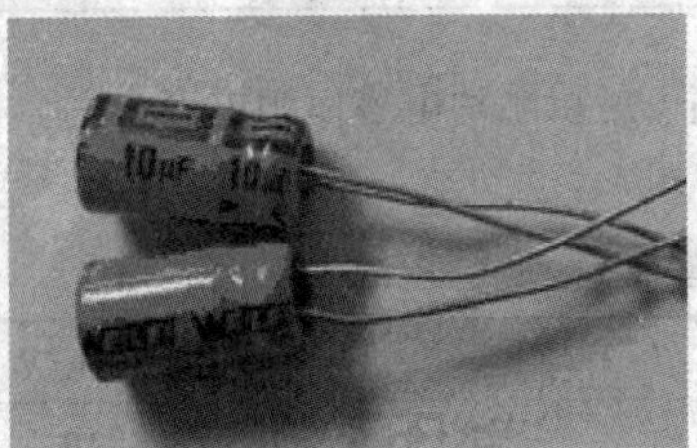

图 3-41　电解电容

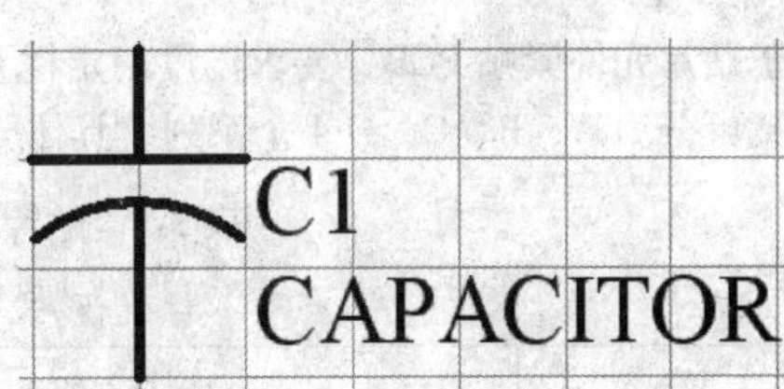

图 3-42　Protel 99SE 中的电解电容

Protel 99SE 中提供的电解电容封装 RB 系列如图 3-43 所示。

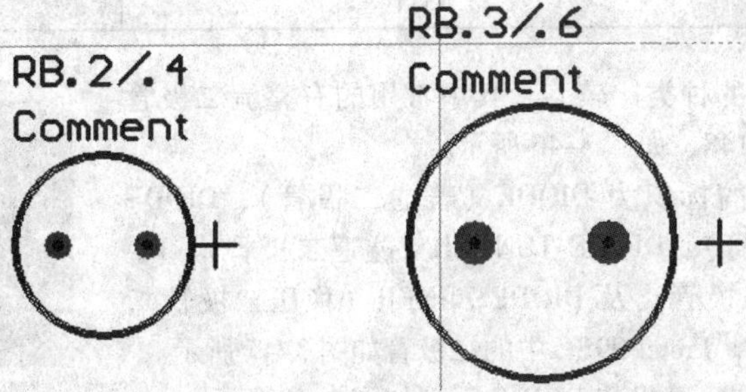

图 3-43　Protel 99SE 中提供的电解电容封装 RB 系列

图中所列出的电解电容封装为 RB. 2/. 4、RB. 3/. 6，其中 RB. 2/. 4 中的 . 2 为焊盘间距 200mil，. 4 为电容圆筒的外径 400mil；而 RB. 3/. 6 中的 . 3 为焊盘间距 300mil，. 6 为电容圆筒的外径 600mil。此外 Protel 还提供了 RB. 4/. 8、RB. 5/. 10 封装，其含义同上。通常电容值小于 100 μF 时常用的封装形式为 RB. 1/. 2，当电容值介于 100 ~ 470 μF 时常用的封装形式为 RB. 2/. 4，而当电容值大于 470 μF 时常用的封装形式为 RB. 3/. 6。

（6）贴片电容　贴片电容实物如图 3-44 所示。

Protel 99SE 中提供的贴片电容封装如图 3-45 所示。

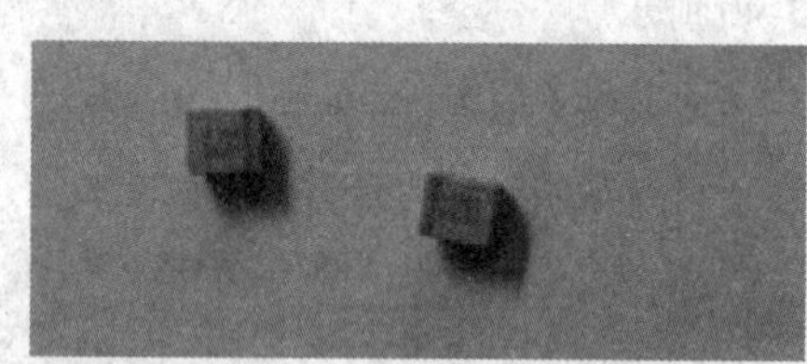

图 3-44　贴片电容

图 3-45　Protel 99SE 中提供的贴片电容封装

图中所列出的贴片电容的封装 1805、2220、2225、3216、6032 及 7243 中所包含的数字与尺寸之间的关系见表 3-2。

表 3-2　贴片电容的封装与尺寸之间的关系表

封　装	尺寸/mil	封　装	尺寸/mil
0402	1. 0 × 0. 5	0402	1. 0 × 0. 5
0805	2. 0 × 1. 2	1206	3. 2 × 1. 6
1210	3. 2 × 2. 5	1812	4. 5 × 3. 2
2225	5. 6 × 6. 5		

此外，由于贴片元件紧贴 PCB，要求温度稳定性要高，所以贴片电容以钽电容为多。根据其耐压不同，贴片电容又可分为 A、B、C、D 4 个系列，具体分类如表 3-3 所示。

表 3-3　贴片电容分类

类　型	封 装 形 式	耐压/V
A	3216	10
B	3528	16
C	6032	25
D	7343	35

（7）二极管　二极管的种类比较多，其中常用的有整流二极管 1N4001 和开关二极管 1N4148，如图 3-46 所示。

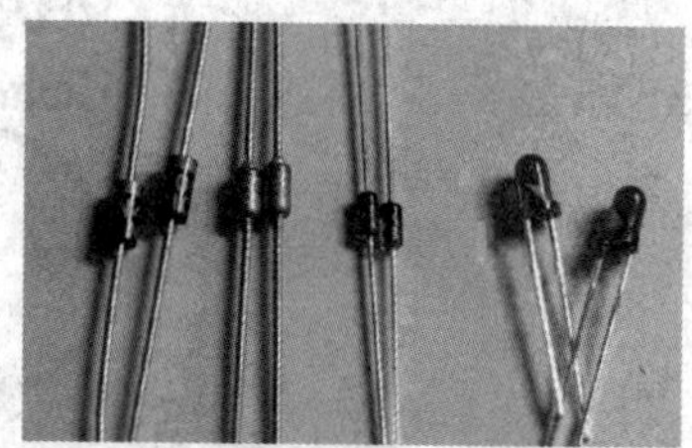

图 3-46　二极管

Protel 99SE 中二极管的标识为 DIODE（普通二极管）、DIODE SCHOTTKY（肖特基二极管）、DIODE TUNNEL（隧道二极管）、DIODE VARACTOR（变容二极管）及 DIODE ZENER（稳压二极管），其封装属性为 DIODE 系列。Protel 99SE 中的二极管如图 3-47 所示。

Protel 99SE 中提供的二极管封装 DIODE 系列如图 3-48 所示。

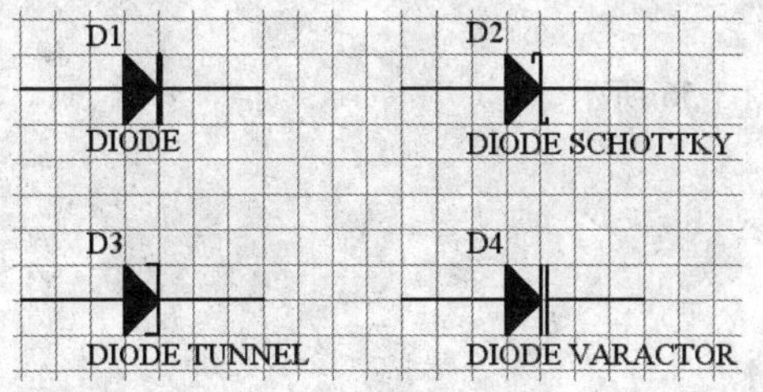

图 3-47　Protel 99SE 中的二极管

图 3-48　Protel 99SE 中提供的二极管封装 DIODE 系列

其中 DIODE0. 4 中的 . 4 为焊盘间距 400mil，而 DIODE0. 7 中的 . 7 为焊盘间距 700mil。后缀数字越大，表示二极管的功率越大。

而对于发光二极管，Protel 99SE 中的标识为 LED，其符号如图 3-49 所示。

通常发光二极管使用 Protel 99SE 中提供的 RB. 1/. 2 封装，如图 3-50 所示。

其中 RB. 1/. 2 中 . 1 表示焊盘间距为 100mil，. 2 表示焊盘外径为 200mil。

（8）晶体管　晶体管分为 PNP 型和 NPN 型，晶体管的 3 个引脚为别为 E、B 和 C，其外形如图 3-51 所示。

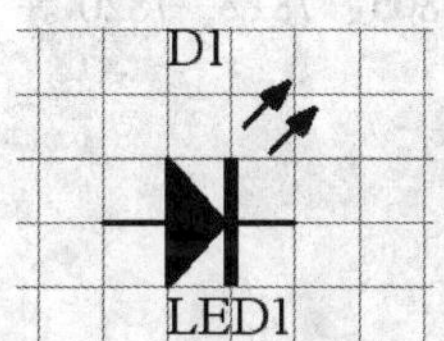

图 3-49　Protel 99SE 中的发光二极管

图 3-50　RB. 1/. 2 封装

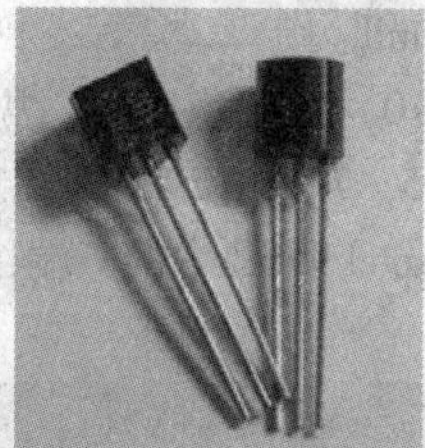

图 3-51　晶体管

Protel 99SE 中的晶体管的标识为 NPN、PNP，其封装属性为 TO 系列。Protel 99SE 中的晶体管如图 3-52所示。

Protel 99SE 中提供的晶体管封装 TO 系列如图 3-53 所示。

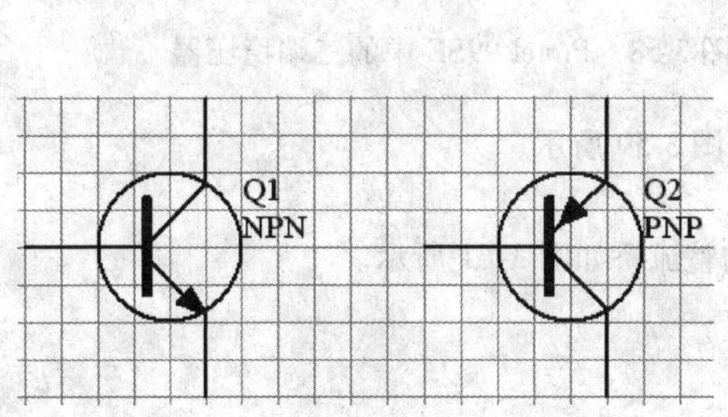

图 3-52　Protel 99SE 中的晶体管

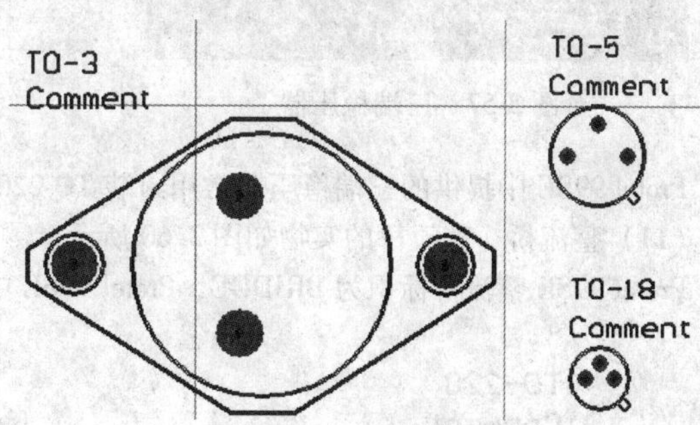

图 3-53　Protel 99SE 中提供的晶体管封装 TO 系列

图中所列出的晶体管封装为 TO-3、TO-5 及 TO-18，其中 TO-3 用于大功率晶体管；而 TO-5、TO-18 用于小功率晶体管。此外，对于中功率晶体管，如果是扁平的，就用 TO-220，如果是金属壳的，就用 TO-66。

（9）集成电路　常用的集成电路（IC）如图 3-54 所示。

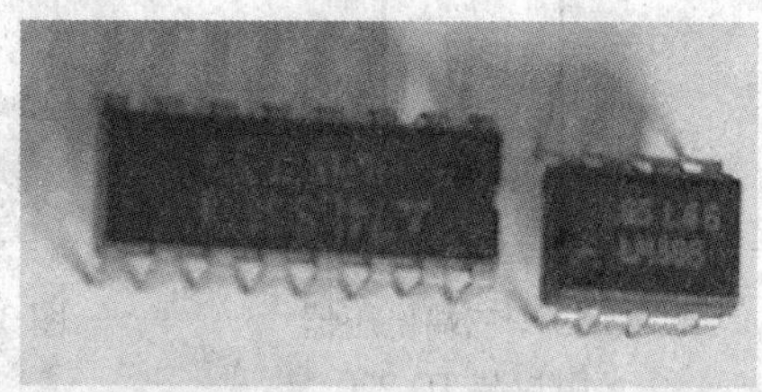

图 3-54　常用的集成电路（IC）

集成电路有双列直插封装形式，也有单排直插封装形式。Protel 99SE 中的常用集成电路如图 3-55 所示。

Protel 99SE 中提供的集成电路封装 DIP、SIP 系列如图 3-56 所示。

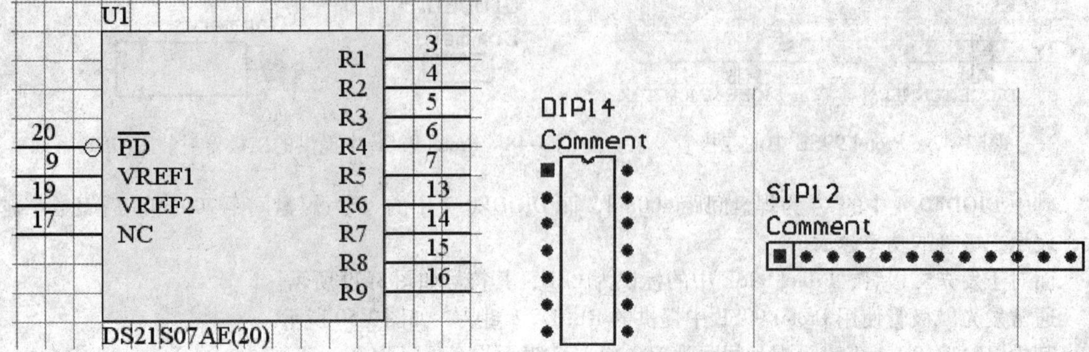

图 3-55　Protel 99SE 中的常用集成电路　　图 3-56　集成电路封装 DIP、SIP 系列

对于 DIP 系列封装，以 DIP14 为例，每排有 7 个引脚，两排间的距离为 300mil，焊盘间的间距为 100mil。

（10）三端稳压器　常用的三端稳压器有 78、79 系列，78 系列有 7805、7812、7820 等，而 79 系列有 7905、7912、7920 等，三端稳压器实物如图 3-57 所示。

Protel 99SE 中的三端稳压器如图 3-58 所示。

图 3-57　三端稳压器

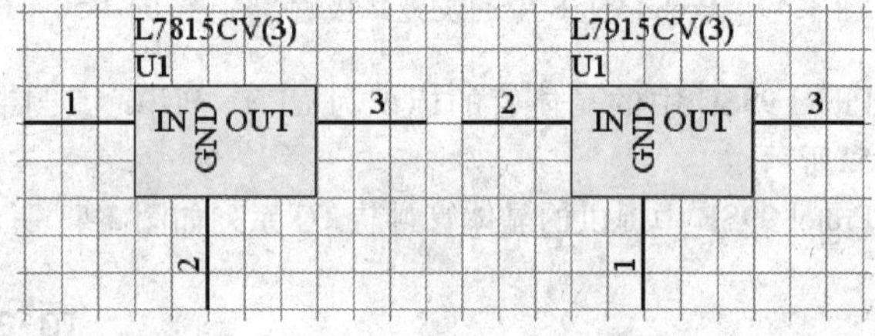

图 3-58　Protel 99SE 中的三端稳压器

Protel 99SE 中提供的三端稳压器常用封装 TO-220 如图 3-59 所示。

（11）整流桥　整流桥的实物如图 3-60 所示。

Protel 99SE 整流桥标识为 BRIDGE，Protel 99SE 中的整流桥如图 3-61 所示。

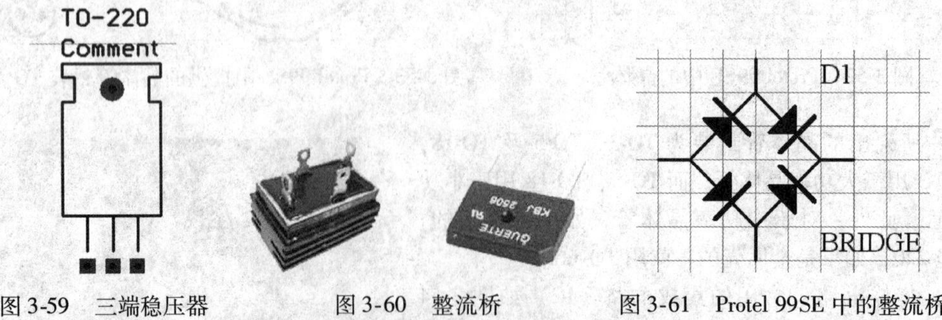

图 3-59　三端稳压器常用封装 TO-220　　图 3-60　整流桥　　图 3-61　Protel 99SE 中的整流桥

Protel 99SE 中提供的整流桥封装为 D 系列，如图 3-62 所示。

（12）单排多针插座　单排多针插座的实物如图 3-63 所示。

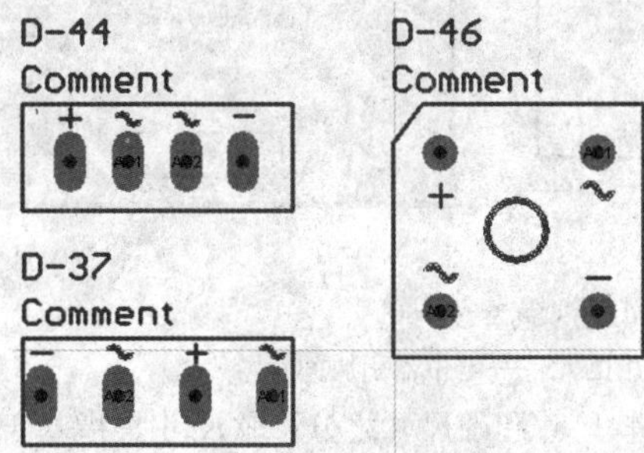

图 3-62　Protel 99SE 中提供的整流桥封装

图 3-63　单排多针插座

Protel 99SE 单排多针插座标识为 CON，Protel 99SE 中的单排多针插座如图 3-64 所示。

CON 后的数字表示单排插座的针数，如 CON12，即为 12 脚单排插座。

Protel 99SE 中提供的单排多针插座封装为 SIP 系列，如图 3-65 所示。

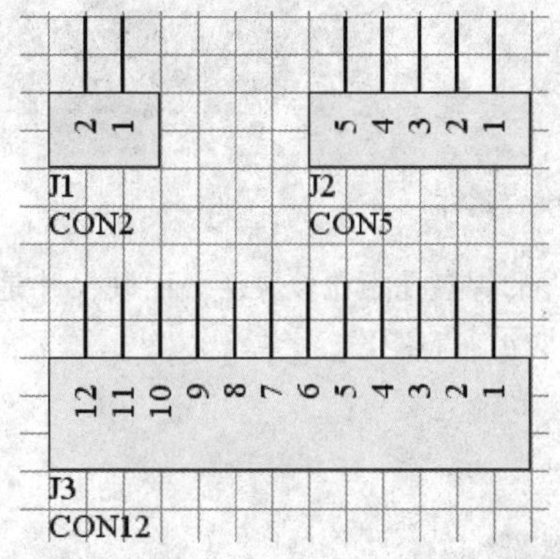

图 3-64　Protel 99SE 中的单排多针插座

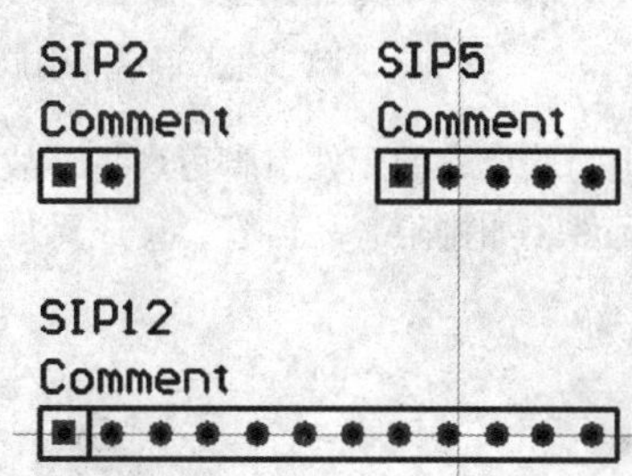

图 3-65　Protel 99SE 中提供的单排多针插座封装 SIP 系列

3. 元件引脚间距定义

元件不同，其引脚间距也不相同。但对于各种各样的元件的引脚大多数都是 100mil（2.54mm）的整数倍。在 PCB 设计中必须准确测量元件的引脚间距，因为它决定着焊盘放置间距。通常对于非标准元件的引脚间距，用户可使用游标卡尺进行测量。常用的元件引脚间距如图 3-66 所示。

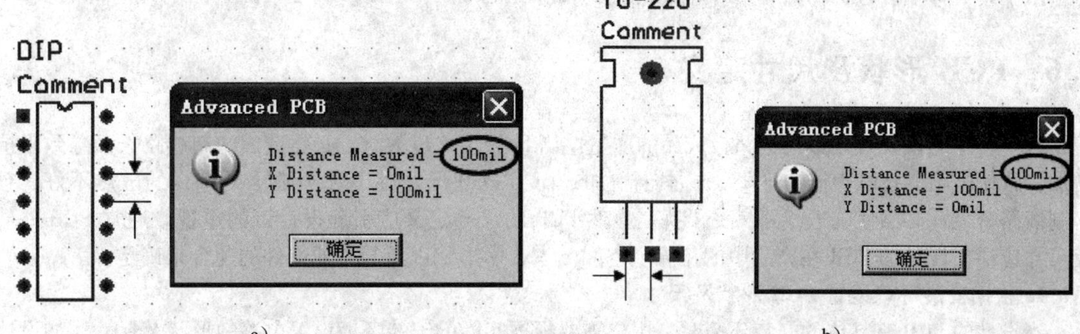

a）　　b）

图 3-66　常用的元件引脚间距

a）常用的元件 DIP IC 引脚间距　b）常用的元件 TO-220 晶体管引脚间距

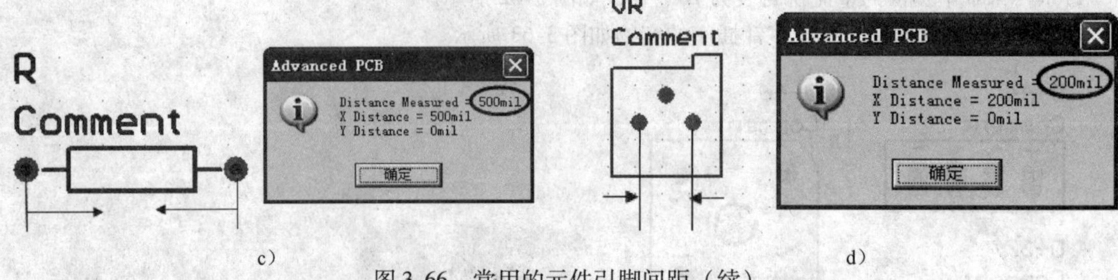

c）　　d）

图 3-66　常用的元件引脚间距（续）

c）常用的元件 1/4W 电阻器引脚间距　d）常用的元件—电位器引脚间距

焊盘间距是根据元件引脚间距来确定的。而元件间距有软尺寸和硬尺寸之分。软尺寸是指基于引脚能够弯折的元件，如电阻、电容、电感等，如图 3-67 所示。

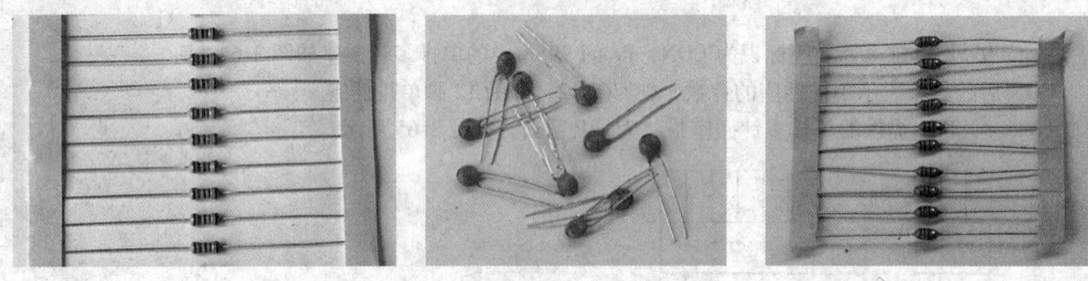

图 3-67　引脚间距为软尺寸的元件

因引脚间距为软尺寸的元件引脚可弯折，故设计该类元件的焊盘孔距比较灵活。而硬尺寸是基于引脚不能弯折的元件，如排阻、晶体管、集成元件，如图 3-68 所示。

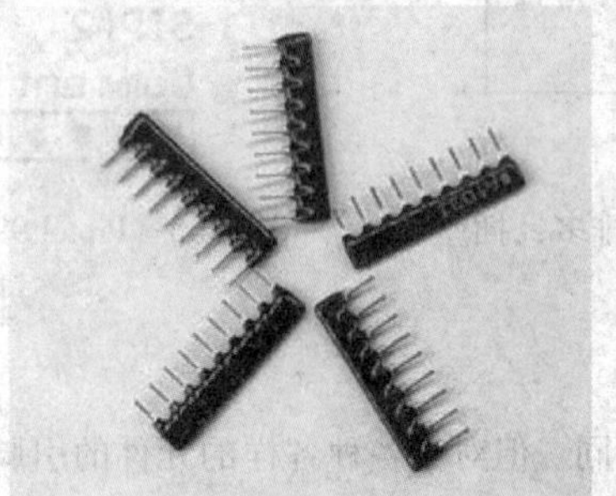

图 3-68　引脚间距为硬尺寸的元件

由于其引脚不可弯折，因此其对焊盘孔距要求相当准确。

3.6　PCB 形状及尺寸定义

PCB 尺寸的设置直接影响电路板成品的质量。当 PCB 尺寸过大时，必然造成印制线路长而导致阻抗增加，致使电路的抗噪声能力下降，成本也增加；而当 PCB 尺寸过小时，则导致 PCB 的散热不好，且印制线路密集，必然使临近线路易受干扰。显然 PCB 的尺寸定义应引起设计者的重视。通常 PCB 外形及尺寸应根据设计的 PCB 在产品中的位置、空间的大小、形状以及与其他部件的配合来确定。

1. 根据安装环境设置 PCB 形状及尺寸

当设计的 PCB 有具体的安装环境时，用户需要根据实际的安装环境设置电路的形状及尺寸。如设计并行下载电路，如图 3-69 所示。

图 3-69　并行下载电路

并行下载电路 PCB 的设计需要根据其安装环境设置其形状及尺寸。并行下载电路 PCB 设计如图 3-70 所示。

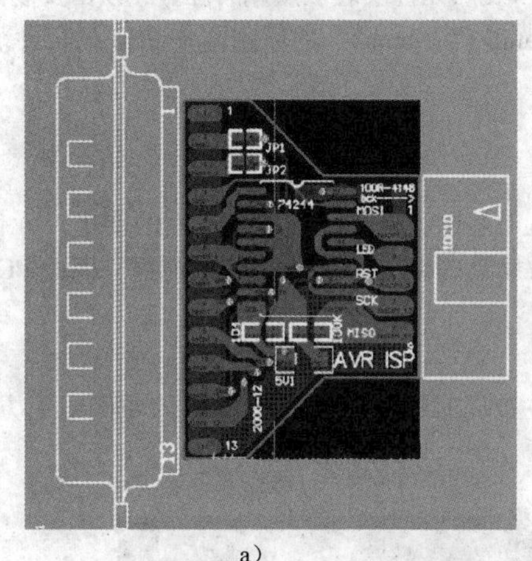

a）

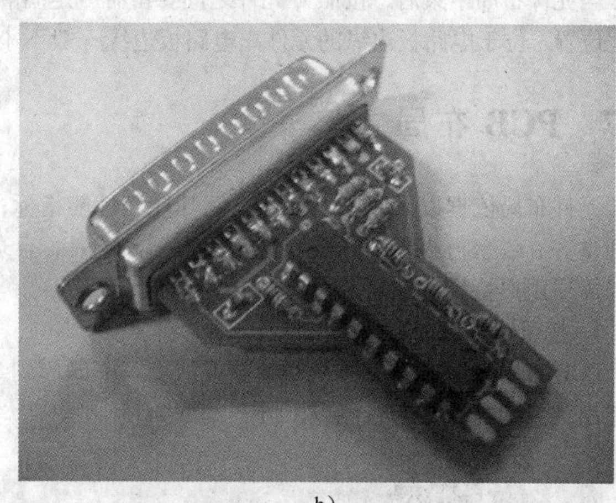

b）

图 3-70　并行下载电路 PCB 设计

a）并行下载电路 PCB　b）并行下载电路 PCB 实物

2. 布局、布线后定义 PCB 尺寸

当 PCB 的尺寸及形状没有特别要求时，可在完成布局、布线后，再定义板框。图 3-71 所示的电路没有具体的板框尺寸及形状要求，用户可先根据电路功能进行布局、布线操作。

布局、布线后，用户可根据布线结果绘制板框，如图 3-72 所示。

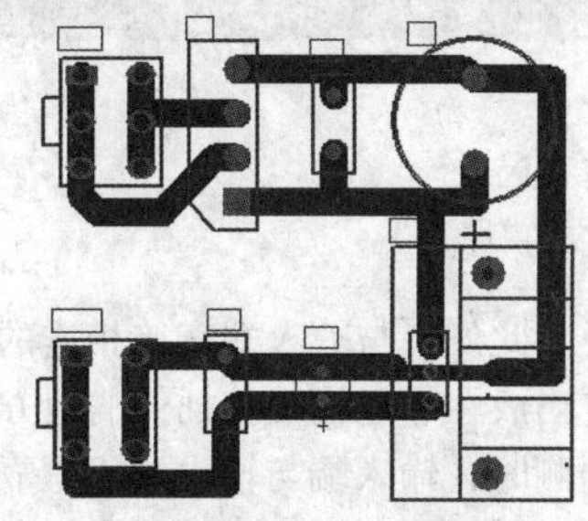

图 3-71　先进行布局、布线操作

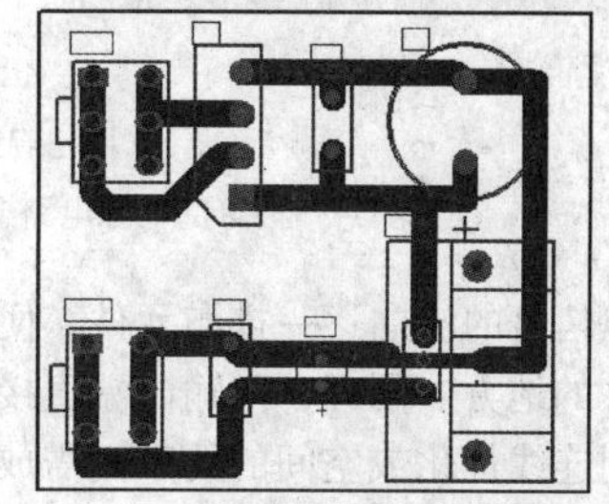

图 3-72　布局、布线后绘制板框

3. 自定义 PCB 尺寸

PCB 的最佳形状为矩形，长宽比为 3∶2 或 4∶3。用户可按照最佳 PCB 比例，根据 PCB 估计尺寸预先设置 PCB 尺寸，如图 3-73 所示。将元件放置到板框内，如图 3-74 所示。

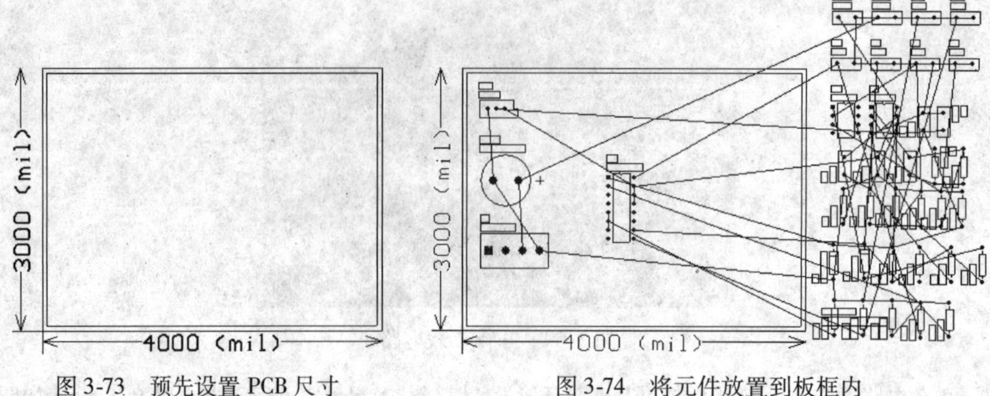

图 3-73　预先设置 PCB 尺寸　　　　图 3-74　将元件放置到板框内

当元件布局结束后，按照“元件之间要留有一定间隔、预留发热元件安装散热片的位置、预留安装固定孔位置、位于电路板边缘的元件离电路板边缘一般不小于 80mil（约 2mm）”的原则调整 PCB 的尺寸。

3.7　PCB 布局

元件布局依据以下原则：保证电路功能和性能指标；满足工艺性、检测、维修等方面的要求；元件排列整齐、疏密得当，兼顾美观性。而对于初学者，合理的布局是确保 PCB 正常工作的前提，因此 PCB 布局需要用户特别注意。

1. 按照信号流向布局

PCB 布局时应遵循信号从左到右或从上到下的原则，即在布局时输入信号放在 PCB 的左侧或上方，将输出放置到电路板的右侧或下方，如图 3-75 所示。

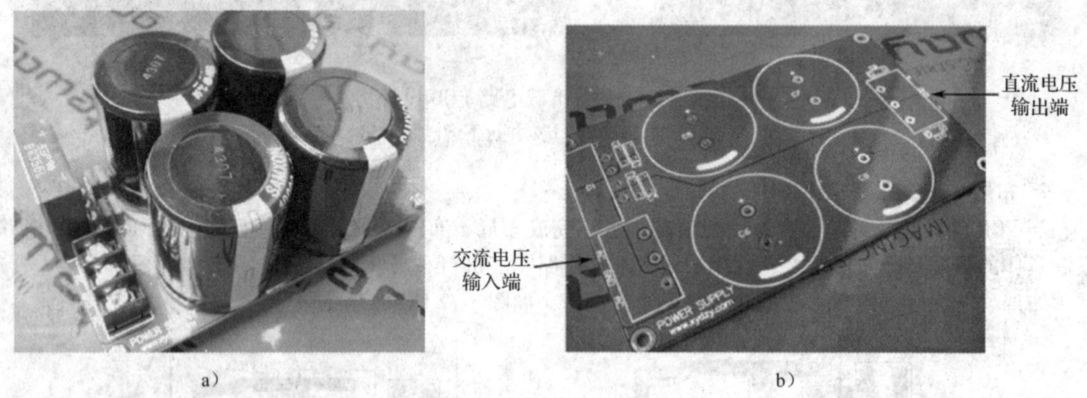

a）　　　　b）

图 3-75　按信号流向布局

a）电源电路 PCB 实物　b）电源电路 PCB

将电路按照信号的流向逐一排布元件，便于信号的流通。此外，与输入端直接相连的元件应当放在靠近输入接插件的地方。同理，与输出端直接相连的元件应当放在靠近输出接插件的地方。

当布局受到连线优化或空间的约束而需放置到电路板同侧时，输入端与输出端不宜靠得太近，以避免产生寄生电容而引起电路振荡，甚至导致系统工作不稳定。

2. 优先确定核心元件的位置

以电路功能判别电路的核心元件，然后以核心元件为中心，围绕核心元件布局，如图 3-76 所示。优先确定核心元件的位置有利于其余元件的布局。

图 3-76　围绕核心元件布局

3. 布局时考虑电路的电磁特性

在电路布局时，应充分考虑电路的电磁特性。通常强电部分（220V 交流电）与弱电部分要远离，电路的输入级与输出级的元件应尽量分开。同时，当直流电源引线较长时，要增加滤波元件，以防止 50Hz 干扰。

当元件间可能有较大的电位差时，应加大它们之间的距离，以避免因放电、击穿引起的意外电路。此外，金属壳的元件应避免相互接触。

4. 布局时考虑电路的热干扰

对于发热元件应尽量放置在靠近外壳或通风较好的位置，以便利用机壳上开凿的散热孔散热。当元件需要安装散热装置时，应将元件放置到电路板的边缘，以便于安装散热器或小风扇，以确保元件的温度在允许范围内。安装有散热装置的 PCB 如图 3-77 所示。

图 3-77　安装有散热装置的 PCB

对于温度敏感的元件，如晶体管、集成电路、热敏电路等，不宜放在热源附近。

5. 可调元件的布局

对于可调元件，如可调电位器、可调电容器、可调电感线圈等，在电路板布局时，应考虑其机械结构。可调元件的外观如图 3-78 所示。

大功率转盘电阻　　可变电阻器

图 3-78　可调元件的外观

在放置可调元件时，尽量布置在操作者方便操作的位置。

而对于一些带高电压的元件则应尽量布置在操作者不宜触及的地方，以确保调试、维修的安全。

6. 通常元件布局

通常 PCB 的元件放置遵循一定的顺序。

（1）元件布局的一般顺序　以下以稳压电源电路为例，说明 PCB 元件布局的一般顺序。稳压电源电路如图 3-79 所示。

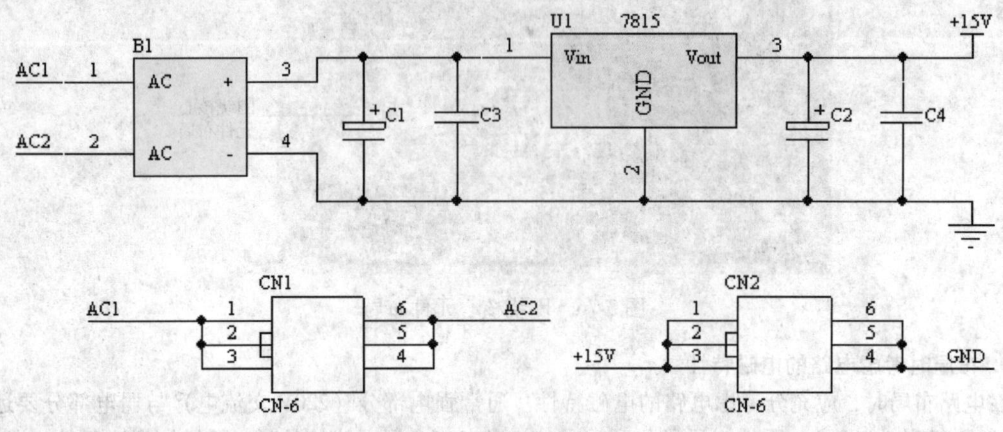

图 3-79　稳压电源电路

图中 B1 为桥堆，C1、C2 为电解电容，C3、C4 为无极性电容，U1 为三端稳压器，CN1、CN2 为连接端子。

1）放置固定位置的元件，如电源插座、指示灯、开关、连接件之类的元件，如图 3-80 所示。

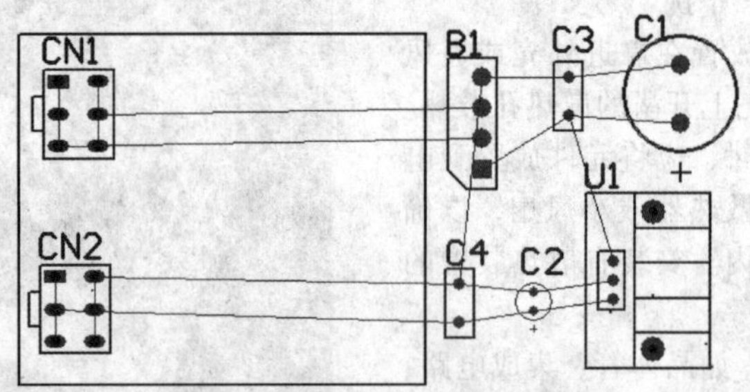

图 3-80　放置固定位置的元件

2）放置线路上的特殊元件和大的元件，如发热元件、变压器、IC 等，如图 3-81 所示。

3）放置小元件，如图 3-82 所示。

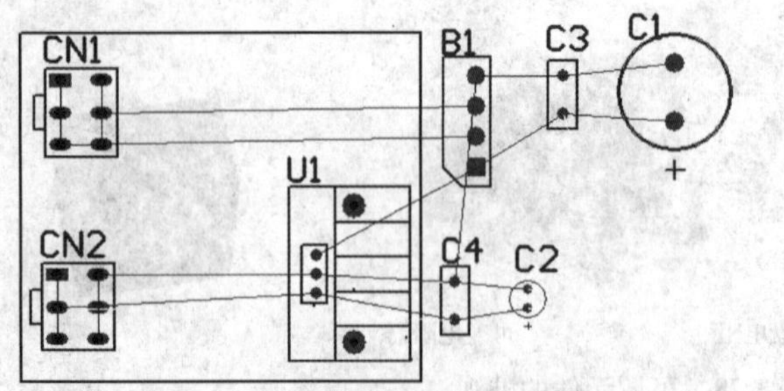

图 3-81　放置特殊元件（三端稳压器）

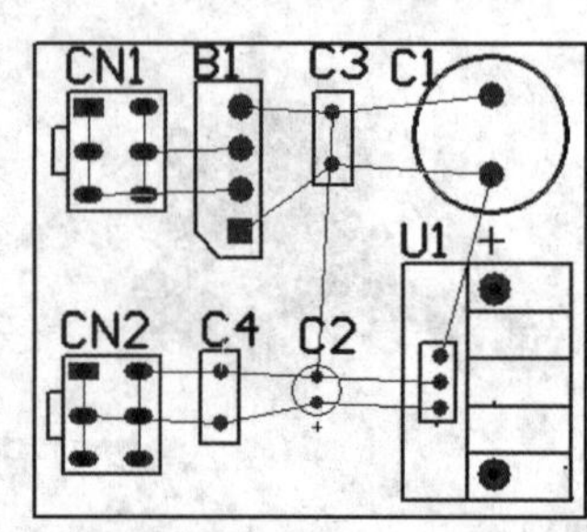

图 3-82　放置小元件

当采用上述方式布局时，应确保元件在整个板面上分布均匀、疏密一致；元件不要占满板面，注意四周要留有一定的空间；元件安装高度要尽量低，以免在振动中使稳定性变坏，合理的元件布局如图 3-83所示。

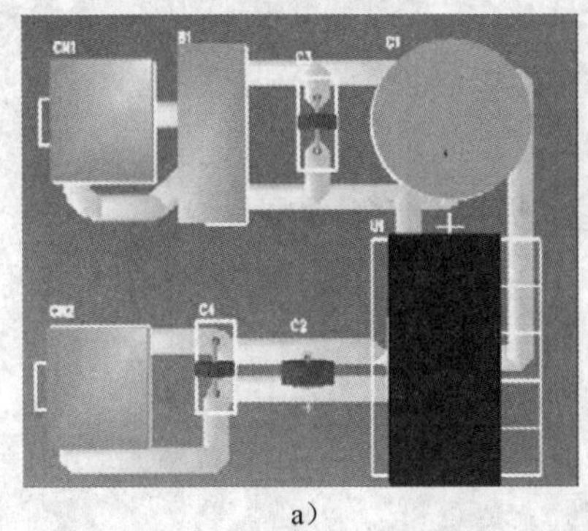

a）

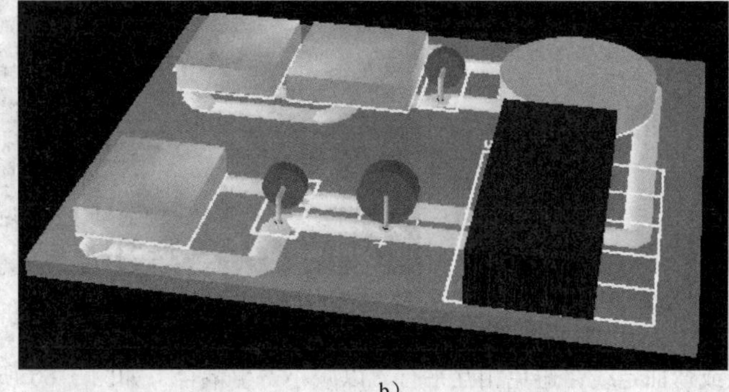

b）

图 3-83　合理的元件布局

a）元件布局图（从上往下看）　b）元件布局图（从前往后看）

（2）元件布局还应考虑的其他事项

1）按电路模块布局，实现同一功能的相关电路称为一个模块，电路模块中的元件应按照就近原则，同时数字电路和模拟电路分开。

2）定位孔、标准孔等非安装孔周围 50mil（1.27mm）内不得贴装元件，螺钉等安装孔周围 138mil（3.5mm）内不得贴装元件（对于 M2.5）为 157mil（4mm）。

3）贴装元件焊盘的外侧与相邻插装元件的外侧距离大于 79mil（2mm）。

4）金属壳体元件和金属体（屏蔽盒等）不能与其他元件相碰，不能紧贴印制线、焊盘，其间距应大于 79mil（2mm）；定位孔、紧固件安装孔、椭圆孔及板中其他方孔外侧距板边的尺寸大于 118mil（3mm）。

5）高热元件要均衡分布。

6）电源插座要尽量布置在 PCB 的四周，电源插座与其相连的汇流条接线端布置在同侧，且电源插座及焊接连接器的布置间距应考虑方便电源插头的插拔。

7）所有 IC 元件单边对齐，有极性元件的极性标示明显。同一印制板上的极性标示不得多于两个方向，出现两个方向时，两个方向互相垂直。

8）贴片单边对齐，字符方向一致，封装方向一致。

3.8　PCB 布线

在 PCB 设计中，布线是完成产品设计的重要步骤。在整个 PCB 设计中，布线的设计过程限定最高、技巧最细、工作量最大。

1. PCB 布线注意事项

PCB 布线过程中，应注意以下事项。

1）印制导线的布设应尽可能短；在电路为高频电路或布线密集的情况下，印制导线的拐弯应成圆角，如图 3-84 所示。

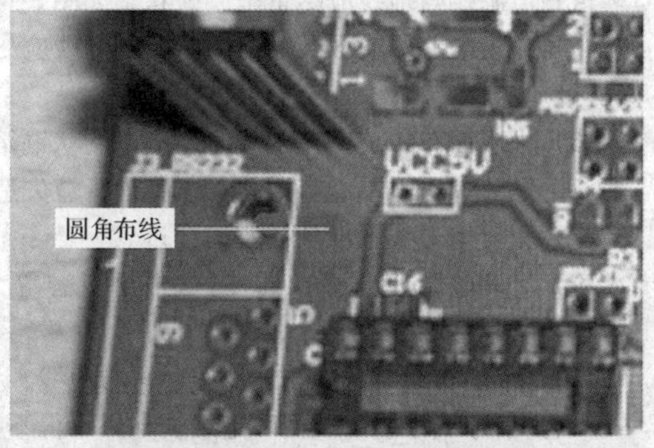

图 3-84　印制导线的拐弯应成圆角

当印制导线的拐弯成直角或尖角时，在高频电路或布线密集的情况下会影响电路的电气特性。

2）PCB 尽量使用 45°折线，而不用 90°折线布线，以减小高频信号对外的发射与耦合，如图 3-85 所示。

3）当两面布线时，两面的导线宜相互垂直、斜

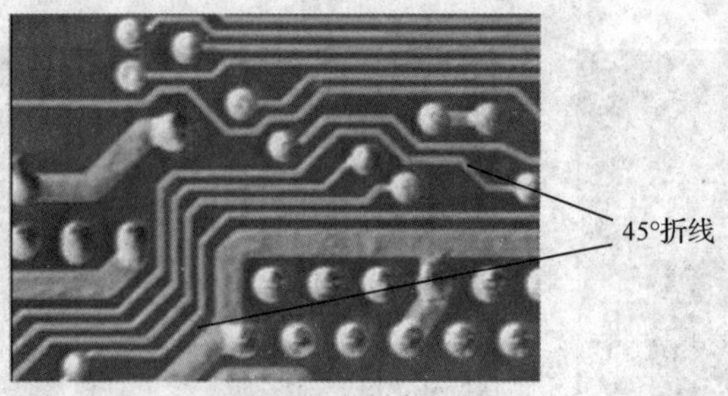

图 3-85　PCB 中的 45°折线

交或弯曲走线，避免相互平行，以减小寄生耦合，如图 3-86 所示。

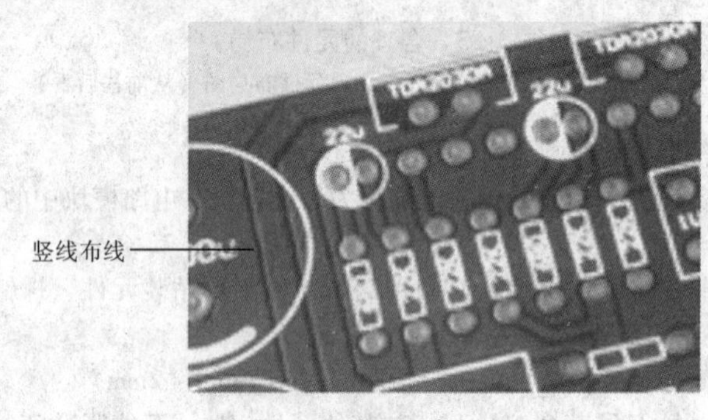

a）

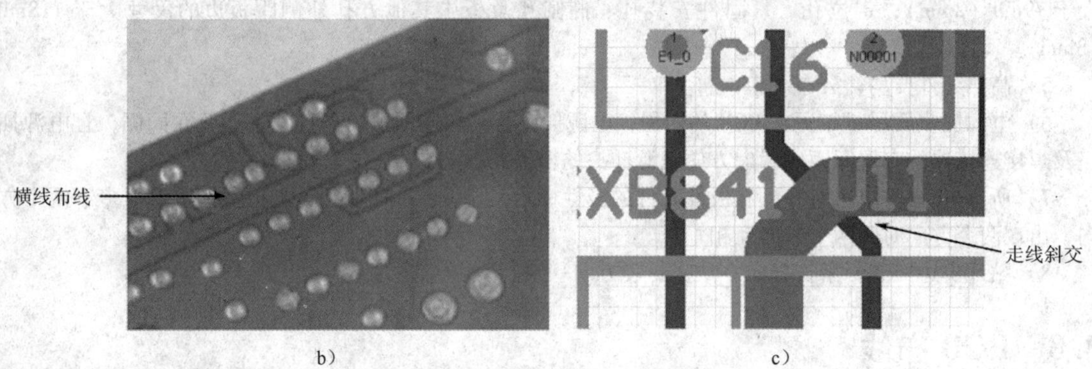

b）　　c）

图 3-86　两面布线时布线策略

a）两面布线时正面以竖线策略布线　b）两面布线时反面以横线策略布线　c）两面布线时走线斜交

4）电源线与地线应尽量呈放射状，如图 3-87 所示。

5）作为电路的输入及输出用的印制导线应尽量避免相邻平行，以免发生回流，在这些导线之间最好加接地线。

6）当版面布线疏密差别大时，应以网状铜箔填充，网格大于 8mil（0. 2mm）；

7）贴片焊盘上不能有通孔，以免焊膏流失造成元件虚焊。

8）重要信号线不准从插座间穿过。

9）卧装电阻、电感（插件）、电解电容等元件的下方避免布过孔，以免波峰焊后孔与元件壳体短路。

10）手工布线时，先布电源线，再布地线，且电源线应尽量在同一层面。

11）信号线不能出现回环走线，如果不得不出现环路，要尽量让环路小。

12）走线通过两个焊盘之间而不与它们连通的时候，应该与它们保持最大而相等的间距。

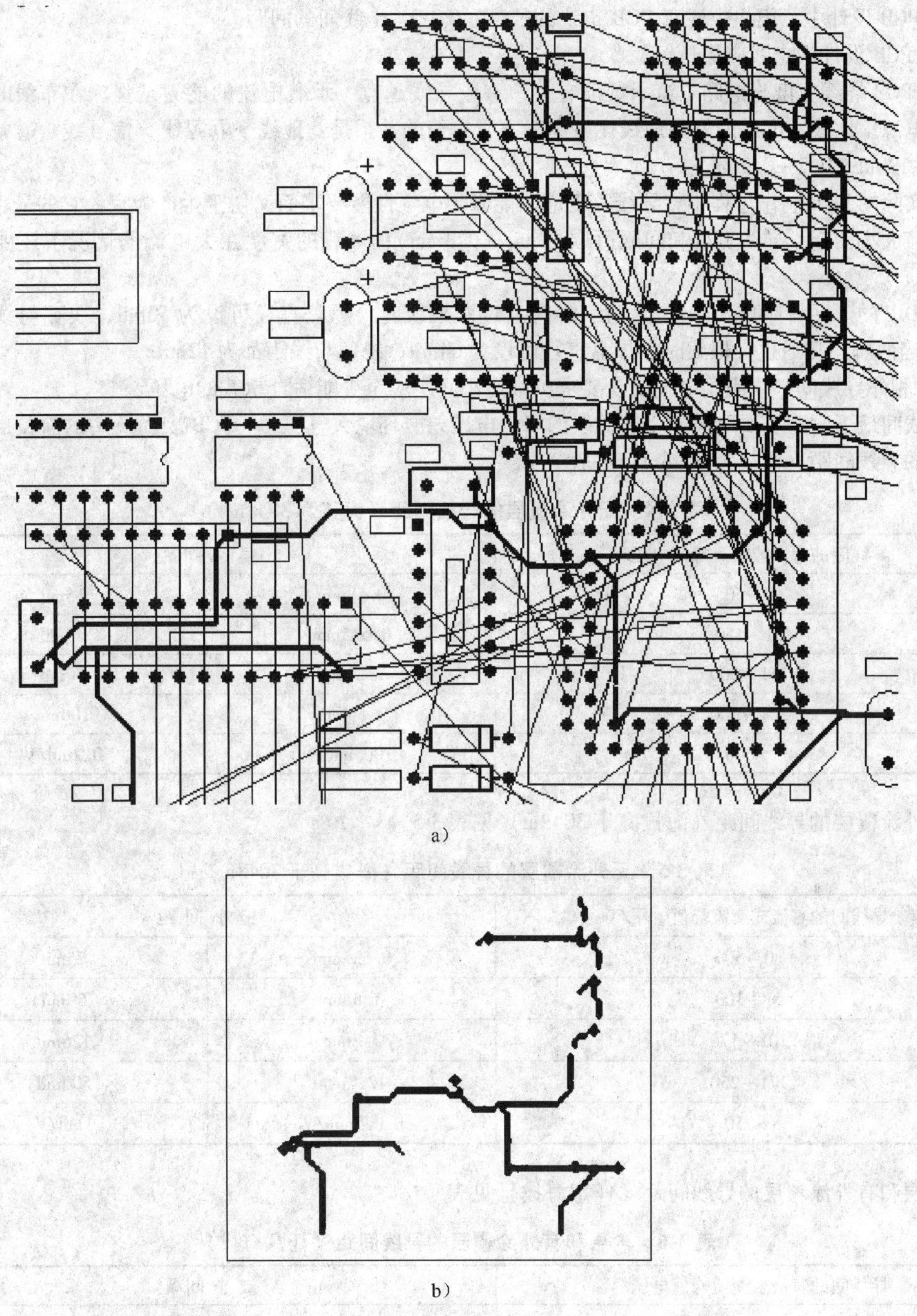

图3-87　电源线布线
a）电源线布线　b）电源线走线图

13）走线与导线之间的距离也应当均匀、相等并且保持最大。

14）导线与焊盘连接处的过渡要圆滑，避免出现小尖角。

15）当焊盘之间的中心间距小于一个焊盘的外径时，焊盘之间的连接导线宽度可以和焊盘的直径相同；当焊盘之间的中心距大于焊盘的外径时，应减小导线的宽度；当一条导线上有三个以上的焊盘时，它们之间的距离应该大于两个直径的宽度。

2. PCB 导线

在 PCB 设计中，用户应注意 PCB 走线的长度、宽度、走线间的间距。

1）PCB 设计中走线应尽量短。

2）PCB 导线宽度与电路电流承载值有关，一般导线越宽，承载电流的能力越强。在布线时，应尽量加宽电源、地线宽度，最好是地线比电源线宽，它们的关系是：地线 > 电源线 > 信号线。通常信号线宽为 8 ~ 12mil（0. 2 ~ 0. 3mm）。

在实际的 PCB 制作过程中，导线宽度应以能满足电气性能要求而又便于生产为宜，它的最小值以承受的电流大小而定，导线宽度和间距可取 12mil（0. 3mm）；导线的宽度在大电流的情况下还要考虑其温升。

在 DIP 的 IC 引脚间导线中，当两引脚间通过两根线时，焊盘直径可设为 50mil、线宽与线距都为 10mil；当两脚间只通过一根线时，焊盘直径可设为 64mil、线宽与线距都为 12mil。

3）相邻导线间必须满足电气安全要求，其最小间距应至少能适合承载的电压。

导线间最下间距主要取决于相邻导线的峰值电压差、环境大气压力、PCB 表面所用的涂覆层。无外涂覆层的导线间距（海拔为 3048m）见表 3-4。

表 3-4　无外涂覆层的导线间距（海拔为 3048m）

导线间的直流或交流峰值电压/V	最小间距	
0 ~ 50	0. 38mm	15mil
51 ~ 150	0. 635mm	25mil
151 ~ 300	1. 27mm	50mil
301 ~ 500	2. 54mm	100mil
>500	0. 005mm/V	0. 2mil/V

无外涂覆层的导线间距（海拔高于 3048m）见表 3-5。

表 3-5　无外涂覆层的导线间距（海拔高于 3048m）

导线间的直流或交流峰值电压/V	最小间距	
0 ~ 50	0. 635mm	25mil
51 ~ 100	1. 5mm	59mil
101 ~ 170	3. 2mm	126mil
171 ~ 250	12. 7mm	500mil
>250	0. 025mm/V	1mil/V

内层和有外涂覆层的导线间距（任意海拔）见表 3-6。

表 3-6　内层和有外涂覆层的导线间距（任意海拔）

导线间的直流或交流峰值电压/V	最小间距	
0 ~ 9	0. 127mm	5mil
10 ~ 30	0. 25mm	10mil
31 ~ 50	0. 38mm	15mil
51 ~ 150	0. 51mm	20mil
151 ~ 300	0. 78mm	31mil
301 ~ 500	1. 52mm	60mil
>500	0. 003mm/V	0. 12mil/V

此外，导线不能有急剧的拐弯和尖角，拐角不得小于 90°。

3. PCB 焊盘

元件通过 PCB 上的引线孔，用焊锡焊接固定在 PCB 上，印制导线把焊盘连接起来，实现元件在电路中的电气连接。引线孔及其周围的铜箔称为焊盘，如图 3-88 所示。

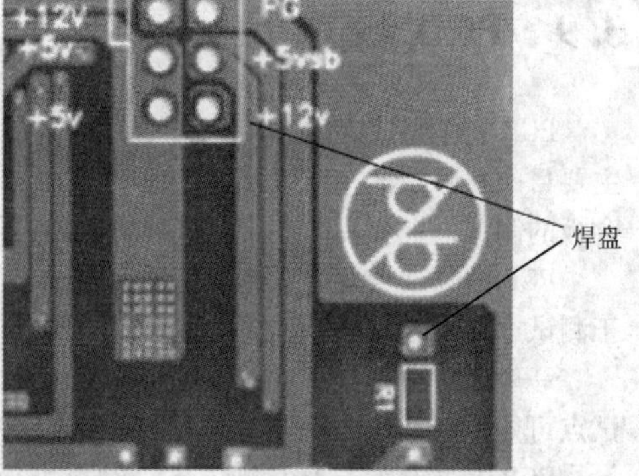

图 3-88　PCB 中的焊盘

焊盘的直径和内孔尺寸须从元件引脚直径、公差尺寸以及焊锡层厚度、孔金属化电镀层厚度等方面考虑，焊盘的内孔直径一般不小于 24mil（0.6mm），因为小于 24mil 的孔开模冲孔时不易加工，通常情况下以金属引脚直径值加 8mil（0.2mm）作为焊盘内孔直径。如电容的金属引脚直径为 20mil（0.5mm）时，其焊盘内孔直径应设置为 20+8=28mil（0.7mm）。焊盘直径与焊盘内孔直径之间的关系见表 3-7。

表 3-7　焊盘直径与内孔直径之间的关系

内孔直径/mm	焊盘直径/mm	内孔直径/mil	焊盘直径/mil
0.4		16	
0.5	1.5	20	59
0.6		24	
0.8	2	31	79
1.0	2.5	39	98
1.2	3.0	47	118
1.6	3.5	63	138
2.0	4	79	157

通常焊盘的外径一般应当比内孔直径大 51mil（1.3mm）以上。

当焊盘直径为 59mil（1.5mm）时，为了增加焊盘抗剥强度，可采用长不小于 59mil（1.5mm）、宽为 59mil 的长圆形焊盘，如图 3-89 所示。

图 3-89　长圆形焊盘

PCB 设计时，焊盘的内孔边缘应放置到距离 PCB 边缘大于 39mil（1mm）的位置，以避免加工时焊盘的缺损；当与焊盘连接的导线较细时，要将焊盘与导线之间的连接设计成水滴状，以避免导线与焊盘断开；相邻的焊盘要避免成锐角等。

此外，在 PCB 设计中，用户可根据电路特点选择不同形式的焊盘。焊盘形状选取原则见表 3-8。

表 3-8　焊盘形状选取原则

焊盘形状	形状描述	用　途
	圆形焊盘	广泛用于元件规则排列的单、双面 PCB 中
	方形焊盘	用于 PCB 上元件大而少、且印制导线简单的电路
	多边形焊盘	用于区别外径接近而孔径不同的焊盘，以便加工和装配

3.9　PCB 测试

PCB 制作完成之后，用户需测试 PCB 是否能正常工作。测试分为两个阶段，第一阶段是裸板测试，主要目的在于测试在插置元件之前 PCB 中相邻铜膜走线间是否存在短路的现象。第二阶段的测试是组合板的测试，主要目的在于测试插置元件并焊接之后整个 PCB 的工作情况是否符合设计要求。

PCB 的测试需要通过测试仪器（如示波器、频率计或万用表等）来测试。为了使测试仪器的探针便于测试电路，Protel 99SE 提供了生成测试点功能。

一般合适的焊盘和过孔都可作为测试点，当电路中无合适的焊盘和过孔时，用户可生成测试点。测试点可能位于 PCB 的顶层或底层，也可以双面都有。

PCB 上可设置若干个测试点，这些测试点可以是孔或焊盘；测试孔设置与再流焊导通孔要求相同；探针测试支撑导通孔和测试点。

采用在线测试时，PCB 上要设置若干个探针测试支撑导通孔和测试点，这些孔或点和焊盘相连时，可从有关布线的任意处引出，但应注意以下几点。

1）要注意不同直径的探针进行自动在线测试（ATE）时的最小间距。

2）导通孔不能选在焊盘的延长部分，与再流焊导通孔要求相同。

3）测试点不能选择在元器件的焊点上。

习　　题

3-1　简述 PCB 的制造工艺流程。

3-2　简述 PCB 的分类及 PCB 各板层的意义。

3-3　PCB 的形状及尺寸是如何定义的？

3-4　PCB 元件布局有什么要求？

3-5　PCB 布线时需注意什么？

3-6　什么是 PCB 测试？

第 4 章　PCB 设计

内容提要：（建议 6 学时）

1. 创建 PCB 文件
2. 导入 PCB 元件库
3. 元件匹配检验
4. 制作元件封装
5. 规划电路板及参数设置
6. 载入网络表

目的： 熟练掌握 PCB 设计基本方法

印制电路板（PCB）是从电路原理图变成一个具体产品的必经之路。可见，PCB 设计是电路设计中最重要、最关键的一步。Protel 99SE 印制电路板设计流程如图 4-1 所示。

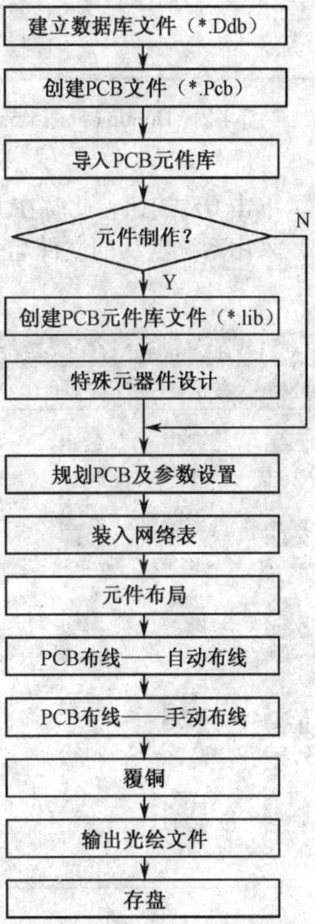

建立数据库文件已在原理图绘制中创建，在这里从创建 PCB 文件开始。流程图中各项的作用如下：

1）创建 PCB 文件用于用户调用 PCB 服务器。

2）元件制作用于创建 PCB 封装库中未包含的元件。

3）规划电路板用于确定电路板的尺寸，确定 PCB 为单层板、双层板或其他。

4）参数设置是电路板设计中非常重要的步骤，用于设置布线工作层、地线线宽、电源线线宽、信号线线宽等。

5）装入元件库用于在 PCB 电路中放置对应的元件；而装入网络表用于实现原理图电路与 PCB 电路的对接。

6）当网络表输入到 PCB 文件后，所有的元器件都会放在工作区的零点，重叠在一起，下一步的工作是把这些元器件分开，按照一些规则摆放，即元件布局。元件布局分为自动布局和手动布局，为了使布局更合理，多数设计者都采用手工布局。

7）PCB 布线也分为自动布线和手动布线，其中自动布线采用无网络、基于形状的对角线技术，只要设置有关参数，元件布局合理，其成功率就几乎是 100%。通常在自动布线后，用户常采用 Protel 99SE 提供自动布线功能调整自动布线不合理的地方，以便使电路走线趋于合理。

8）通常对大面积的地或电源覆铜，起到屏蔽作用；对布线较少的 PCB 层覆铜，可保证电镀效果，或者压层不变形；此外，覆铜后可给高频数字信号一个完整的回流路径，并减少直流网络的布线。

9）光绘文件用于驱动光学绘图仪。

建立数据库文件（*.Ddb）
创建PCB文件（*.Pcb）
导入PCB元件库
元件制作？
N
Y
创建PCB元件库文件（*.lib）
特殊元器件设计
规划PCB及参数设置
装入网络表
元件布局
PCB布线——自动布线
PCB布线——手动布线
覆铜
输出光绘文件
存盘

图 4-1　Protel 99SE 印制电路板设计流程图

4.1　创建 PCB 文件

单击设计导航中的 Documents 目录，系统将弹出 Documents 目录下所包含的所有内容，如图 4-2

所示。

在列表的空白处单击鼠标右键，在弹出的菜单中选择 New 选项，再选中 PCB Document 选项，如图 4-3 所示。

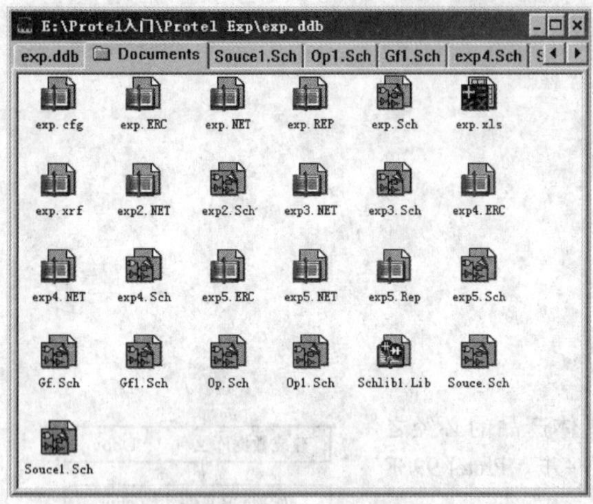

图 4-2　Documents 目录包含的内容列表

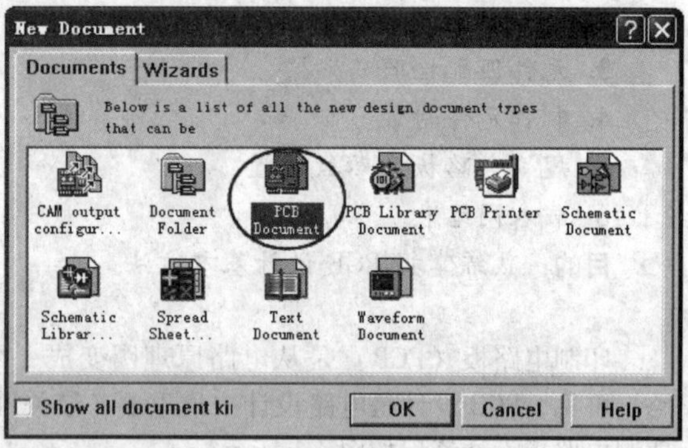

图 4-3　选中 PCB Document 选项

单击 OK 按钮，此时在 Documents 列表中出现 PCB 文件，如图 4-4 所示。

采用系统默认的文件名 PCB1. PCB。双击 PCB1. PCB 文件，系统进入 PCB 环境，如图 4-5 所示。

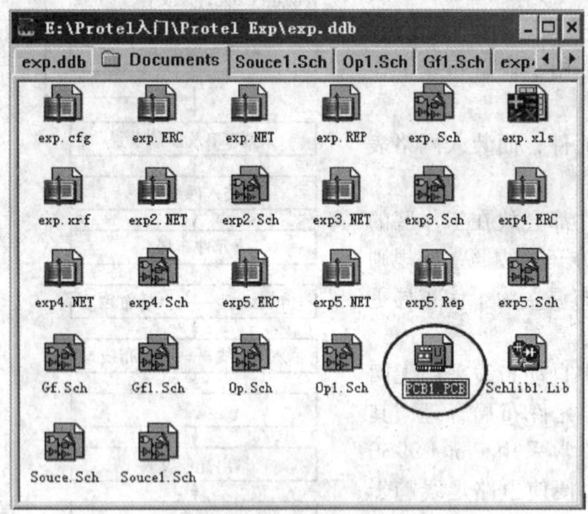

图 4-4　PCB 文件

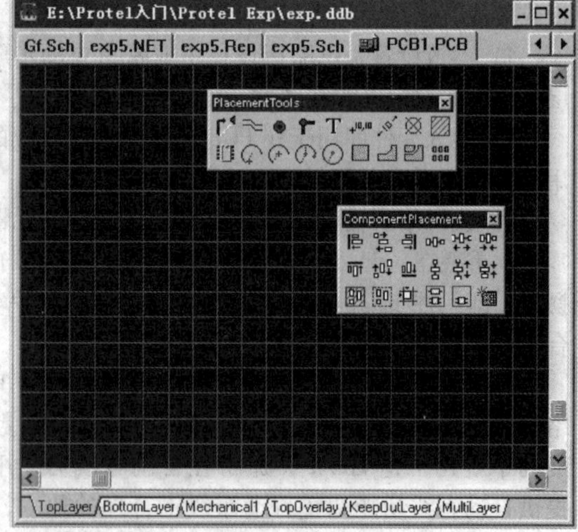

图 4-5　系统进入 PCB 环境

4.2　导入 PCB 元件库

1. 添加 PCB 元件库

在音频电路中用到表 4-1 所示的 PCB 元件。

表4-1　音频电路中用到的PCB元件

元件类型	封　　装
连接端子	SIP2
桥堆	Bridge
二极管（1N4001）	DIODE-0.4
二极管（1N4148）	DO-35
晶体管	TO220
电解电容	RB-.3/.6
	RB-.1/.2
电容	RAD-0.1
电阻	AXIAL0.4
滑动变阻器	POT
运算放大器	DIP14
三端稳压器	TO220
扬声器	SIP2

单击设计导航中的Browse PCB按钮，如图4-6所示。系统切换到Browse PCB选项卡，如图4-7所示。

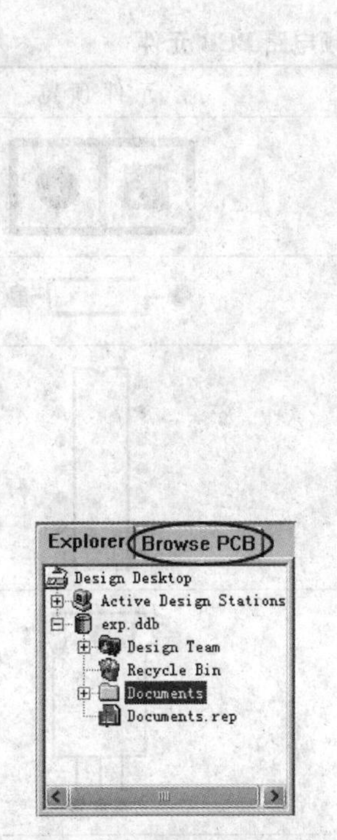

图4-6　单击Browse PCB按钮

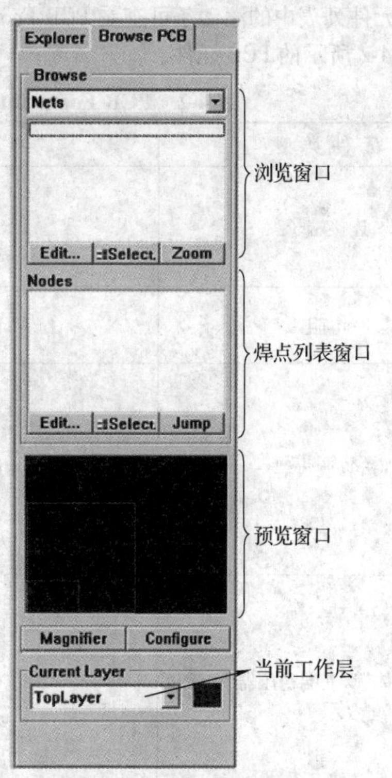

图4-7　Browse PCB选项卡

单击浏览窗口中Browse下拉列表框中的下拉按钮，系统列出用户可浏览的选项，如图4-8所示。选择Libraries选项后，在Browse PCB选项卡中显示库及元件，如图4-9所示。

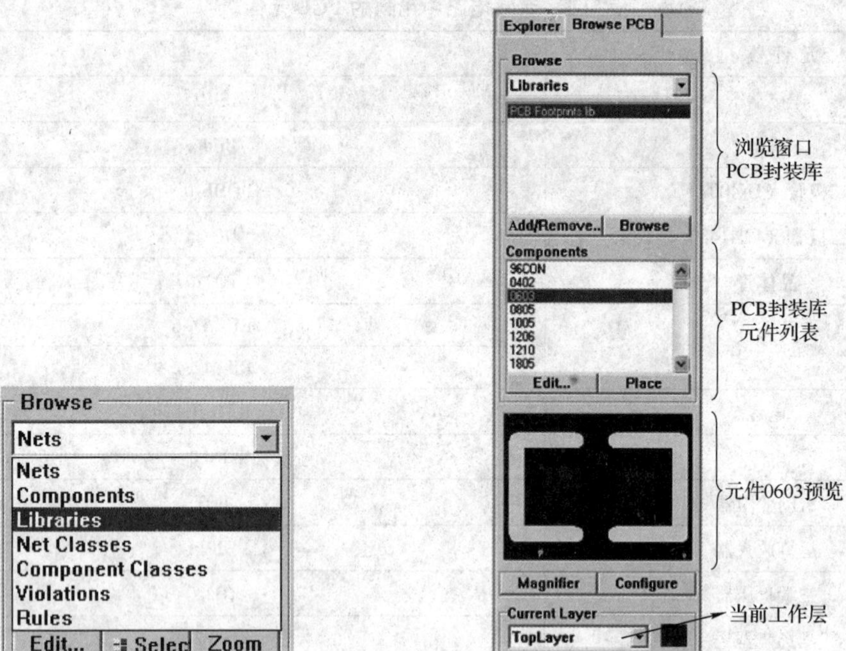

图 4-8　系统列出用户可浏览的选项　　　　图 4-9　在 Browse PCB 选项卡中显示库及元件

拖动元件列表中的滚动条可查看 PCB Footprints. lib 库中包含的元件。在 PCB Footprints. lib 库中用户可查到表 4-2 所示的 PCB 元件。

表 4-2　PCB Footprints. lib 库中包含的音频电路 PCB 元件

元件类型	封　装	元件预览
连接端子	SIP2	
电阻	AXIAL0. 4	
运算放大器	DIP14	
晶体管/三端稳压器	TO220	
扬声器	SIP2	

2. 其他元件库的导入

其他PCB元件不能在PCB Footprints. lib库中找到，用户需添加其他元件库。单击Browse PCB选项卡中的Add/Remove选项，如图4-10所示。系统将弹出如图4-11所示的选择PCB元件库对话框。

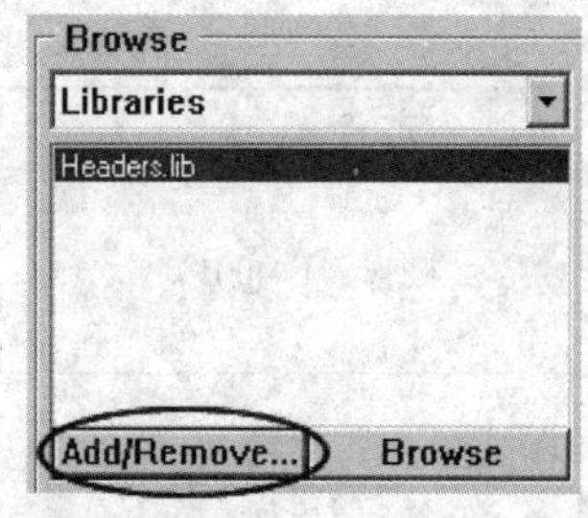

图4-10　单击Add/Remove选项

在Protel 99SE自带的PCB元件库文件夹中包含Connectors（连接器PCB元件库）、Generic Footprints（通用元件封装PCB元件库）及IPC Footprints（表面贴装元件PCB元件库）3个子文件夹。双击Generic Footprints子文件夹即可打开子文件夹包含的所有元件库，如图4-12所示。

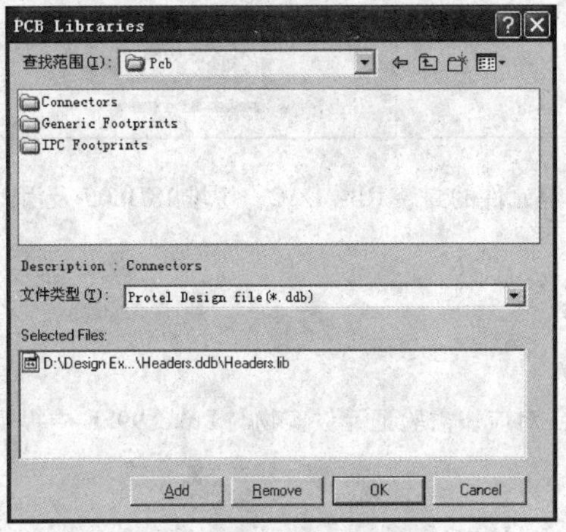

图4-11　选择PCB元件库对话框

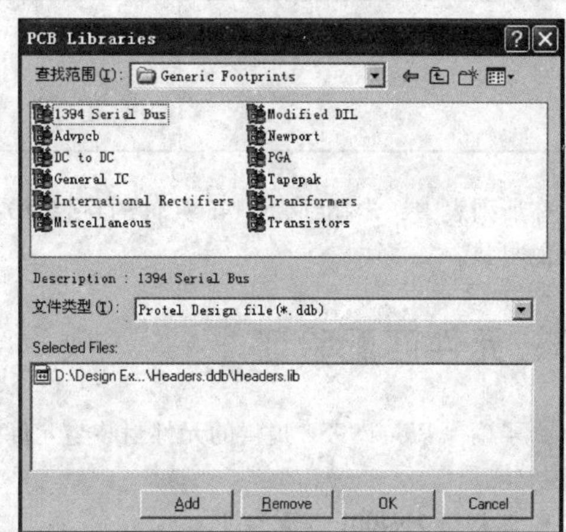

图4-12　打开Generic Footprints子文件夹

在General Footprints子文件夹中包含1394 Serial Bus、Advpcb等PCB元件库。单击Miscellaneous设计文件，然后单击Add按钮，即可将Miscellaneous设计文件所包含的PCB元件库添加到Selected Files列表框中，如图4-13所示。

添加完成后单击OK按钮确认，此时在Browse PCB选项卡的Browse→Libraries列表中新增加了元件库，如图4-14所示。

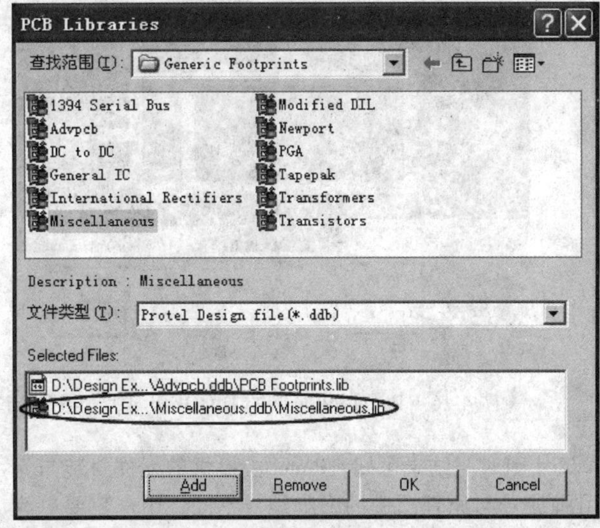

图4-13　将PCB元件库添加到Selected Files列表框

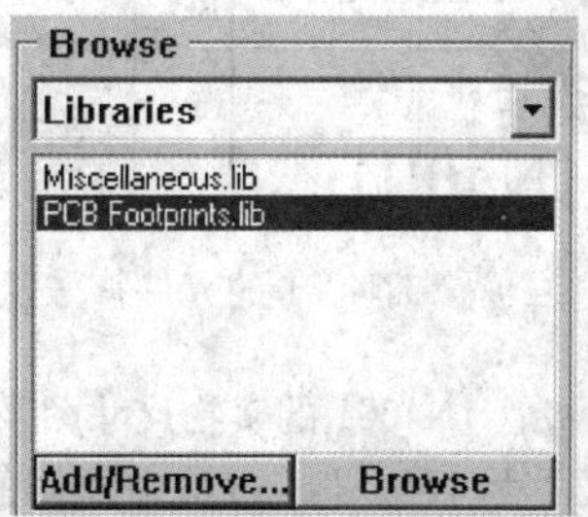

图4-14　在Browse→Libraries列表中新增加元件库

在 Miscellaneous. lib 元件库中用户可查到表 4-3 所示的元件。

表 4-3　Miscellaneous. lib 库中包含的音频电路 PCB 元件

元件类型	封　装	元件预览
二极管（1N4001）	DIODE-0. 4	
电解电容	RB-. 3/. 6	
电容	RAD-0. 1	

在所列表中，未找到 1N4148 元件的封装 DO-35、电容元件的封装 RB-. 1/. 2、桥堆 18DB05 及滑动变阻器的封装。

4. 3　元件匹配验证

为了确保 Protel 99SE 提供的元件封装与元件实物一一对应，需验证元件实物与 Protel 99SE 中提供的元件封装。

1. 二极管 1N4001 匹配验证

其中二极管 1N4001 的元件符号及实物图尺寸如图 4-15 所示。

Protel 99SE 中 DIODE-0. 4 尺寸如图 4-16 所示。

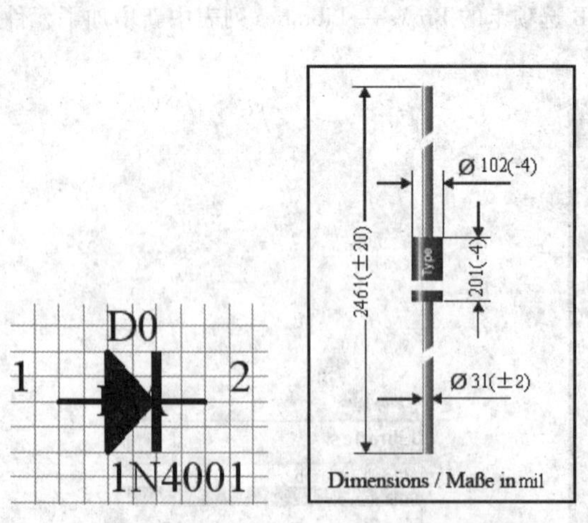

图 4-15　二极管 1N4001 的元件符号及实物尺寸图

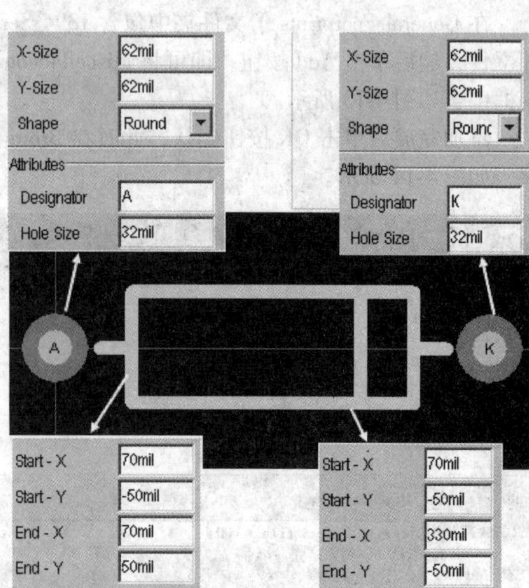

图 4-16　Protel 99SE 中的 DIODE-0. 4 尺寸图

从二极管 1N4001 的实物尺寸图及 DIODE-0. 4 尺寸图对照结果可知，Protel 中提供的元件封装与元件的实际尺寸匹配。但 Protel 中提供的元件封装引脚编号与原理图中的引脚编号不同，用户需要更改 PCB 元件引脚标号。

二极管在原理图元件库中，其 A、K 极分别以 1、2 脚命名，而元件封装库中的引脚是直接以 A、K 命名的，因此用户需将 PCB 元件中的 A 脚更改为 1 脚，K 脚更改为 2 脚。

打开 Protel 99SE，单击菜单命令 File→Open，系统弹出查找待打开的文件对话框，如图 4-17 所示。

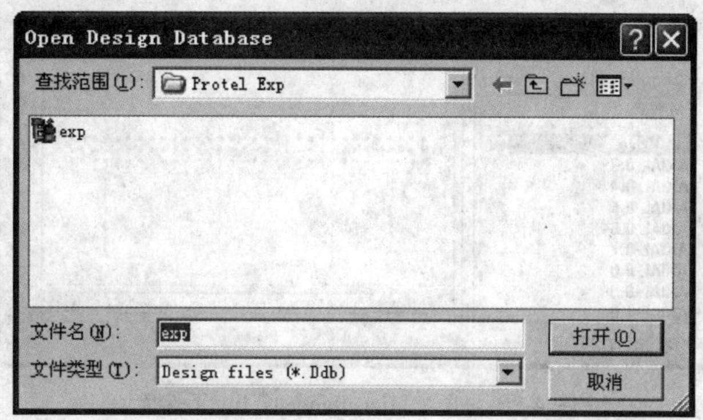

图 4-17　查找待打开的文件对话框

查找并打开 C：\Program Files\Design Explorer 99SE\Library\Pcb\Generic Footprints\Miscellaneous.ddb，如图 4-18 所示。

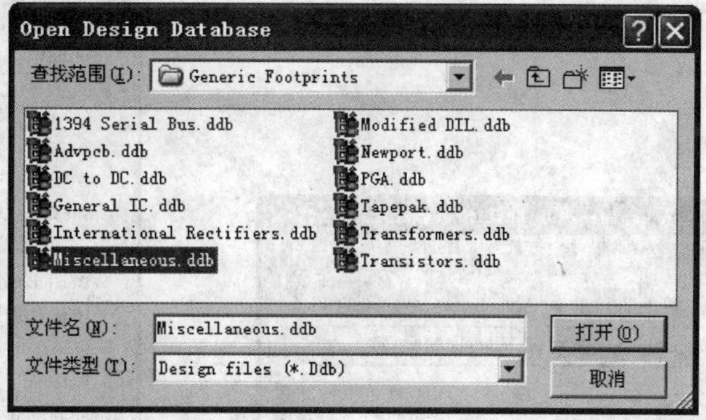

图 4-18　查找并打开 Miscellaneous.ddb 文件

选中文件后单击打开按钮，系统进入 Miscellaneous 数据文件，如图 4-19 所示。

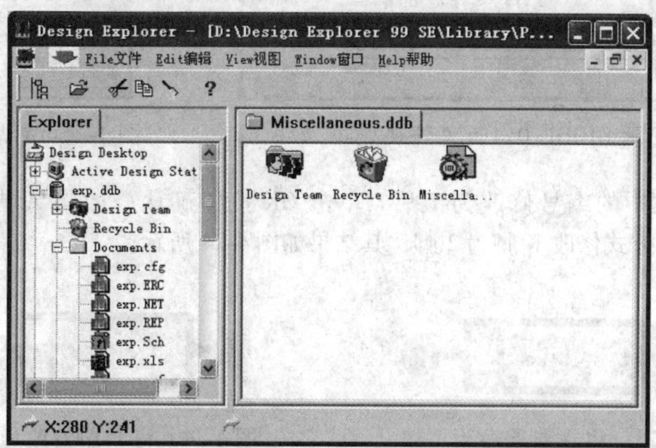

图 4-19　系统进入 Miscellaneous 数据文件

双击 Miscellaneous.lib 文件，进入元件库，如图 4-20 所示。

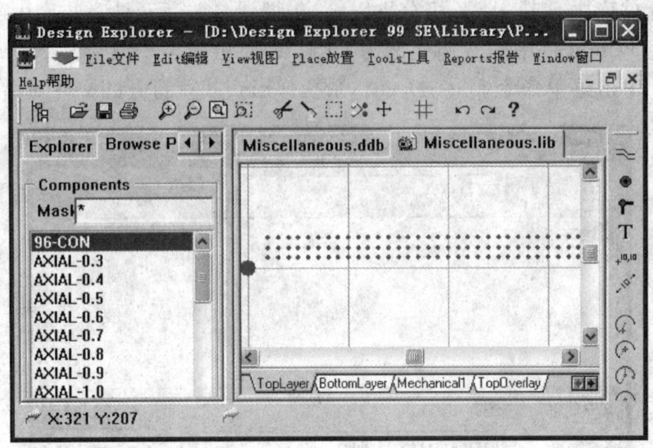

图 4-20　进入 Miscellaneous. lib 元件库

单击窗口左侧 Components 区域中的滚动条，查找 DIODE-0. 4 元件，找到后单击 DIODE-0. 4，则在窗口显示元件外观，如图 4-21 所示。

双击 DIODE-0. 4 元件的 A 焊盘，系统弹出 A 焊盘属性编辑对话框，如图 4-22 所示。

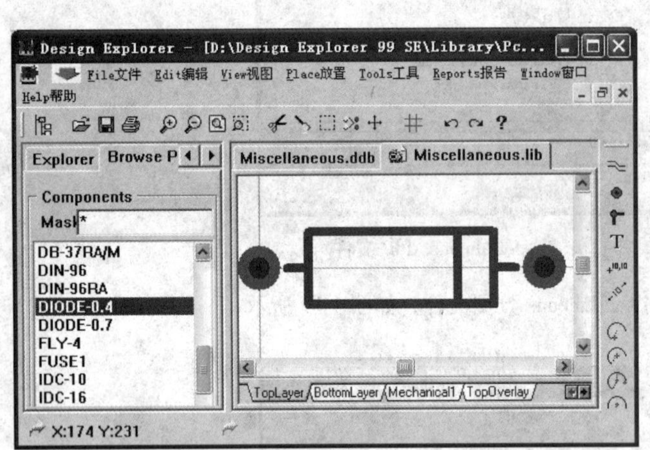

图 4-21　显示 DIODE-0. 4 元件外观

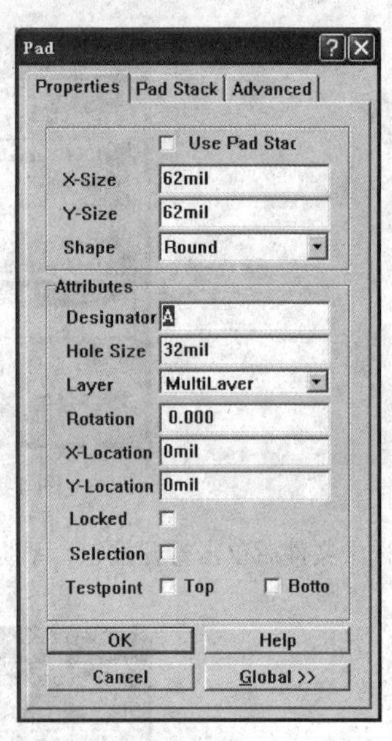

图 4-22　A 焊盘属性编辑对话框

将 Designator 文本框中的编号修改为 1 后，单击 OK 按钮确认修改将 A 脚修改为 1 脚，结果如图 4-23 所示。按照上述方式修改 K 脚为 2 脚，其结果如图 4-24 所示。

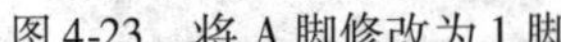

图 4-23　将 A 脚修改为 1 脚

图 4-24　将 K 脚修改为 2 脚

修改完成后单击保存按钮存盘，然后退出 Miscellaneous. lib 元件库窗口。此时元件库中的元件与实物一致。

2. 运算放大器 LF347 匹配验证

运算放大器 LF347 的元件尺寸图如图 4-25 所示。

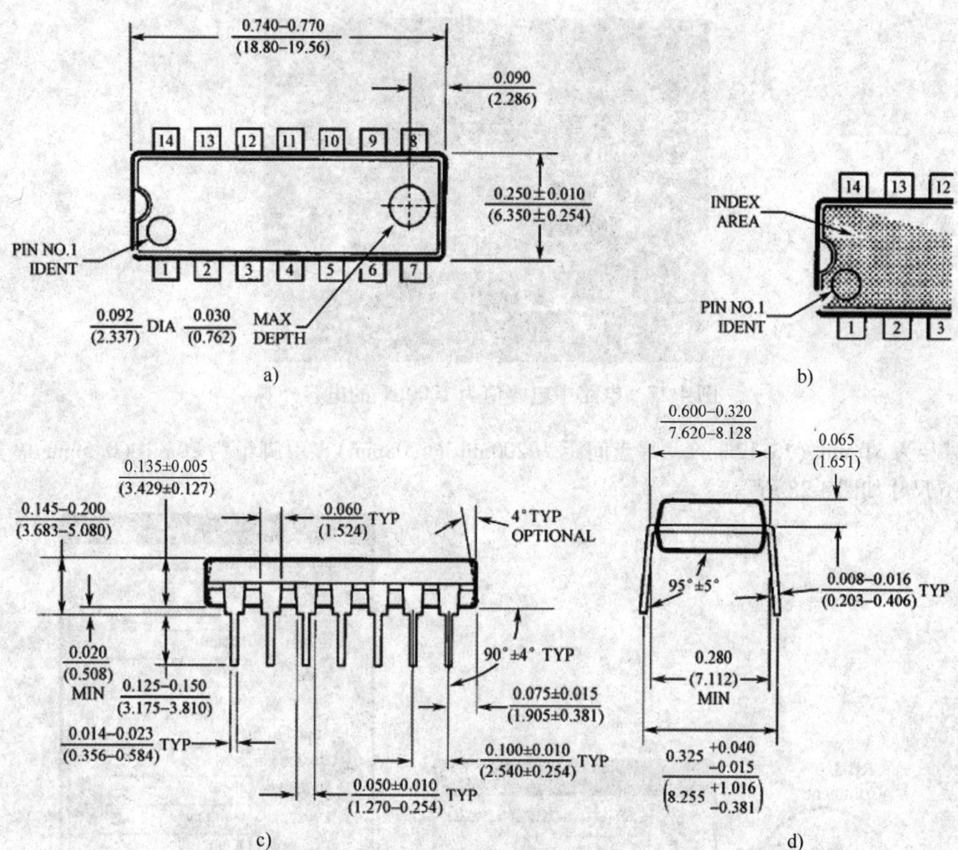

图 4-25　运算放大器 LF347 的元件尺寸图（图中尺寸单位为英寸）

a）运算放大器 LF347 长、宽尺寸　b）运算放大器 LF347 引脚起始标记

c）运算放大器 LF347 引脚宽度及引脚间间距　d）运算放大器 LF347 两侧引脚宽度

Protel 99SE 中的元件封装 DIP14 尺寸如图 4-26 所示。

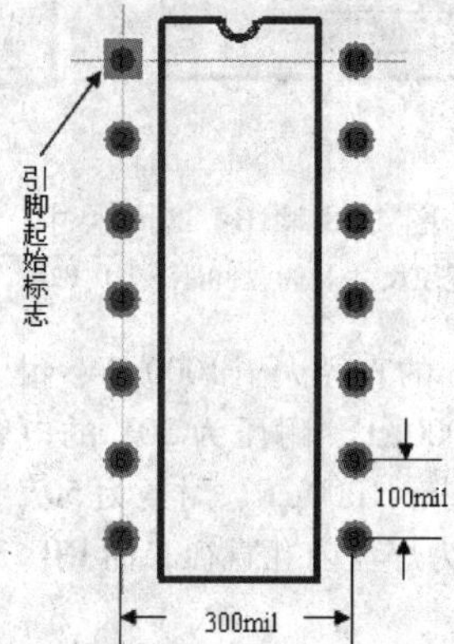

图 4-26　Protel 99SE 中的元件封装 DIP14 尺寸

由元件的实际尺寸与 Protel 99SE 中提供的封装尺寸对照结果可知，系统提供的封装满足电路设计的需要。

3. 电解电容封装 RB-. 3/. 6 匹配验证

电路中电容值为 1000μF、耐压为 50V 的电容使用的封装为 RB-. 3/. 6，其外观如图 4-27 所示。

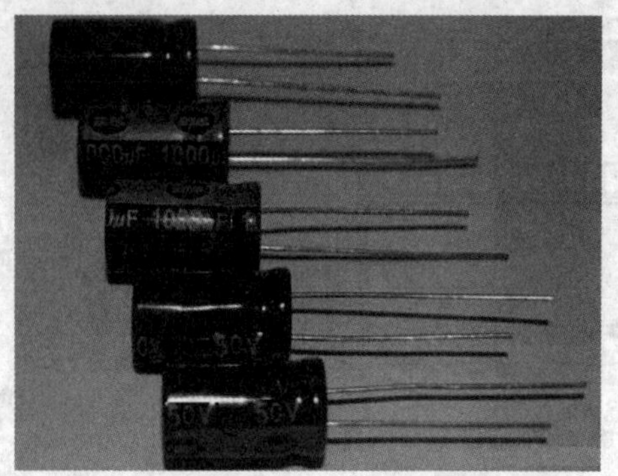

图 4-27　电路中电容值为 1000μF 的电容外观

其外径为 516mil（13. 12mm），焊盘间距为 200mil（5. 08mm），引脚粗为 20mil（0. 5mm），其封装 RB-. 3/. 6 尺寸如图 4-28 所示。

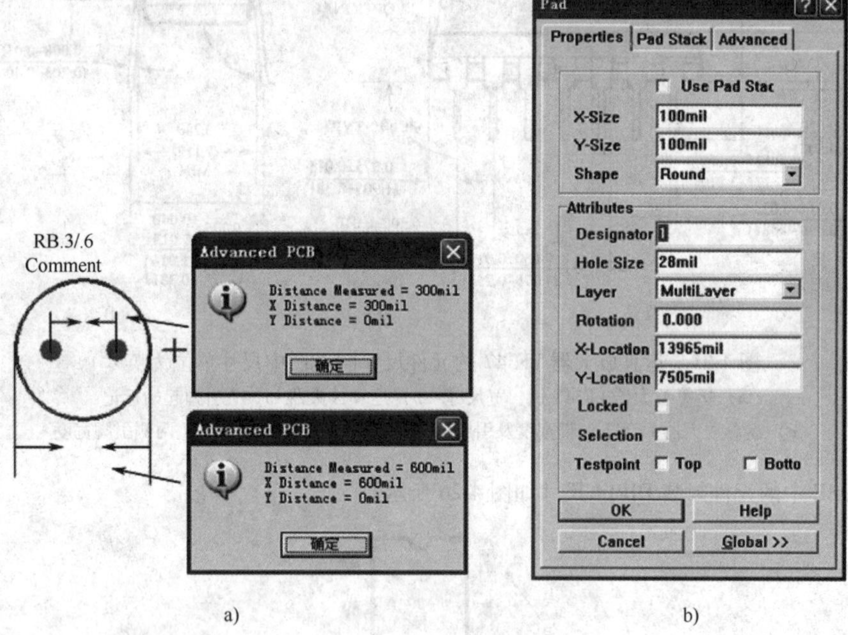

图 4-28　RB-. 3/. 6 尺寸

a）RB-. 3/. 6 直径尺寸及焊盘间距　b）RB-. 3/. 6 焊盘尺寸

从 RB-. 3/. 6 的尺寸可知，RB-. 3/. 6 的直径大于 1000μF、耐压为 50V 的电容直径，在其范围之内可容纳电容；RB-. 3/. 6 的焊盘间距大于 1000μF、耐压为 50V 的电容的焊盘间距，但电容尺寸为软尺寸，即其引脚可弯折，焊盘间距亦可满足要求；1000μF、耐压为 50V 的电容引脚宽度为 20mil，通常情况下以金属引脚直径值加 8mil（0. 2mm）作为焊盘内孔直径，而 RB-. 3/. 6 的焊盘内径为 28mil，因此 RB-. 3/. 6 的焊盘也满足要求。

综上所述，RB-. 3/. 6 封装满足 1000μF、耐压为 50V 的电容。

4. 无极性电容封装 RAD-0. 1 匹配验证

电路中电容值为 0. 1μF、耐压为 50V 的无极性电容使用的封装为 RAD-0. 1，其外观如图 4-29 所示，尺寸见表 4-4。

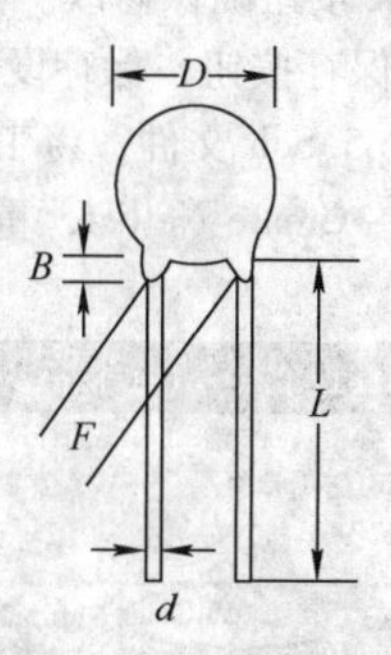

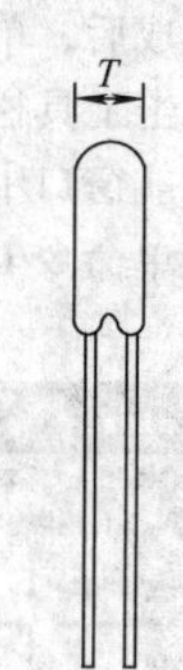

图 4-29　电容值为 0.1μF、耐压为 50V 的无极性电容外观

表 4-4　电容值为 0.1μF、耐压为 50V 的无极性电容的尺寸

电容值	耐压	*B*		*D*		*d*		*F*		*L*		*T*	
		mm	mil	mm	mil	mm	mil	mm	mil	mm	mil	mm	mil
0.1μF	50V	2	79	7.16	281	0.5	20	5.88	231	25	984	4.36	172

从电容的物理尺寸可知，采用 RAD-0.1 的封装，即焊盘间距为 100mil，不能满足要求，为此，根据 *F* 值，将电容的封装更换为 RAD-0.2，即焊盘间距为 200mil 的封装。因为无极性电容的焊盘间距为软尺寸，因此可以满足电路的需要。

双击导航窗口中的 Souce1.Sch 文件，如图 4-30 所示。

将工作界面切换到 Souce1.Sch 窗口，双击 C7 元件，在弹出的属性对话框中，修改无极性电容封装为 RAD-0.2，如图 4-31 所示。

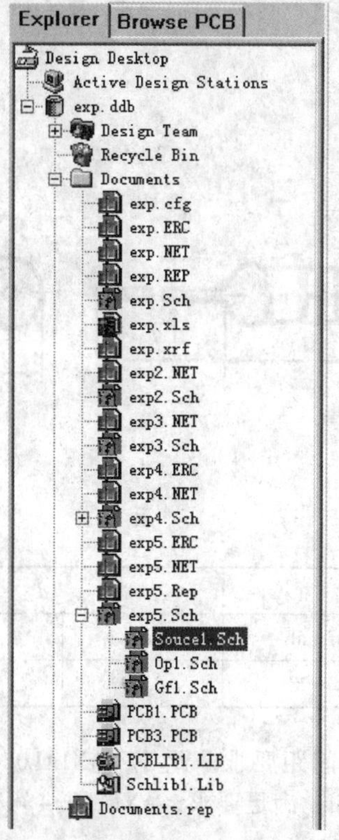

图 4-30　双击导航窗口中的 Souce1.Sch 文件

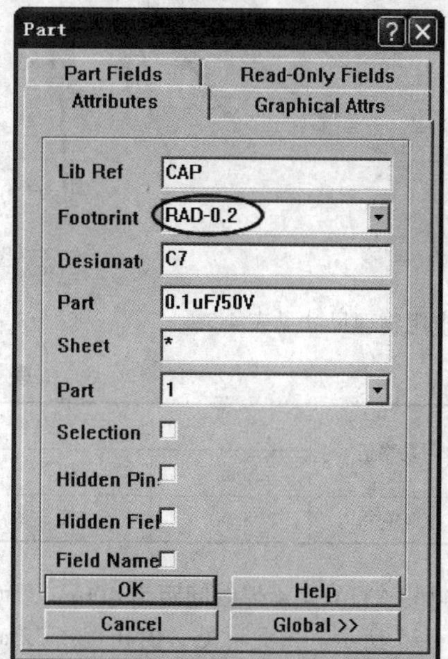

图 4-31　修改无极性电容封装为 RAD-0.2

修改完成后，单击 OK 按钮确认修改。同理，按照上述方式修改 C8 元件的封装为 RAD-0. 2。修改完成后，单击工具栏中的保存按钮，保存设置。

双击导航窗口中的 exp5. Sch 文件，将工作界面切换到 exp5. Sch 窗口，如图 4-32 所示。

单击菜单命令 Design→Create Netlist，重新生成网络表。重新生成的网络表如图 4-33 所示。

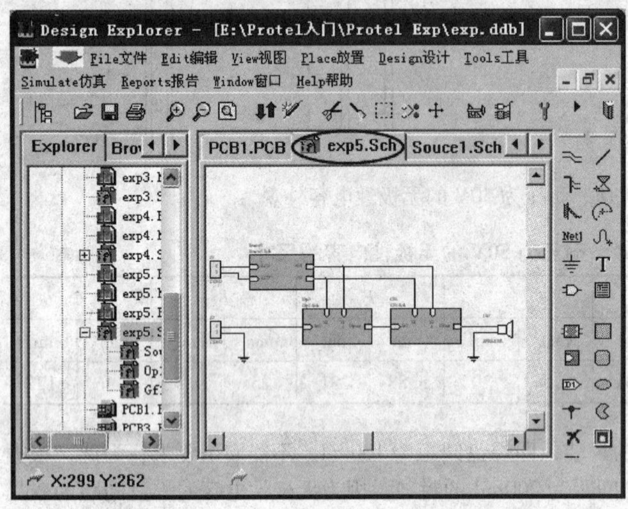

图 4-32　将工作界面切换到 exp5. Sch 窗口

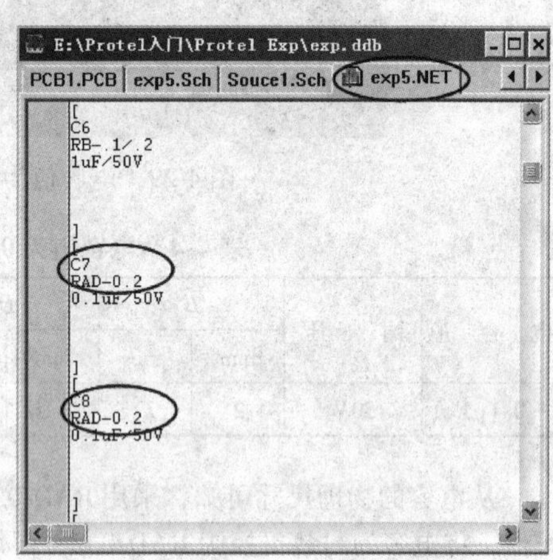

图 4-33　重新生成的网络表

从生成的网络表可知，系统已修改了元件封装列表。

5. 电阻封装 AXIAL0. 4 匹配验证

电阻外形如图 4-34 所示。

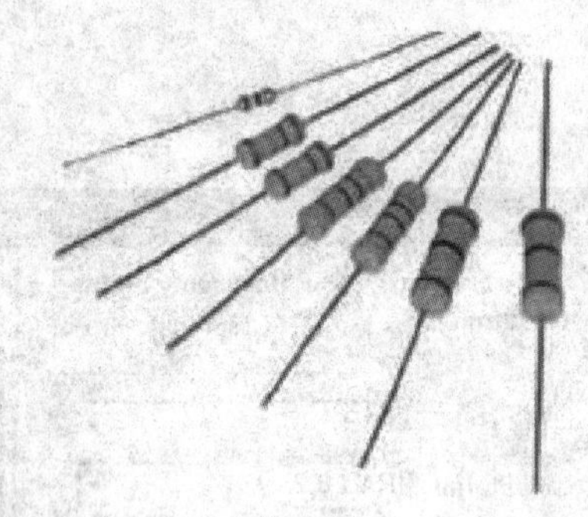

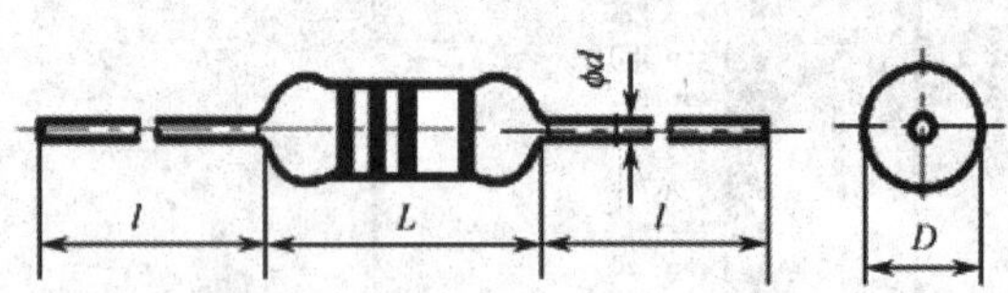

图 4-34　电阻外形

电阻物理尺寸见表 4-5。

表 4-5　电阻物理尺寸

电阻功率值	L		D		d	
	mm	mil	mm	mil	mm	mil
1/4W	5. 90	232	3. 24	128	0. 50	16

封装 AXIAL0. 4 焊盘间距为 400mil，可见满足电阻引脚间距要求。此外，AXIAL0. 4 焊盘尺寸如图 4-35 所示。由此可见，内孔直径 32mil、焊盘直径 62mil，满足要求，AXIAL0. 4 可作为电阻的封装。

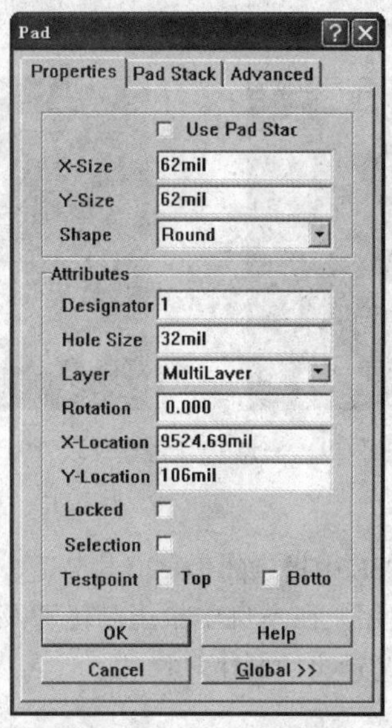

图 4-35　AXIAL0. 4 焊盘尺寸

6. 连接端子封装 SIP2 匹配验证

连接端子外形如图 4-36 所示。封装 SIP2 的尺寸如图 4-37 所示。连接端子物理尺寸见表 4-6。

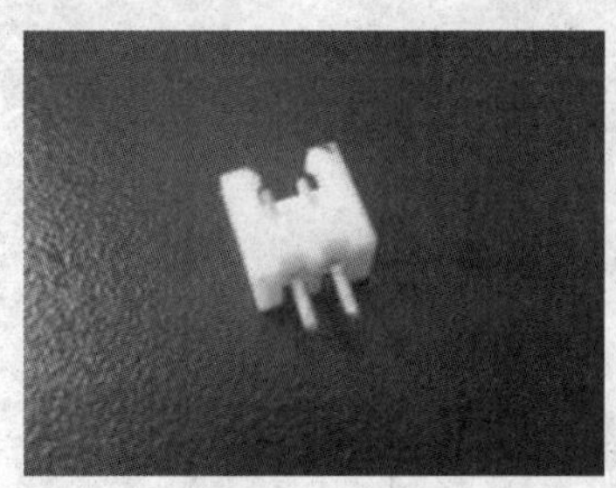

图 4-36　连接端子外形

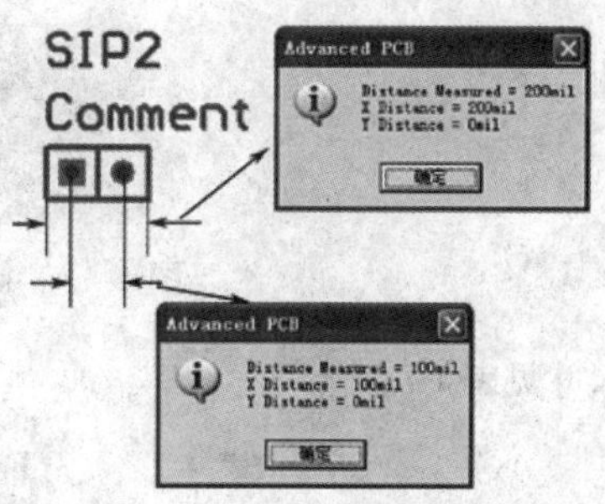

图 4-37　封装 SIP2 的尺寸

表 4-6　连接端子物理尺寸

连接端子	长		宽		引脚间距		引脚前边距		引脚后边距	
	mm	mil	mm	mil	mm	mil	mm	mil	mm	mil
CON2	7. 62	300	5. 82	230	2. 54	100	3. 28	130	2. 54	100

从 SIP2 封装尺寸可知，其尺寸不能满足实际需要，需要为连接端子重新建立封装。

7. 晶体管、三端稳压器封装 TO220 匹配验证

晶体管 BDX53、BDX54 如图 4-38 所示。

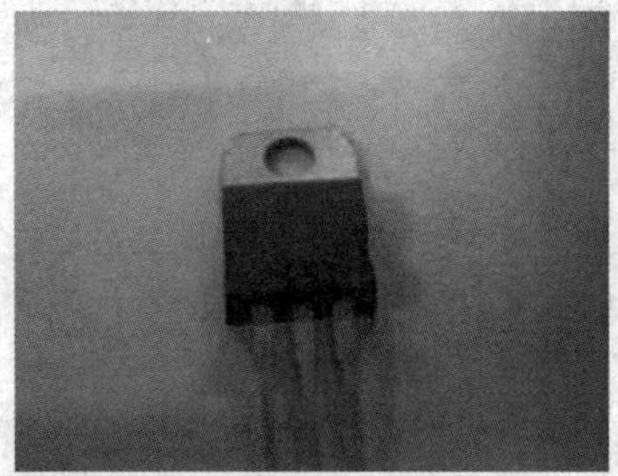

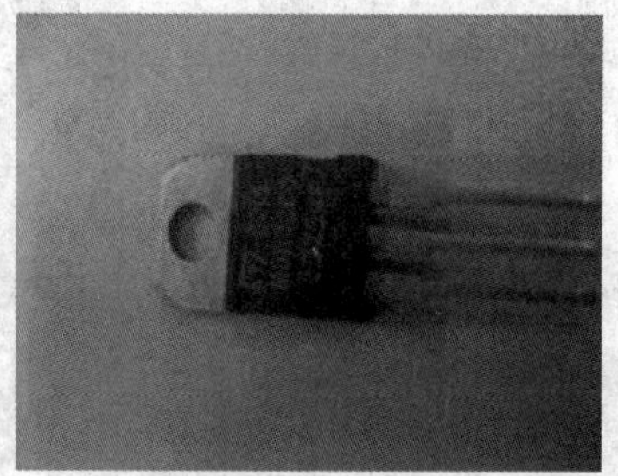

图 4-38　晶体管 BDX53、BDX54

三端稳压器 7815、7915 如图 4-39 所示。

图 4-39　三端稳压器 7815、7915

TO220 封装如图 4-40 所示。

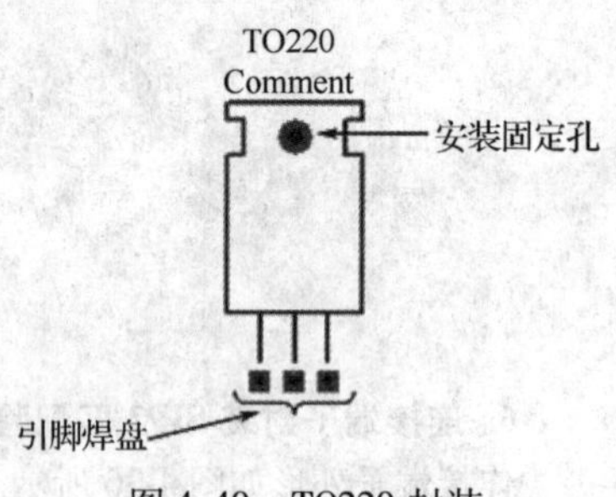

图 4-40　TO220 封装

从实物与封装对照可知，Protel 99SE 中提供的 TO220 封装适合晶体管或三端稳压器“卧式”安装时使用。在本例中希望晶体管及三端稳压器采用“立式”方式安装，用户需重新制作封装。

8. 4.7μF/50V 的电解电容元件封装

通常电容值小于 100μF 时常用的封装形式为 RB-.1/.2，即外径为 200mil、焊盘间距为 100mil 的封装。

在本例中 4.7μF/50V 的电解电容如图 4-41 所示。

图 4-41　4.7μF/50V 的电解电容

其物理尺寸见表 4-7。

表 4-7　4.7μF/50V 的电解电容物理尺寸

电容值	耐压值	外径		焊盘间距		引脚直径	
		mm	mil	mm	mil	mm	mil
4.7μF	50V	4.22	166	2.1	83	0.42	16

由于此电解电容焊盘间距为软尺寸，因此，可使用 RB.1/.2 封装。由于 Protel 99SE 中未找到 RB.1/.2 封装，因此用户需手动制作该封装。

9. 变阻器元件封装

变阻器元件外观如图 4-42 所示，其相关物理尺寸见表 4-8。

图 4-42　变阻器元件外观

表4-8　变阻器物理尺寸

电阻值	长		宽		焊盘间距		引脚与边界的距离	
	mm	mil	mm	mil	mm	mil	mm	mil
10kΩ/50kΩ	8.13	320	5.10	200	2.54	100	2.54	100

用户需根据上述数据制作相应的元件封装。此外，Protel 99SE 中没有的元件封装也需用户根据元件实际尺寸制作封装。

4.4　制作元件封装

1. 使用向导制作元件封装

电解电容封装 RB-.1/.2 表示封装的焊盘间距为“.1”，即为 100mil，电容圆筒的外径为“.2”，即为 200mil，其元件外观与 RB-.2/.4 相同，只是焊盘间距与电容圆筒外径不同。采用向导模式制作元件，首先创建 PCB 元件库文件。

单击设计导航中的 Documents 目录，系统将弹出 Documents 目录下所包含的所有内容，在列表的空白处单击鼠标右键，在弹出的菜单中选择 New 选项，再选中 PCB Library Document 选项，如图 4-43 所示。

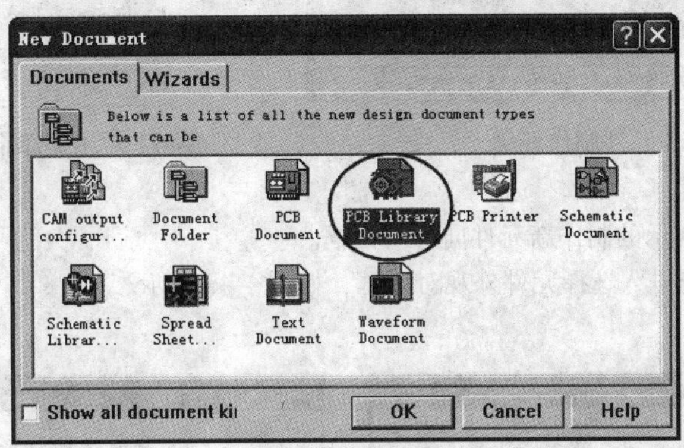

图 4-43　选中 PCB Library Document 选项

单击 OK 按钮，此时在 Documents 列表中出现 PCBLIB1.LIB 文件，如图 4-44 所示。

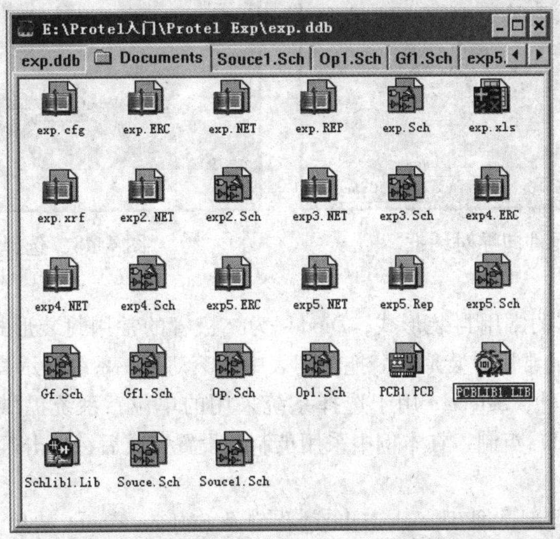

图 4-44　在 Documents 列表中出现 PCBLIB1.LIB 文件

双击 PCBLIB1. LIB 文件，进入 PCB 元件制作环境，如图 4-45 所示。

单击菜单命令 Tools→New Component，如图 4-46 所示。

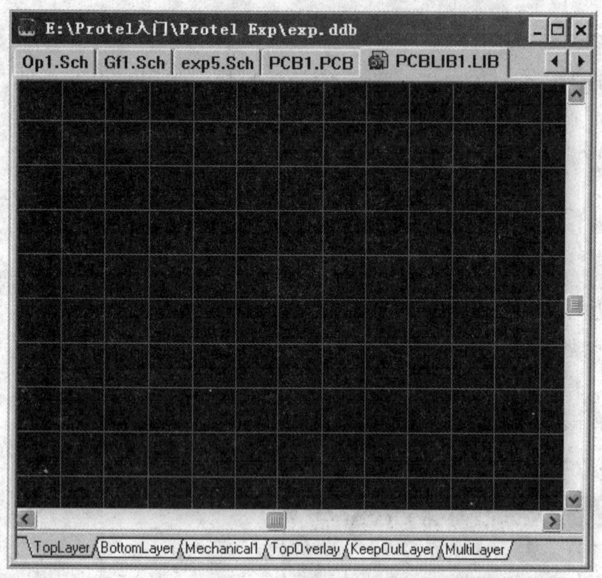

图 4-45　PCB 元件制作环境

图 4-46　单击菜单命令 Tools→New Component

系统弹出如图 4-47 所示的制作新元件向导对话框。

单击 Next 按钮，系统进入选择元件外观对话框，如图 4-48 所示。

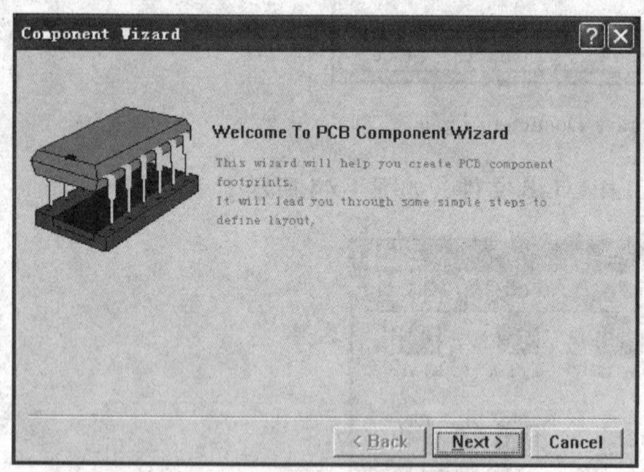

图 4-47　制作新元件向导对话框

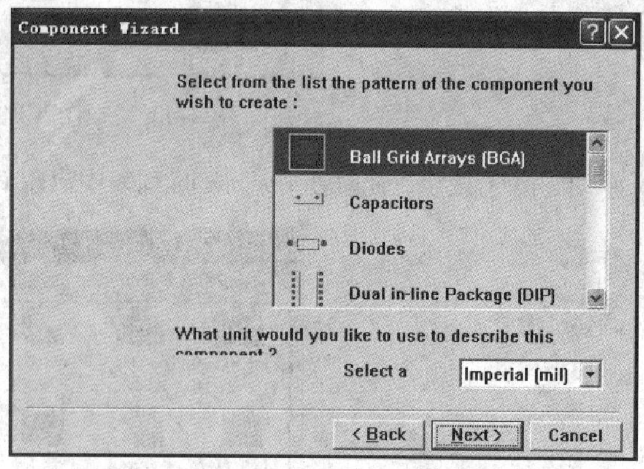

图 4-48　选择元件外观对话框

其中 Capacitors 为电容的常用封装形式，Diodes 为二极管的常用封装形式，而 Dual in-line Package（DIP）为双列直插式元件的常用封装形式。拖动列表中的滚动条，系统显示其他常用封装形式，在本例中选择 Capacitors 选项。此外，Select a 用于选择系统采用的单位。系统提供了两种单位制，即 Metric（mm）米制及 Imperial（mil）英制，在本例中采用英制。设置完成后，单击 Next 按钮，进入元件类型选择对话框，如图 4-49 所示。

系统提供了两种元件类型，即 Though Hole 过孔型及 Surface Mount 贴片型，在本例中选择 Though Hole 型。设置完成后，单击 Next 按钮进入设置焊盘尺寸对话框，如图 4-50 所示。

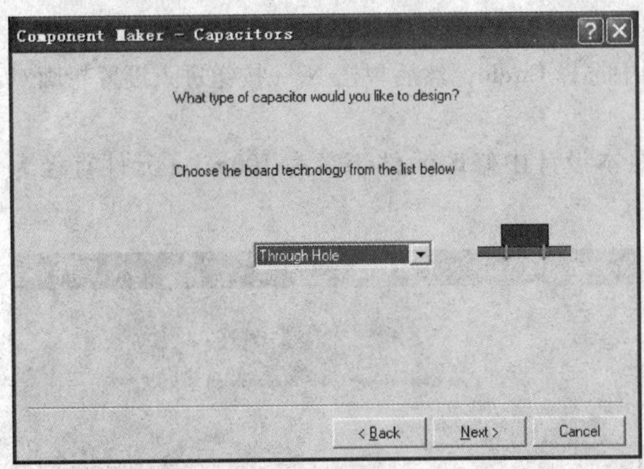

图 4-49　元件类型选择对话框

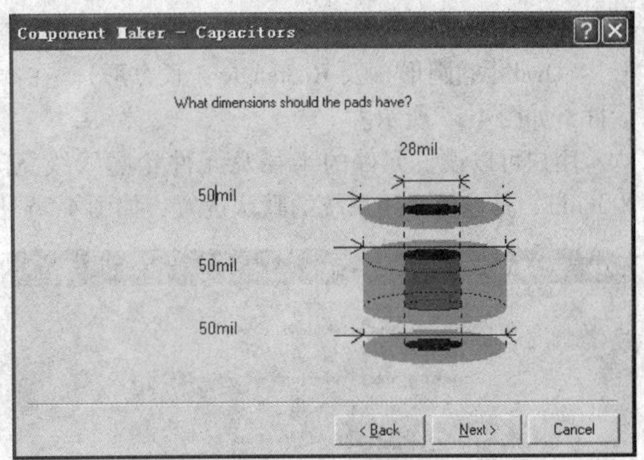

图 4-50　设置焊盘尺寸对话框

根据所测的引脚尺寸进行焊盘尺寸的设置，一般将焊盘外径的尺寸取为内径的两倍，而内孔直径尺寸要稍大于引脚的尺寸，利于将来在 PCB 的安装。本例采用系统的默认设置。单击 Next 按钮进入设置焊盘间距对话框，如图 4-51 所示。

在本例中要求焊盘间距为 300mil，选择 500mil，并将其修改为 300mil，如图 4-52 所示。

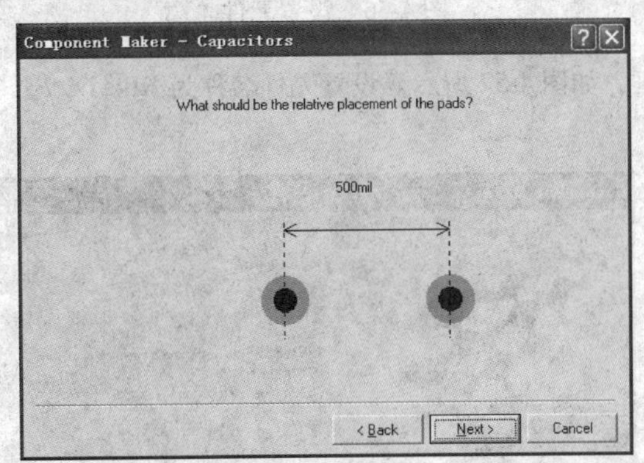

图 4-51　设置焊盘间距对话框

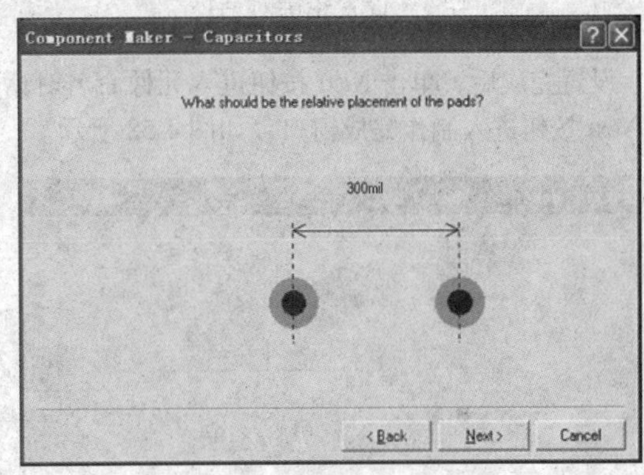

图 4-52　设置焊盘间距

设置完成后，单击 Next 按钮进入电容封装外形设置对话框，如图 4-53 所示。

其中 Choose the capacitor's polarity 为选择电容极性，系统提供 Not Polarised（无极性）和 Polarised（极性）两种；Choose the capacitor's mounting style 为选择电容样式，系统提供 Axial（轴形）和 Radial（圆形）两种。在本例中设置电容为 Polarised、Radial，如图 4-54 所示。

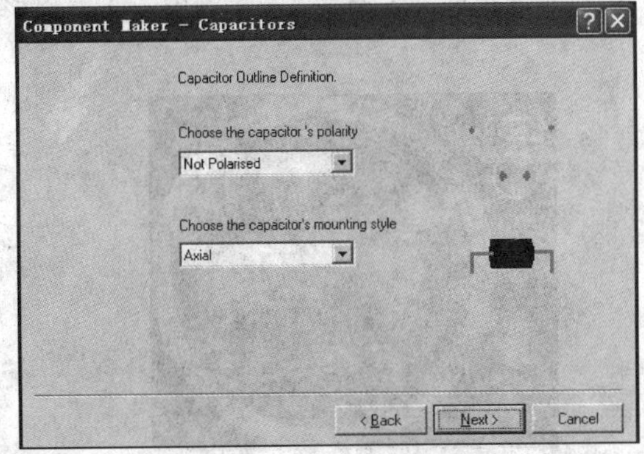

图 4-53　电容封装外形设置对话框

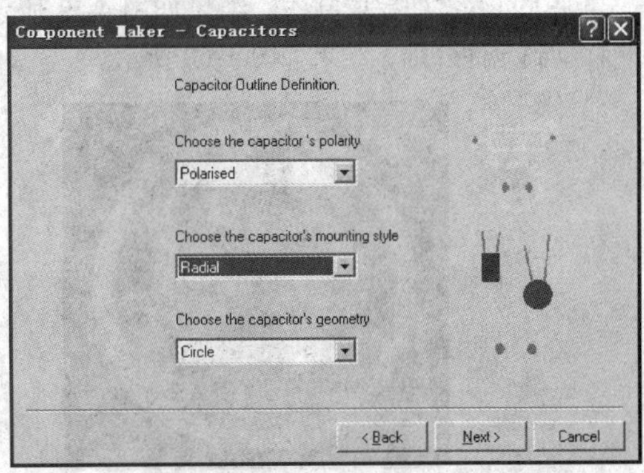

图 4-54　设置电容为 Polarised、Radial

此时系统出现第 3 项设置 Choose the capacitor's geometry 选择电容几何形状，系统提供 Circle（圆形）、Oval（椭圆形）及 Rectangle（长方形）。在本例中选择 Circle，然后单击 Next 按钮进入设置轮廓对话框，如图 4-55 所示。

用户可以设置元件的半径及元件轮廓线线宽。在本设计中修改元件半径为 100mil（元件直径为 200mil），其他值采用系统的默认设置，如图 4-56 所示。

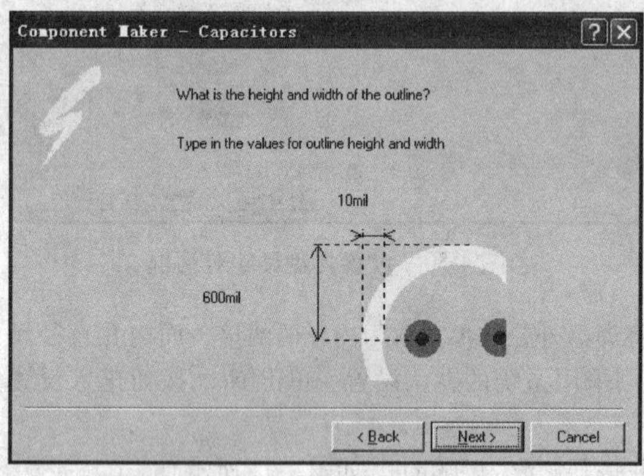

图 4-55　设置轮廓对话框

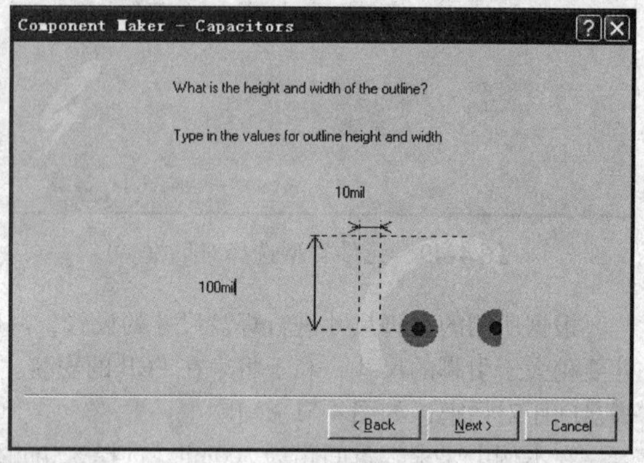

图 4-56　设置元件轮廓

设置完成后，单击 Next 按钮进入元件命名对话框，如图 4-57 所示。设置元件名称为 RB-. 1/. 2，单击 Next 按钮进入制作完成窗口，如图 4-58 所示。

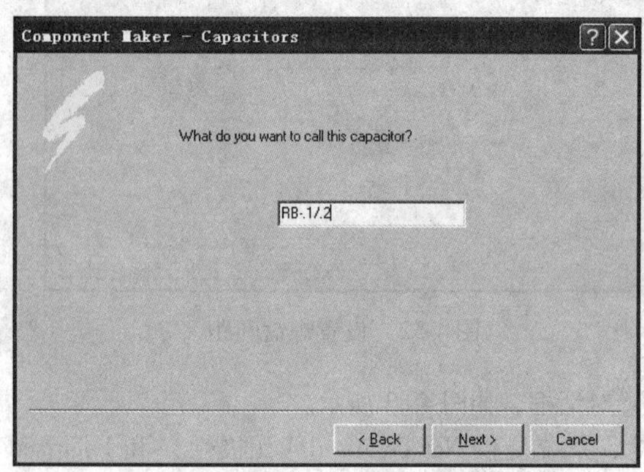

图 4-57　元件命名对话框

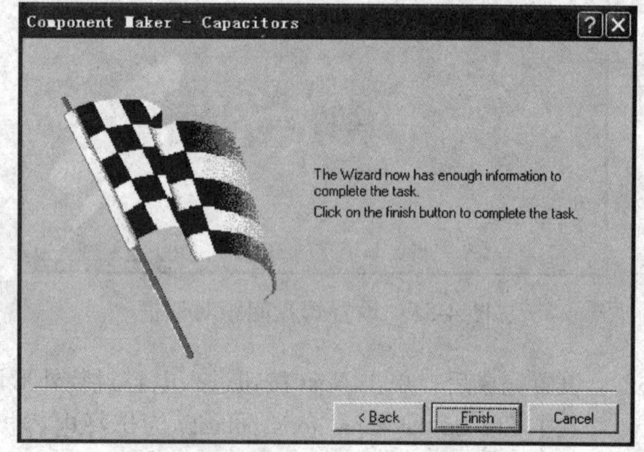

图 4-58　制作完成窗口

单击 Finish 按钮完成制作，结果如图 4-59 所示。调整元件中的部分图形。单击图中"+"图形，将其移动到元件外部，结果如图 4-60 所示。

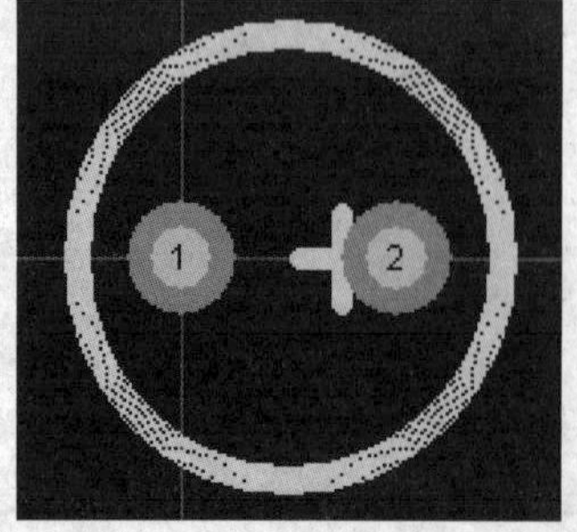

图 4-59　使用向导制作的元件 RB-. 1/. 2

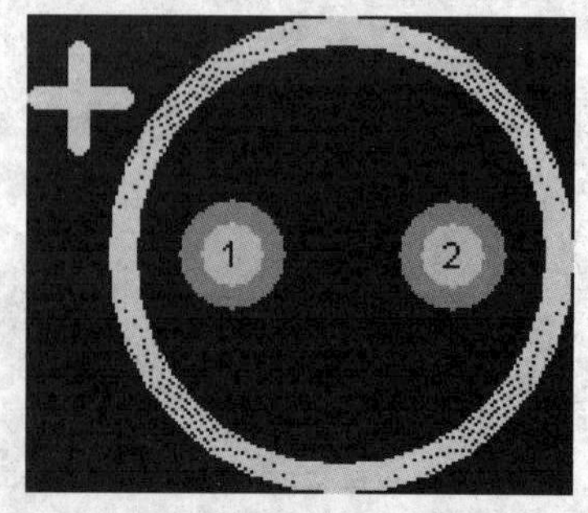

图 4-60　调整元件中的部分图形

自此采用向导制作元件 RB-. 1/. 2 完成，单击 File→Save 命令保存元件。

2. 采用新建方式制作元件封装

本节以音频电路的三端稳压电源为例，介绍其封装形式的手动创建方法。三端稳压电源 L7815CV（3）或 L7915CV（3）有 3 个引脚，其尺寸数据见表 4-9。

表 4-9　三端稳压电源 L7815CV（3）或 L7915CV（3）尺寸数据

标号（见图 4-61）	尺寸数据/mil		
	Min（最小值）	Type（典型值）	Max（最大值）
A	173		181
b	24		34
b_1	45		77
c	19		27
D	700		720
E	393		409
e	94		107
e_1	194		203
F	48		51
H_1	244		270
J_1	94		107
L	511		551
L_1	137		154
L_{20}		745	
L_{30}		1138	
ϕP	147		151
Q	104		117

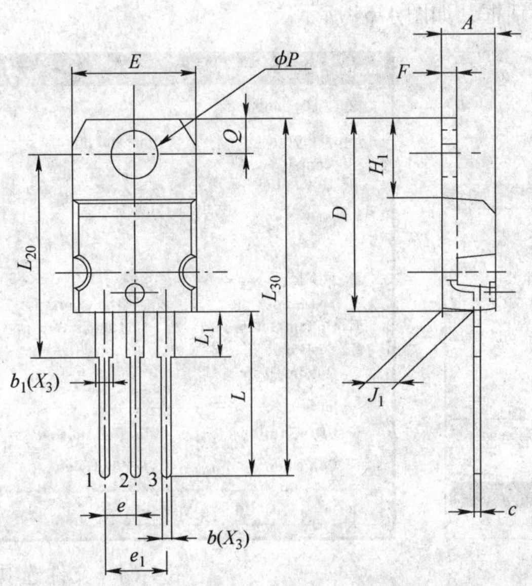

图 4-61　三端稳压电源 L7815CV（3）或 L7915CV（3）尺寸标注

在本例中期望的元件封装形式如图 4-62 所示。

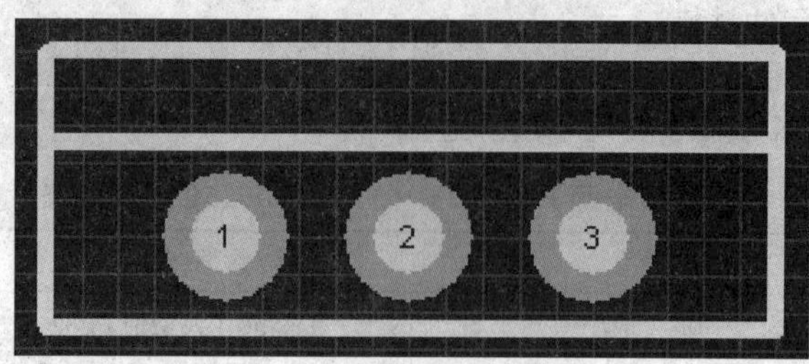

图 4-62　期望的元件封装形式

用户创建稳压电源时需要表 4-10 所示的数据。

表 4-10　用户创建稳压电源时需要的数据

标号（见图 4-61）	尺寸数据/mil		
	Min（最小值）	Type（典型值）	Max（最大值）
A（宽度）	713	180	181
b（孔径直径）	24	40	34
c	19	20	27
E（长度）	393	400	409
e（焊盘间距）	94	100	107
F（散热层厚度）	48	50	51
J_1	94	100	107

注：焊盘孔径直径 = Max + Max × 10%。

得到数据后，用户需要使用相关数据创建元件。使用元件创建向导进行新元件的创建时，一般是不需要事先进行参数设置的，而对于采用手工创建一个新元件时，用户最好事先进行版面和系统的参数设置，然后再进行新元件的绘制。

(1) 设置版面参数

单击菜单命令 Tools→Library Options，如图 4-63 所示。

系统将弹出文件选项对话框，如图 4-64 所示。

图 4-63　单击菜单命令 Tools→Library Options

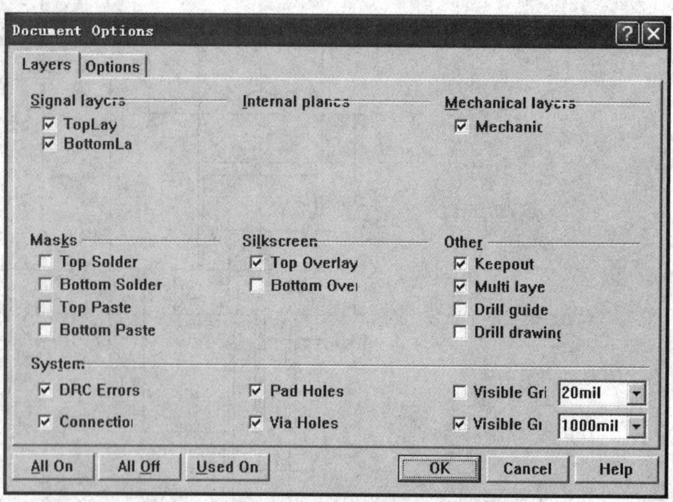

图 4-64　文件选项对话框

在 Layers 选项卡中，可设置当前文件的工作层状态。一般来说，为了设计的方便，选中 Pad Holes（焊盘内孔层）和 Via Holes（过孔内孔层）两个工作层，其他选项保持默认状态。在本例中无须对上述对话框进行修改，采用系统的默认设置。单击 Options 选项卡，查看 Options 选项中的设置，如图 4-65 所示。

为了绘制线段、弧线或放置焊盘等图形时，能够精确地进行放置，最好将 Snap 选项设置得小一些，而 Grids 区域中的 Range 选项的数值要保证比 Snap 选项中的数值小。结合待绘制元件的尺寸，建议将 Snap 定义为 10mil，而将 Range 设置为 5mil。用户可以在设置的下拉列表中选择这些数值，也可以手工输入，其结果如图 4-66 所示。

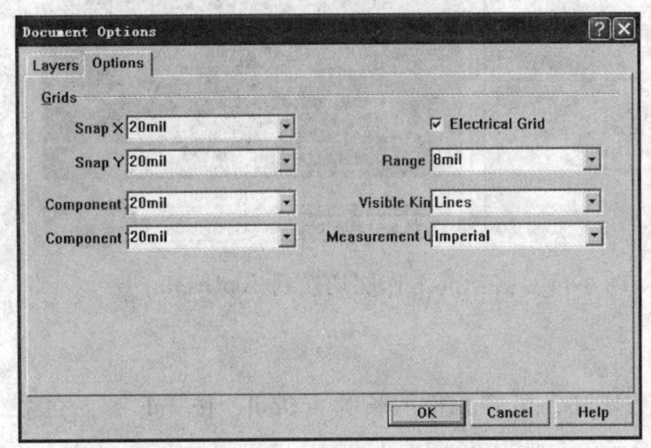

图 4-65　Options 选项卡

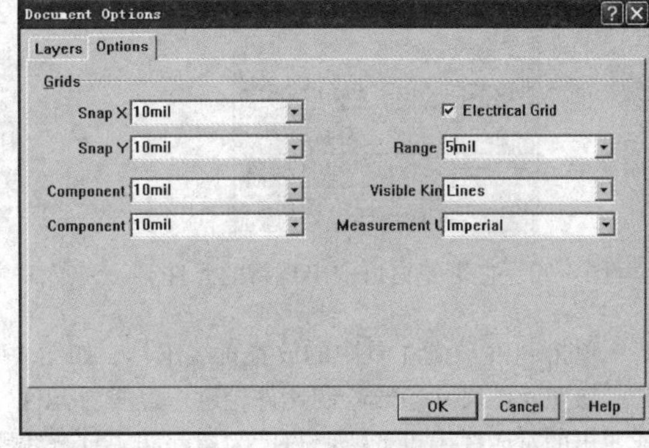

图 4-66　设置格点参数

设置完成后，单击 OK 按钮确认设置。

（2）设置系统参数

单击菜单命令 Tools→Preference...，如图 4-67 所示。

系统弹出参数选择对话框，如图 4-68 所示。

图 4-67　单击菜单命令 Tools→Preferences...

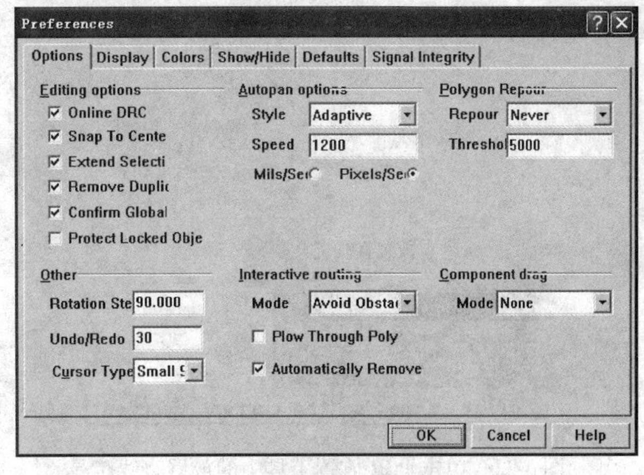

图 4-68　参数选择对话框

在 Options 选项卡中，单击 Autopan options 中 Style 下拉列表的下拉按钮，系统提供如图 4-69 所示的几种自动全景方式。

在本例中将 Autopan options 中的 Style 设置为 Re-Center 方式，其余各项保持默认设置。设置完成后，单击 OK 按钮确认系统参数的设置。

（3）绘制 PCB 元件

打开前一节中所创建的元件库 PCB1. lib 文件后，执行菜单命令 Tools→New Component，此时将弹出元件创建向导对话框，单击对话框中的 Cancel 按钮，在编辑器的浏览窗口中会出现一个新的元件 PCB-

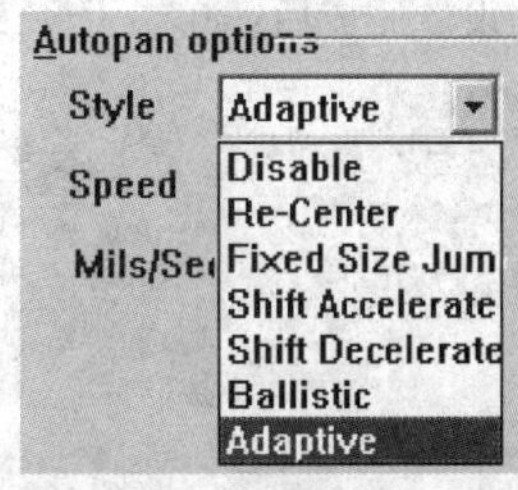

图 4-69　自动全景方式

COMPONENT-1，如图 4-70 所示。

将当前的工作层切换到 TopOverlay 层，如图 4-71 所示。

图 4-70　在浏览窗口中出现新的元件

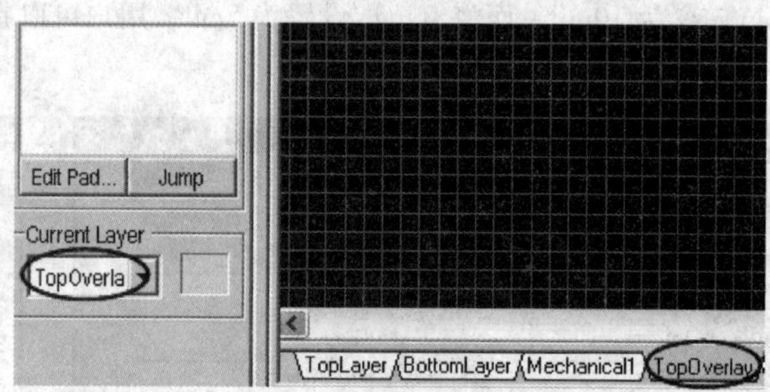

图 4-71　将当前工作层切换到 TopOverlay 层

单击 PCB 放置工具中的放置直线工具，如图 4-72 所示。

参照元件尺寸参数绘制元件轮廓。经查看元件参数尺寸，可知元件的长为 400mil，按 Tab 键，在系统弹出的对话框中设置线段长度为 400mil，且令线段从原点起始，如图 4-73 所示。

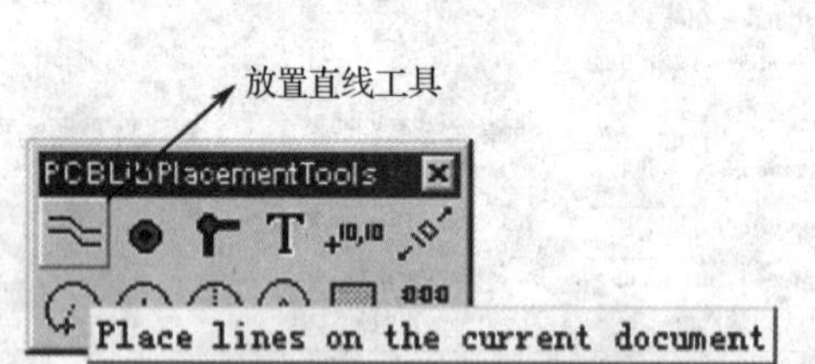

图 4-72　单击 PCB 放置工具中的放置直线工具

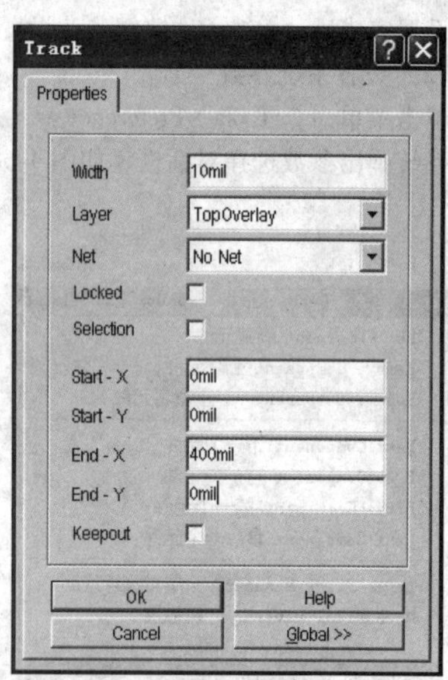

图 4-73　设置线段长度

设置完成后，单击 OK 按钮确认设置，其结果如图 4-74 所示。

图 4-74　在原点处放置长度为 400mil 的线段

元件的宽度为 180mil，单击 PCB 放置工具中的放置直线工具后，按 Tab 键，设置长度为 180mil 的线段，如图 4-75 所示。

设置完成后，单击 OK 按钮确认设置，其结果如图 4-76 所示。

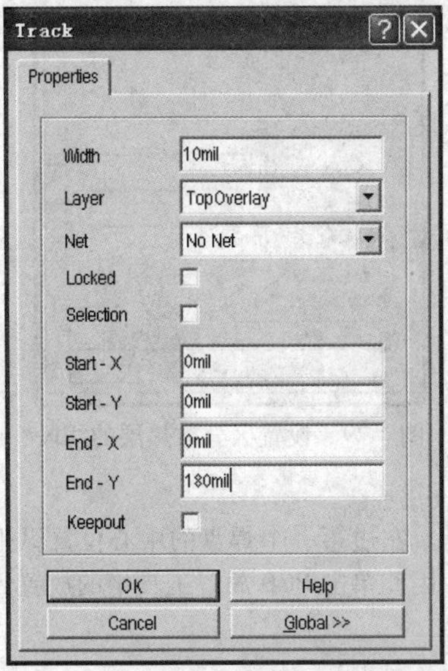

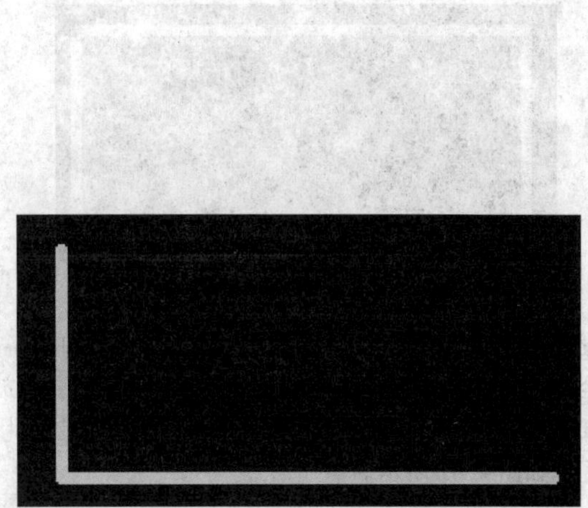

图 4-75　设置长度为 180mil 的线段　　图 4-76　在原点处放置长度为 180mil 的线段

按照上述方式完成另外两条线段的绘制，其设置方式如图 4-77 所示。

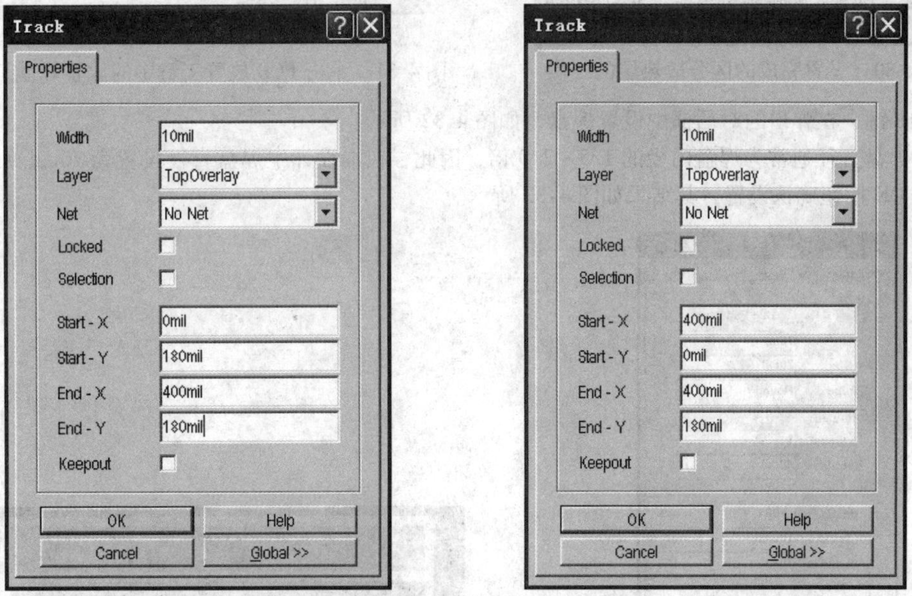

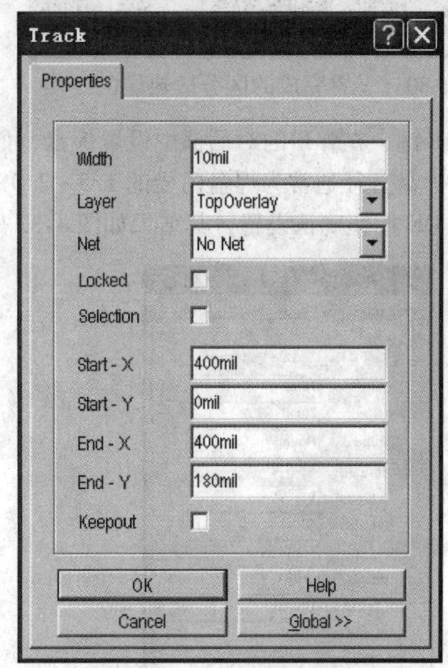

图 4-77　另外两条线段的设置

按照上述方式绘制另外两条线段，结果如图 4-78 所示。

接下来放置区分散热层的线段。散热层的厚度为 50mil，单击 PCB 放置工具中的放置直线工具图标后，按 Tab 键，设置区分散热层的线段，如图 4-79 所示。

图 4-78　绘制另外两条线段

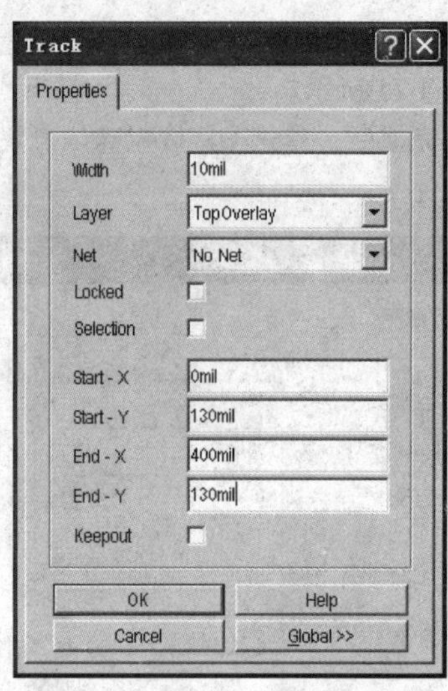

图 4-79　设置区分散热层的线段

设置完成后，单击 OK 按钮确认设置，结果如图 4-80 所示。

至此，元件轮廓设置完成。接下来在元件轮廓中放置焊盘。左边第一个焊盘的中心位置纵坐标为 180 - 100 - 10 = 70mil，横坐标为 100mil，且其内孔径为 35mil。因此单击 PCB 放置工具中的放置焊盘工具图标，如图 4-81 所示。

图 4-80　设置完成的区分散热层的线段

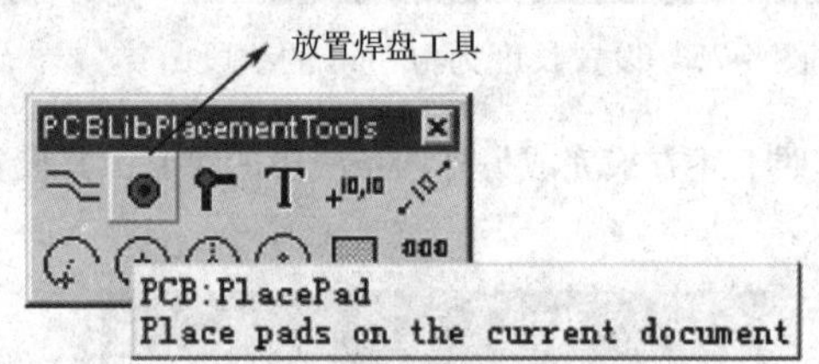

图 4-81　单击 PCB 放置工具中的放置焊盘工具

按 Tab 键，在弹出的对话框中设置焊盘，如图 4-82 所示。

其中焊盘直径通常为焊盘内径的 1.5 ~ 2.0 倍，因此，在本设计中焊盘直径设置为 70mil。设置完成后，单击 OK 按钮确认设置，其结果如图 4-83 所示。

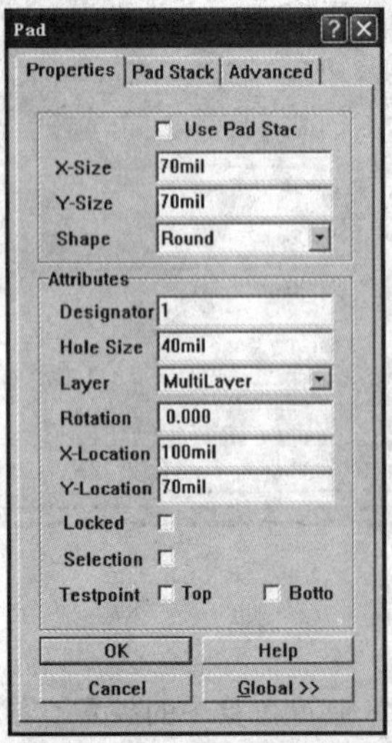

图 4-82　设置焊盘对话框

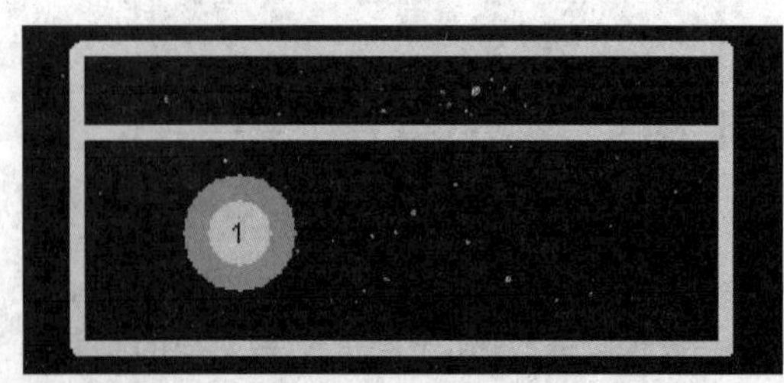

图 4-83　设置完成的焊盘

按照上述方式放置另外两个焊盘。已知两个焊盘的间距为 100mil，另外两个焊盘可按图 4-84 所示设置。

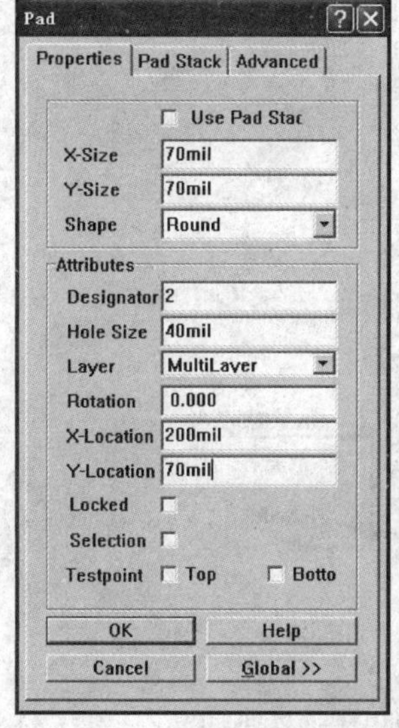

图 4-84　另外两个焊盘的设置

设置完成后，单击 OK 按钮确认设置，结果如图 4-85 所示。

至此元件创建完成。单击菜单命令 Tools→Rename Component，如图 4-86 所示，系统弹出重命名对话框，如图 4-87 所示，在对话框中输入 TO220 字段后，单击 OK 按钮，完成重命名操作，其结果如图 4-88 所示。

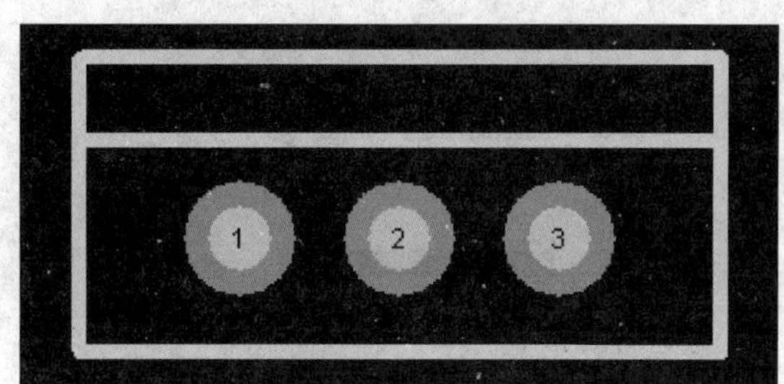

图 4-85　设置完成的另外两个焊盘

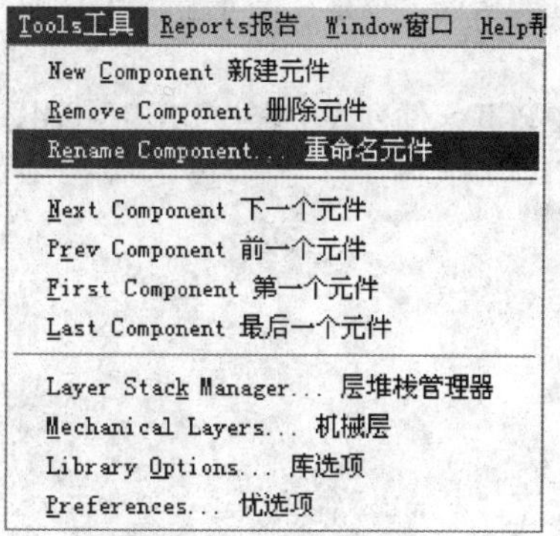

图 4-86　单击菜单命令 Tools→Rename Component

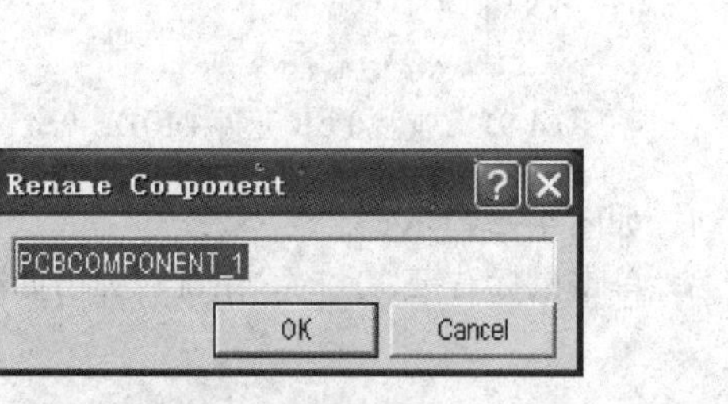

图 4-87　重命名对话框

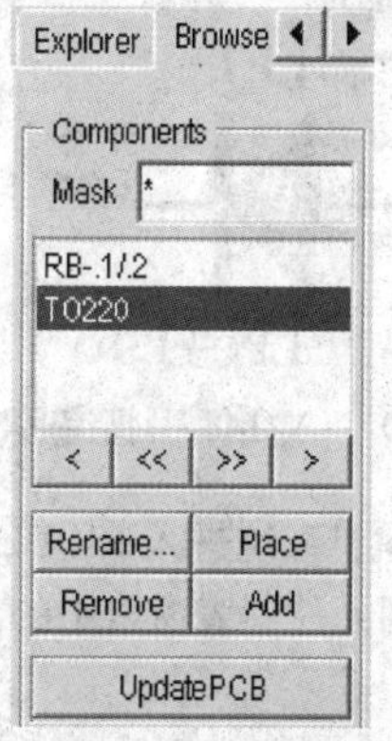

图 4-88　完成重命名操作

单击保存按钮完成稳压电源 PCB 元件的设计。

3. 采用编辑方式制作元件封装

二极管 1N4148 的元件实物图及其尺寸图如图 4-89 所示。

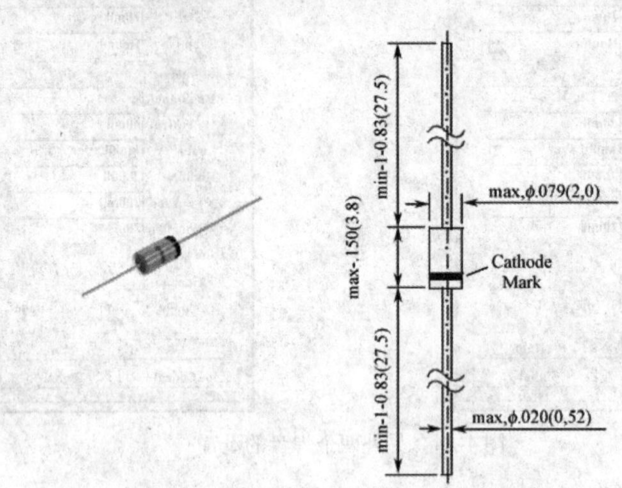

图 4-89　二极管 1N4148 元件实物图及其尺寸图

1N4148 引脚编号如图 4-90 所示。

从 1N4148 的元件外观及其尺寸图可知，该二极管的 PCB 封装与 Protel 99SE 提供的元件封装 DIODE-0. 4 相近，只是在尺寸上略有不同。用户可采用编辑 DIODE-0. 4 的方式制作元件 1N4148 的 PCB 封装。

在 PCB 元件列表中查找 DIODE-0. 4，其结果如图 4-91 所示。

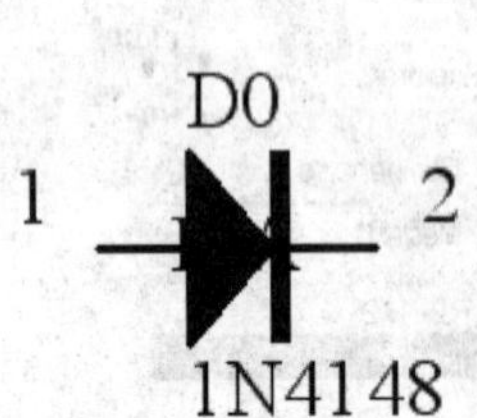

图 4-90　1N4148 引脚编号

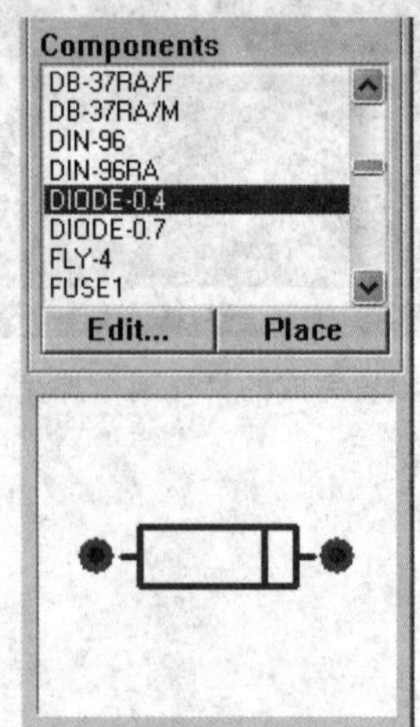

图 4-91　查找 PCB 元件 DIODE-0. 4

单击 Edit 按钮，系统进入 DIODE-0. 4 编辑窗口，如图 4-92 所示。

将鼠标放置到元件列表窗口中的 DIODE-0. 4 上，单击鼠标右键，此时，系统将弹出如图 4-93 所示的右键菜单。

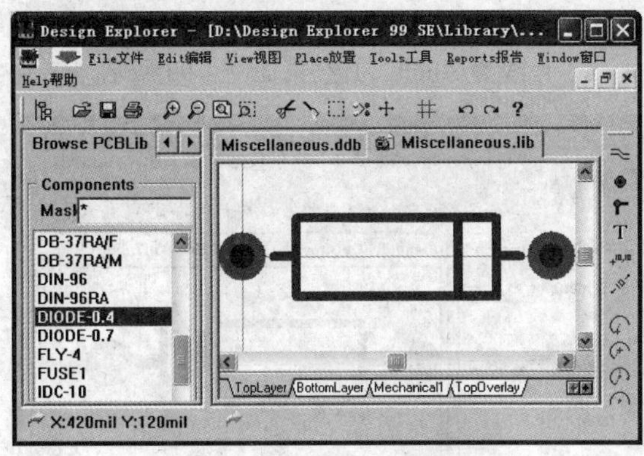

图 4-92　DIODE-0. 4 编辑窗口

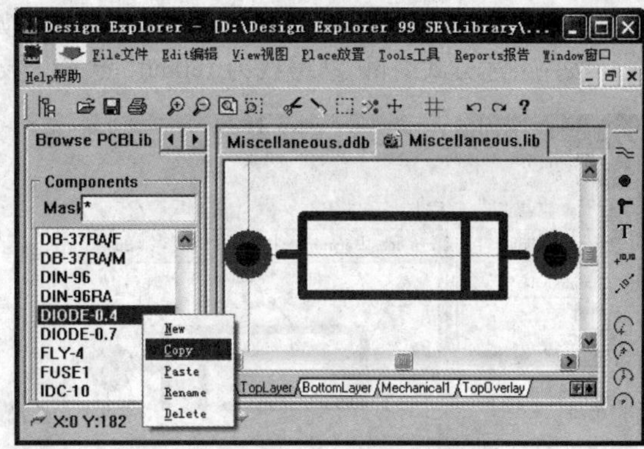

图 4-93　快捷菜单

单击其中 Copy 选项后，将界面切换到 PCBLIB1. LIB 窗口，并在元件列表窗口的空白处单击鼠标右键，弹出快捷菜单如图 4-94 所示。

单击右键菜单中的 Paste 选项，此时 DIODE-0. 4 元件添加到 PCBLIB1. LIB 中，其结果如图 4-95 所示。

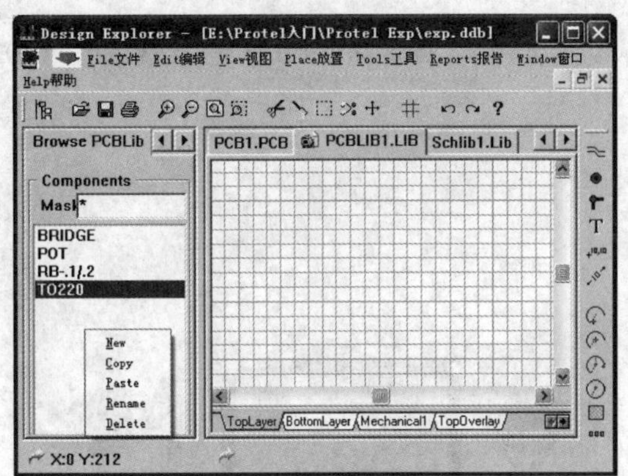

图 4-94　将操作界面切换到 PCBLIB1. LIB 窗口

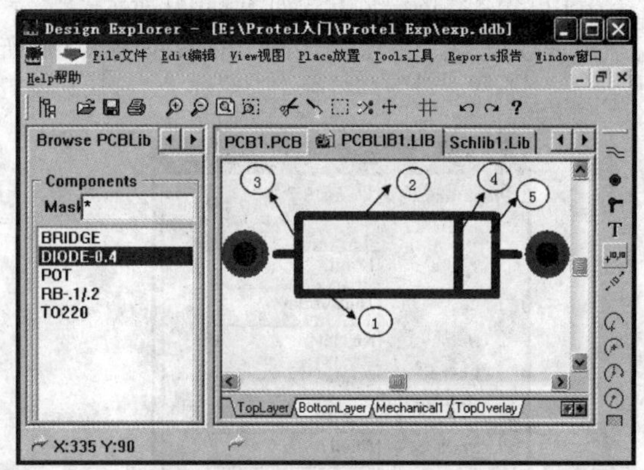

图 4-95　DIODE-0. 4 元件添加到 PCBLIB1. LIB 中

双击图中 ① 号线，系统将弹出 ① 号线的编辑对话框，如图 4-96 所示。修改 ① 号线的长度为 150 + 150 × 20% = 180mil，即按照如图 4-97 所示修改 ① 号线。

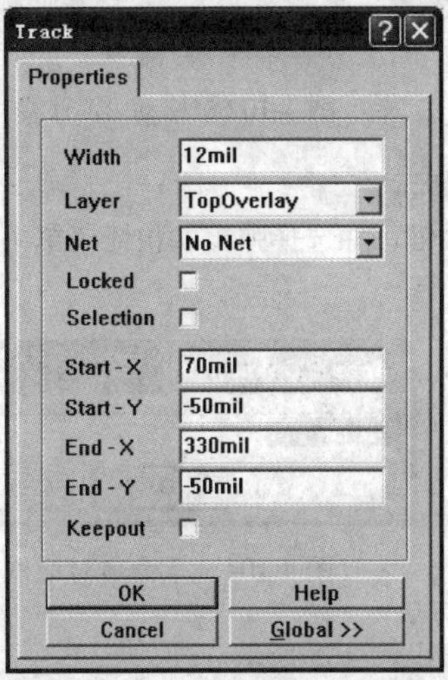

Track
Properties
Width 12mil
Layer TopOverlay
Net No Net
Locked
Selection
Start-X 70mil
Start-Y -50mil
End-X 330mil
End-Y -50mil
Keepout
OK　Help
Cancel　Global >>

图 4-96　① 号线的编辑对话框

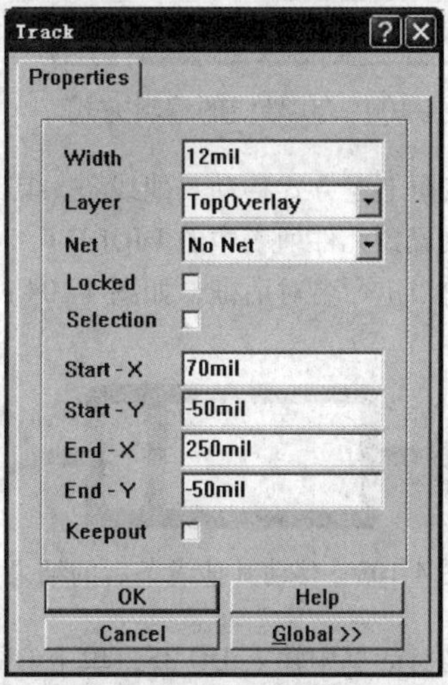

Track
Properties
Width 12mil
Layer TopOverlay
Net No Net
Locked
Selection
Start-X 70mil
Start-Y -50mil
End-X 250mil
End-Y -50mil
Keepout
OK　Help
Cancel　Global >>

图 4-97　修改 ① 号线

修改完成后，单击 OK 按钮确认修改，其结果如图 4-98 所示。

按照上述方式编辑 ② 号线为 180mil，编辑 ③、④、⑤ 号线为 80mil，其结果如图 4-99 所示。

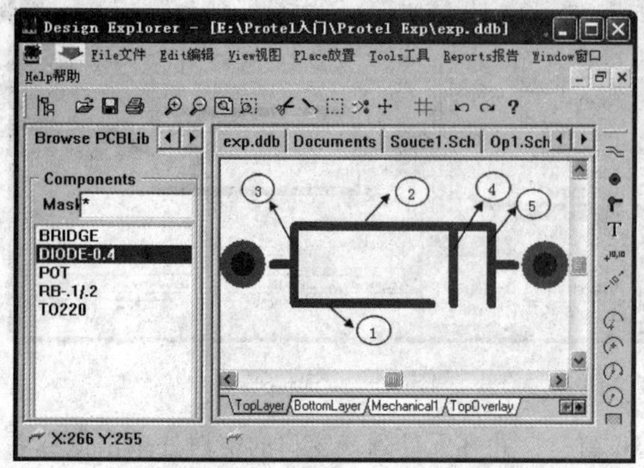

图 4-98　修改完成的 ① 号线

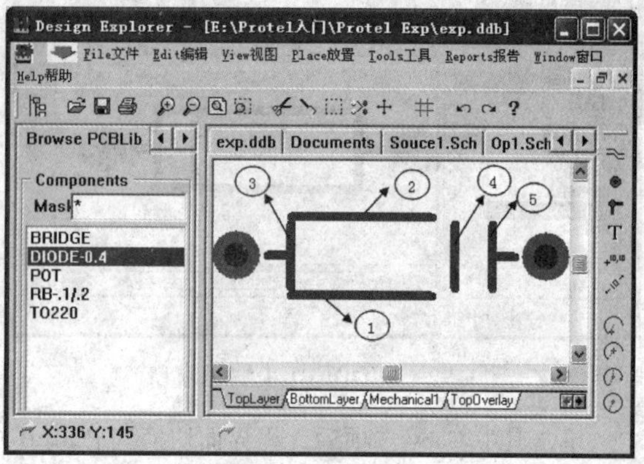

图 4-99　编辑 ②、③、④、⑤ 号线

其中 ③ 号线的编辑方式如图 4-100 所示。

单击 ② 号线，鼠标以十字形出现，如图 4-101 所示。拖动鼠标，即可移动 ② 号线，结果如图 4-102 所示。

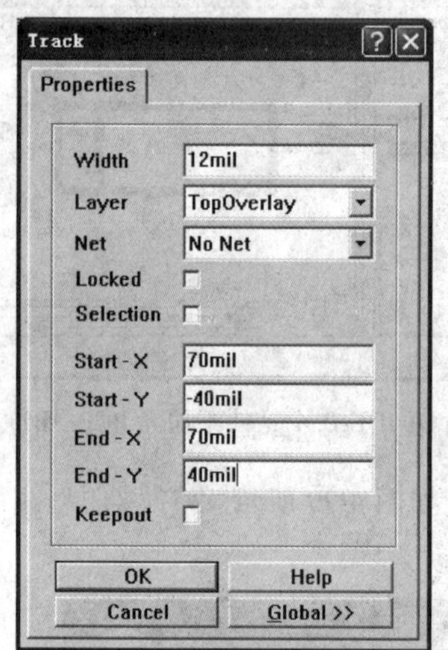

图 4-100　③ 号线的编辑方式

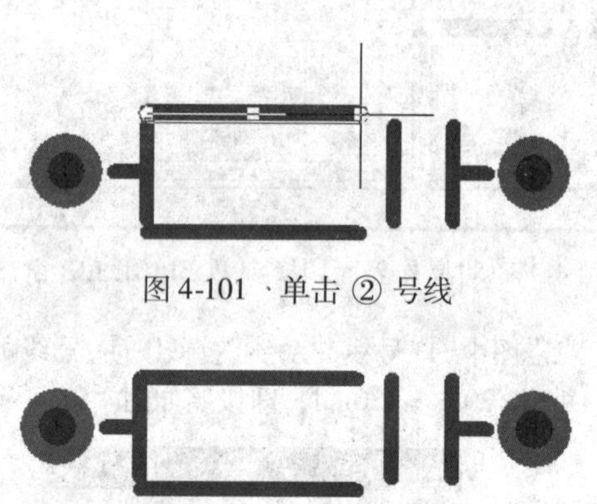

图 4-101　单击 ② 号线

图 4-102　移动 ② 号线

同理，按照上述方式移动其他线条，其结果如图 4-103 所示。

将鼠标放置到元件列表中的 DIODE-0.4 上，单击鼠标右键，并选择弹出的快捷菜单中的 Rename 选项，系统将弹出重命名对话框，如图 4-104 所示。

图 4-103　移动其他线条后的结果

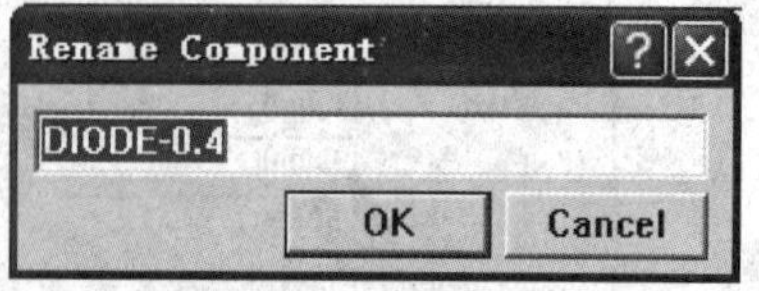

图 4-104　重命名对话框

在重命名对话框中输入 DO-35，单击 OK 按钮，其结果如图 4-105 所示。

此时二极管 1N4148 的封装制作完成。单击工具栏的保存按钮，保存编辑。

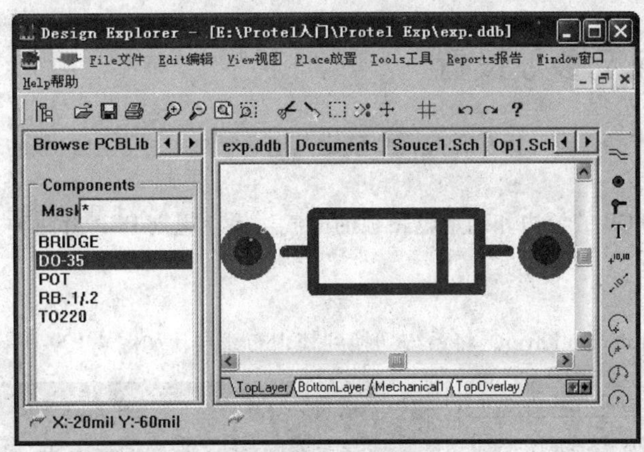

图 4-105　将元件重命名为 DO-35

4. 音频电路中其他元件的制作

在对 Protel 99SE 中无法找到的元件（如 18DB05、变阻器等）进行封装时，用户可采用上述方式中的任何一种制作期望的元件封装。制作好的 18DB05 的元件封装如图 4-106 所示。

此外，滑动变阻器封装和连接端子的封装如图 4-107、图 4-108 所示。

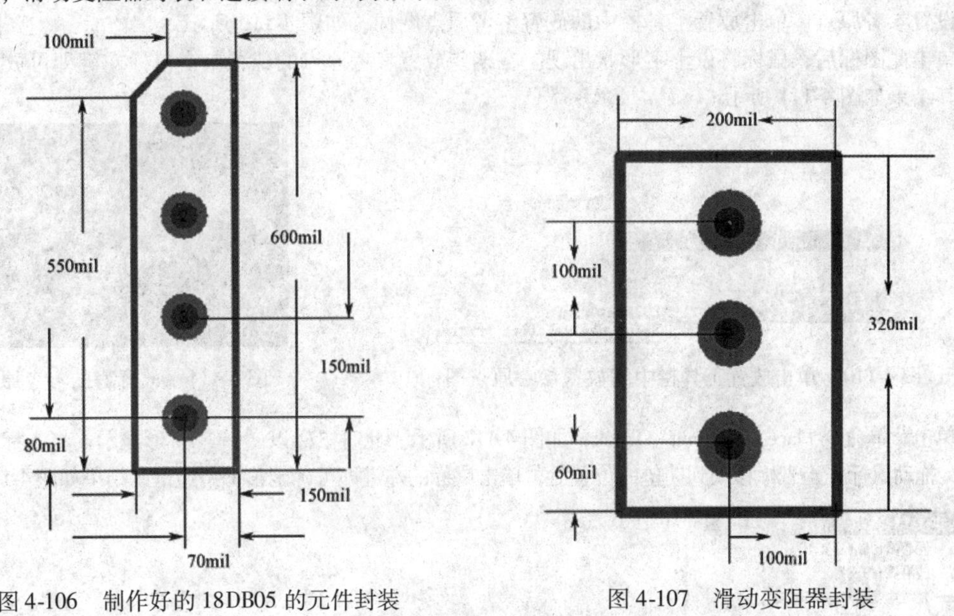

图 4-106　制作好的 18DB05 的元件封装　　图 4-107　滑动变阻器封装

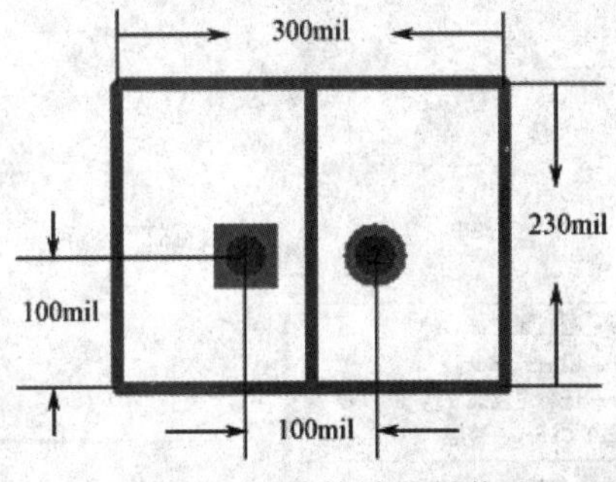

图 4-108　连接端子封装

至此，元件封装的制作完成。

4.5　规划电路板及参数设置

对于要设计的电子产品，设计人员首先需要确定其电路板的尺寸。电路板的规划也成为 PCB 制板中需要首先解决的问题。

电路板规划是确定 PCB 的板边和确定电路板的电气边界。规划 PCB 有两种方法，一种是手动，另一种是利用 Protel 的向导。

1. 手动规划电路板

单击编辑区下方的 KeepOutLayer，将系统切换到禁止布线层，如图 4-109 所示。

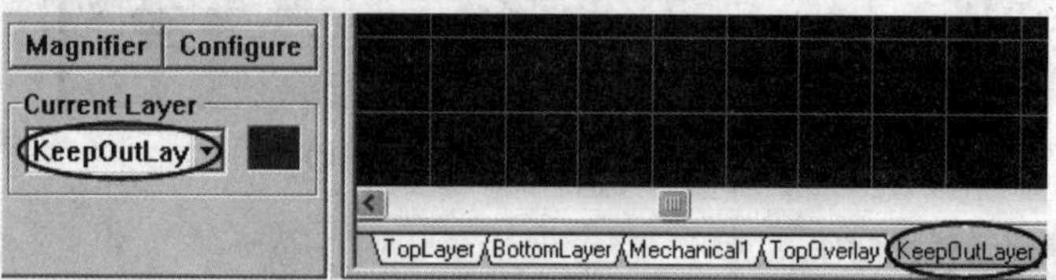

图 4-109　将系统切换到禁止布线层

禁止布线层用于设置电路板的板边界，以便将元件限制在这个范围内。而在放置边界之前，用户需首先设置参考原点。单击放置工具栏中的放置参考原点图标，如图 4-110 所示。

单击此图标后，鼠标将以十字形状出现。在期望放置参考原点的位置单击鼠标左键即可放置参考原点，其结果如图 4-111 所示。

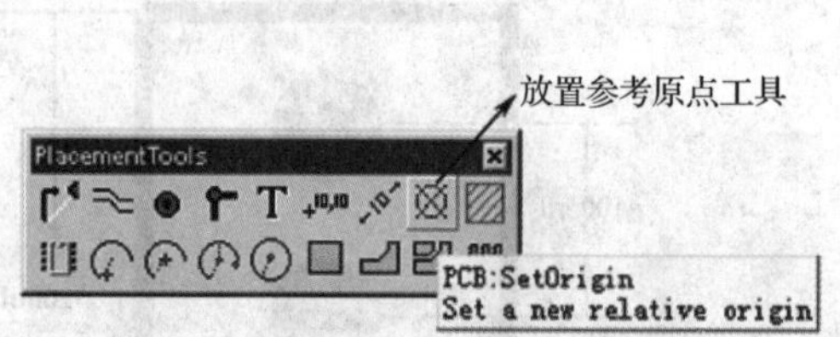

图 4-110　单击放置工具栏中的放置参考原点图标

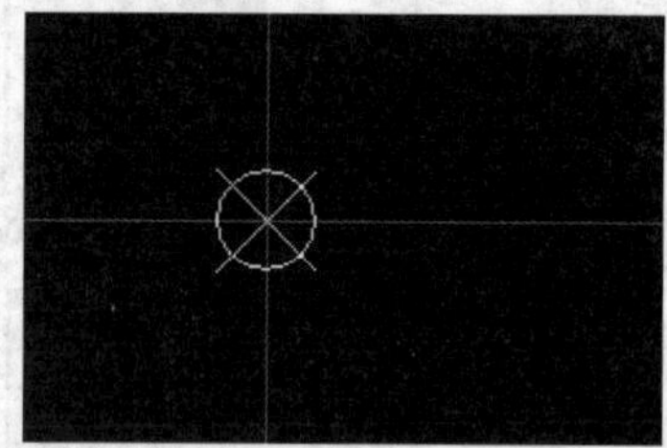

图 4-111　放置好的参考原点

单击菜单命令 Place→Keepout→Track，如图 4-112 所示。此时鼠标以“+”字形显示。将光标移到参考原点，拖动鼠标，当光标移动到期望的位置后，单击鼠标的左键即可确定第 1 条边框，结果如图 4-113 所示。

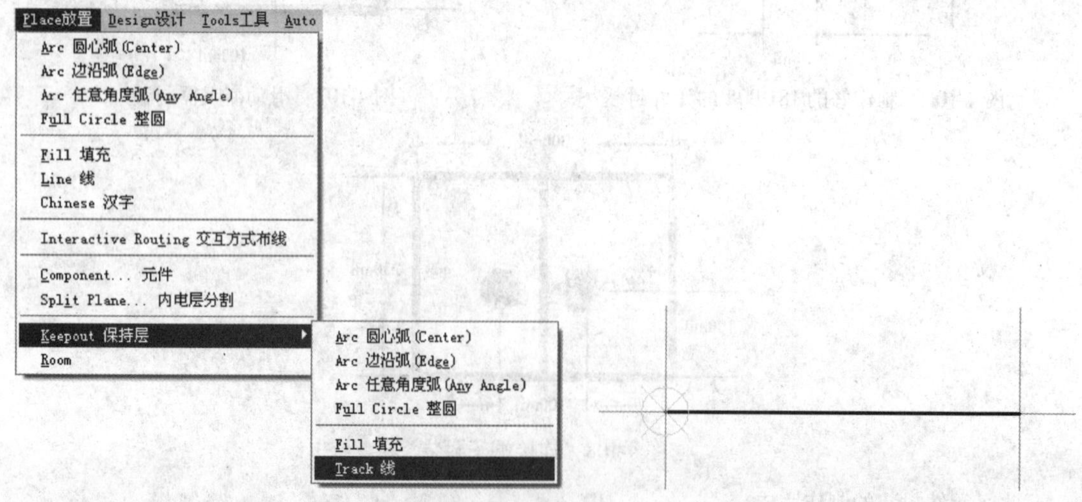

图 4-112　单击菜单命令 Place→Keepout→Track

图 4-113　确定第 1 条边框

将鼠标放置到边框上，双击鼠标即可打开对应的属性编辑对话框，如图 4-114 所示。

在这个对话框中用户可设置边框的起始位置和结束位置，按照如图 4-115 所示的方式重新设置边框。

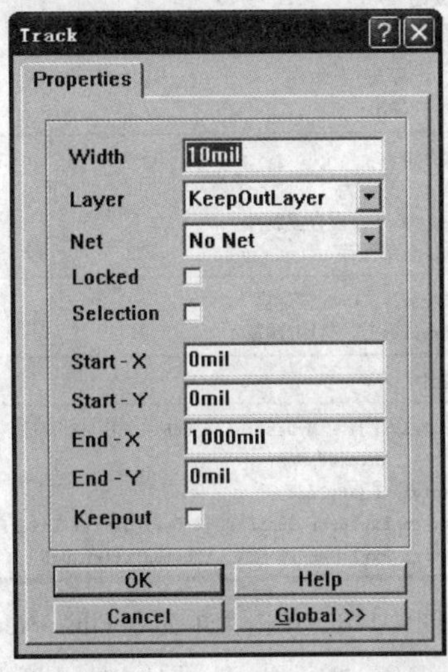

图 4-114　边框的属性编辑对话框

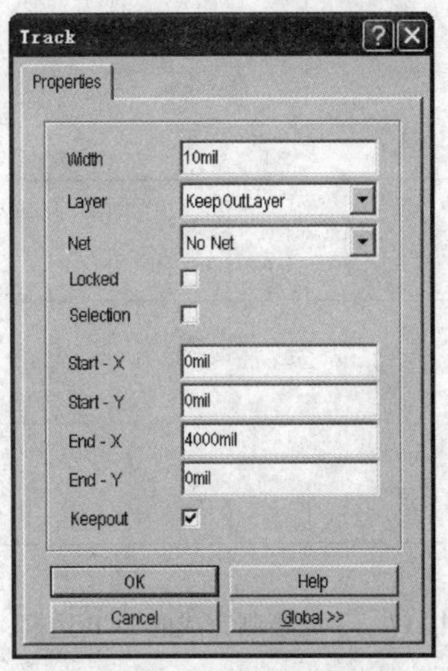

图 4-115　重新设置边框

采用上述数据，主要是为了便于其他 3 条边框线的设置。按照上述方式绘制其他 3 条边框线，绘制完成后，按照如图 4-116 所示设置其他 3 条边框，从而实现边框精确地首尾相连。

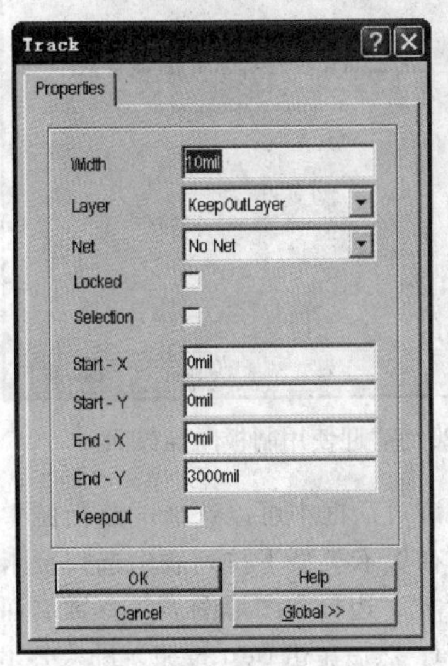

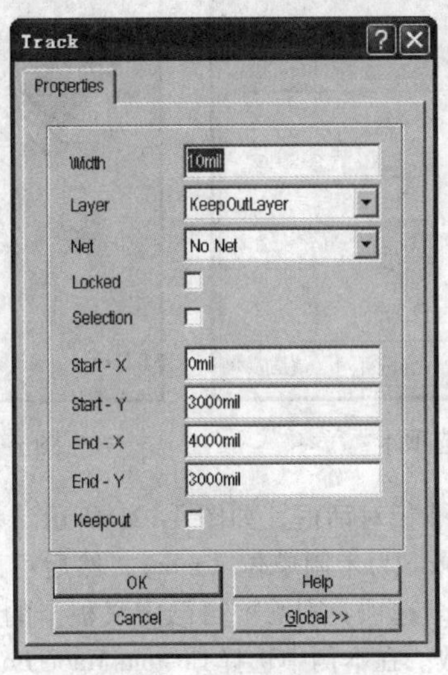

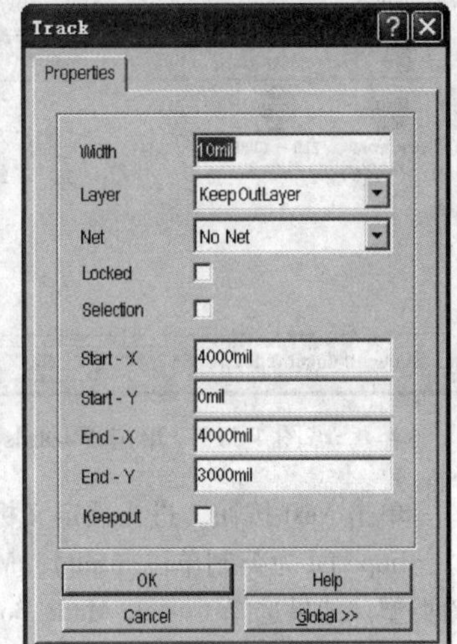

图 4-116　其他 3 条边框的设置

设置完成后，单击 OK 按钮完成设置，手动绘制完成的 PCB 边框如图 4-117 所示。

需要说明的是，由于本 PCB 的尺寸没有硬性规定，也没有具体要求，因此，在本文中是采用预估的方式，具体尺寸在元件布局时需进一步调整。

2. 使用向导规划电路板

Protel 99SE 提供了 PCB 规划向导功能，此处介绍使用向导规划 PCB 的方法。

单击菜单命令 File→New，如图 4-118 所示。

图 4-117　手动绘制完成的 PCB 边框

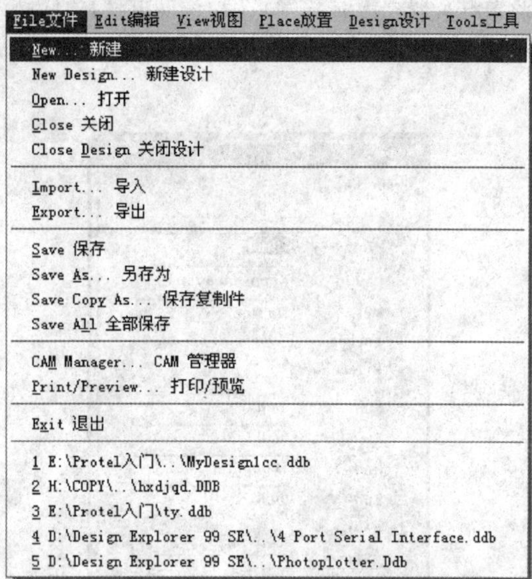

图 4-118　单击菜单命令 File→New

系统弹出新建文档对话框，在对话框中单击 Wizards 选项卡，弹出 Wizards 选项卡，如图 4-119 所示。选择 Printer Circuit Board Wizard（PCB 向导）图标，单击 OK 按钮，系统将弹出如图 4-120 所示的欢迎使用制板向导界面。

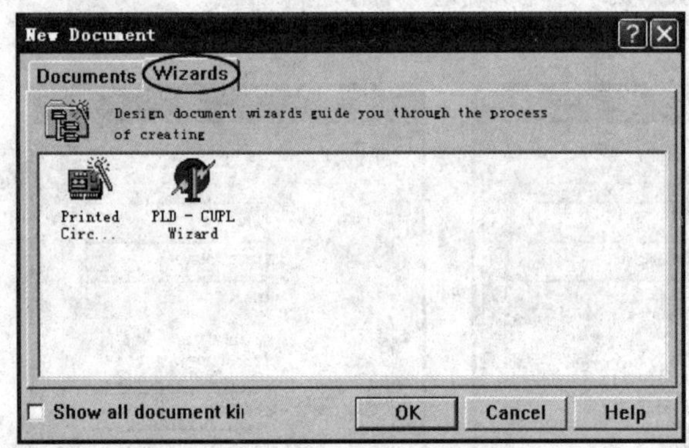

图 4-119　单击 Wizards 选项卡

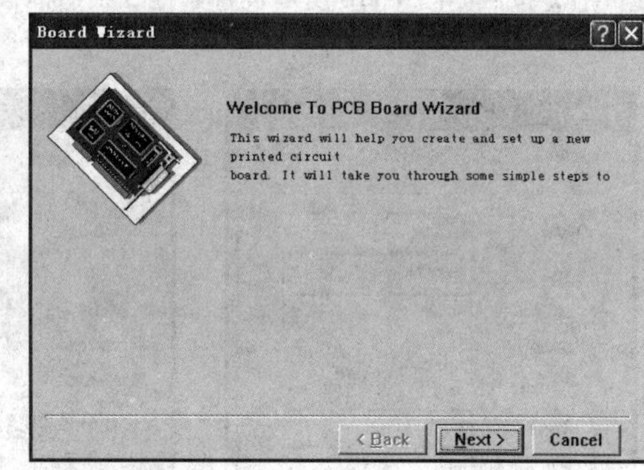

图 4-120　欢迎使用制板向导界面

单击 Next 按钮，进入预定义标准板对话框，如图 4-121 所示。在该对话框中可以选择电路板的单位，Imperial 为英制单位（mil），Metric 为米制单位（mm），然后可以在板卡类型下拉列表中选择板卡的类型。如果选择 Custom Made Board 选项，则需要自己定义板卡的尺寸、边界和图形图表等参数。而选择其他选项系统会直接自定义参数。在本例中选择 Custom Made Board，然后单击 Next 按钮，进入 PCB 尺寸定义对话框，如图 4-122 所示。

注：其中各选项含义如下。

1）Width 为板宽；

2）Height 为板高；

3）Rectangular 为矩形 PCB；

4）Circular 为圆形 PCB；

5）Custom 为 PCB 形状自定义；

6）Boundary Layer 为定义边界走线所在层，一般设置为禁制板层（Keep Out Layer）；

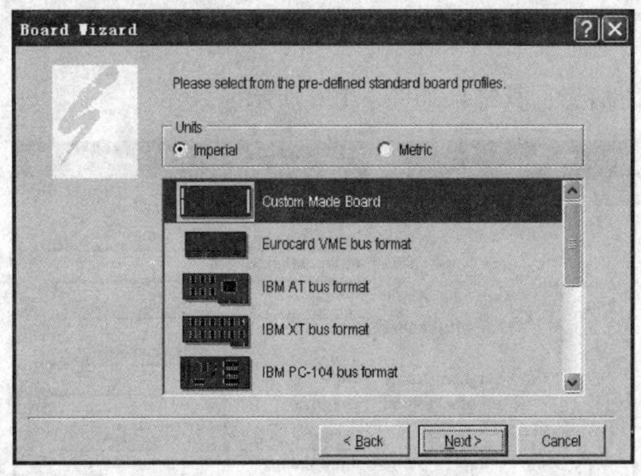

图 4-121　预定义标准板对话框

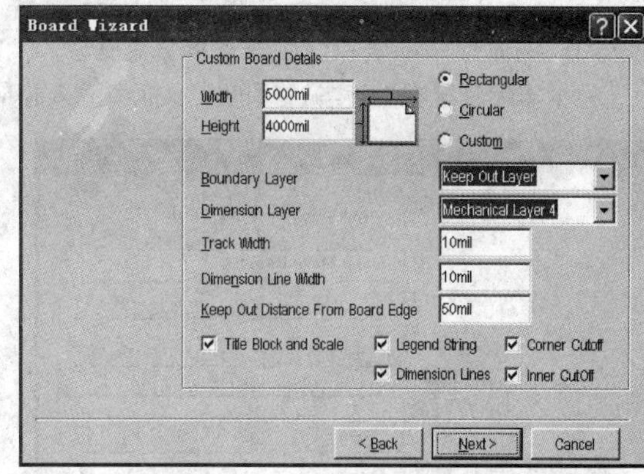

图 4-122　PCB 尺寸定义对话框

7）Dimension Layer 为定义尺寸标示所在层，一般设置为第 4 个机构板层（Mechanical Layer 4）；

8）Track Width 为板框边框宽度；

9）Dimension Line Width 为尺寸标示线线宽；

10）Keep Out Distance From Board Edge 为定义板框边缘与 PCB 边缘间的距离；

11）Title Block and Scale 为在生成的板框内显示标题栏；

12）Legend String 为在生成的板框内显示蚀刻字符串；

13）Corner Cutoff 为在生成的板框将有四边切角；

14）Dimension Lines 为在生成的板框内显示尺寸线；

15）Inner Cutoff 为在生成的板框内将有内缘缺口。

在本例中，按如图 4-123 所示定义电路板。

设置完成后，单击 Next 按钮进入板框预览对话框，如图 4-124 所示。

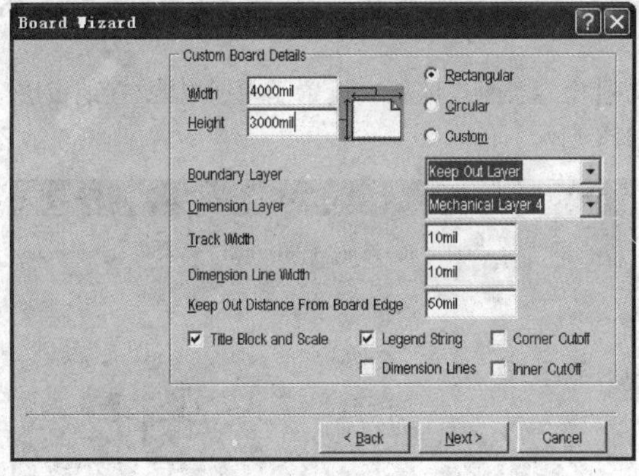

图 4-123　定义电路板

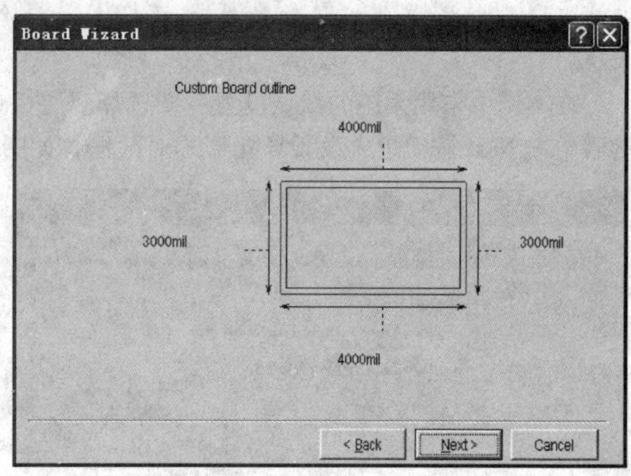

图 4-124　板框预览对话框

将鼠标放置到任一尺寸上，系统自动显示文本框，用户可直接修改板框尺寸。当设置完成后，单击 Next 按钮，进入板框信息输入对话框，如图 4-125 所示。

注：其中各选项含义如下。

1）Design Title 为设计题目；

2）Company Name 为公司名称；

3）PCB Part Number 为 PCB 编号；

4）First Designers Name 为第一设计者姓名；

5）Contact Phone 为第一设计者联系电话；

6）Second Designers Name 为第二设计者姓名；

7）Contact Phone 为第二设计者联系电话。

根据实际状况在上述各选项的文本框中输入相应的信息，其结果如图 4-126 所示。

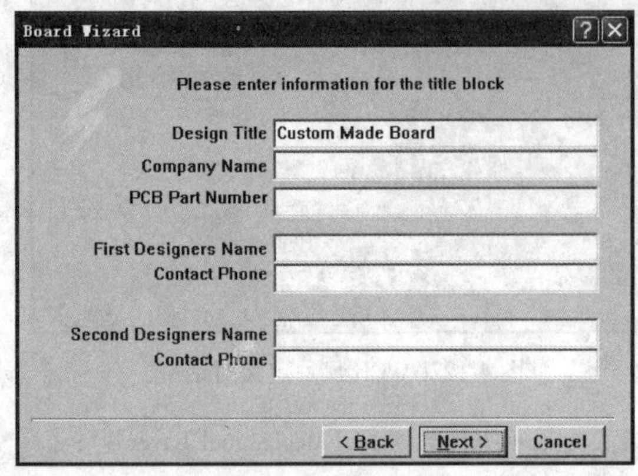

图 4-125　板框信息输入对话框

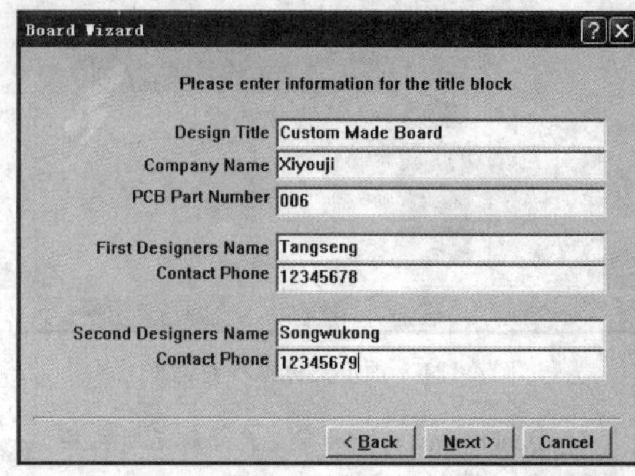

图 4-126　在板框信息输入对话框中输入相应的信息

设置完成后，单击 Next 按钮进入信号层的数量和类型设置对话框，如图 4-127 所示。

注： 其中各项目含义如下。

1）Two Layer-Plated Through Hole 为双层板，且导孔电镀；

2）Two Layer-Non Plated 为双层板，但导孔不电镀；

3）Four Layer 为 4 层板；

4）Six Layer 为 6 层板；

5）Eight Layer 为 8 层板；

6）Specify the number of Power/Ground planes that will be used in addition to the layers above 为选项区域内选取内层电源/接地板层的数目，有 TWO（两个内层）、Four（四个内层）、None（无内层）三个选项。

在本例中采用系统的默认设置，即选择双层板且导孔电镀类型电路板，设置无内层电源/接地板层，然后单击 Next 按钮进入设置导孔形式对话框，如图 4-128 所示。

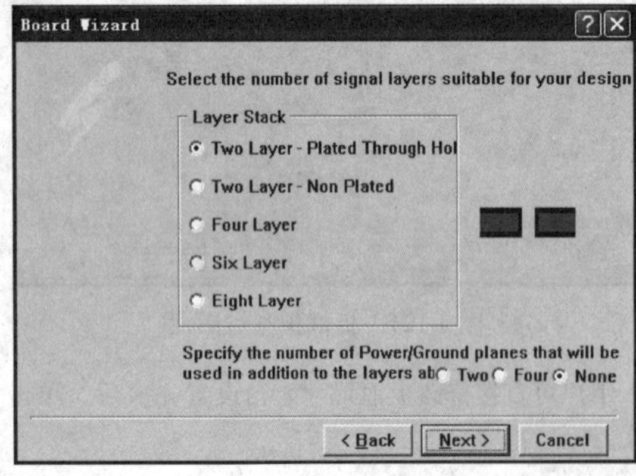

图 4-127　信号层的数量和类型设置对话框

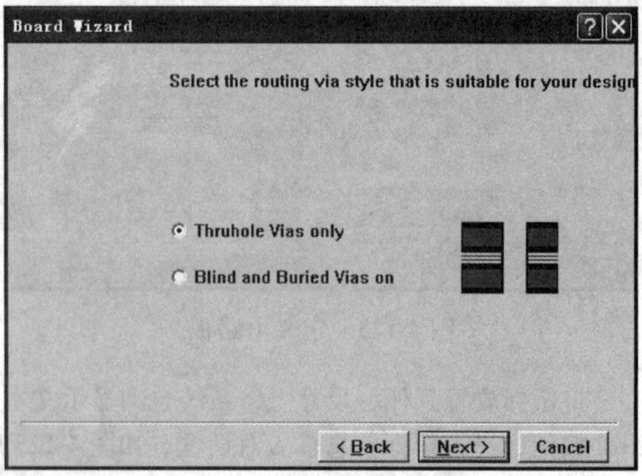

图 4-128　设置导孔形式对话框

注： 其中各项含义如下。

Thruhole Vias only 为穿透式导孔；Blind and Buried Vias on 为盲孔或埋孔。

在本例中选取的是双层板，显然只能选择穿透式导孔，即采用系统的默认设置，单击 Next 按钮进入选择电路板元件形式对话框，如图 4-129 所示。

注：其中各项的含义如下。

1）The board has mostly 为电路板大多数元件如下：Surface-mount components 为表面贴装式元件，Through-hole components 为插孔式放置元件。

2）Do you put components on both sides of the board？期望将在 PCB 两面都放置元件吗？选择 Yes（是）或 No（否）。

在本例中元件选择插孔式设置，此时 PCB 元件选择对话框发生改变，如图 4-130 所示。

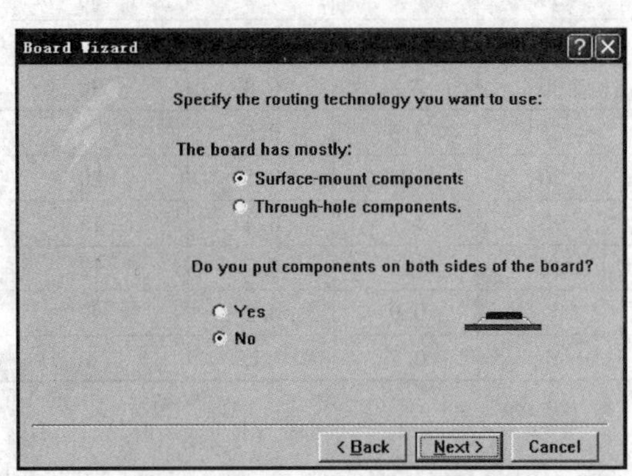

图 4-129　选择电路板元件形式对话框

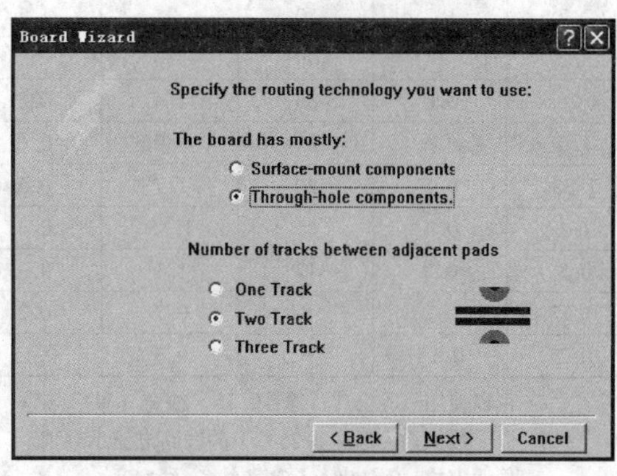

图 4-130　插孔式元件设置对话框

注：其中新出现的选项含义如下。

Number of tracks between adjacent pads 为元件焊点间容许的铜膜走线条数，包括 One Track（一条铜膜走线）、Two Track（两条铜膜走线）、Three Track（三条铜膜走线）三个选项。

在元件焊点间允许的走线条数越多，走线越细，越会给设计带来风险，为此在本例中选择一条铜膜走线，如图 4-131 所示。

设置完成后，单击 Next 按钮进入设置走线尺寸、过孔尺寸及走线间间距对话框，如图 4-132 所示。

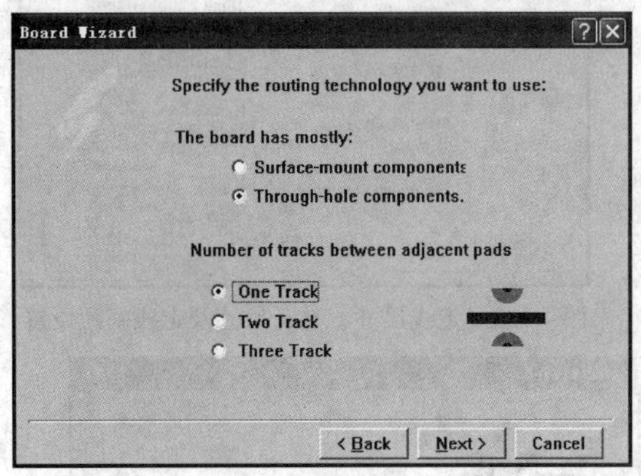

图 4-131　设置元件焊点间为一条铜膜走线

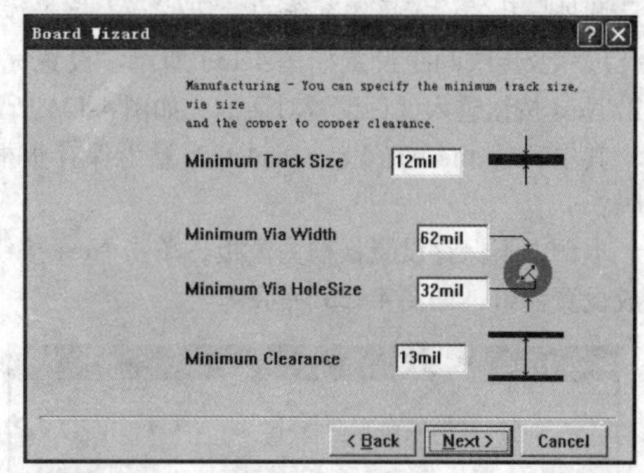

图 4-132　设置走线尺寸、过孔尺寸及走线间距对话框

注：其中各项的含义如下。

1）Minimum Track Size 为最小的走线宽度；

2）Minimum Via Width 为导孔铜膜直径最小值；

3）Minimum Via Hole Size 为导孔上钻孔直径的最小值；

4）Minimum Clearance 为相临走线间的最小间距。

在 PCB 设计中铜箔厚度、线宽和电流的关系见表 4-11。

表 4-11　在 PCB 设计中铜箔厚度、线宽和电流的关系

35μm 铜厚			50μm 铜厚			70μm 铜厚		
电流/A	线宽/mm	线宽/mil	电流/A	线宽/mm	线宽/mil	电流/A	线宽/mm	线宽/mil
4.5	2.5	100	5.1	2.5	100	6	2.5	100
4	2	80	4.3	2.5	100	5.1	2	80
3.2	1.5	60	3.5	1.5	60	4.2	1.5	60
2.7	1.2	50	3	1.2	50	3.6	1.2	50
3.2	1	40	2.6	1	40	2.3	1	40
2	0.8	30	2.4	0.8	30	2.8	0.8	30
1.6	0.6	25	1.9	0.6	25	2.3	0.6	25
1.35	0.5	20	1.7	0.5	20	2	0.5	20
1.1	0.4	15	1.35	0.4	15	1.7	0.4	15
0.8	0.3	12	1.1	0.3	12	1.3	0.3	12
0.55	0.2	8	0.7	0.2	8	0.9	0.2	8
0.2	0.15	6	0.5	0.15	6	0.7	0.15	6

注：1. 可以使用经验公式计算：0.15×线宽（W）$=A$。
2. 以上数据均为温度在 25℃下的线路电流承载值。
3. 导线阻抗：0.0005×L/W（线长/线宽）。
4. 电流承载值与线路上元器件数量/焊盘以及过孔都有直接关系。

本电路中所使用的桥堆功率为 2W，工作电压为 15V，电路中的电流约为 0.15A。参考表 4-11 的参考值，设置本例中的走线宽度为 10mil。

设置相邻导线间距必须能满足电气安全要求，而且为了便于操作和生产，间距也应尽量宽些。最小间距至少要能适合承受的电压，在布线密度较低时，信号线的间距可适当地加大，对高、低电平悬殊的信号线应尽可能短且加大间距，一般情况下将走线间距设置为 8mil。在本例中设置导线间距为 10mil。

此外导孔的设置采用系统的默认值。本例走线尺寸、导孔尺寸及走线间距设置如图 4-133 所示。设置完成后，单击 Next 按钮进入保存设置对话框，如图 4-134 所示。

其中 Save the board as template? 意为保存板框为模板吗?

本例中不保存设置板框为模板，单击 Next 按钮进入完成设置窗口，如图 4-135 所示。

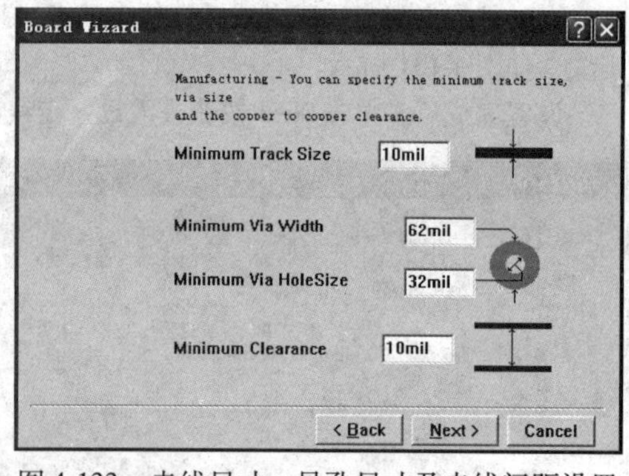

图 4-133　走线尺寸、导孔尺寸及走线间距设置

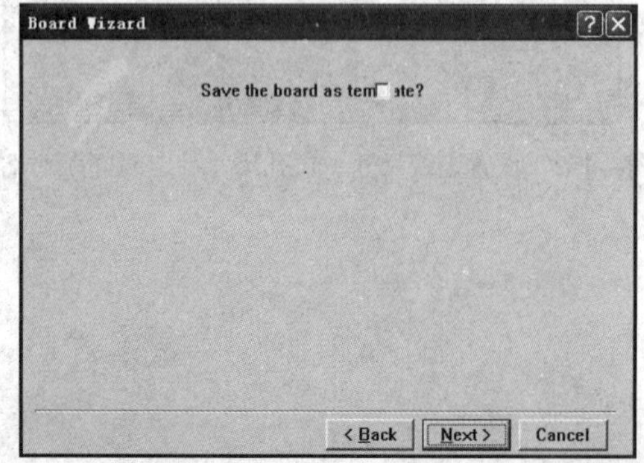

图 4-134　保存设置对话框

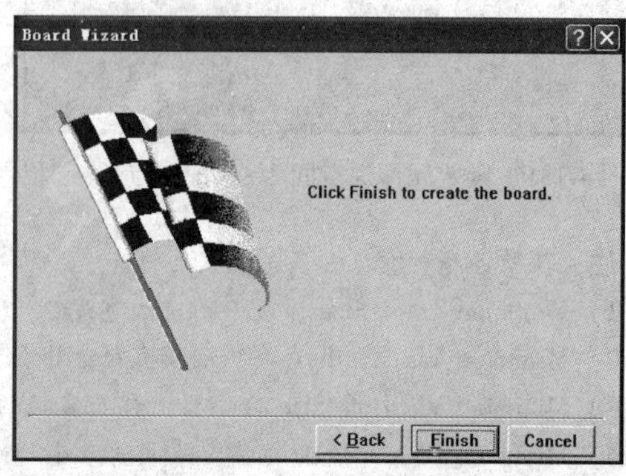

图 4-135　完成设置窗口

单击 Finish 按钮，确认完成。采用向导方式设置完成的板框如图 4-136 所示。

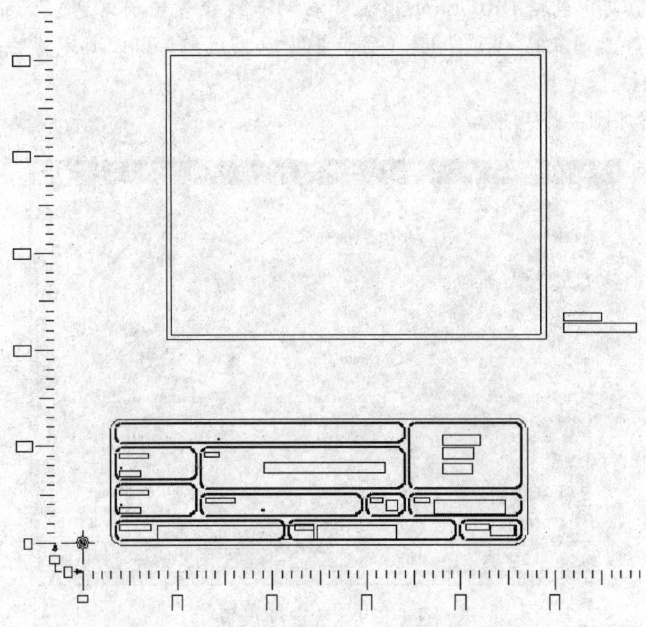

图 4-136　采用向导方式设置完成的板框

3. 设置工作层

单击菜单命令 Design→Options，如图 4-137 所示。系统将弹出选项对话框，如图 4-138 所示。

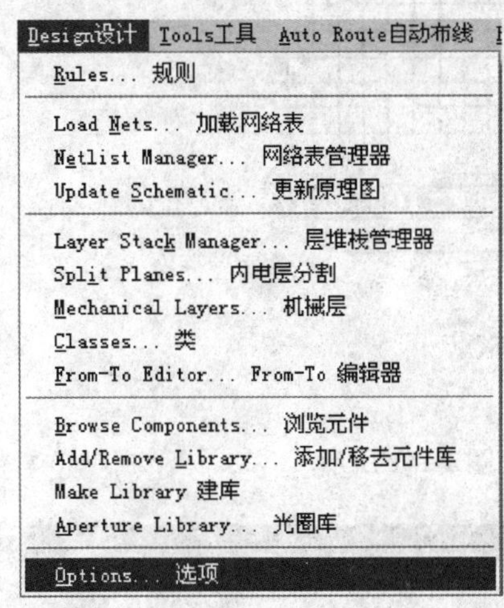

图 4-137　单击菜单命令 Design→Options

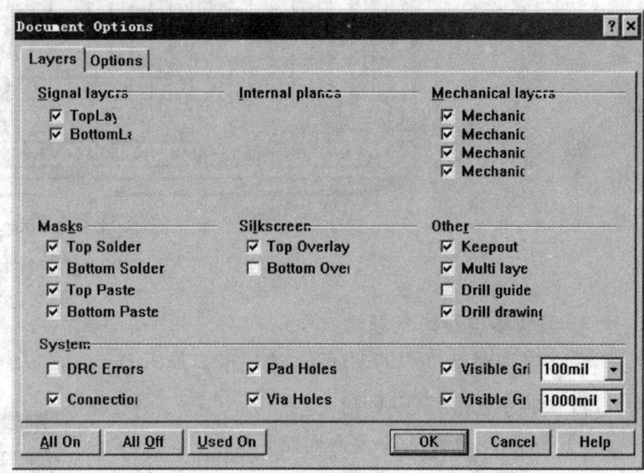

图 4-138　选项对话框

注：在 Layers 选项卡中列出以下几项。

1）Signal layers 为信号层，其中包括 TopLayer（顶层）和 BottomLayer（底层）；

2）Internal planes 为内层电源/接地层；

3）Mechanical layers 为机械层；

4）Masks 为阻焊/防锡膏层，其中包括 Top Solder（顶层阻焊层）、Bottom Solder（底层阻焊层）、Top Paste（顶层防锡膏层）、Bottom Paste（底层防锡膏层）。

5）Silkscreen 为丝印层，其中包括 Top Overlayer（顶层丝印层）和 Bottom Overlayer（底层丝印层）。

6）Other 为其他层，其中包括 Keep out（禁止布线层）、Multi layer（复合层）、Drill guide（钻孔导

引层)、Drill drawing（钻孔图层)。

7）System 为系统，其中包括 DRC Errors（显示自动布线检查错误信息)、Connection（是否显示飞线)、Pad Holes（显示焊盘通孔)、Via Holes（显示导孔通孔)、Visible Grid1（显示第 1 组格点)、Visible Grid2（显示第 2 组格点)。

本例中各选项设置如图 4-139 所示。

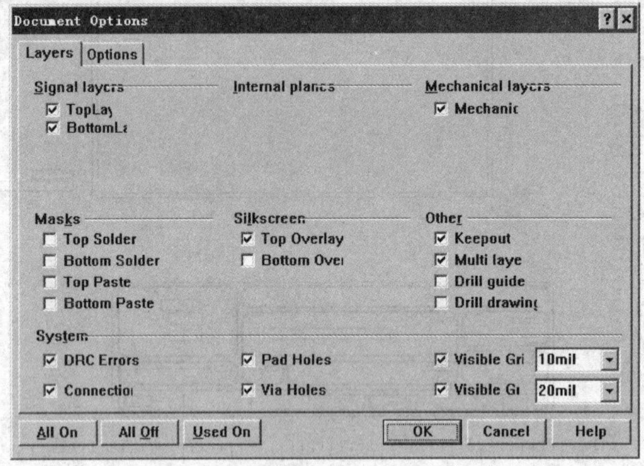

图 4-139　各选项设置

设置完成后，单击 OK 按钮确认设置，其结果如图 4-140 所示。

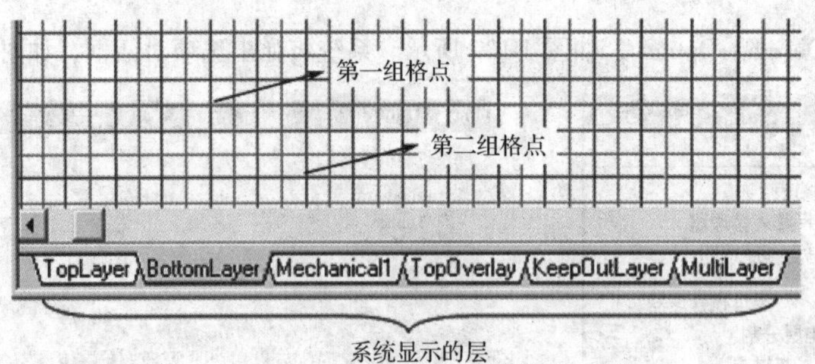

图 4-140　设置完成的工作层及其格点

4. 设置格点及电气栅格

单击选项对话框中的 Options 选项卡，弹出 Options 选项卡，如图 4-141 所示。

注：其中包含以下项目。

1）Snap X 为格点 X 方向间距。

2）Snap Y 为格点 Y 方向间距。

3）Component X 为元件在 X 方向上可移动的间距。

4）Component Y 为元件在 Y 方向上可移动的间距。

5）Electrical Grid 为电气栅格。该选项用于设置自动寻找电气节点功能。启动自动寻找电气节点功能后，用户在绘制导线时，系统会以箭头光标为圆心，以 Grid Range 设置值为半径，向四周搜索电气节点，如果找到了最近的节点，就会把十字光标移到该节点上，并在该节点上显示出一个原点。

6）Range 为电气栅格搜索半径。

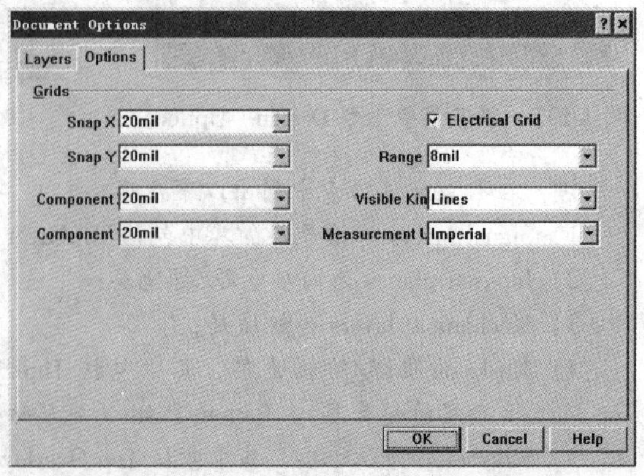

图 4-141　选项对话框中 Options 选项卡

7）Visible Kind 为可见格点类型。单击其后的下拉按钮，将列出系统提供的格点类型，如图 4-142 所示。其中，Dots 为点状，Lines 为线状。

8）Measurement Units 为度量单位。单击其后的下拉按钮，将列出系统提供的度量单位类型，如图 4-143 所示。其中，Metric 为米制，Imperial 为英制。

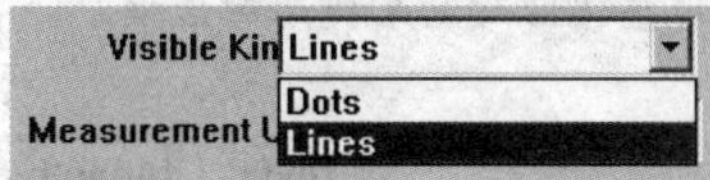

图 4-142　系统提供的格点类型

图 4-143　系统提供的度量单位类型

在本例中设置格点间距及元件的移动间距为 10mil，其他项目采用系统的默认设置，如图 4-144 所示。

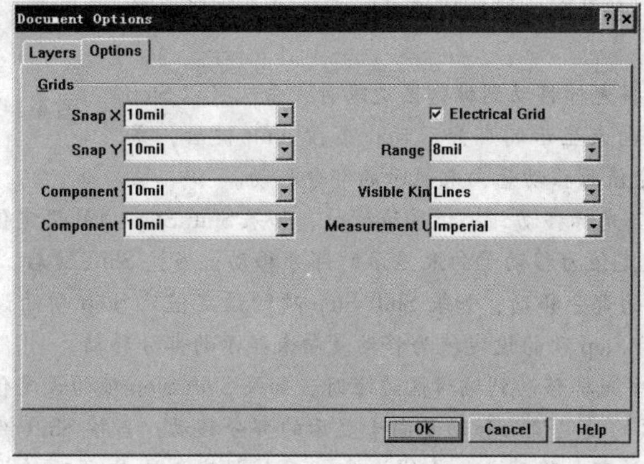

图 4-144　格点间距及元件的移动间距设置

设置完成后，单击 OK 按钮确认设置。

5. 其他参数设置

单击菜单命令 Tools→Preferences，如图 4-145 所示。系统弹出 Preferences 对话框，如图 4-146 所示。

图 4-145　单击菜单命令 Tools→Preference

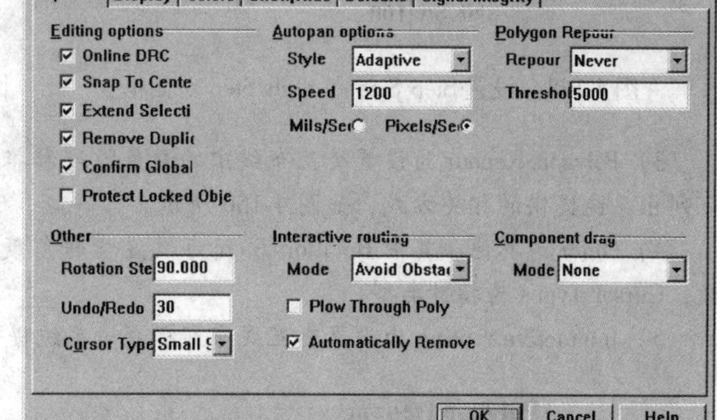

图 4-146　Preferences 对话框

注：在 Preference 对话框中包含以下信息。

（1）Options 选项卡

1）Editing options 为编辑选项。

① Online DRC 为在线设计规则检查。

② Snap To Center 为当移动元件封装或字符串时，光标自动移动到元件封装或字符串参考点。

③ Extend Selection 为当选取电路板组件时，取消原来选取的组件。

④ Remove Duplicates 为自动删除重复的组件。

⑤ Confirm Global Edit 为进行整体修改时，系统自动出现整体修改结果提示对话框。

⑥ Protect Locked Object 为保护锁定的对象。

2）Autopan options 为自动移动选项。

Style 为自动移动模式。单击 Style 下拉列表框中的下拉按钮，将列出系统提供的模式，如图 4-147 所示。其中，Disable 为取消移动功能。

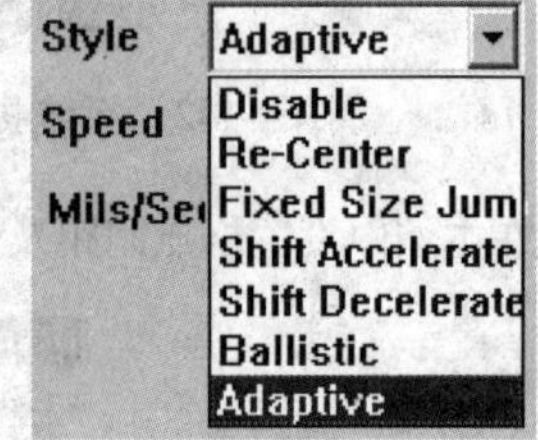

图 4-147　系统提供的移动模式

① Re-Center 为当光标移动到编辑区边缘时，系统以光标所在的位置为新的编辑区中心。

② Fixed Size Jump 为当光标移动到编辑区边缘时，系统将以 Step 项设置的设定值为移动量向未显示的部分移动；当按 Shift 键后，系统将以 Shift Snap 项的设定值为移动量向未显示的部分移动。

③ Shift Accelerate 为当光标移动到编辑区边缘时，如果 Shift Step 项的设定值比 Step 项的设定值大的话，系统将以 Step 项的设定值为移动量向未显示的部分移动；当按 Shift 键后，系统将以 Shift Step 项的设定值为移动量向未显示的部分移动；如果 Shift Step 项的设定值比 Step 项的设定值小的话，不管按不按 Shift 键，系统将以 Shift Step 项的设定值为移动量向未显示的部分移动。

④ Shift Decelerate 为当光标移动到编辑区边缘时，如果 Shift Step 项的设定值比 Step 项的设定值大的话，系统将以 Shift Step 项的设定值为移动量向未显示的部分移动；当按 Shift 键后，系统将以 Step 项的设定值为移动量向未显示的部分移动；如果 Shift Step 项的设定值比 Step 项的设定值小的话，不管按不按 Shift 键，系统将以 Shift Step 项的设定值为移动量向未显示的部分移动。

⑤ Ballistic 为当光标移到编辑区边缘时，越往编辑区边缘移动，移动速度越快。

单击上述选项中的任意选项，即可出现 Step Size 和 Shift Step 设置对话框，如图 4-148 所示。

⑥ Adaptive 为自适应方式。当选取自适应方式时，用户需设置速度选项，如图 4-149 所示。

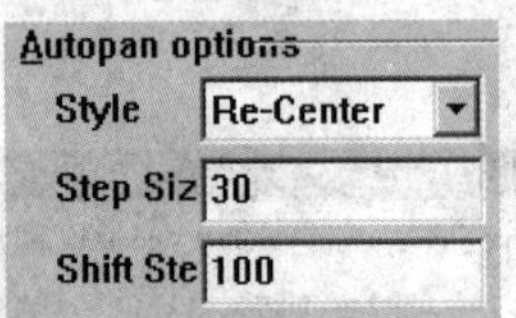

图 4-148　设置 Step Size 和 Shift Step 对话框

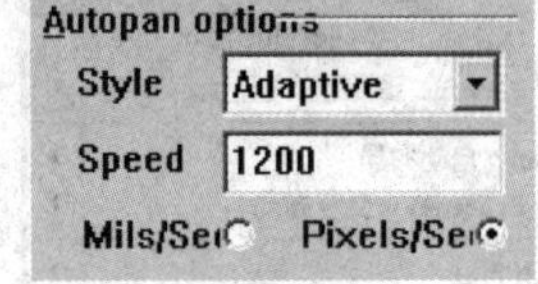

图 4-149　设置自适应方式下的速度选项

3）Polygon Repour 为设置交互布线中的避免障碍和推挤布线方式。单击下拉列表框中的下拉按钮，可列出系统提供的相关方式，如图 4-150 所示。

4）Other 为其他。其中 Rotation Step 为设置旋转角度，Undo/Redo 为设置撤销操作/重复操作的步数，Cursor Types 为指针类型。

5）Interactive routing 为设置交互式布线模式。系统提供了 3 种方式。如图 4-151 所示。

图 4-150　系统提供的避免障碍和推挤布线方式

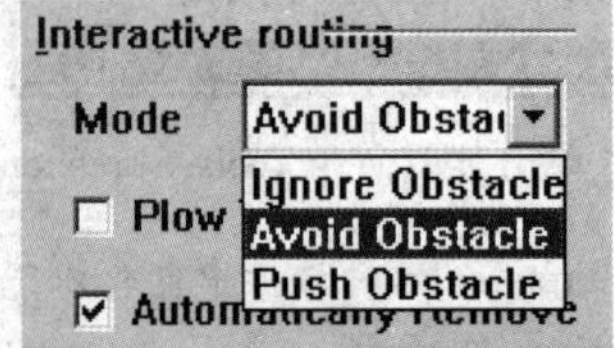

图 4-151　系统提供的 3 种交互式布线模式

其中，Ignore Obstacle 为忽略障碍，Avoid Obstacle 为避开障碍，Push Obstacle 为清除障碍。Plow Through Polygon 为布线时使用多边形来检测不限障碍，Automatically Remove 为设置自动回路删除。

6）Component drag 为元件拖动。系统提供了如图 4-152 所示的两种拖动方式。其中，None 为不带线进行拖动，Connected Tracks 为带线拖动。

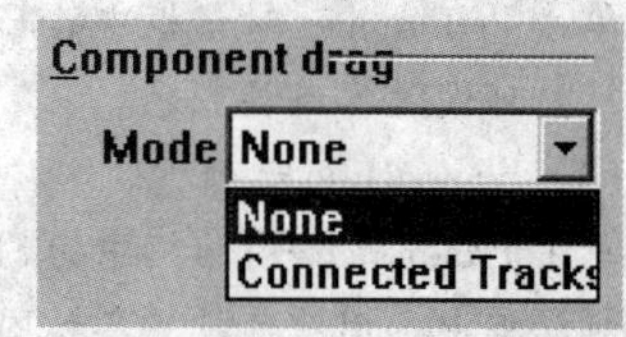

图 4-152　元件拖动方式布线模式

(2) Display 选项卡

单击 Preferences 对话框中的 Display 选项卡进入显示选项设置对话框，如图 4-153 所示。

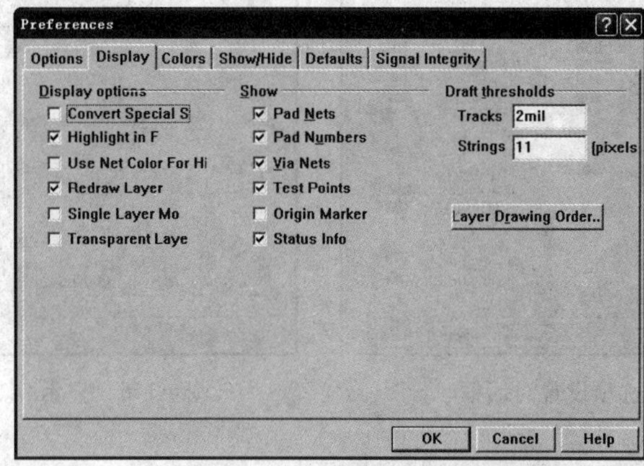

图 4-153　显示选项设置对话框

1）Display options 为显示选项，该区域包含以下内容。

① Convert Special Strings 为将特殊字符串转化成它所代表的文字。

② Highlight in for Net 为高亮显示所选网络。

③ Use Net Color For Highlight 为设置选中的网络仍然使用网络的颜色。

④ Redraw Layer 为当重画电路板时，系统将一层一层地重画。

⑤ Single Layer Mode 为只显示单一板层。

⑥ Transparent Layer 为设置所有的板层都为透明状。

2）Show 为显示，该区域包含以下内容。

① Pad Nets 为显示焊盘的网络名称。

② Pad Numbers 为显示焊盘编号。

③ Via Nets 为显示过孔的网络名称。

④ Test Points 为显示测试点。

⑤ Origin Marker 为显示指示绝对坐标的图形。

⑥ Status Information 为显示状态信息。

3）Draft thresholds 为设置显示图形显示极限。其中 Tracks 为导线显示极限，Strings 为字符显示极限。

4）Layer Drawing Order 为设定板层顺序。单击这一按钮，系统进入设置板层顺序对话框，如图 4-154 所示。

选中需要调整顺序的板层，单击 Promote 按钮，选中的板层上移一层；单击 Demote 按钮，选中的板层下移一层；而单击 Default 按钮，选中的板层采用系统的默认设置。

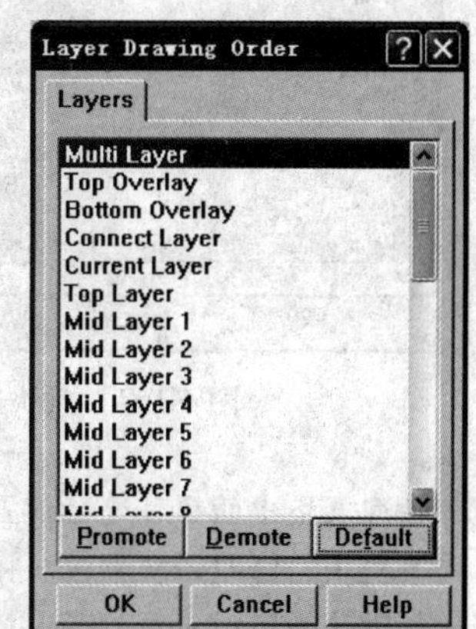

图 4-154　设置板层顺序对话框

(3) Colors 选项卡

单击 Preferences 对话框中的 Colors 选项卡进入颜色选项设置对话框，如图 4-155 所示。在这一对话框中用户可设置各板层颜色。

(4) Show/Hide 选项卡

单击 Preferences 对话框中的 Show/Hide 选项卡进入显示/隐藏选项设置对话框，如图 4-156 所示。在这一对话框中，用户可设置各种图形的显示模式，其中 Final 为精细显示模式；Draft 为简易显示模式；而 Hidden 为隐藏显示模式。

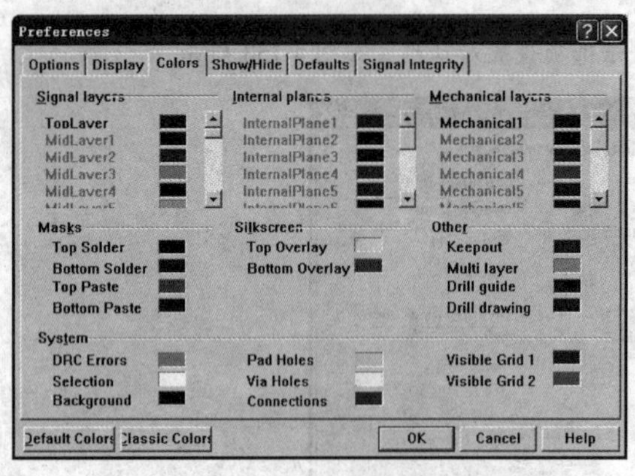

图 4-155　颜色选项设置对话框

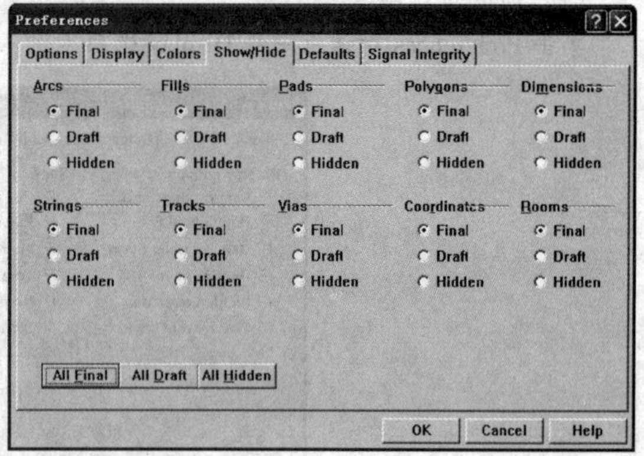

图 4-156　显示/隐藏选项设置对话框

(5) Defaults 选项卡

单击 Preferences 对话框中的 Defaults 选项卡进入默认选项设置对话框，如图 4-157 所示。

在这一对话框中，用户可设置各个组件的系统默认值。选中期望设置的组件，单击 Edit Values 按钮即可进入系统默认值编辑对话框，如图 4-158 所示。

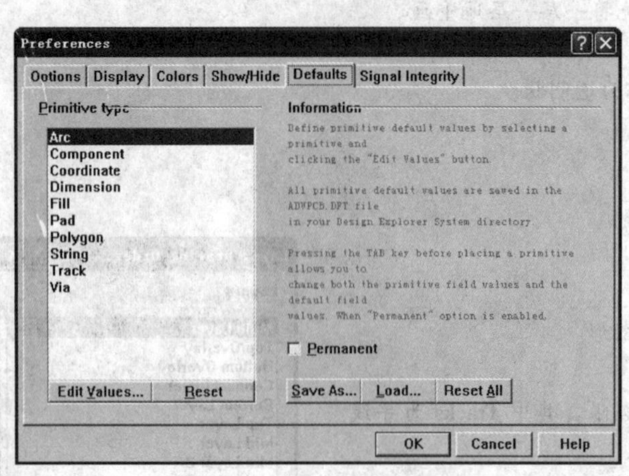

图 4-157　默认选项设置对话框

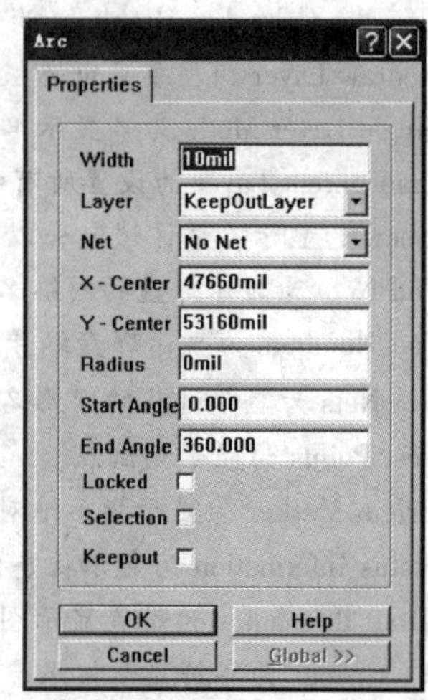

图 4-158　系统默认值编辑对话框

按照表格中的项目进行设置，设置完成后，单击 OK 按钮完成默认值设置。

本例中需修改系统颜色。将 Preferences 对话框切换到 Colors 选项卡，单击 Default Colors 按钮，则系统显示默认颜色设置，如图 4-159 所示。

单击 OK 按钮，即可确认颜色的修改。

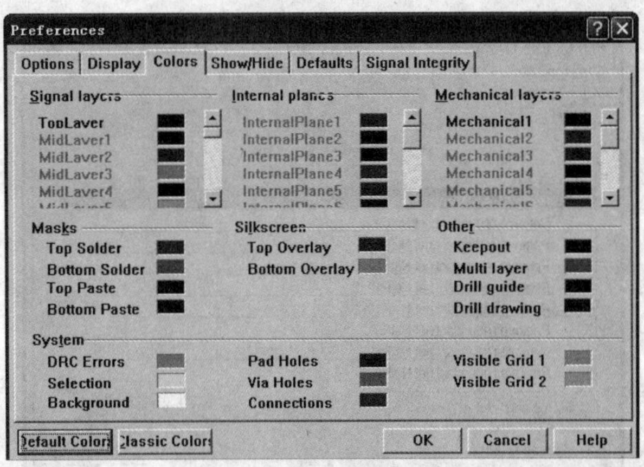

图 4-159　系统默认颜色设置

4.6　载入网络表

载入网络表是将原理图中元件的相互连接关系及元件封装尺寸数据输入到 PCB 编辑器中，实现原理图向 PCB 的转化，以便下一步的 PCB 制板。

1. 使用同步器加载网络表

将工作界面切换到 exp5. sch 窗口，单击菜单命令 Design→Update PCB，如图 4-160 所示。系统将弹出如图 4-161 所示的更新设计设置对话框。

图 4-160　菜单命令 Design→Update PCB

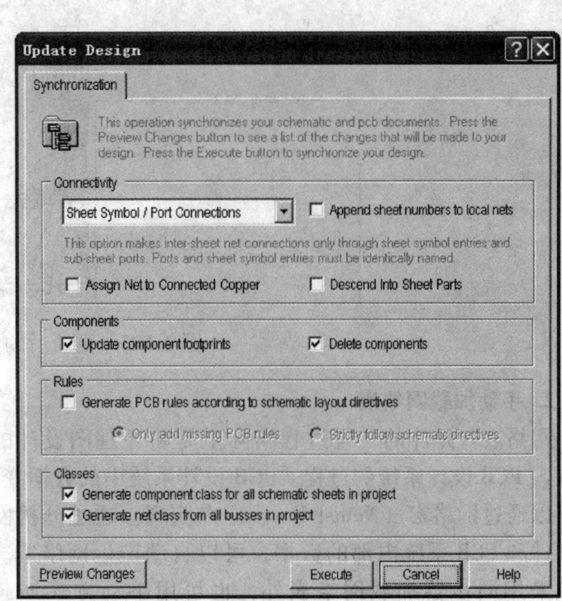

图 4-161　更新设计设置对话框

单击 Preview Changes 按钮，系统进入更新 PCB 列表对话框，如图 4-162 所示。

在列表中列出了更新的元件及相关错误。从列表栏最后一行的信息 ALL macros validated 可知，在本例中没有错误。单击 Execute 按钮，执行 PCB 更新，切换到 PCB1. PCB 窗口，即可看到 PCB 文件被更新，如图 4-163 所示。

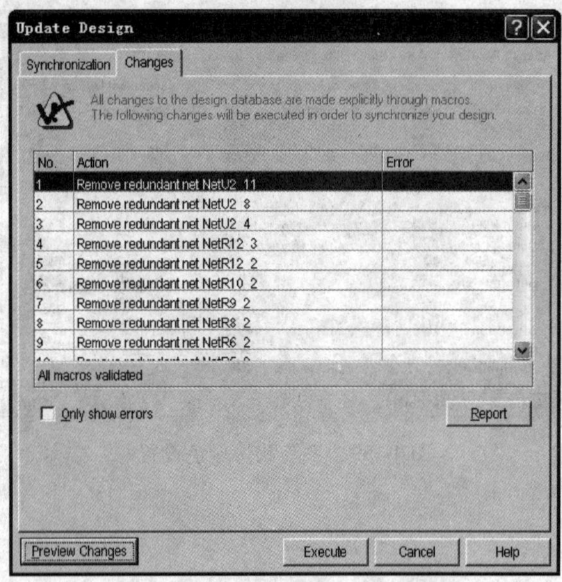

图 4-162　更新 PCB 列表对话框

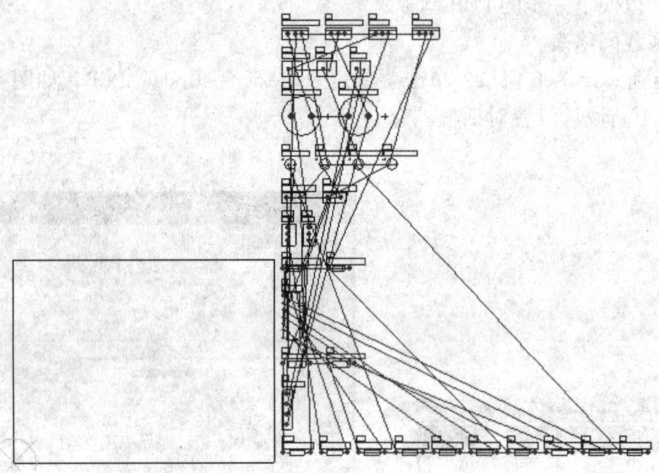

图 4-163　更新后的 PCB 文件

2. 手动加载网络表

网络表与元件的装入过程实际上是将原理图设计的数据装入 PCB 设计系统的过程。PCB 设计系统中的数据变化，都可以通过网络宏（Netlist Macro）来实现。通过分析网络表文件和 PCB 系统内部的数据，可以自动产生网络宏。用户除采用同步器加载网络表外，也可用手动方式加载网络表。

单击菜单命令 Design→Load Nets，如图 4-164 所示。

系统出现如图 4-165 所示的装入网络表与元件设置对话框。

在 Netlist File 文本框中输入网络表文件名称。单击 Browse 按钮浏览网络表文件，如图 4-166 所示。

图 4-164　菜单命令 Design→Load Nets

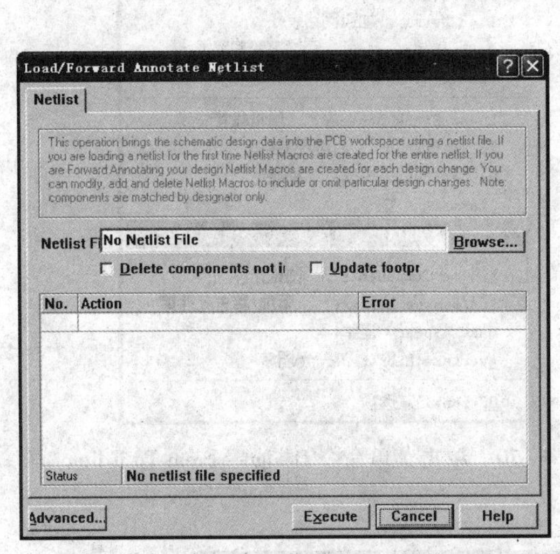

图 4-165　装入网络表与元件设置对话框

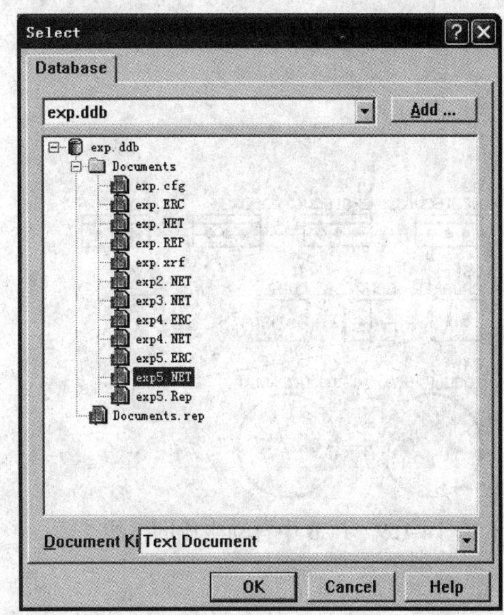

图 4-166　浏览网络表文件

选中待添加的文件后，单击 OK 按钮，此时网络表数据都写入宏列表，如图 4-167 所示。

在宏列表下有一状态栏，状态栏的显示信息为 All macros validated，即所有宏有效。单击对话框中的 Execute 按钮，此时原理图导入到了 PCB 设计环境，如图 4-168 所示。

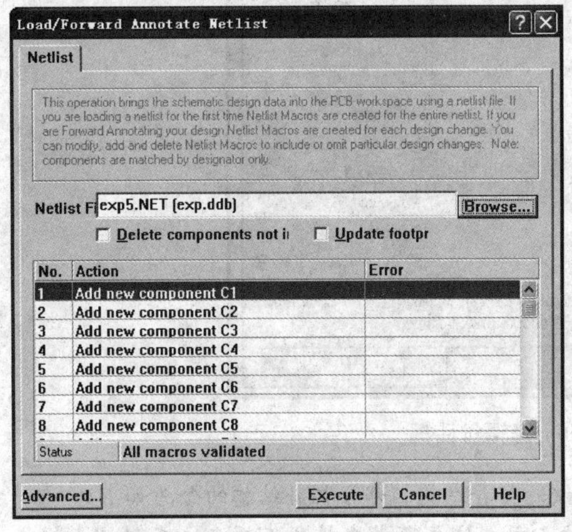

图 4-167　网络表数据都写入宏列表

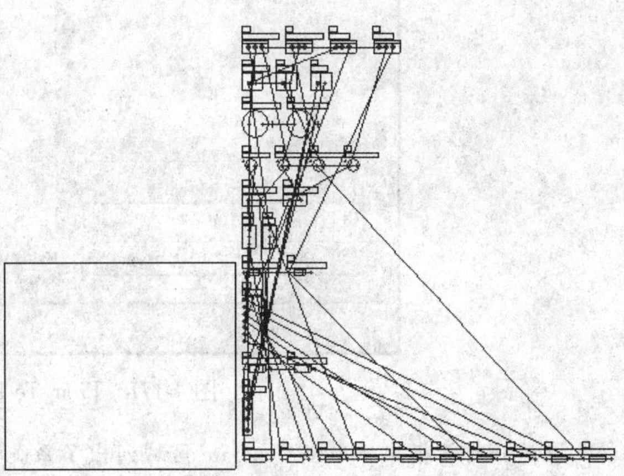

图 4-168　原理图导入到了 PCB 设计环境

3. 飞线

当将 SCH 导入到 PCB 后，系统会按照默认的拓扑结构（Shortest 规则）自动生成飞线，如图 4-169 所示。

飞线是一种形式上的连线，表示出各个焊点间的连接关系，没有电气的连接意义，其按照电路的实际连接将各个节点相连，使电路中的所有节点都能够连通，且无回路。

注：Protel 99SE 提供了 5 种拓扑结构，其中 Shortest 拓扑结构是系统的默认规则，其生成的飞线能够连通网络上的所有节点，且使连线最短。如果用户需要修改电路的拓扑结构，单击菜单命令 Design→From-To Editor，如图 4-170 所示。系统将弹出 From-To Editor 编辑对话框，如图 4-171 所示。

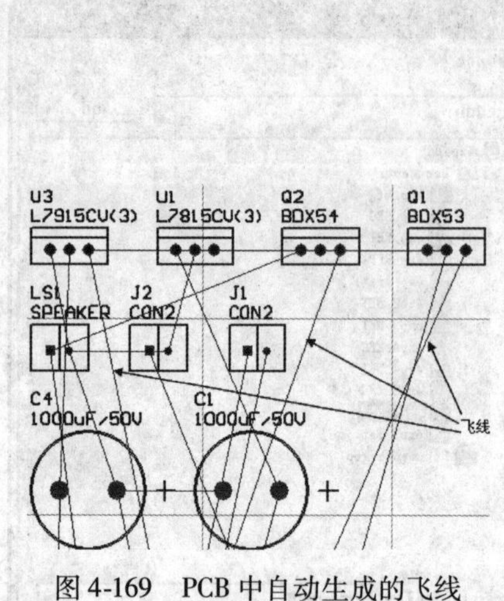

图 4-169　PCB 中自动生成的飞线

图 4-170　单击菜单命令 Design→From-To Editor

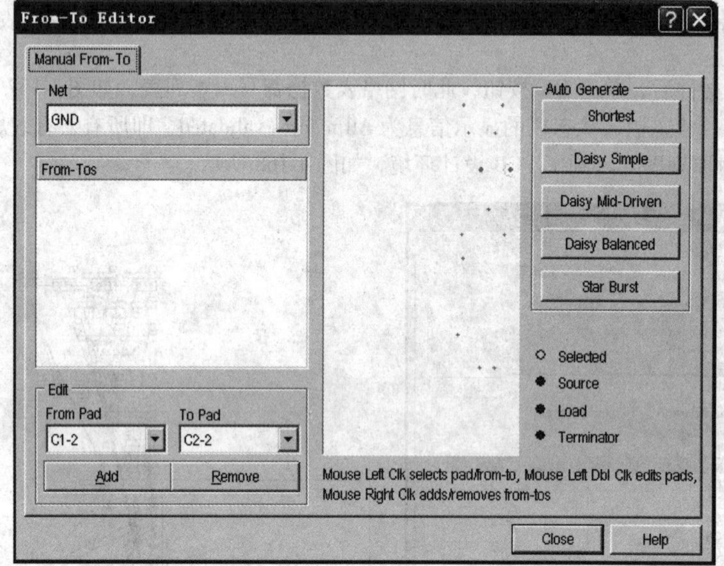

图 4-171　From-To Editor 编辑对话框

在这一对话框中，Auto Generate 区域列出了系统提供的拓扑结构。部分拓扑结构的含义如下。

(1) Daisy Simple　其含义是从源焊点开始，以点对点方式依序菊式串接所有焊点，直到结束焊点为止，以取得最短的走线总长度为主要目标。如果定义了多个源焊点/结束焊点，则整体网络将在某个源焊点/结束焊点串接在一起，如图 4-172 所示。

在上述起点和终点的选取状态下，单击窗口 OK 按钮，此时系统采用 Daisy Simple 拓扑结构布置飞线，结果如图 4-173 所示。

(2) Daisy Mid-Driven　其含义为从中心源焊点开始，以点对点方式依序往两旁菊式串接所有焊点，直到左右两个结束焊点为止。如果定义了多个源焊点，整体网络走线将把各中心源焊点串接在一起；如果定义了多于两个的结束焊点，则此规则与 Daisy Simple 拓扑规则生成的飞线相同。

(3) Daisy Balanced　其含义为将所有焊点等分为数个菊式串行，串行数目等于结束焊点的数据。这些串行以星形模式连接在一起。如果指定了多个源焊点，则各源焊点也将串接在一起。

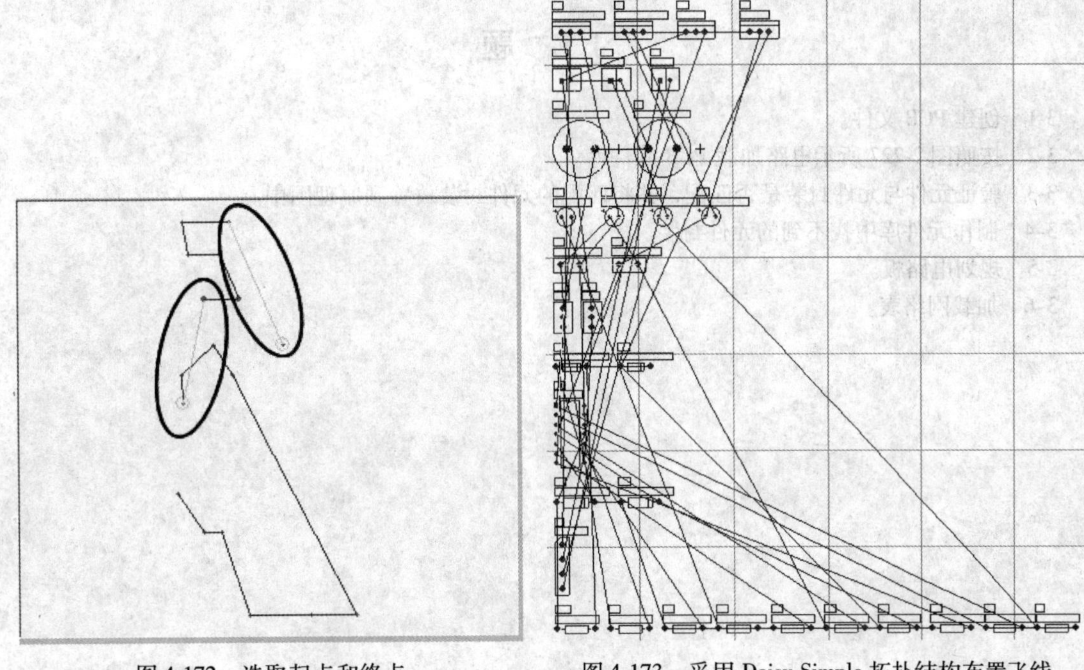

图 4-172　选取起点和终点

图 4-173　采用 Daisy Simple 拓扑结构布置飞线

(4) Star Burst　其含义为网络中的每一个焊点都直接和源焊点连接，如系统指定了结束焊点，则结束焊点不直接和源焊点连接；如系统未指定源焊点，则系统将试着轮流以每个焊点为起点，连接各点。采用 Star Burst 拓扑结构布置飞线，结果如图 4-174 所示。

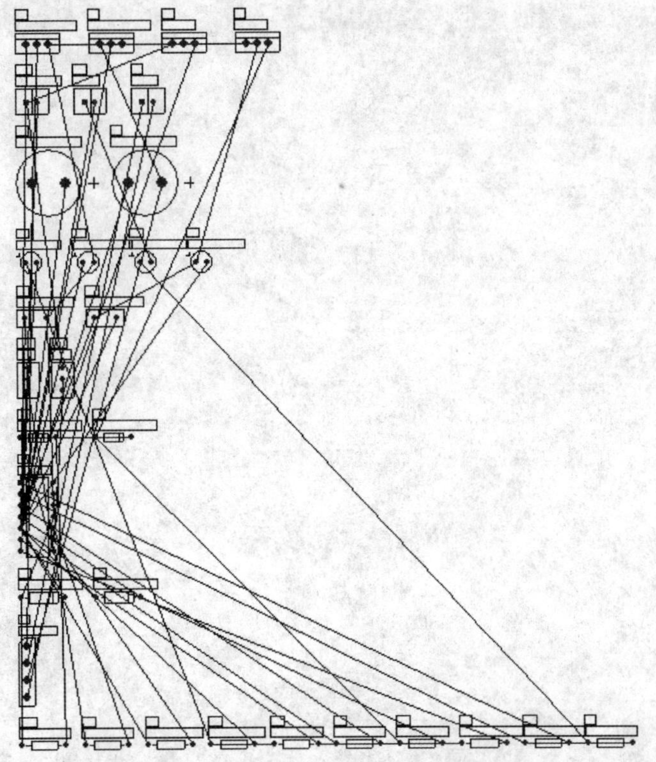

图 4-174　采用 Star Burst 拓扑结构布置飞线

习　题

3-1　创建 PCB 文件。

3-2　按照图 2-227 所示电路加载 PCB 元件库。

3-3　验证元件与元件封装是否匹配，并将匹配的元件封装放置到原理图中。

3-4　制作元件库中找不到的元件封装。

3-5　规划电路板。

3-6　加载网络表。

第 5 章　电路板的布局、布线

内容提要：（建议 6 学时）

1. 电路板的布局
2. 布线前的规则设置
3. 电路板的布线

目的：进一步地掌握元件布局、基于规则的布线技能

5.1　电路板的布局

装入网络表和元件封装后，用户需要将元件封装放入工作区，即对元件封装进行布局。在 PCB 设计中，布局是一个重要的环节。布局的好坏将直接影响布线的效果。可以认为，合理的布局是 PCB 设计成功的第一步。

布局的方式分为两种，一种是交互式布局，另一种是自动布局。一般是在自动布局的基础上用交互式布局进行调整。在布局时还要根据连线的情况对元件、门电路及引脚进行再分配，使其成为便于布线的最佳布局。在布局完成后，还可将设计文件及有关信息进行对照，使得 PCB 中的有关信息与原理图保持一致，以便今后的建档、更改设计能同步进行，同时对模拟的有关信息进行更新，便于对电路的电气性能及功能进行板级验证。

在 PCB 布局过程中，首先要考虑的是 PCB 尺寸大小，PCB 尺寸过大时印制电路长，阻抗增加，抗噪声能力下降，成本也会增加；尺寸过小时，则散热不好，且临近走线易受干扰。其次，在确定 PCB 尺寸后，要确定特殊元件的位置。最后，根据电路的功能单元，对电路的全部元件进行布局。

1. 自动布局

单击菜单命令 Tools→Auto Placement→Auto Placer，如图 5-1 所示。执行该命令后，将出现如图 5-2 所示的设置元件自动布局的对话框。

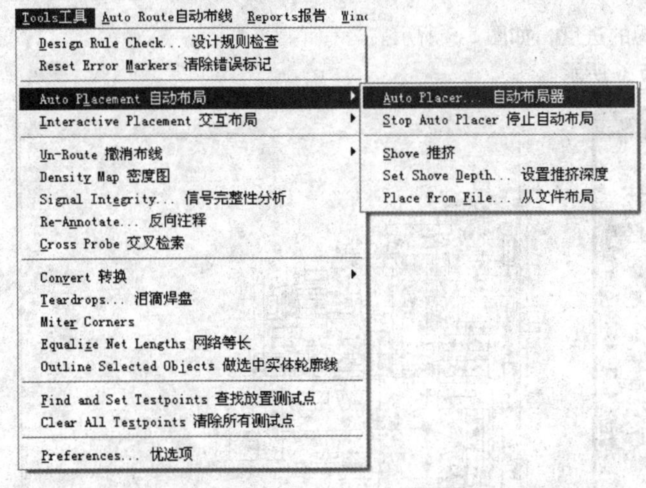

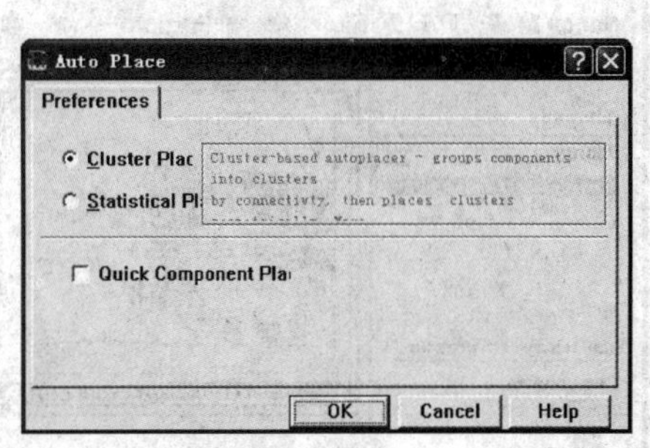

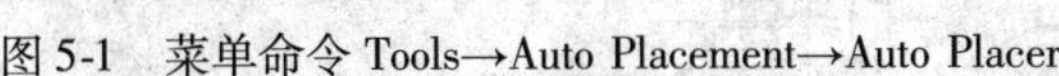
图 5-1　菜单命令 Tools→Auto Placement→Auto Placer　　　　图 5-2　设置元件自动布局的对话框

注：在该对话框中，用户可设置自动布局的相关参数。Protel 99SE PCB 编辑器提供了两种自动布局方式，每种方式均使用不同的方法计算和优化位置，两个选项含义如下。

（1）Cluster Placer　簇方式自动布局器。这一布局器基于元件的连通性属性将元件分为不同的元件

簇，并且将这些元件簇按照一定的几何位置布局。这种布局方式适合元件数目较少的 PCB。

（2）Statistical Placer　统计方式自动布局器。这一布局器基于统计方法放置元件，以便使连接长度最优化。在元件较多时，采用这种方法。

当采用 Cluster Placer 布局方式时，勾选 Quick Component Placement 选项，可快速放置元件；当采用 Statistical Placer 布局方式时，自动布局设置对话框如图 5-3 所示。

1）Group Components 为将当前网络中连接密切的元件归为一组。在排列时，将该组的元件作为群体而不是对个体来考虑。

2）Rotate Components 为根据当前的网络连接与排列的需要，使元件重组转向。如果不选该项，则元件将按原始位置布局，不进行元件的转向动作。

3）Power Nets 为定义电源网络名称。

4）Ground Nets 为定义接地网络名称。

5）Grid Size 为设置元件自动布局时栅格间距的大小。

首先采用系统的默认方式，即簇方式自动布局器进行布局。在选中 Cluster Placer 选项的状态下，单击 OK 按钮，系统进入自动布局状态，如图 5-4 所示。

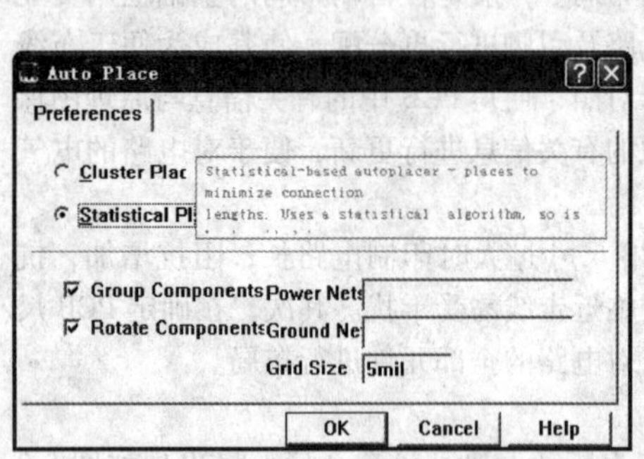

图 5-3　采用 Statistical Placer 布局时自动布局设置对话框

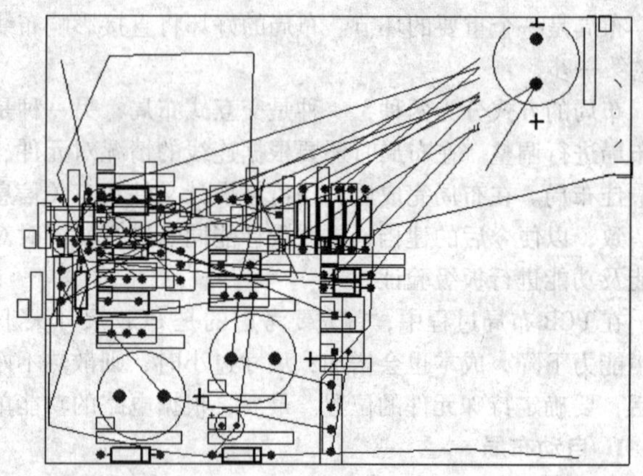

图 5-4　系统进入自动布局状态

其中状态栏中的进度条显示当前自动布局的进度，如图 5-5 所示。

采用簇方式自动布局器布局的结果如图 5-6 所示。

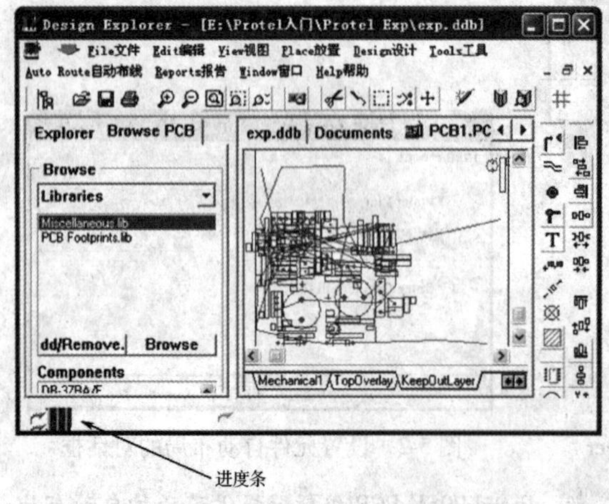

图 5-5　自动布局中的进度条

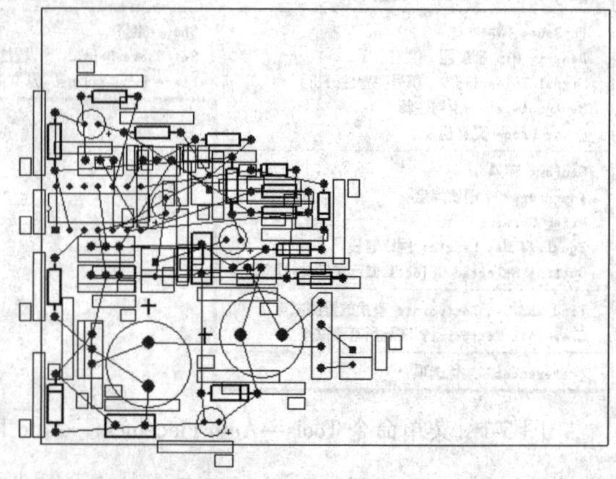

图 5-6　采用簇方式自动布局器的布局结果

从布局结果可知，采用簇方式自动布局的布局结果不够合理，用户需要进一步调整。

单击撤销上次操作按钮，如图 5-7 所示。系统回到未布局状态。单击菜单命令 Tools→Auto Placement →Auto Placer，进入自动布局设置界面，采用 Statistical Placer 布局方式布局，其他采用系统的默认设置。系统采用统计方式布局器的布局过程如图 5-8 所示。

撤销上次操作按钮

PCB:Undo
Undo the previous command

图 5-7　撤销上次操作

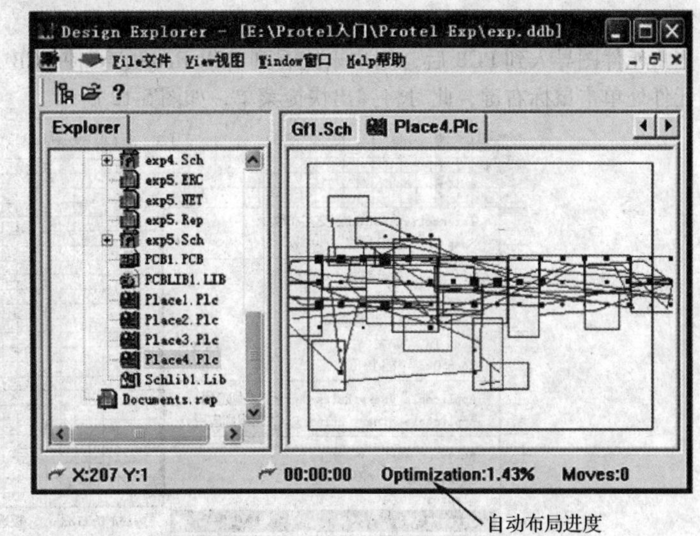

图 5-8　采用统计方式布局器的布局过程

布局结束后，系统将弹出自动布局完成确认对话框，如图 5-9 所示。单击对话框中的 OK 按钮，系统将弹出确认更新 PCB 设计数据对话框，如图 5-10 所示。

图 5-9　布局完成确认对话框

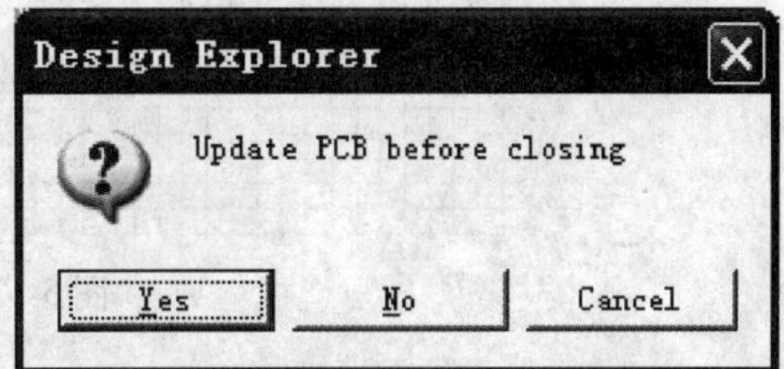

图 5-10　确认更新 PCB 设计数据对话框

单击 Yes 按钮自动确认更新，更新后的 PCB 布局图如图 5-11 所示。

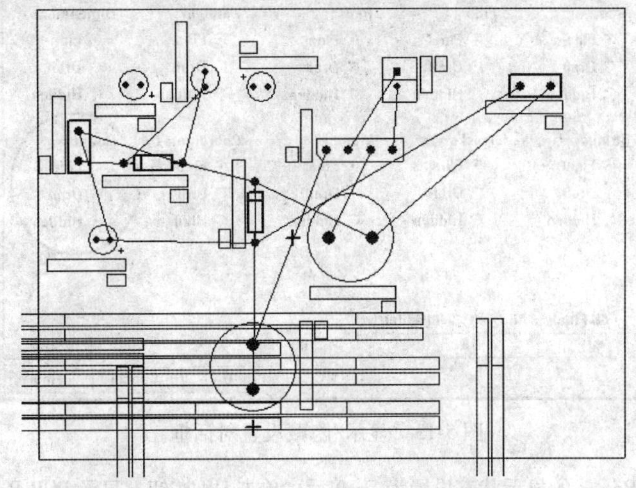

图 5-11　更新后的 PCB 布局图

无论从簇方式自动布局器布局结果来看，还是从统计方式自动布局结果来看，自动布局只是将元件放入到板框中，并未考虑电路信号流向及特殊元件的布局要求，可见自动布局一般不能满足用户的需求，为此，用户需采用手动方式布局。

2. 手动布局——PCB Room

当将元件图导入到 PCB 后，用户未能看到 PCB Room，要使 PCB Room 显示，将鼠标放置在 PCB 窗口中元件处单击鼠标右键，此时将弹出快捷菜单，如图 5-12 所示。

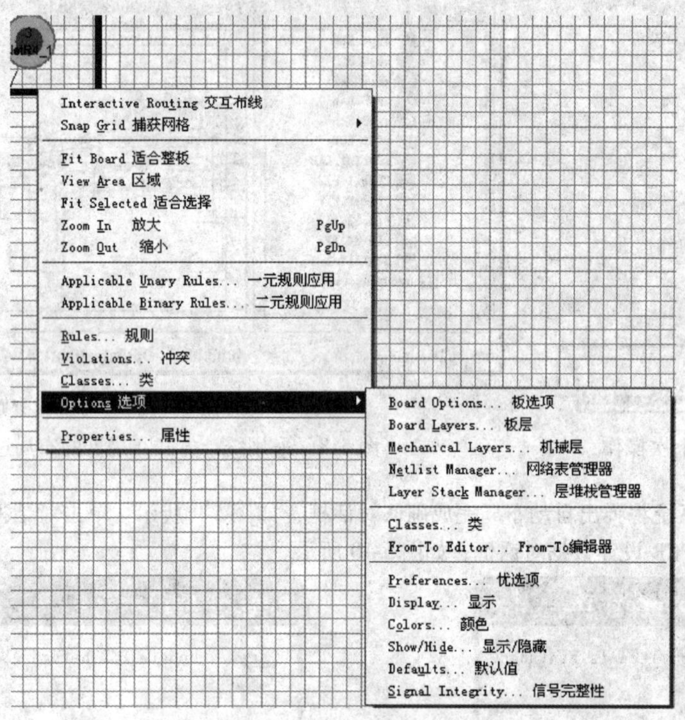

图 5-12　快捷菜单

选择 Options→Show/Hide 命令，系统弹出显示/隐藏设置对话框，如图 5-13 所示。

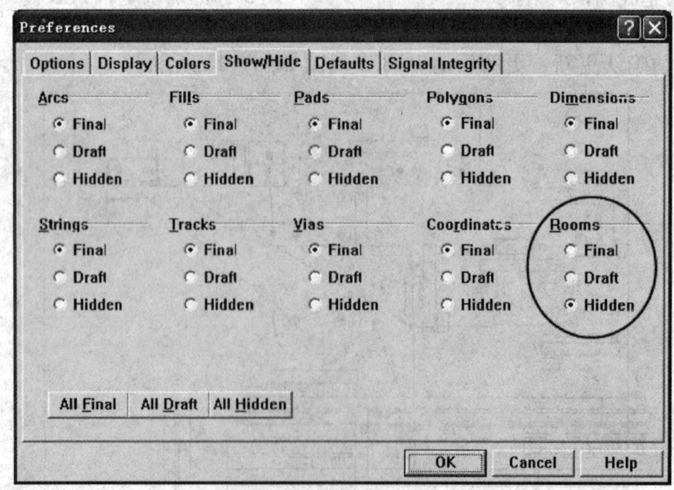

图 5-13　显示/隐藏设置对话框

将上述对话框中的 Rooms 的显示状态设置为 Draft 后，单击 OK 按钮，显示 PCB Room，如图 5-14 所示。

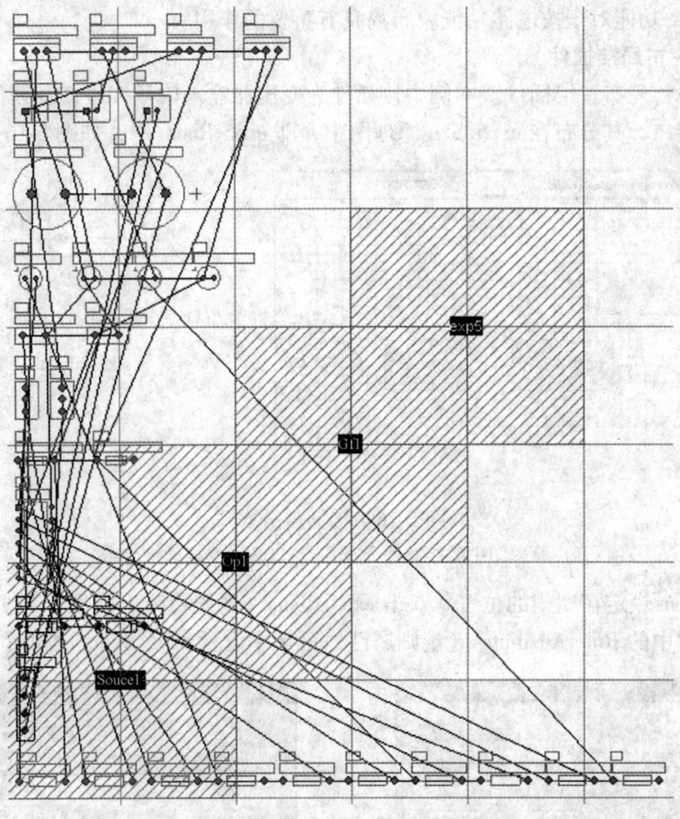

图 5-14　显示 PCB Room

从 PCB Room 提供的信息可知，在本例中共包含 4 个 Room，即 exp5 Room、Souce1 Room、Op1 Room 及 Gf1 Room，每一张图页对应一个 Room。当选中 exp5 Room 并移动鼠标时，其包含的元件将随着鼠标的移动而移动，如图 5-15 所示。

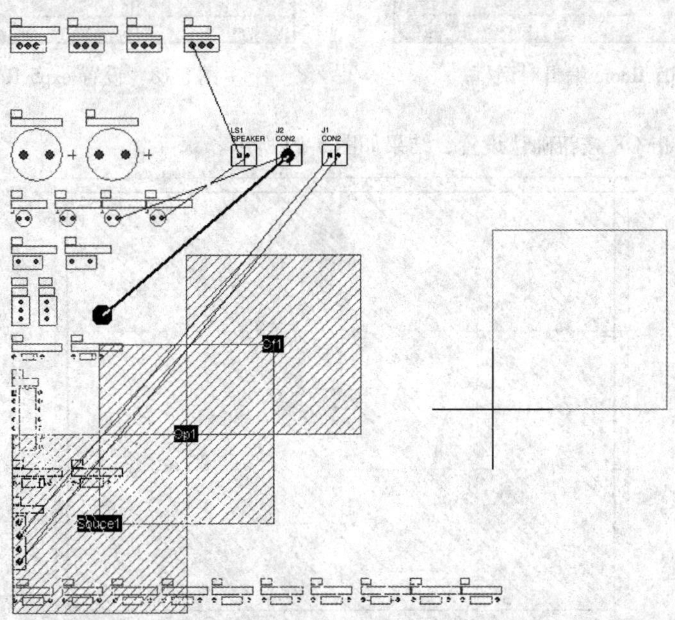

图 5-15　Room 的移动引起其所包含的元件的移动

Protel 提供的这一功能对于按电路功能块布局具有重要的作用。

3. 手动布局——布局接插件

在元件布局中，首先布置接插件。本例中接插件为变压器输入信号接口、音频信号输入接口和放大后的音频信号输出接口，其分布在 exp5. Sch 原理图中，即 exp5 Room 中，如图 5-16 所示。

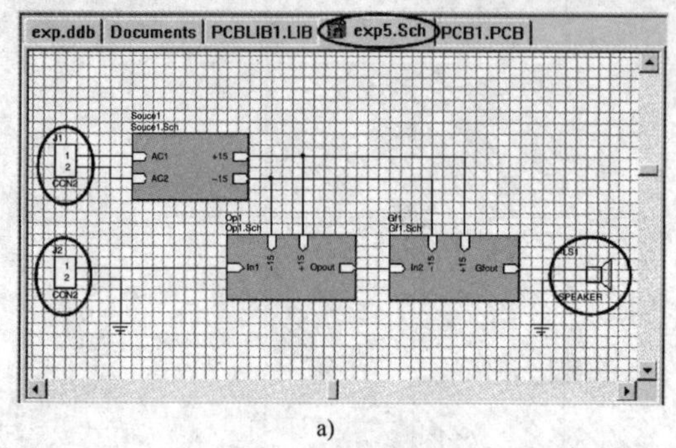

a)

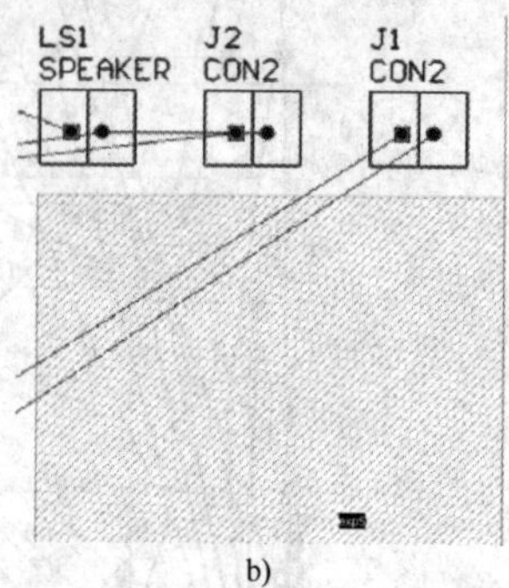

b)

图 5-16　接插件分布

a）原理图中的接插件分布　b）PCB 中的接插件分布

首先将 exp5 Room 锁定在期望的位置。双击 exp5 Room，系统将弹出如图 5-17 所示的 exp5 Room 编辑对话框。在对话框中的 Rule Attributes（规则属性）区域中设置 exp5 Room 的位置，如图 5-18 所示。

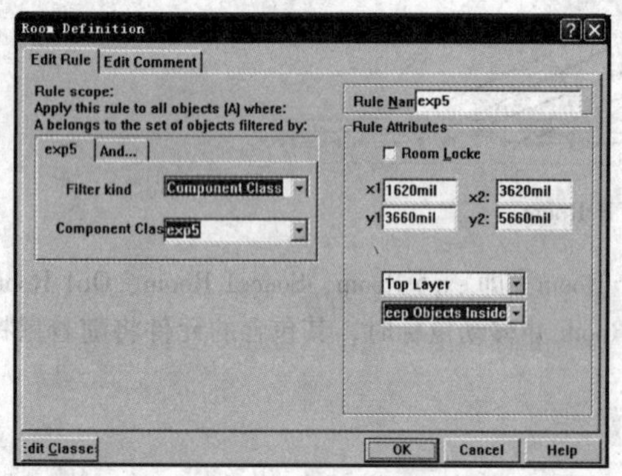

图 5-17　exp5 Room 编辑对话框

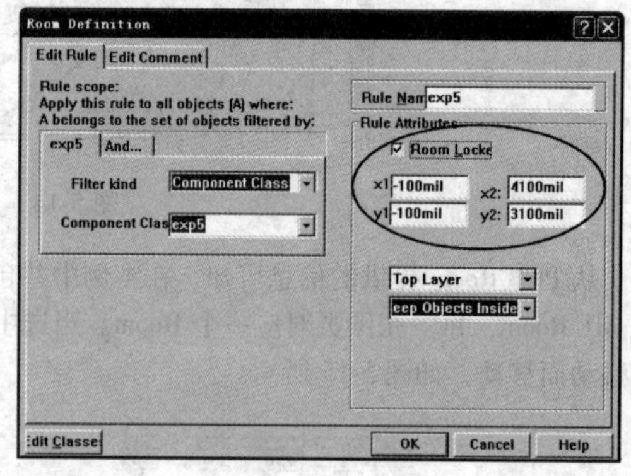

图 5-18　设置 exp5 Room 的位置

设置完成后，单击 OK 按钮确认设置，结果如图 5-19 所示。

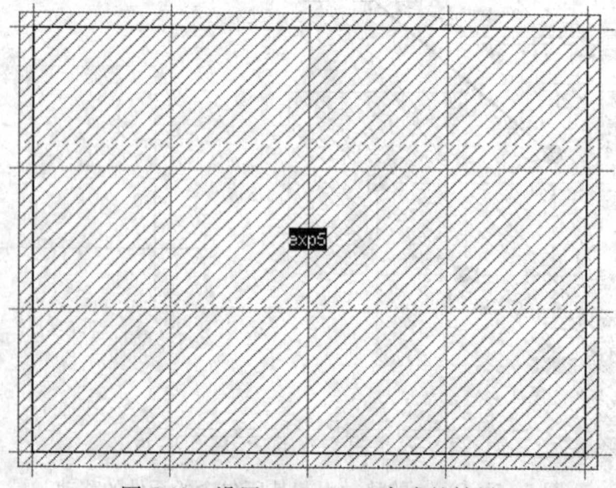

图 5-19　设置 exp5 Room 完成的结果

其中 J1、J2 为输入接插件，而 LS1 为输出接插件。根据通常的布局规则，输入端、输出端分立在电路板两侧，一般输入端放置于电路板的左侧，输出端放置于电路板的右侧。为此，首先将接插件 J1 置于电路板的左侧。将鼠标放置到 J1 元件上，单击鼠标左键，则元件处于激活状态，如图 5-20 所示。

此时拖动鼠标，则元件也将随着鼠标的移动而移动。移动鼠标到 PCB 框内，如图 5-21 所示。

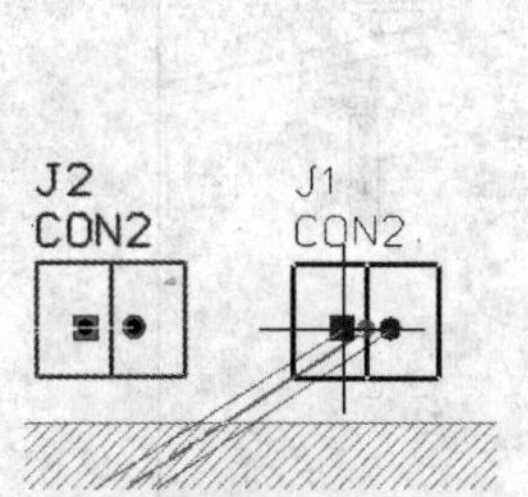

图 5-20　激活元件 J1

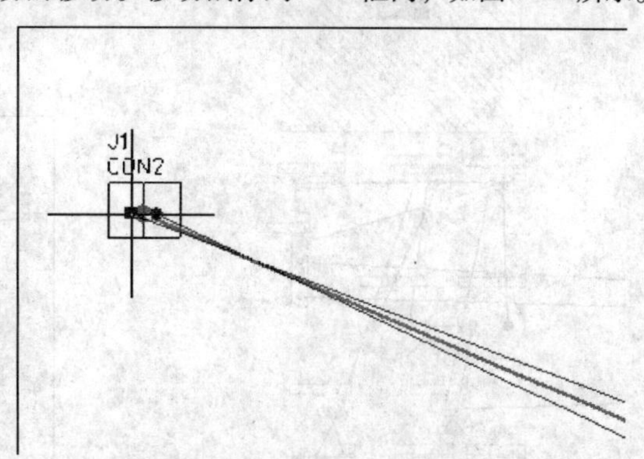

图 5-21　移动鼠标到 PCB 板框内

此时希望元件旋转后放置，则按 Space 键旋转元件，如图 5-22 所示。

移动鼠标到期望放置 J1 元件的位置，释放鼠标，即可放置元件，如图 5-23 所示。

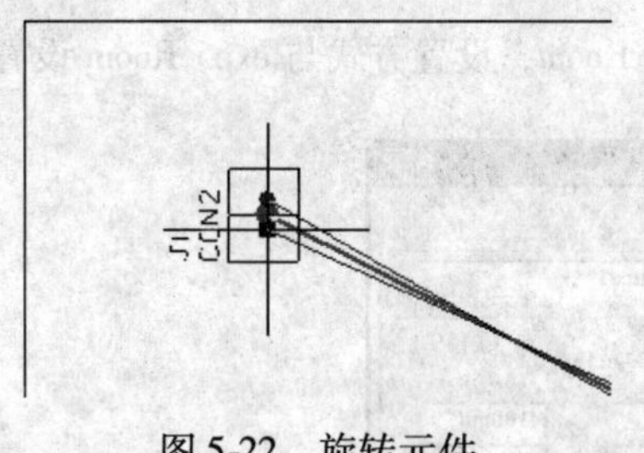

图 5-22　旋转元件

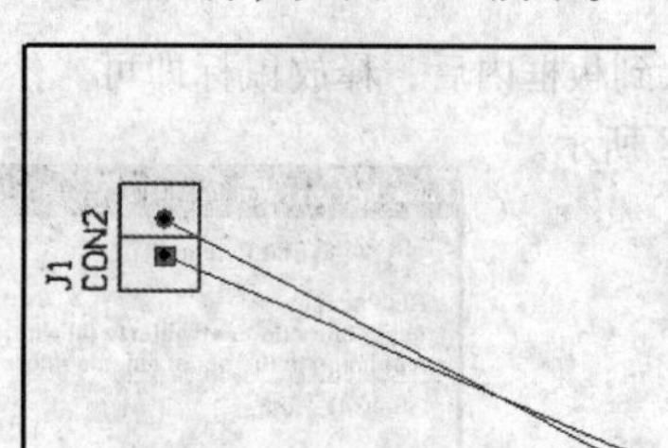

图 5-23　放置元件

按照上述方式布置其他接插件，结果如图 5-24 所示。

4. 手动布局——按功能块布局

本电路分为 3 个功能块，用户可按功能块布局。首先布置 Soucel Room 中的元件。单击 Soucel Room，并用鼠标拖动，则 Soucel Room 包含的元件将随着 Soucel Room 的移动而移动，如图 5-25 所示。

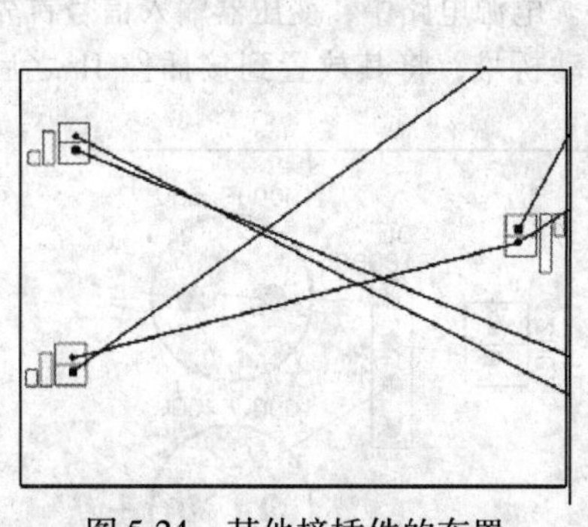

图 5-24　其他接插件的布置

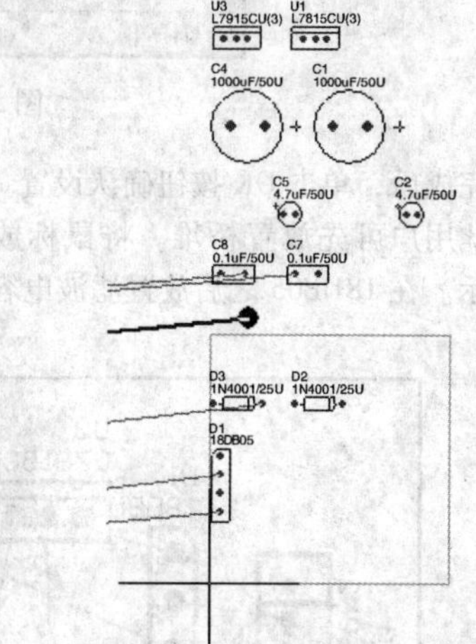

图 5-25　移动 Soucel Room 包含的元件

在空白处放置 Soucel Room，并将 Soucel Room 包含的元件拖动到一起，如图 5-26 所示。

用鼠标拖动 Souce1 Room，将其所包含的元件放置到 PCB 板框内，如图 5-27 所示。

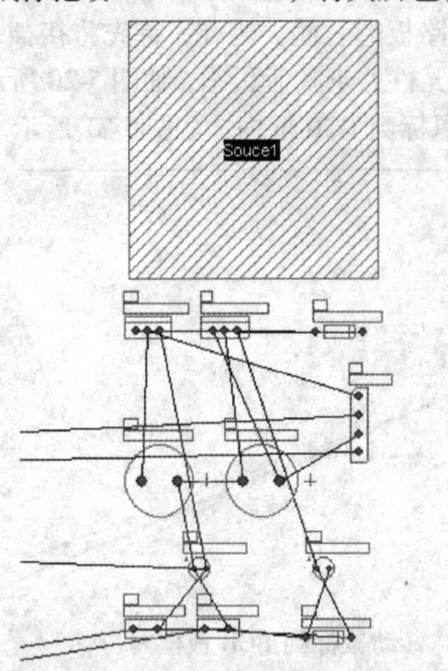

图 5-26　将 Souce1 Room 包含的元件拖动到一起

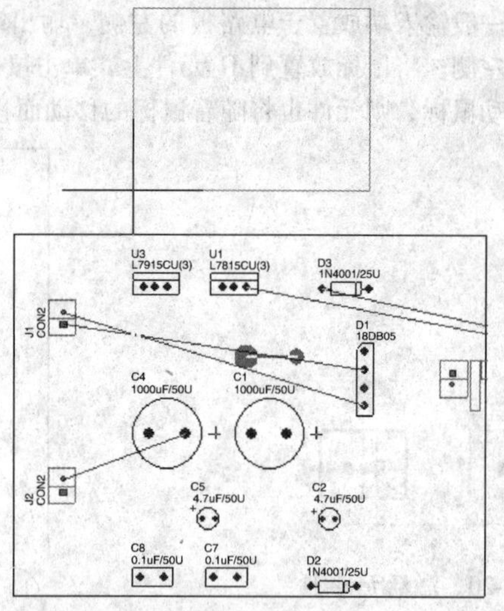

图 5-27　将 Souce1 Room 所包含的元件放置到 PCB 板框内

将元件放入到板框内后，释放鼠标即可。然后设置 Souce1 Room，设置方式与 exp5 Room 设置方式相同，如图 5-28 所示。

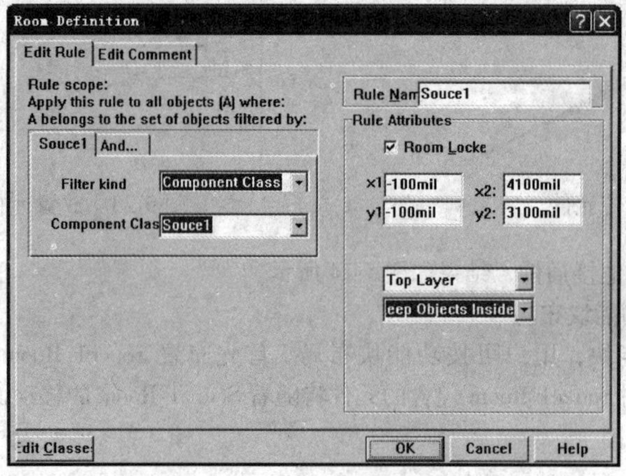

图 5-28　设置 Souce1 Room

设置完成后，单击 OK 按钮确认设置。Souce1 为电源电路。电源电路中，变压器输入信号首先进入桥堆，为此用户可先放置桥堆。将鼠标放置到 18DB05 上拖动桥堆，将其放置到接插件 J1 之后，如图 5-29所示。在 18DB05 之后放置滤波电容，如图 5-30 所示。

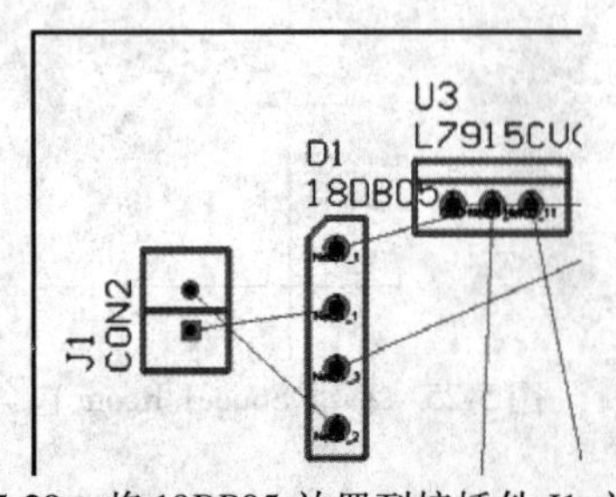

图 5-29　将 18DB05 放置到接插件 J1 之后

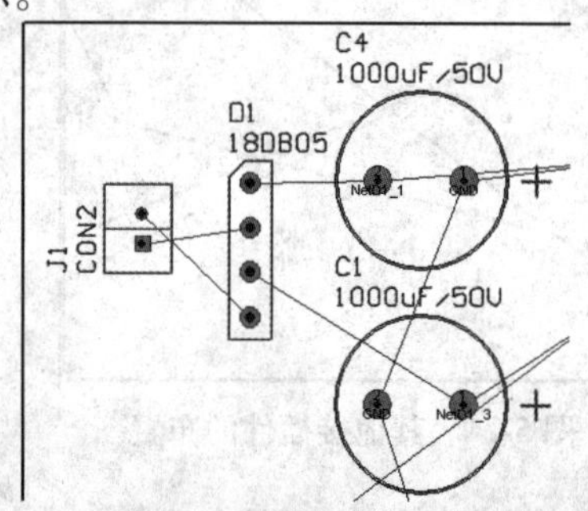

图 5-30　放置滤波电容

5. 手动布局——发热元件的放置

在电源电路中，三端稳压器7815、7915是发热元件，应在电路中立式摆放，以便安装散热器。为此可将三端稳压器排布在板框边缘，且保持一定的距离，如图5-31所示。

按照电路信号流向放置其他电容。在放置电容时应注意，电容不能与三端稳压器的距离太远，否则就不能起到相应的作用。其他电容的布局如图5-32所示。

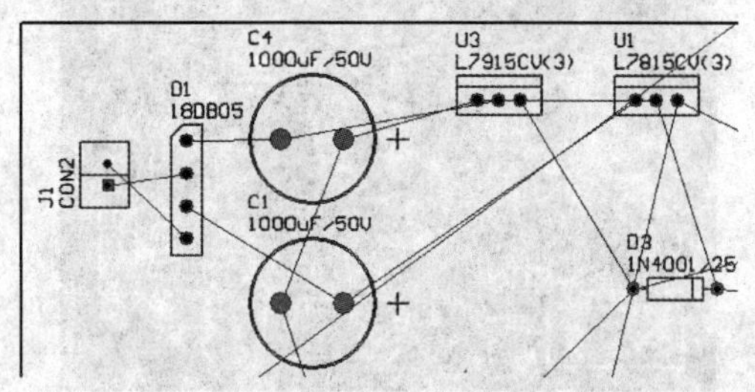

图5-31　放置发热元件

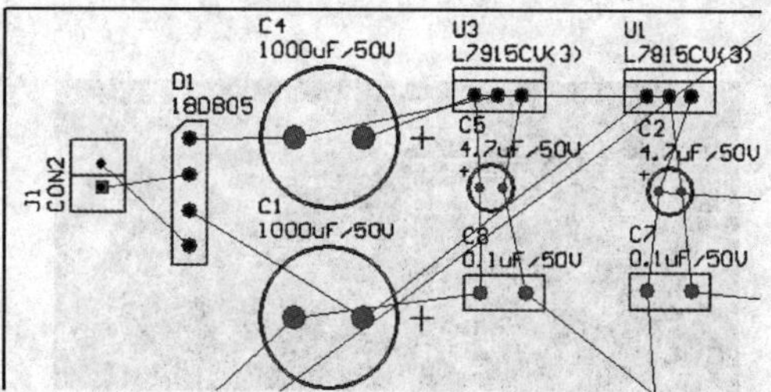

图5-32　其他电容的布局

6. 手动布局——调整元件方向

按照电路信号流向，布局二极管，将鼠标放置到二极管D3上，单击鼠标左键并拖动元件，则元件将随着鼠标的移动而移动。而在移动的过程中，与元件D3连接的飞线随着元件位置的改变而改变，如图5-33所示。

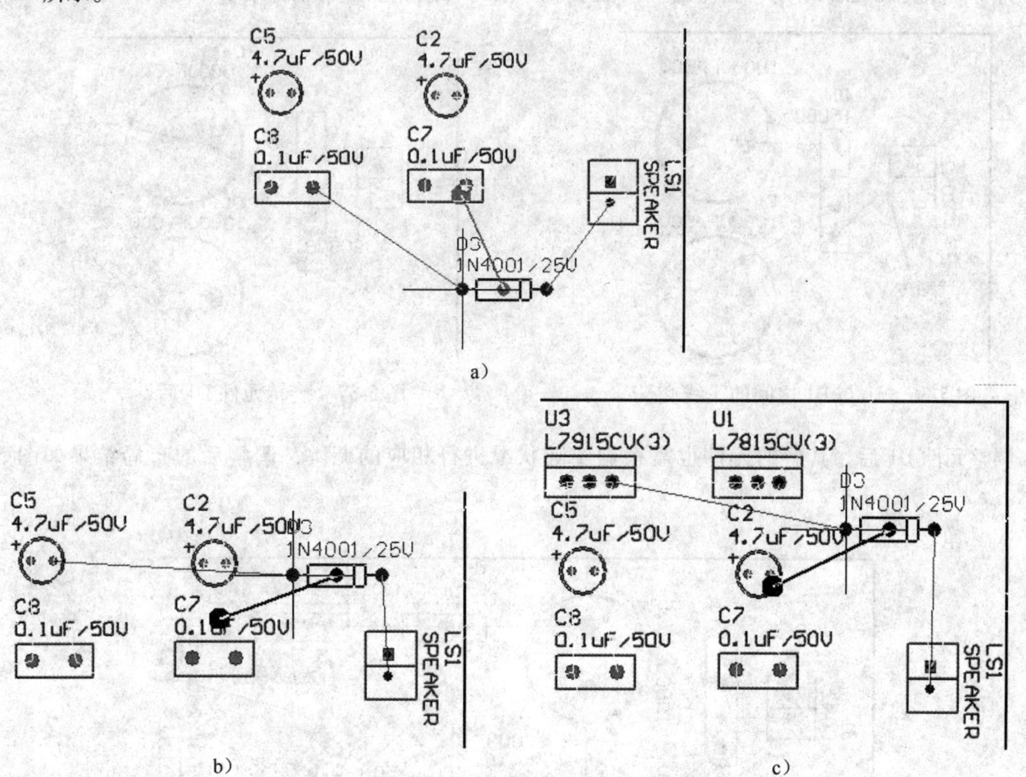

图5-33　与二极管连接的飞线的变化

a）与二极管连接的飞线的位置1　b）与二极管连接的飞线的位置2　c）与二极管连接的飞线的位置3

此时，按Space键旋转元件，与二极管D3相连的飞线位置又发生了变化，如图5-34所示。

暂且将D3放置到这一位置，以后再进行相应的调整。按照上述方式，布局二极管D2，结果如

图 5-35所示。

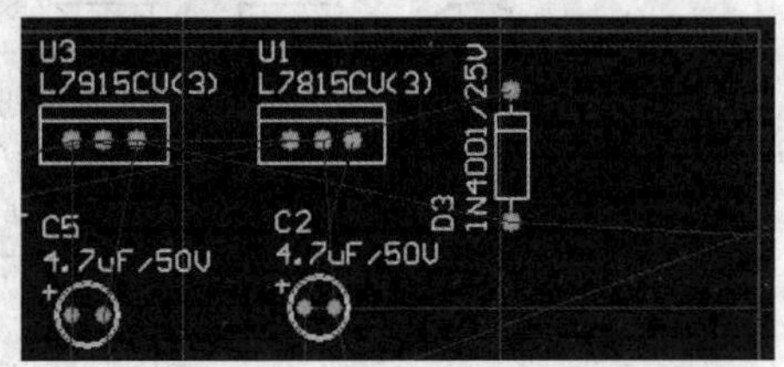

图 5-34　旋转元件后与二极管 D3 相连的飞线的位置

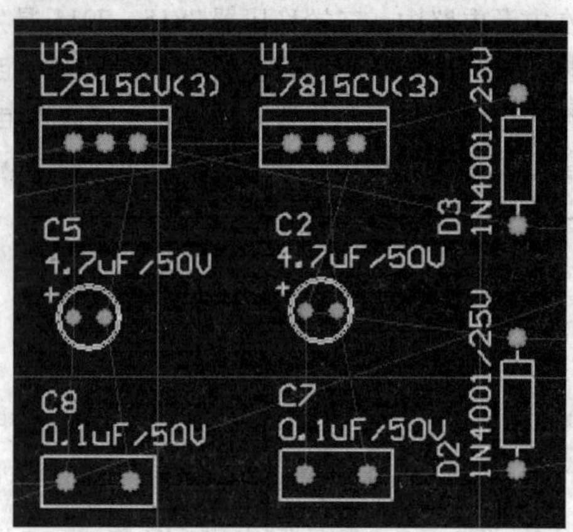

图 5-35　布局二极管 D2

7. 手动布局——布局调整

在元件布局时，除了根据电路信号流向布局元件外，还应使电路中飞线尽可能不交叉，以便之后的布线可顺利进行。在上述布局中，可看到 J1 与 D1 之间的飞线交叉，如图 5-36 所示。

为了消除交叉飞线，用户可将元件 D1 旋转 180°，即可解决上述问题，结果如图 5-37 所示。

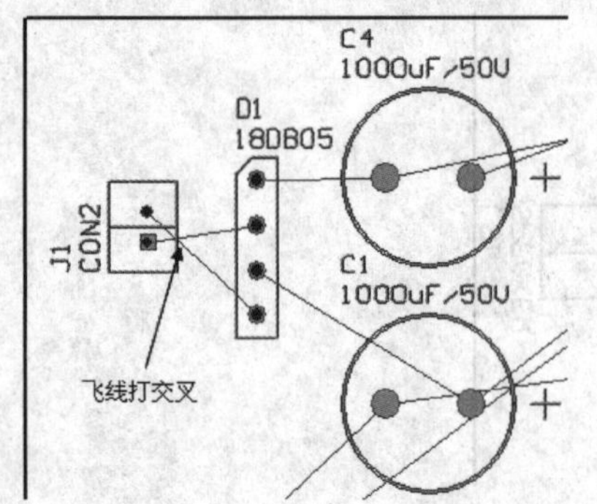

图 5-36　J1 与 D1 之间的飞线交叉

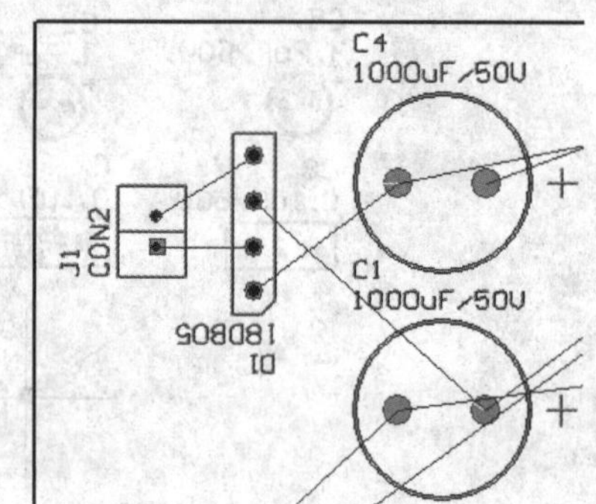

图 5-37　旋转元件 D1 后

调整元件 D1 后，其后的元件也需根据实际状况进行相应的调整，调整后的布局结果如图 5-38 所示。

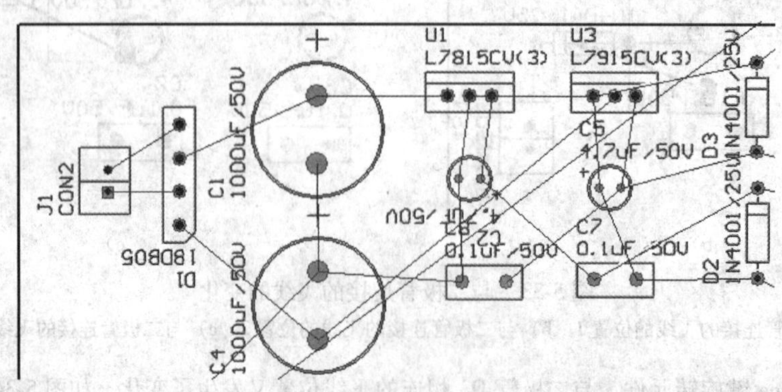

图 5-38　调整后的布局

8. 手动布局——调整元件标注

从调整后的元件布局图可以看出，在对某些元件进行旋转调整的同时，元件标注也跟着进行了旋转，旋转后的元件标注看起来不是很直观，为此，对某些元件的标注进行调整，调整的方式与调整元件的方式相同。以调整元件 D1 的标注为例，将鼠标放置到元件 D1 的标注上，单击鼠标左键，同时按 Space 键，此时元件标注将发生旋转，如图 5-39 所示。

按照上述方式继续旋转元件标注直到得到期望的元件方向，然后拖动标注到期望的位置后释放鼠标，即可实现对元件标注的调整，如图 5-40 所示。

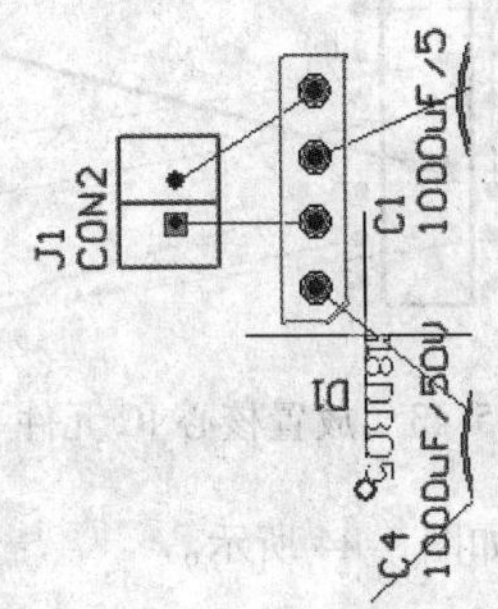

图 5-39　旋转元件标注

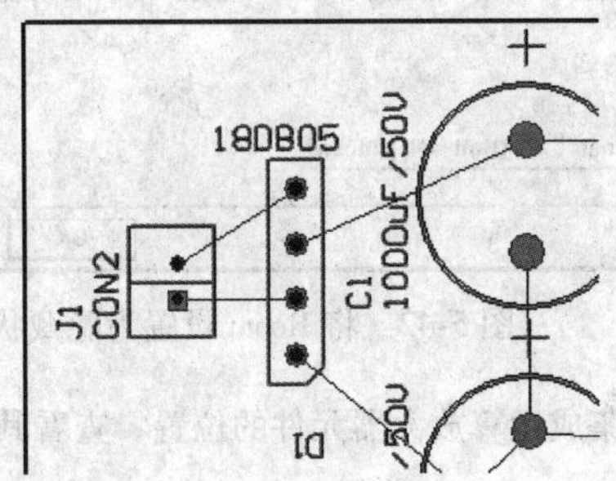

图 5-40　调整后的元件标注

按照上述方式调整其他需要调整的元件标注，结果如图 5-41 所示。

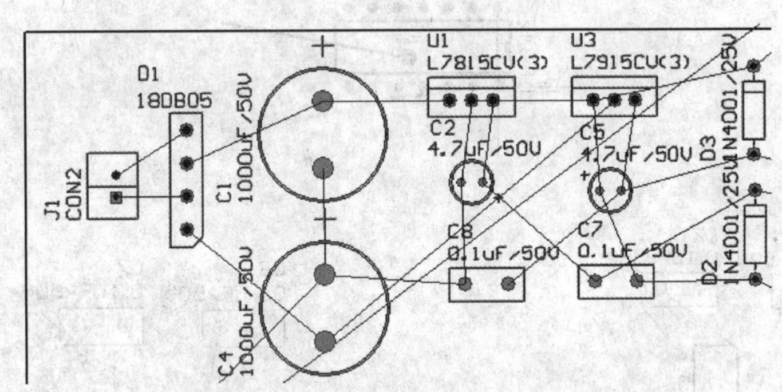

图 5-41　调整其他元件标注后的结果

至此，Souce1 功能块的布局暂时结束（最后根据整个电路再进行局部调整），接下来布局 Op1 功能块。

9. 手动布局——放置核心 IC 元件

双击 Op1 Room 或 Gf1 Room，按照上述方式设置 Op1 Room 或 Gf1 Room，设置方式与 exp5 Room 设置方式相同。设置完成后，在空白处单击鼠标右键，在弹出的右键菜单中选择 Show/Hide 选项，将 Room 设置为隐藏状态，如图 5-42 所示。

设置完成后，单击 OK 按钮确认设置，然后放置元件。需放置放大电路中的核心元件集成运算放大器 LF743。将鼠标放置到放大器上，单击鼠标，拖动鼠标，将集成运算放大器放置到板框内，如图 5-43 所示。

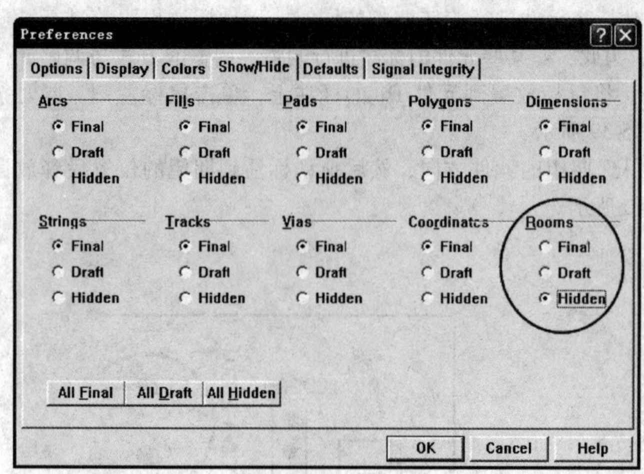

图 5-42　将 Room 设置为隐藏状态

图 5-43　放置核心 IC 元件

调整集成运算放大器元件的位置，查看其与其他元件的连接情况，如图 5-44 所示。

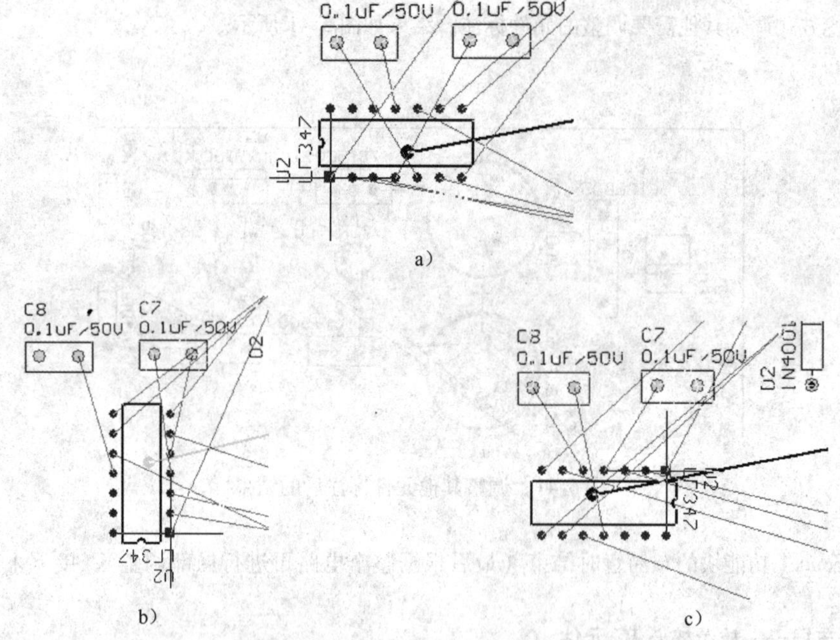

a）　b）　c）

图 5-44　查看运算放大器与其他元件的连接情况

a）旋转 90°查看集成运算放大器与其他元件的连接情况　b）旋转 180°查看运算放大器与其他元件的连接情况　c）旋转 270°查看运算放大器与其他元件的连接情况

从图 5-44 所示的 3 个不同角度的连线情况可知，旋转 90°放置相对比较合理。

10. 手动布局——剩余元件的布局

首先将发热元件 BDX53、BDX54 放置到板框边缘，如图 5-45 所示。

接着根据飞线放置电阻、电容、二极管等元件，结果如图 5-46 所示。

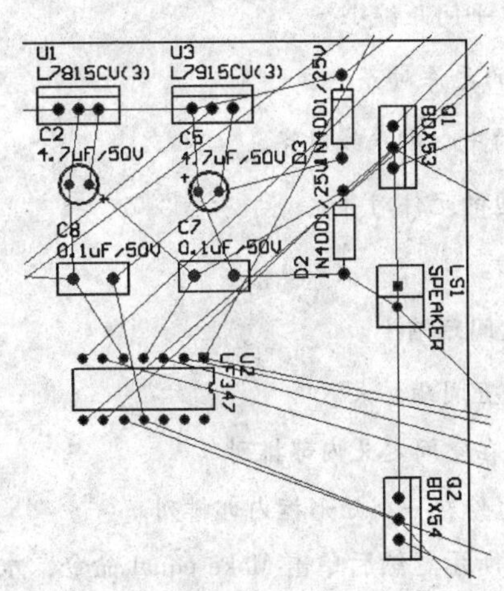

图5-45　放置发热元件BDX53、BDX54

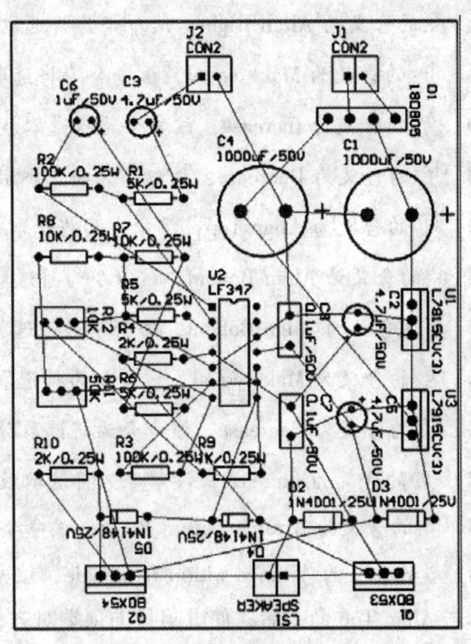

图5-46　放置电阻、电容、二极管等元件

11. 手动布局——排列元件

合格的PCB布局不仅能使电路正常工作，而且能使电路板美观，这也是一个重要的指标。接下来，对元件进行排列，以使电路具有一定的美感。以排列电阻为例，选中电阻排，如图5-47所示。

单击菜单命令Tools→Interactive Placement→Align，如图5-48所示。

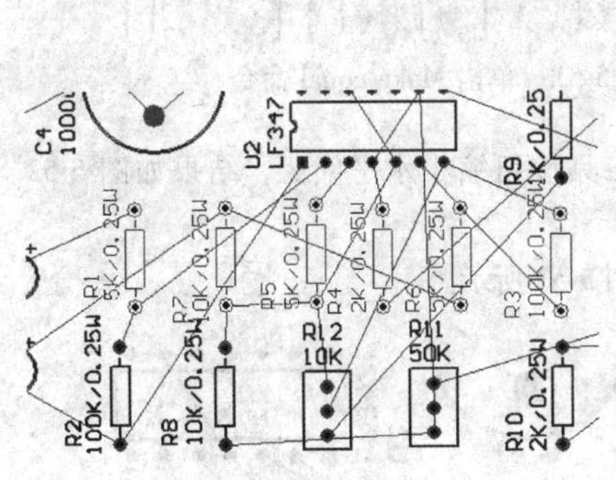

图5-47　选中电阻排

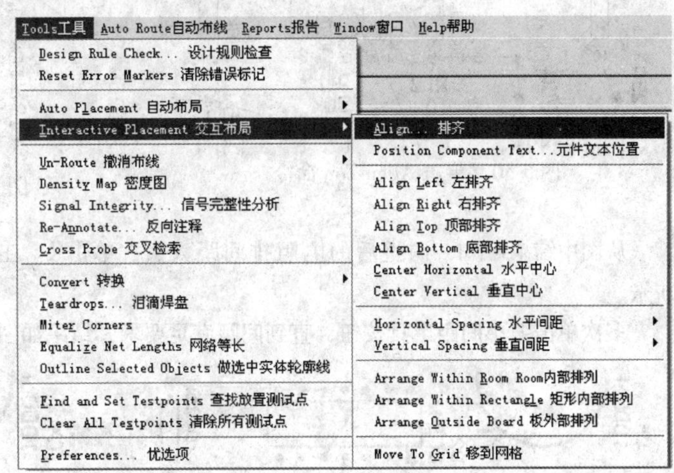

图5-48　单击菜单命令Tools→Interactive Placement→Align

注：系统不仅提供排列命令，还提供了排列工具栏，如图5-49所示。

各图标的含义如下。

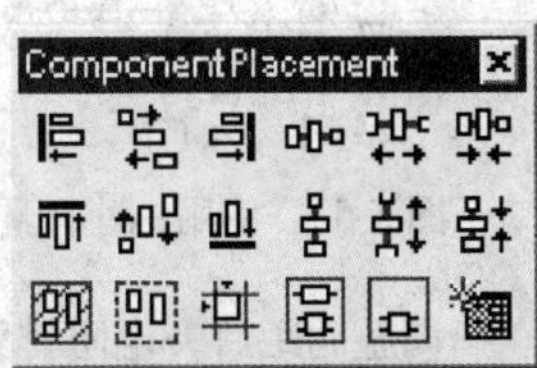

图5-49　排列工具栏

1）的含义为Align Left，该命令为将选取的元件向最左边的元件对齐。

2）的含义为Center Horizontal，该命令为将选取的元件按元件的中心垂直线对齐。

3）的含义为 Align Right，该命令为将选取的元件向最右边的元件对齐。

4）的含义为 Make equal，该命令为将选取的元件水平平铺。

5）的含义为 Increase，该命令为将选取放置的元器件的水平间距扩大。

6）的含义为 Decrease，该命令为将选取放置的元器件的水平间距缩小。

7）的含义为 Align Top，该命令为将选取的元件向最上边的元件对齐。

8）的含义为 Align Bottom，该命令为将选取的元件按元件的中心水平线对齐。

9）的含义为 Align Bottom，该命令为将选取的元件向最下边的元件对齐。

10）的含义为 Make equal，该命令为将选取的元件垂直平铺。

11）的含义为 Decrease，该命令为将选取放置的元件的垂直间距缩小。

12）的含义为 Increase，该命令为将选取放置的元器件的垂直间距扩大。

13）的含义为 Arrange within Room，该命令为将所选的元件在空间定义内部排列。

14）的含义为 Arrange within Rectangle，该命令为将所选的元件在一个矩形框内部排列。

单击 Align Top 命令后，使电阻排向顶端对齐，结果如图 5-50 所示。然后单击 Make equal 命令，水平平铺电阻排，结果如图 5-51 所示。

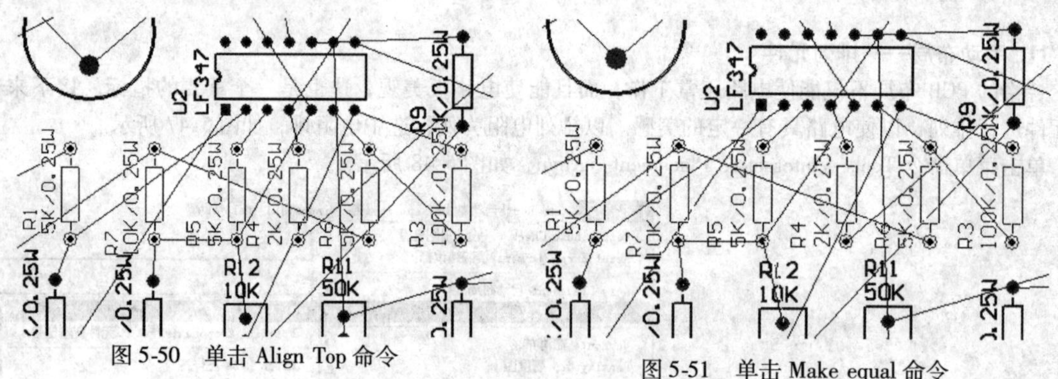

图 5-50　单击 Align Top 命令

图 5-51　单击 Make equal 命令

从图中结果可知，调整后的电阻排间距太大，单击工具按钮缩小水平间距，结果如图 5-52 所示。

多次单击缩小间距工具按钮，直到间距满足要求，结果如图 5-53 所示。

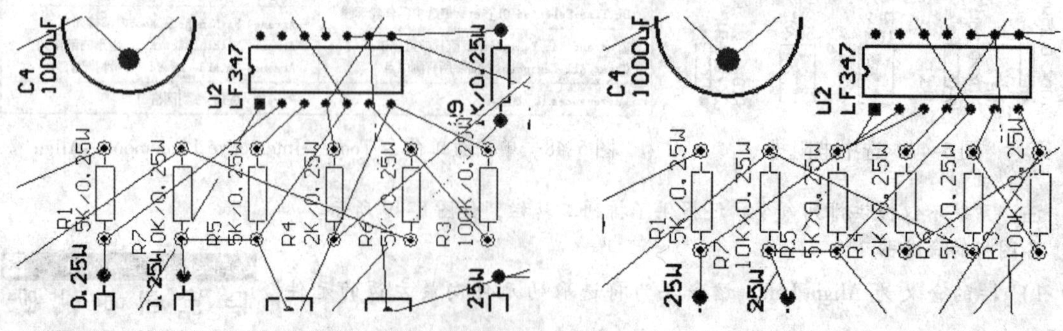

图 5-52　使用缩小间距工具调整电阻间的间距

图 5-53　调整后的电阻间距

调整间距后，电阻排整体偏向左侧。拖动电阻排使其与运算放大器保持适当的距离，结果如图 5-54 所示。调整后，单击撤销选择按钮，如图 5-55 所示。

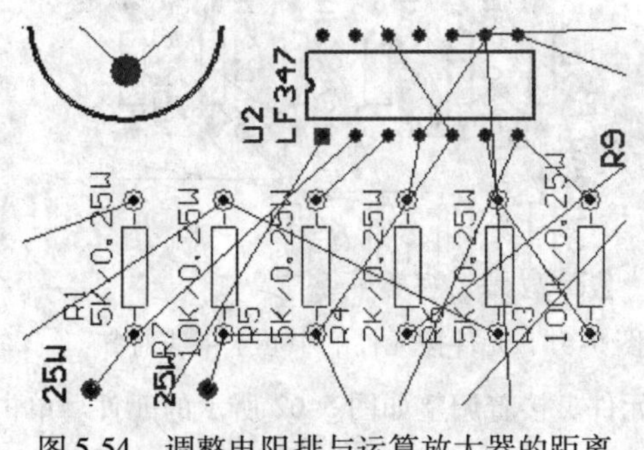

图 5-54　调整电阻排与运算放大器的距离

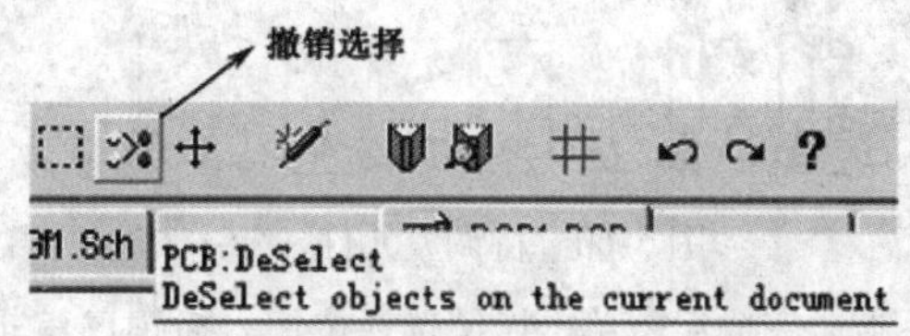

图 5-55　撤销选择按钮

此时对上述电阻排的排列完成。接着调整如图 5-56 所示的电阻。单击工具按钮，使电阻元件向最右边的元件对齐，结果如图 5-57 所示。

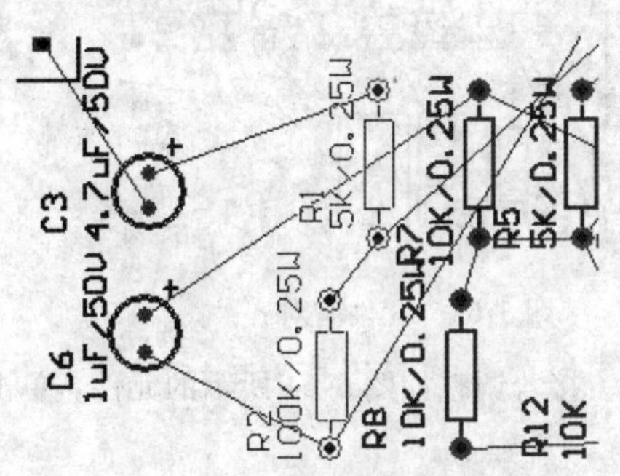

图 5-56　待调整电阻

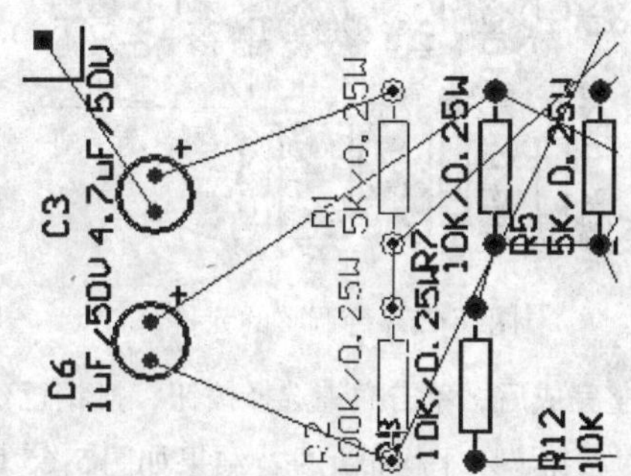

图 5-57　电阻元件向最右边的元件对齐

调整完成后，单击撤销选择按钮，撤销已编辑完成的元件。接着调整如图 5-58 所示的元件。单击右对齐工具按钮，使选取的元件向最右边的元件对齐，结果如图 5-59 所示。

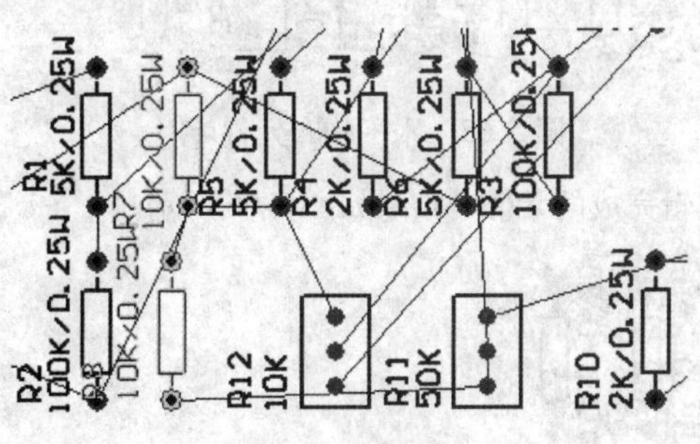

图 5-58　待调整元件

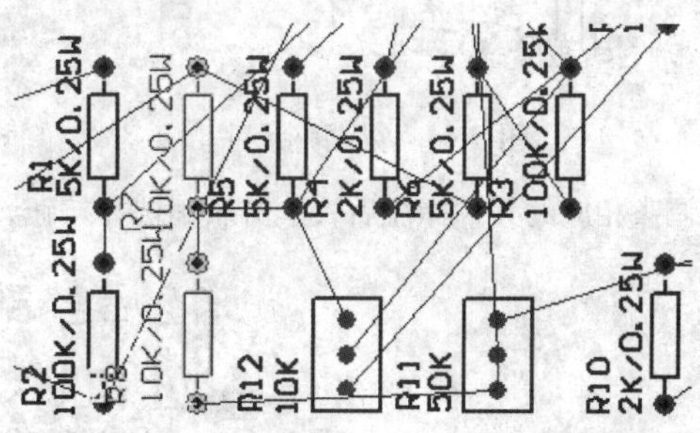

图 5-59　选取的元件向最右边的元件对齐

调整完成后，单击撤销选择按钮，撤销已编辑完成的元件。接着调整如图 5-60 所示的元件。单击工具按钮，将选取的元件按元件的中心水平线对齐，此时鼠标以十字形出现，将鼠标放置到元件 R8 上，单击鼠标左键，则选中的元件按照元件 R8 的中心水平线排布，结果如图 5-61 所示。

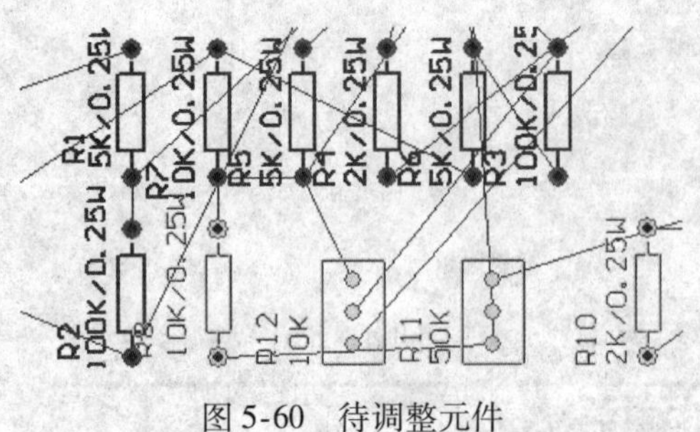

图 5-60　待调整元件

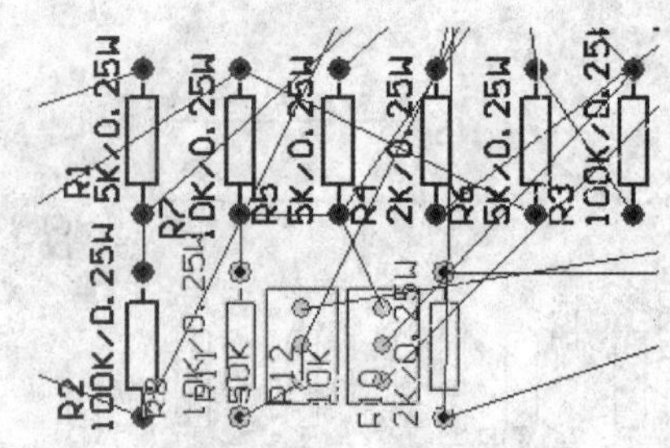

图 5-61　元件按元件的中心水平线对齐

调整完成后，单击撤销选择按钮，撤销已编辑完成的元件。接着调整如图 5-62 所示的元件。单击右对齐按钮，使选取的元件向最右边的元件对齐，结果如图 5-63 所示。

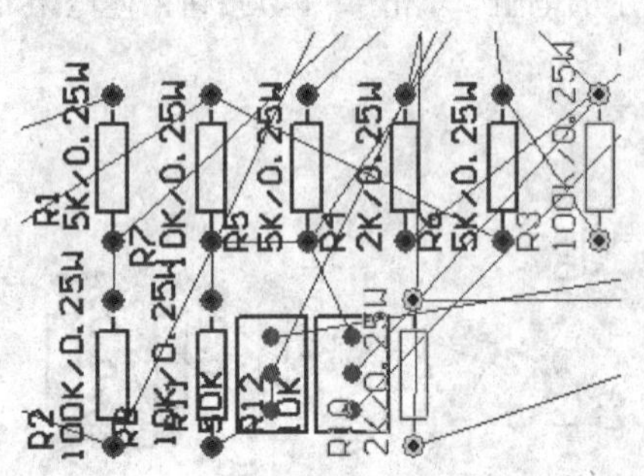

图 5-62　待调整的元件

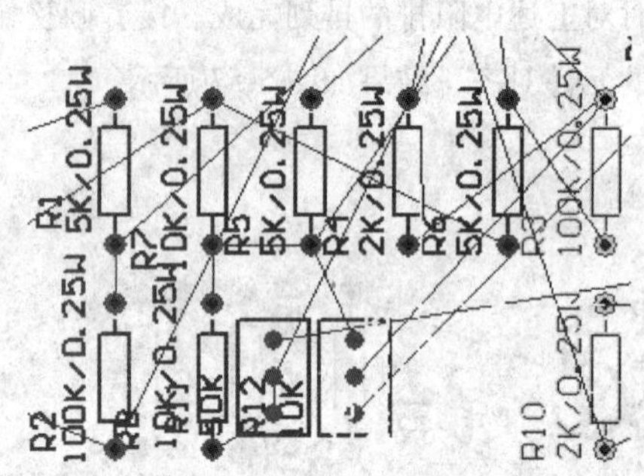

图 5-63　元件右对齐

调整完成后，单击撤销选择按钮，撤销已编辑完成的元件。接着调整如图 5-64 所示的元件。单击工具按钮，水平均布元件，结果如图 5-65 所示。

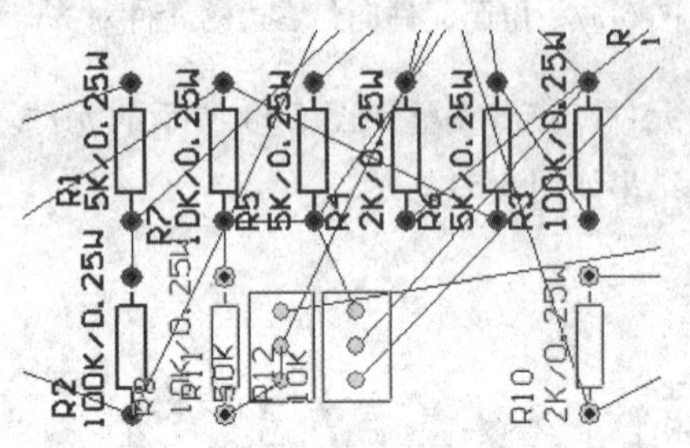

图 5-64　待调整元件

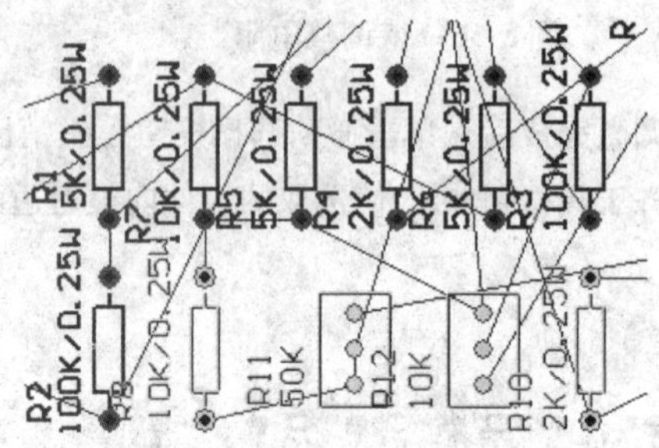

图 5-65　水平均布元件

调整相应的元件标注后，单击撤销选择按钮，撤销已编辑完成的元件，结果如图 5-66 所示。

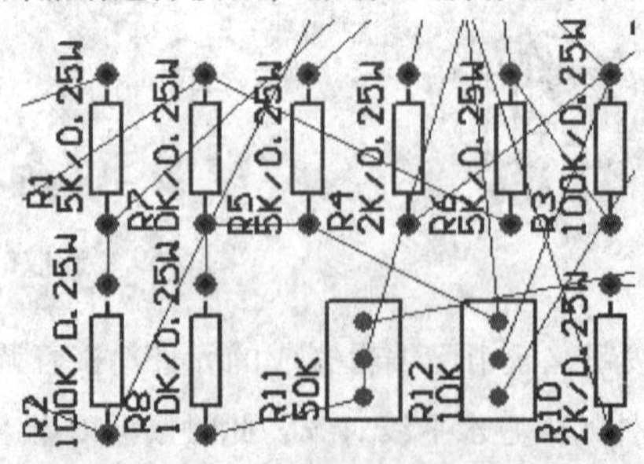

图 5-66　调整元件标注

当进行完上述调整后，用户可以发现先前定义的电路板偏大，需要进一步调整电路，并修改板框。

12. 手动布局——优化电路布局

在上述初步布局的基础上，为了使电路更加美观、经济，用户需进一步优化电路布局。在已布局电路中，元件 C4 仍存在交叉线，如图 5-67 所示。用户需调整 C4 元件的方位以消除交叉线。调整后的结果如图 5-68 所示。

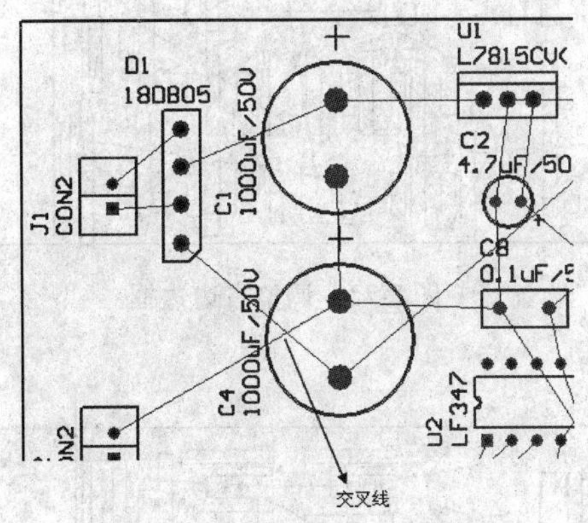

图 5-67　元件 C4 存在交叉线

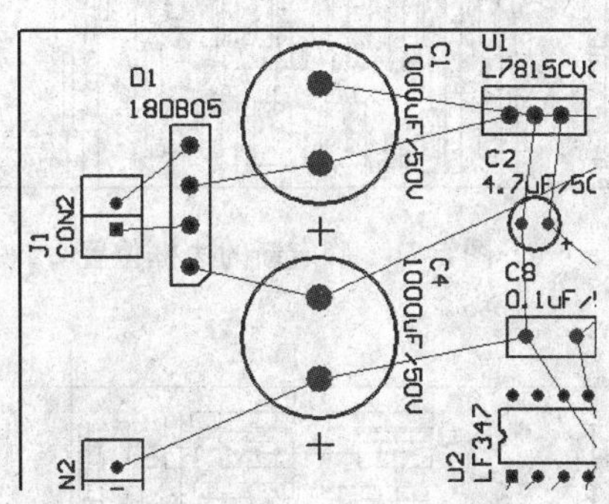

图 5-68　调整后的电路布局图

接着调整元件间的间距，结果如图 5-69 所示。

从调整后的电路图可以看到，电路板板框偏大，需要调整板框尺寸。将鼠标放置到板框上侧边框，单击鼠标并拖动，则边框将随着鼠标的移动而移动，如图 5-70 所示。

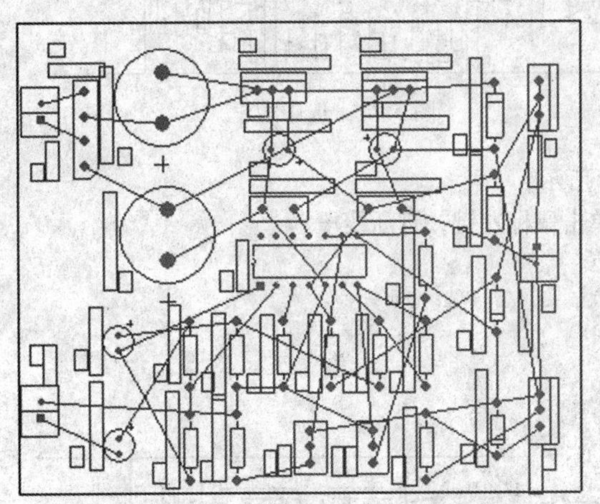

图 5-69　调整元件间的间距

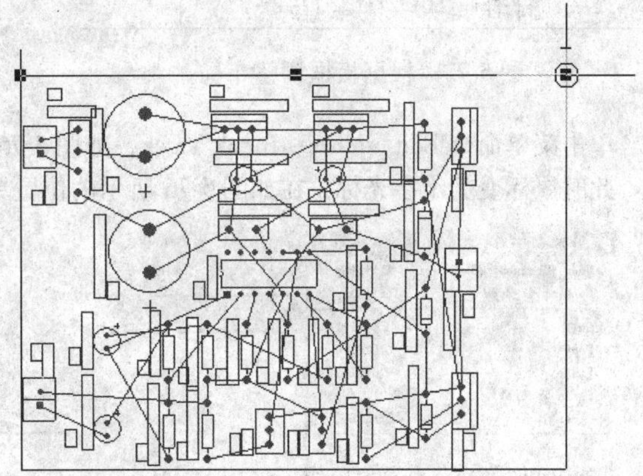

图 5-70　移动边框

在期望放置边框的位置释放鼠标即可确定新的边框位置，如图 5-71 所示。

按照上述方法调整右边边框，结果如图 5-72 所示。

调整板框尺寸后，发现在安装孔的位置上放有标注。为了不影响电路的可读性，用户可对标注进行相应的修改，其结果如图 5-73 所示。

单击左侧边框，则在边框上出现黑色手柄，如图 5-74 所示。

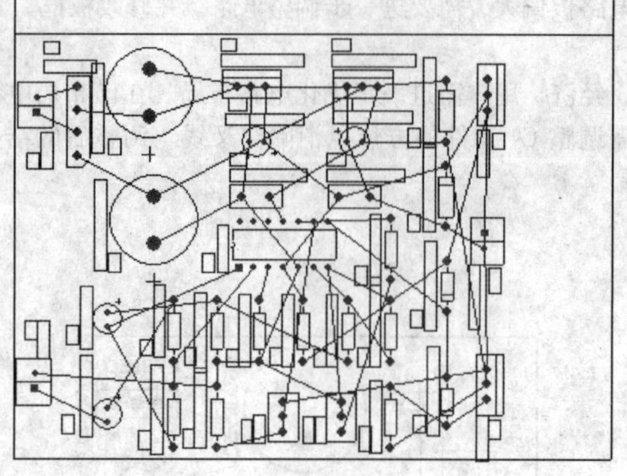

图 5-71　确定新的边框位置

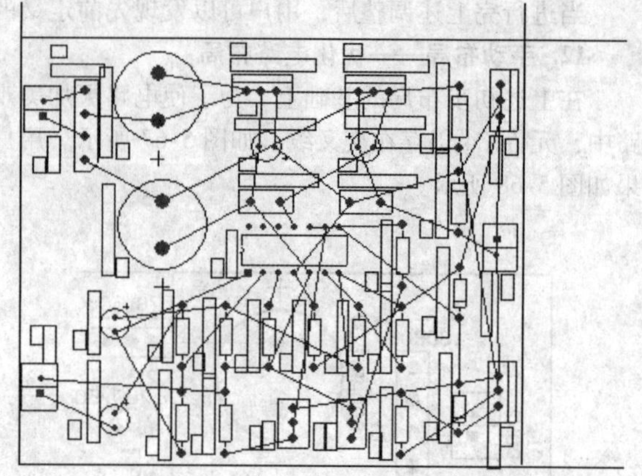

图 5-72　调整右边边框

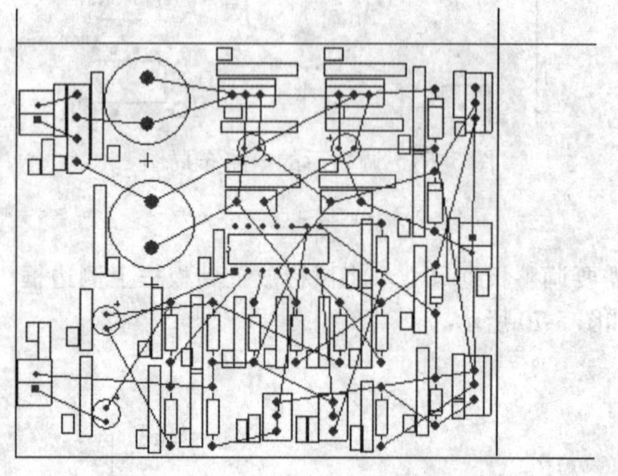

图 5-73　根据板框调整布局

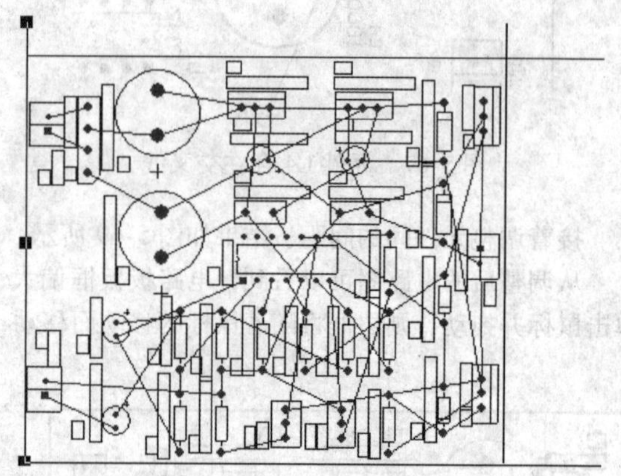

图 5-74　选中边框

单击菜单命令 Edit→Move→Break Track，如图 5-75 所示。

此时鼠标变为十字光标，在如图 5-76 所示的位置单击鼠标左键，打断线段。

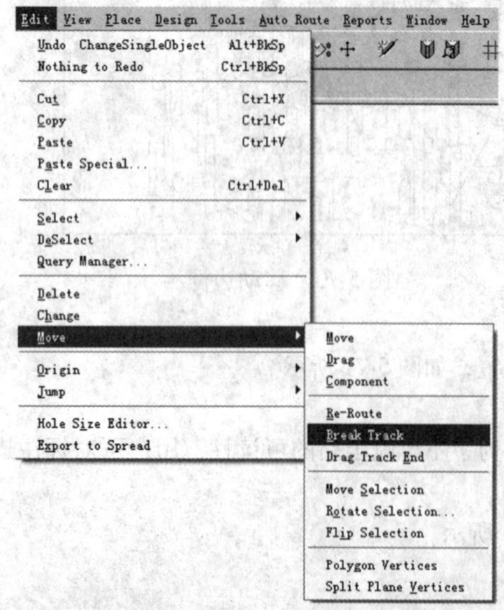

图 5-75　单击菜单命令 Edit→Move→Break Track

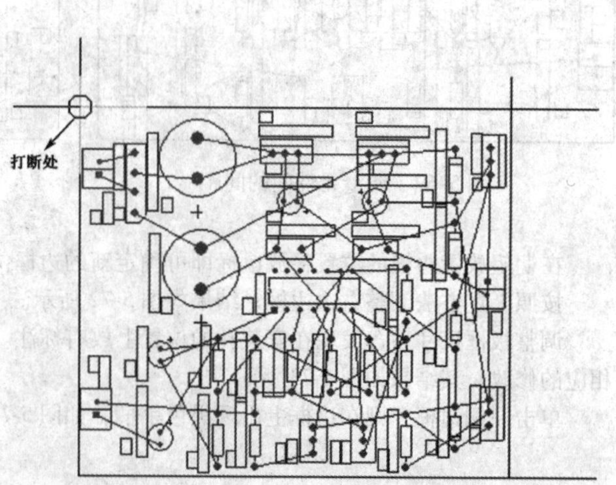

图 5-76　打断线段

单击鼠标右键释放鼠标。此时单击打断线段的上半段线段时，上半段线段上出现黑色小方框，如图 5-77所示选中线段。

按 Del 键即可删除选中线段，如图 5-78 所示。

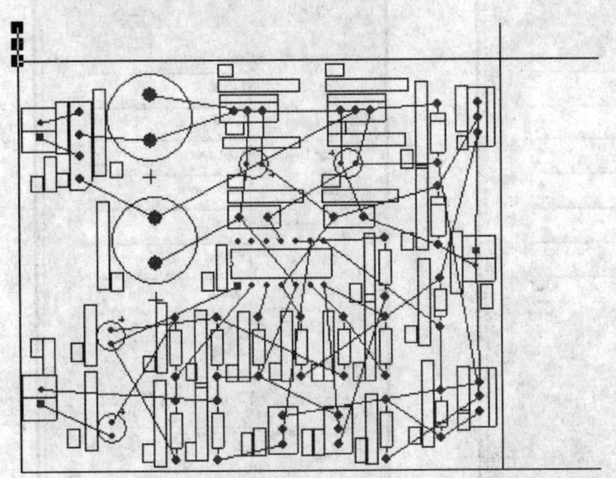

图 5-77　选中线段

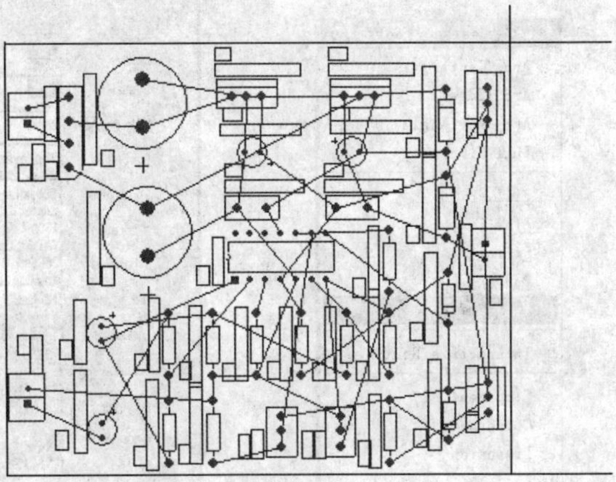

图 5-78　删除选中线段

按照上述方式删除其他多余的线段，结果如图 5-79 所示。

再次调整后的电路布局如图 5-80 所示。

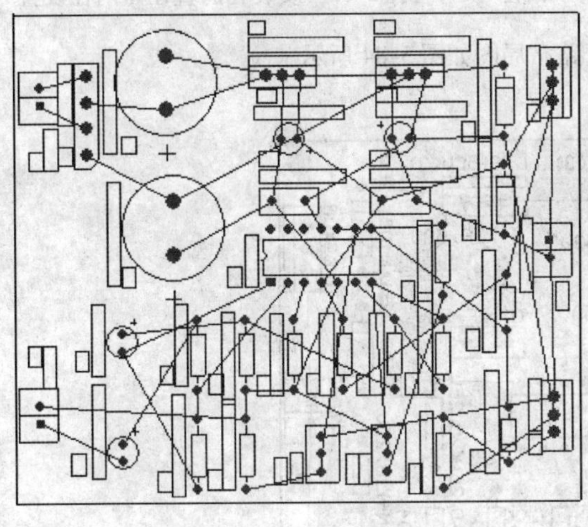

图 5-79　删除其他多余的线段

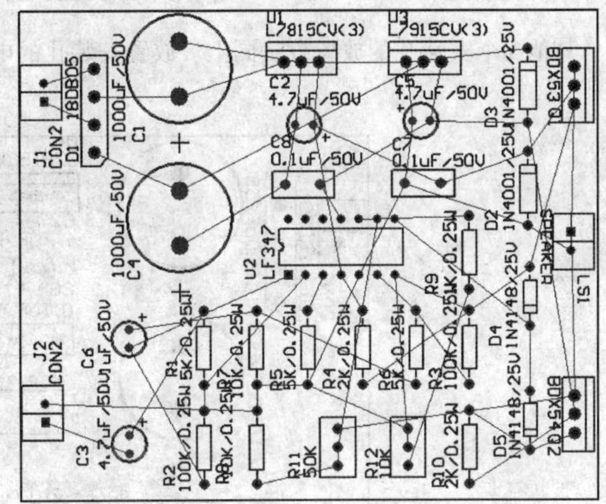

图 5-80　调整后的电路布局

电路布局完成后，用户可在电路板上放置安装孔。单击命令菜单 Place→Via，如图 5-81 所示。此时鼠标以十字光标形式出现，按 Tab 键，即可弹出过孔编辑对话框，如图 5-82 所示。

注：过孔编辑对话框中各选项含义如下。

1）Diameter 为过孔直径。

2）Hole Size 为过孔内径。

3）Start Layer 为过孔起始层。

4）End Layer 为过孔结束层。

5）X-Location 为过孔横坐标值。

6）Y-Location 为过孔纵坐标值。

7）Net 为过孔所属网络。

本例中安装孔的直径与内径设置如图 5-83 所示，且其位置距边框 100mil。

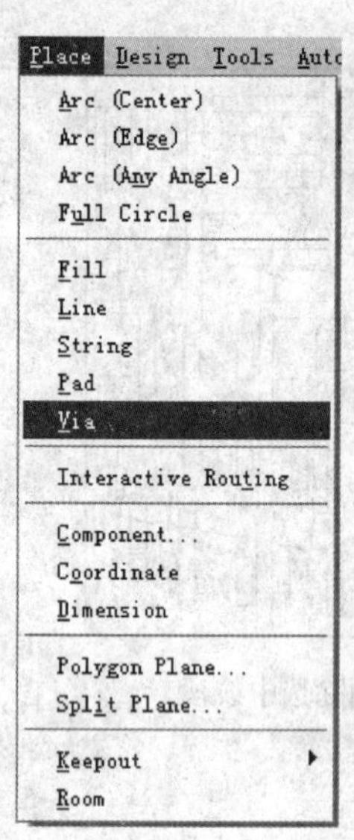

图 5-81　单击菜单命令 Place→Via

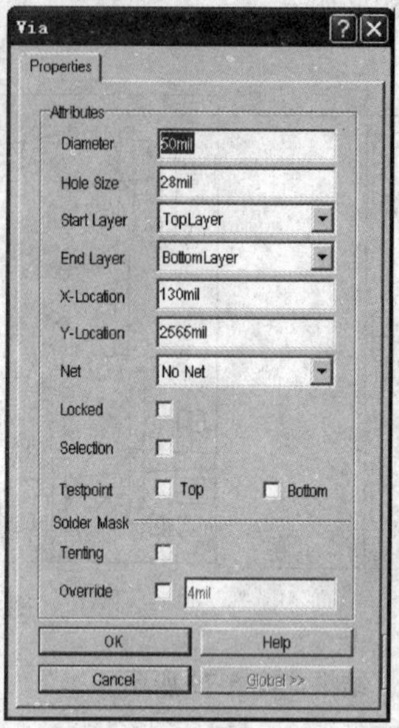

图 5-82　过孔编辑对话框

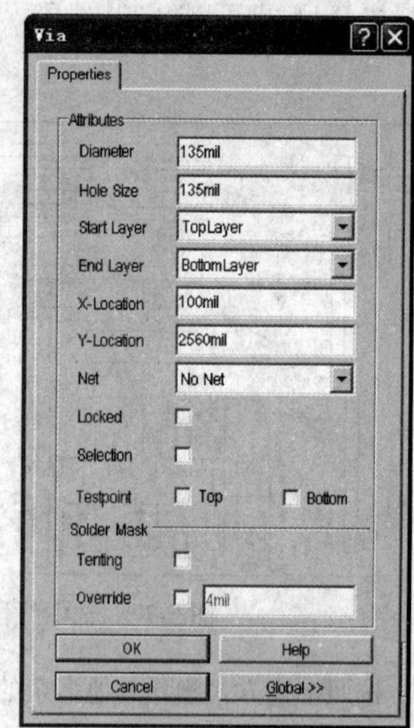

图 5-83　安装孔的直径与内径设置

其他 3 个安装孔的放置方法同上。放置安装孔的电路布局图如图 5-84 所示。

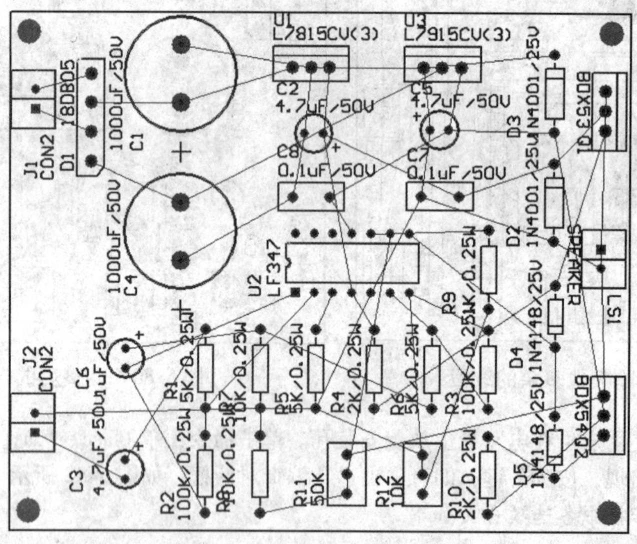

图 5-84　放置安装孔的电路布局图

13. 密度分析

由于电子元件对热比较敏感，因此当电路板上的某个区域元件密度过高导致热能容易集中，这样会降低这一区域内的电子元件的使用寿命。用户可在元件布局结束后，对布局好的电路板进行密度分析。单击菜单命令 Tools→Density Map，如图 5-85 所示。系统的密度分析图如图 5-86 所示。

图 5-85　单击菜单命令 Tools→Density Map

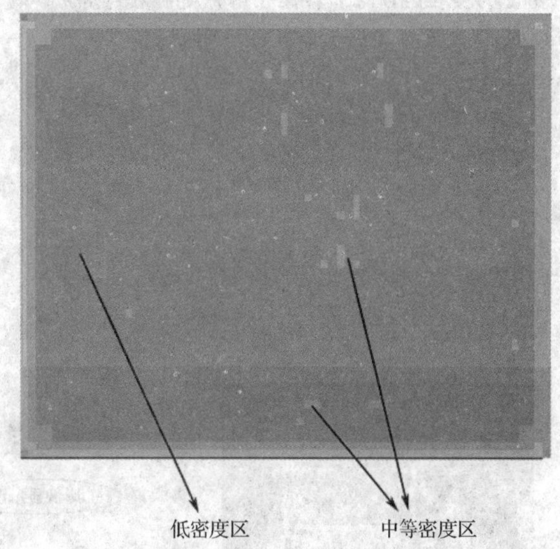

图 5-86　系统的密度分析图

在密度分析图中，用颜色表示密度级别，绿色表示低密度，黄色表示中密度，而红色表示高密度。从图中的密度分析结果可知，本例密度分布差异不大，密度分布较均匀。

14. 3D 预览

此外，用户还可从 3D 图查看电路布局的密度。单击菜单命令 View→Board in 3D，如图 5-87 所示。电路布局后的 3D 图，如图 5-88 所示。

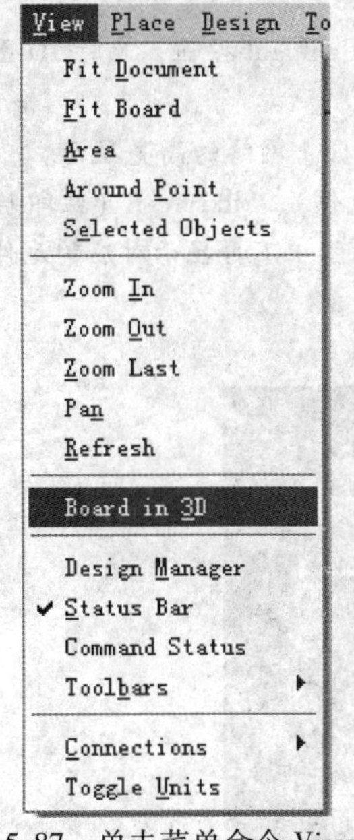

图 5-87　单击菜单命令 View→Board in 3D

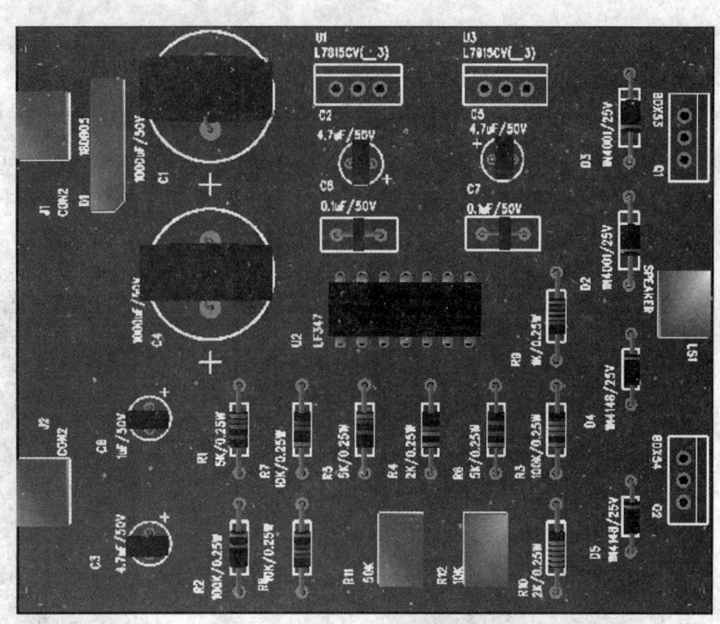

图 5-88　电路布局后的 3D 图

从 3D 图可以看出，系统的布局密度适中。

注： Protel 99SE 提供 3D PCB 仿真功能，用户可使用这一功能预览和打印 PCB 在零件组装后的立体影像，如图 5-89 所示。

Protel 99SE 的 3D 仿真特性让用户提前看到用户焊接、安装元件后的板子外观。将导航对话框切换到 Browse 3D 设置对话框，如图 5-90 所示。

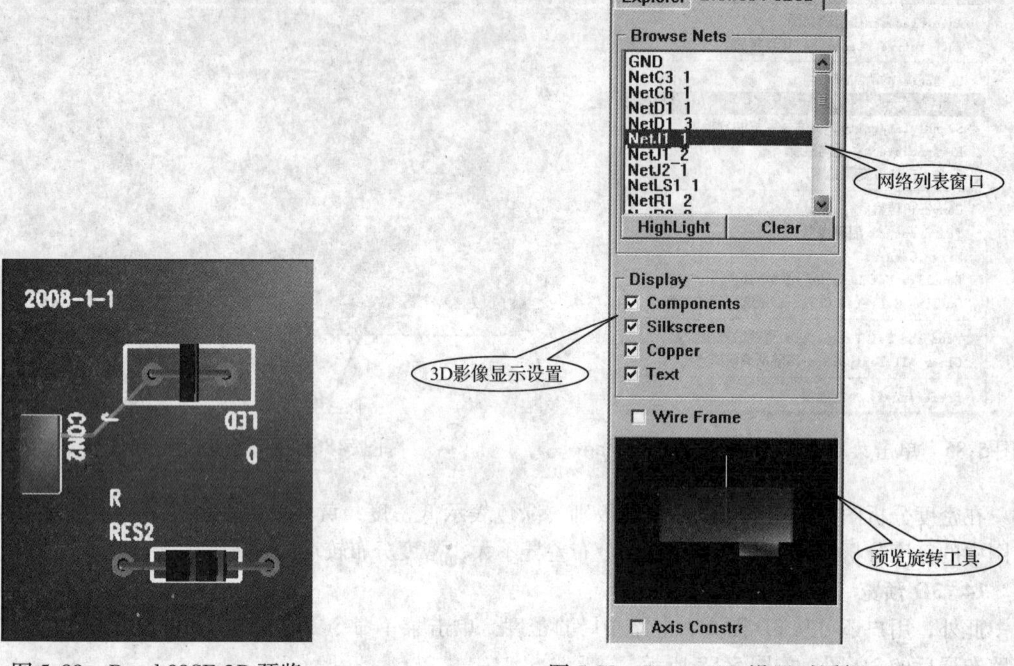

图 5-89　Protel 99SE 3D 预览　　　　图 5-90　Browse 3D 设置对话框

在 Browse Nets 列表中选择期望查看的网络，如选中 NetJ_1，然后单击 HighLight 按钮，此时 3D 图中高亮显示 NetJ_1 网络，如图 5-91 所示。

当用户期望取消对 NetJ_1 的高亮显示时，单击 Clear 按钮即可取消对 NetJ_1 网络的高亮显示。

而在 Display 区域中列出了 3D 影像中显示的元素，包括 Components（元件）、Silkscreen（丝印层）、Copper（覆铜）及 Text（文本）。取消选项，如取消元件选项，则在 3D 影像图中不再显示对应的元件元素，如图 5-92 所示。

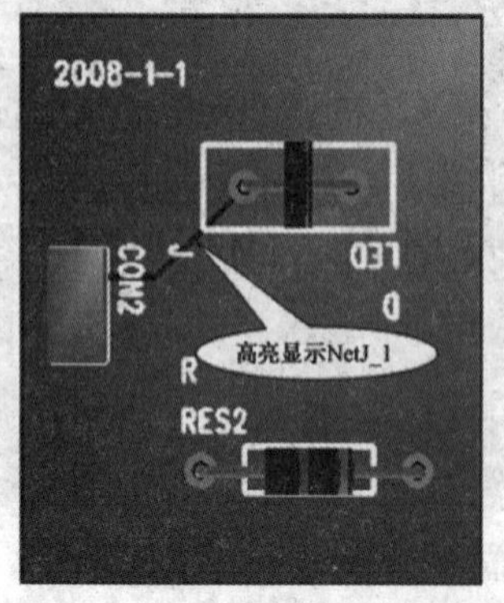

图 5-91　高亮显示 NetJ_1

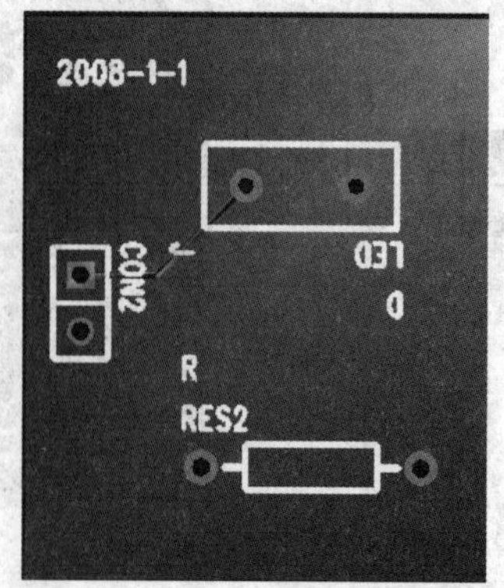

图 5-92　3D 影像图中不显示元件元素

此外，用户还可以利用旋转功能和缩放工具，仔细去观察板子的各方位影像，如图 5-93 所示。

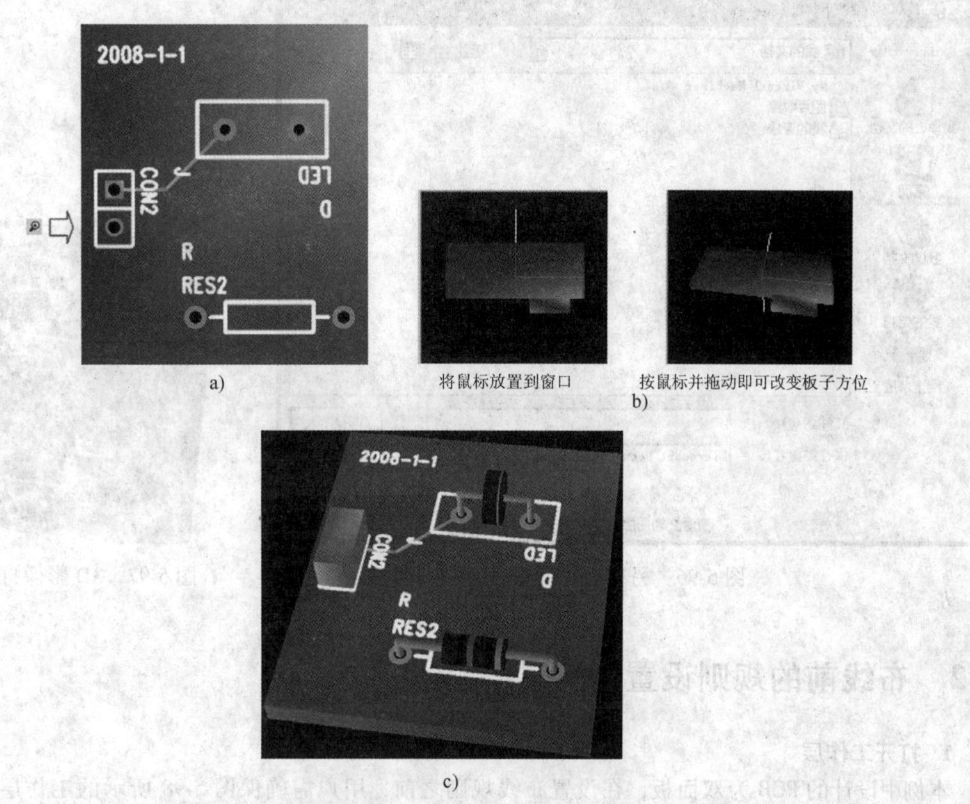

图 5-93　使用旋转功能和缩放工具查看板子的各方位影像

a）使用放大工具放大板子尺寸　b）使用旋转工具改变板子方位　c）旋转并放大后板子的 3D 影像图

选中 Wire Frame 前面的复选框，此时的 3D 影像图将以线框形式显示，如图 5-94 所示。

当用户期望打印 3D 图时，单击菜单命令 File→Print，如图 5-95 所示。

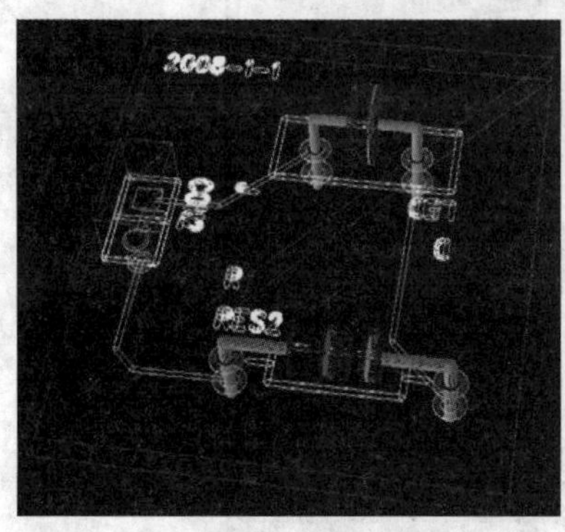

图 5-94　以线框形式显示 3D 影像图

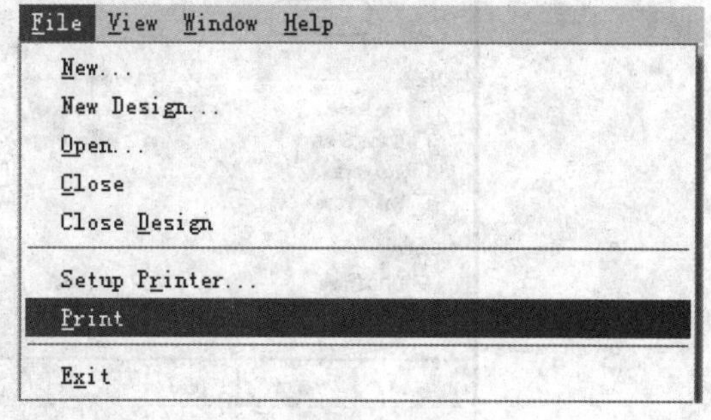

图 5-95　菜单命令 File→Print

系统将弹出另存为对话框，如图 5-96 所示。

选择期望的保存位置后，单击保存按钮，即可保存 3D 影像打印文件。系统输入的 3D 影像打印图如图 5-97 所示。

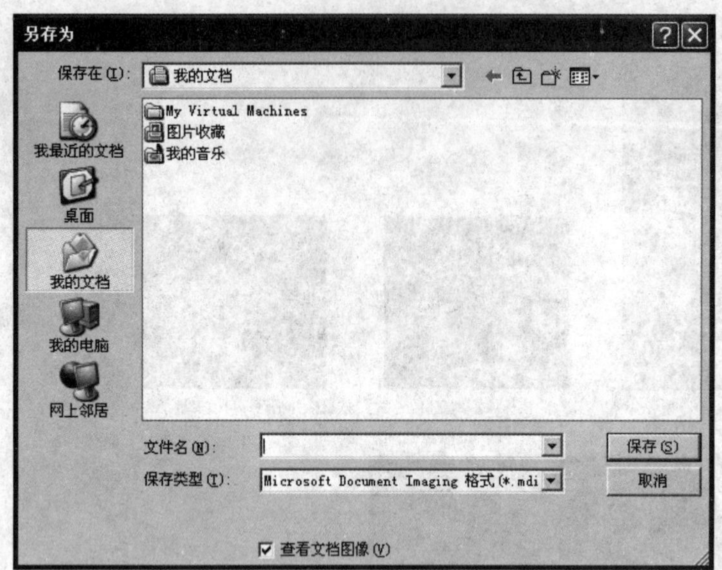

图 5-96　另存为对话框

图 5-97　3D 影像打印图

5.2　布线前的规则设置

1. 打开工作层

本例中设计的 PCB 为双面板，在设置布线规则之前，用户需确保图 5-98 所示的工作层处于打开状态。

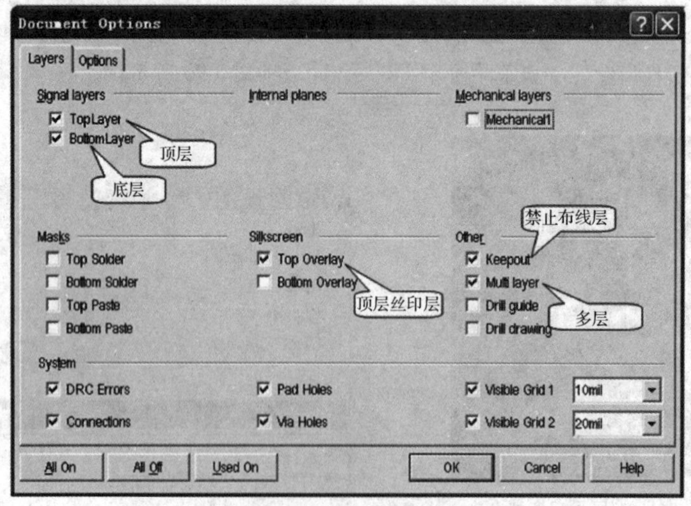

图 5-98　打开的工作层

其中顶层和底层为信号层，丝印层用于放置元件标号及元件标识，而多层主要用于放置 PCB 板边及文字标注。

2. 设置安全间距

注：Protel 99SE 软件中 Routing 的 Clearance Constraint 项规定了板上不同网络的走线、焊盘、过孔等

之间必须保持的距离。在单面板和双面板的设计中，首选值为 10～12mil；4 层及以上的 PCB 首选值为 6～8mil；最大安全间距一般没有限制。

相邻导线间距必须能满足电气安全要求，而且为了便于操作和生产，间距应尽量宽些。最小间距至少要能适合承受的电压。这个电压一般包括工作电压、附加波动电压及其他原因引起的峰值电压。如果相关技术条件允许在线之间存在某种程度的金属残粒，则其间距会减小。设计者在考虑电压时应把这种因素考虑进去。在布线密度较低时，信号线的间距可适当加大，对高、低电压悬殊的信号弹线应尽可能地缩短长度并加大距离。

单击菜单命令 Design→Rules，如图 5-99 所示。系统将弹出规则设置对话框，如图 5-100 所示。

图 5-99　单击菜单命令 Design→Rules

图 5-100　规则设置对话框

其中 Rule Classes 列表框中，Clearance Constraint 为安全间距设置选项，用于定义覆铜层面上元件间的最小间距。用鼠标单击对话框中的 Properties 按钮，即可弹出安全间距编辑对话框，如图 5-101 所示。

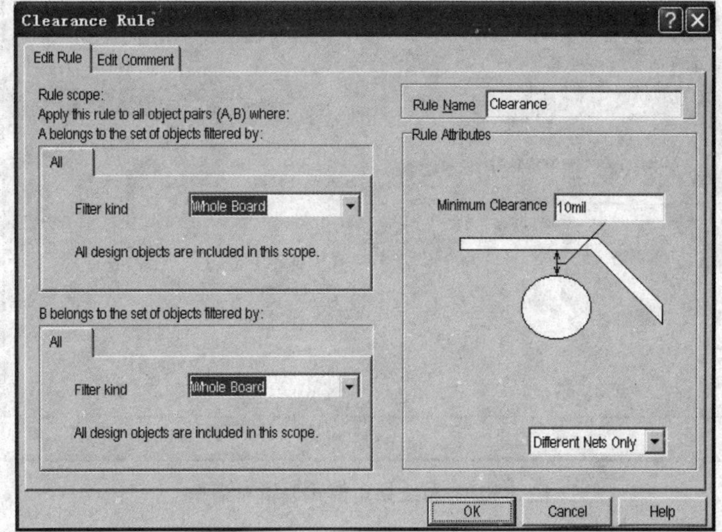

图 5-101　安全间距编辑对话框

在 Rule scope（规则适用范围）区域内，用户可编辑规则适用的范围，通常采用系统的默认设置；Minimum Clearance 为最小间距设置值，而 Different Nets Only 为规则适用的网络。在本例中使用系统的默认设置，单击 OK 按钮返回规则设置首页。

3. 拐角模式设置

接下来用户需设置布线拐角（Routing Corners）模式，即设置布线过程中对于转弯的处理方式。将光标移到 Rule Classes 中的 Routing Corners 处单击，系统默认的布线拐角模式如图 5-102 所示。

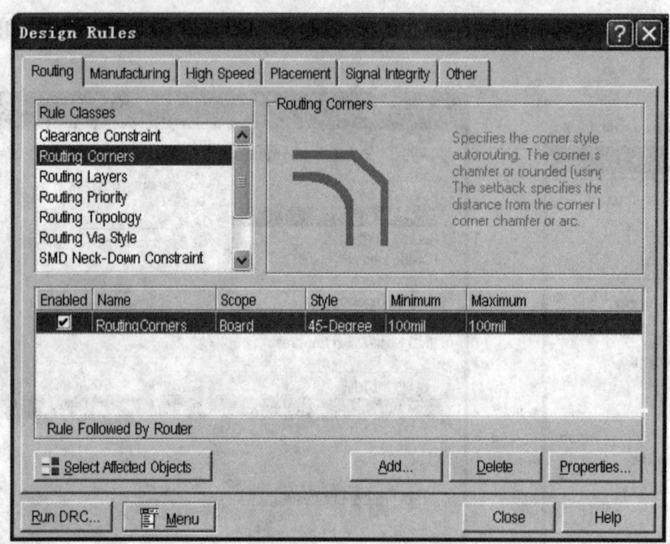

图 5-102　系统默认的布线拐角模式

单击 Properties 按钮，用户即可进入布线拐角模式编辑对话框，如图 5-103 所示。

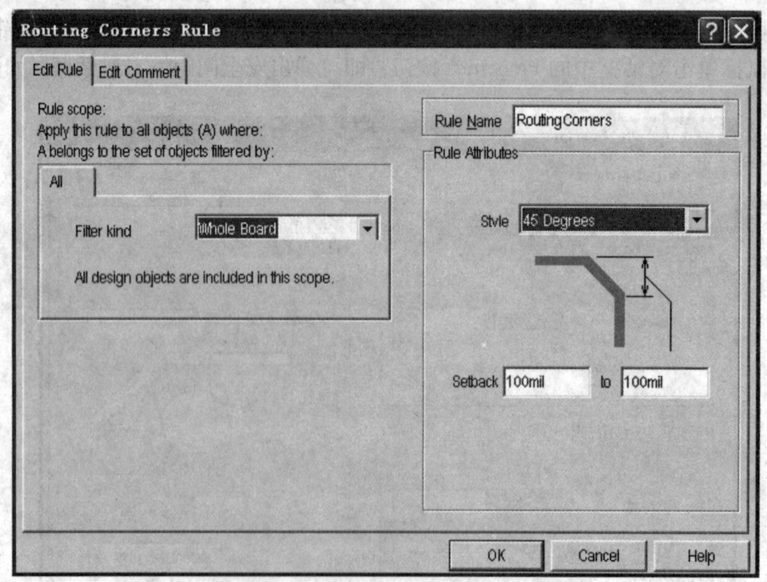

图 5-103　布线拐角模式编辑对话框

其中，Rule Attributes 区域内的 Style 中提供了 3 种布线拐角模式，见表 5-1。

表 5-1　系统提供的三种布线拐角模式

拐角模式	图　示	说　明
90 Degrees		布线比较简单，但因为有尖角，容易积累电荷，从而会接收或发射电磁波，可见该种布线的电磁兼容性能比较差
45 Degrees		45°角布线将 90°角的尖角分成两部分，可见电路的积累电荷效应降低，从而改善了电路的抗干扰能力
Rounded		圆角布线方式不存在尖端放电。该种布线方式具有较好的电磁兼容性能，比较适合高电压、点电流电路布线

用户可根据实际空间状况选择相应的拐角模式。本例采用系统的默认模式。

4. 布线层设置

注：Routing 的 Routing Layers 设置使用的走线层面和每层的走线方向（贴片单面板只用顶层，直插单面板只用底层）。一般情况下，使用默认值。请注意贴片的单面板只用顶层，直插型的单面板只用底层，但是多层板的电源层不是在这里设置，选择菜单命令 Design-Layer Stack Manager，在弹出的对话框中单击顶层或底层后用 Add Plane 添加。

单击 Rule Classes 中的 Routing Layers，系统默认的布线层设置如图 5-104 所示。

单击 Properties 按钮，即可设置布线层，如图 5-105 所示。

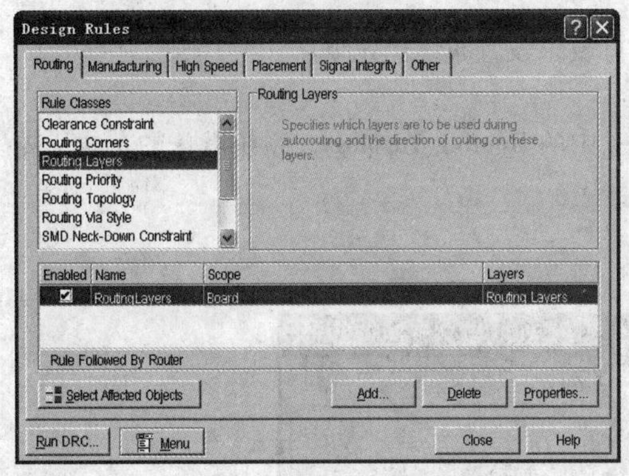

图 5-104　系统默认的布线层设置

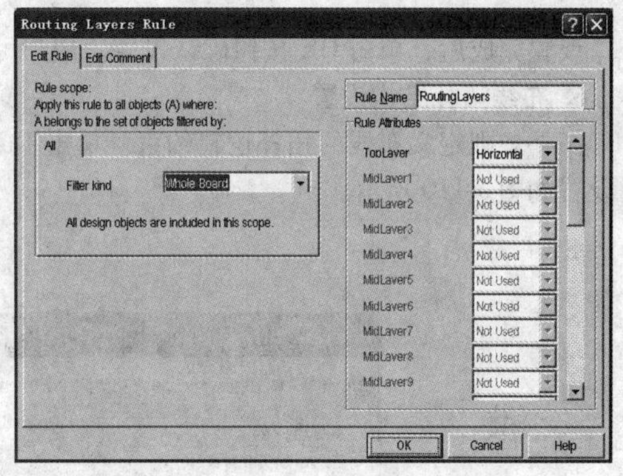

图 5-105　设置布线层

在 Rule Attributes 中列出了各布线层的布线走向，用户可根据实际要求单击下拉按钮选择布线走向，如图 5-106 所示。

5. 布线优先级设置

单击 Rule Classes 中的 Routing Priority，系统默认的布线优先级设置如图 5-107 所示。

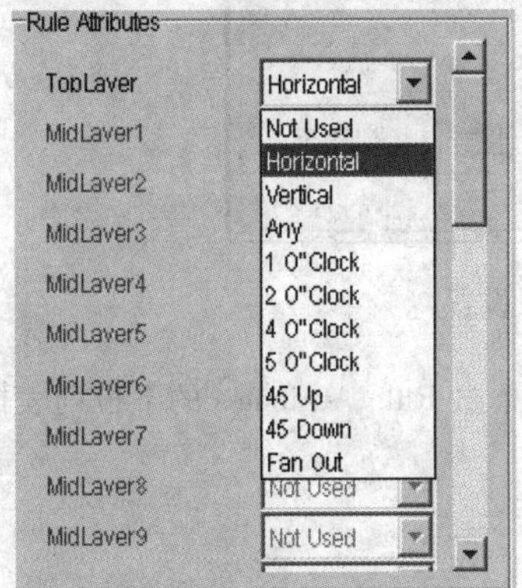

图 5-106　选择布线走向

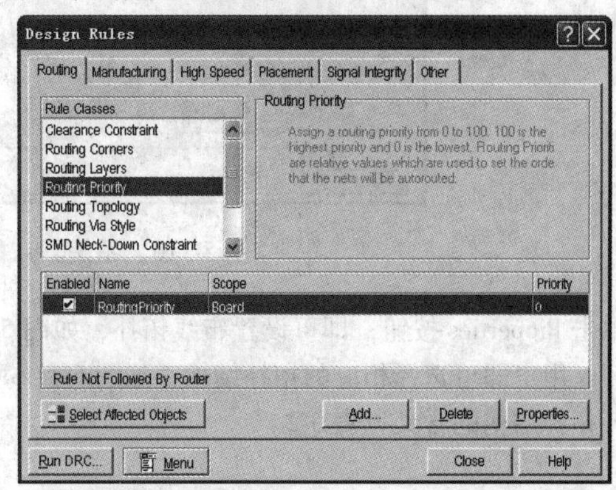

图 5-107　系统默认的布线优先级设置

单击 Properties 按钮，系统弹出设置布线优先级对话框，如图 5-108 所示。

在 Filter Kind 中选择期望设置优先布线的网络，然后单击 Routing Priority 的上下箭头按钮设置布线优先级，如图 5-109 所示。

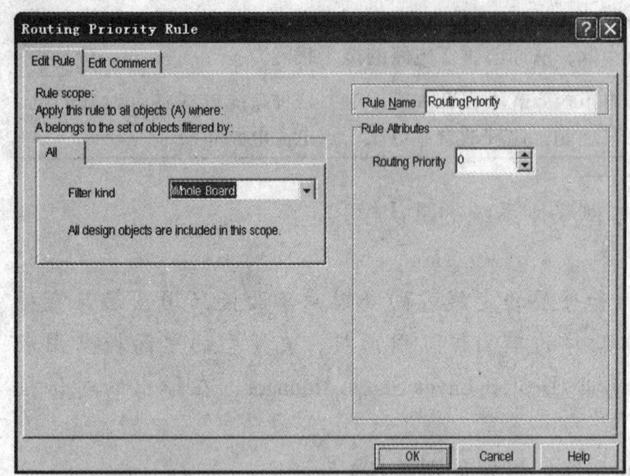

图 5-108　设置布线优先级对话框

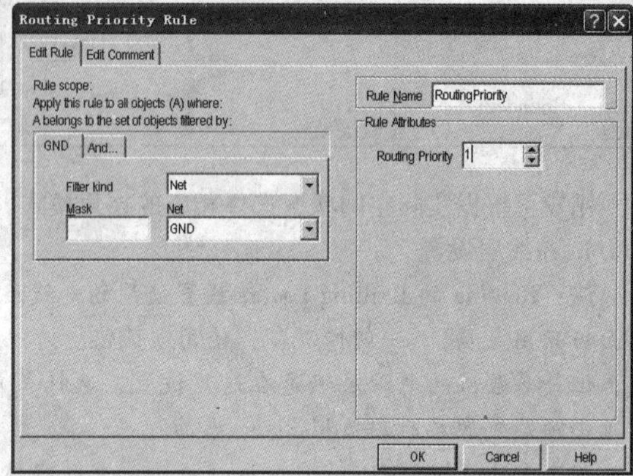

图 5-109　设置布线优先级

设置完成后，单击 OK 按钮确认设置。用户可根据实际要求设置布线优先级。

6. 布线拓扑结构设置

拓扑规则定义布线的拓扑逻辑约束。单击 Rule Classes 中的 Routing Topology，系统默认的布线优先级设置如图 5-110 所示。

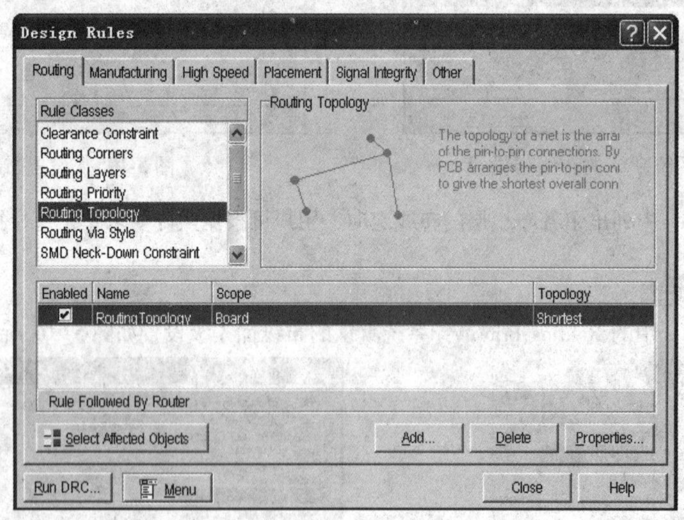

图 5-110　系统默认的布线优先级设置

单击 Properties 按钮，即可设置布线拓扑，如图 5-111 所示。单击 Rule Attributes 的下拉列表框的下拉按钮，用户即可选择相应的拓扑结构，如图 5-112 所示。

各拓扑结构的含义见表 5-2。

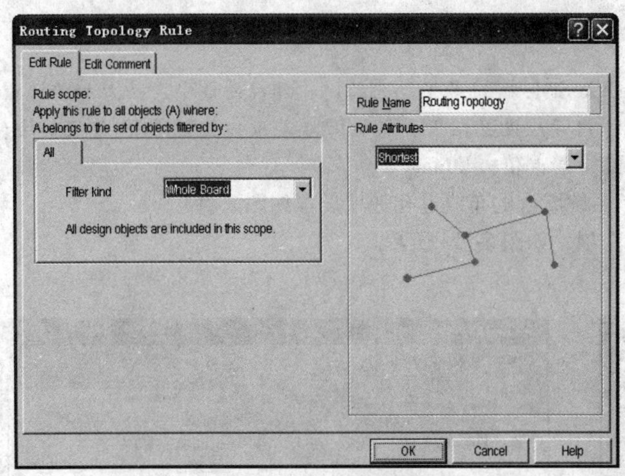

图 5-111　设置布线拓扑

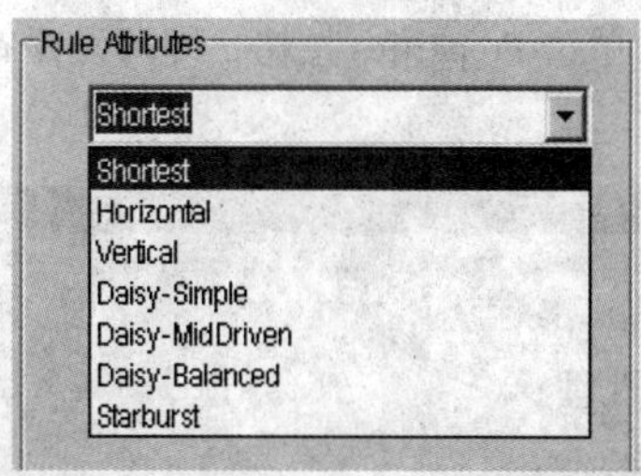

图 5-112　选择相应的拓扑结构

表 5-2　各拓扑结构的含义

名　称	图　解	说　明
Shortest（最短）		在布线时连接所有节点的连线最短
Horizontal（水平）		连接所有节点后，在水平方向连线最短
Vertical（垂直）		连接所有节点后，在垂直方向连线最短
Daisy-Simple（简单雏菊）		使用链式连通法则，从一点到另一点连通所有的节点，并使连线最短
Daisy-MidDriven（雏菊中点）	Source	选择一个 Source（源点），以它为中心向左右连通所有的节点，并使连线最短
Daisy-Balanced（雏菊平衡）	Source	选择一个源点，将所有的中间节点数目平均分成组，所有的组都连接在源点上，并使连线最短
Starburst（星形）	Source	选择一个源点，以星形方式去连接别的节点，并使连线最短

用户可根据实际电路选择布线拓扑。

7. 布线过孔选项设置

注：Protel 99SE 软件中 Routing 的 Routing Via Style 项规定了过孔的内、外径的最小、最大和首选值。单面板和双面板过孔外径应设置在 40～60mil；内径应设置在 20～30mil。4 层及以上的 PCB 外径最小值为 20mil，最大值为 40mil；内径最小值为 10mil，最大值为 20mil。

单击 Rule Classes 中的 Routing Via Style，系统默认的布线过孔选项设置如图 5-113 所示。

单击 Properties 按钮，即可设置布线过孔选项，如图 5-114 所示。

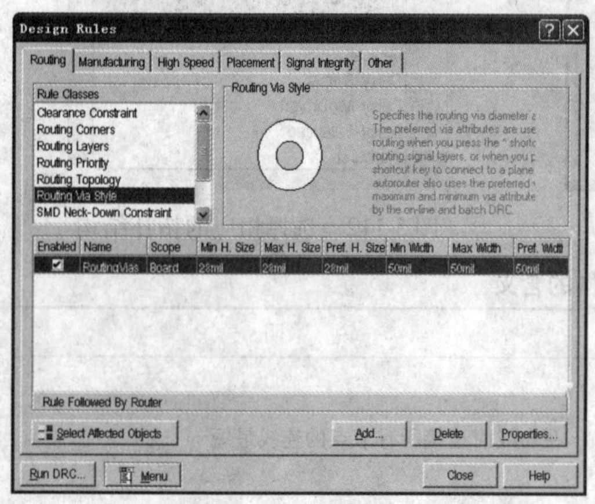

图 5-113 系统默认的布线过孔选项设置

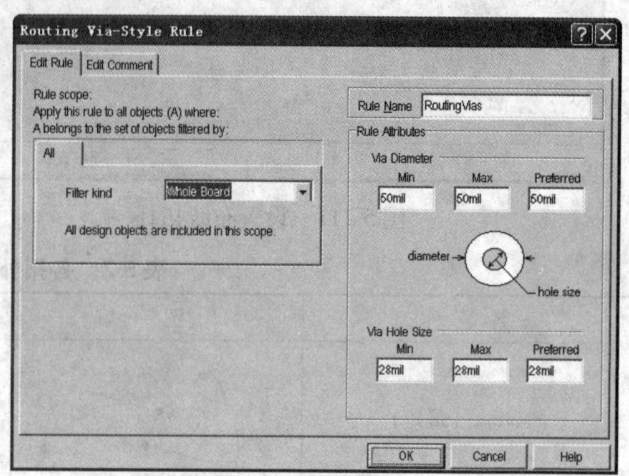

图 5-114 设置布线过孔选项

在 Rule Attributes 中用户可根据实际电路设置定义过孔内、外径的尺寸。

8. 线宽约束设置

注：在制作 PCB 时，走大电流的地方用粗线（如 50mil，甚至 50mil 以上），小电流的信号可以用细线（如 10mil）。通常线框的经验值是 10A/mm^2，即横截面积为 1mm^{2}的走线能安全通过的电流值为 10A。如果线宽太细的话，在大电流通过时走线就会烧毁。当然电流烧毁走线也要遵循能量公式 $Q=I^2t$，比如对于一个有 10A 电流的走线来说，突然出现一个 100A 的电流毛刺，持续时间为微秒级，那么 30mil 的导线是肯定能够承受住的，在实际中还要综合导线的长度进行考虑。

印制电路板导线的宽度应满足电气性能要求而又便于生产，最小宽度主要由导线与绝缘基板间的黏附强度和流过的电流值所决定，但最小不宜小于 8mil，在高密度、高精度的印制电路中，导线宽度和间距一般可取 12mil；导线宽度在大电流情况下还要考虑其温升，单面板实验表明当铜箔厚度为 50μm、导线宽度 1～1.5mm、通过电流 2A 时温升很小，一般选用 40～60mil 宽度的导线就可以满足设计要求而不致引起温升；印制导线的公共地线应尽可能粗，通常用大于 80～120mil 的导线，这在带有微处理器的电路中尤为重要，在地线过细时，由于流过的电流的变化，地电位变动，微处理器定时信号的电压不稳定，会使噪声容限劣化；在 DIP 的 IC 引脚间走线，可采用“10—10”与“12—12”的原则，即当两脚间通过两根线时，焊盘直径可设为 50mil、线宽与线距均为 10mil；当两脚间只通过 1 根线时，焊盘直径可设置为 64mil、线宽与线距均为 12mil。

用户通常需要设置的规则为线约束（Width Constraint），即设置布线中的线宽。单击 Rule Classes 中的 Width Constraint 选项，线约束的默认设置如图 5-115 所示。

单击 Properties 按钮，用户即可进入线约束编辑对话框，如图 5-116 所示。

为了提高抗干扰能力，增加系统的可靠性，往往需要将电源/接地线和一些过电流较大的线加宽。为此单击 Rule scope 区域中 Filter Kind 的下拉按钮，如图 5-117 所示。选择 Net 选项，结果如图 5-118 所示。

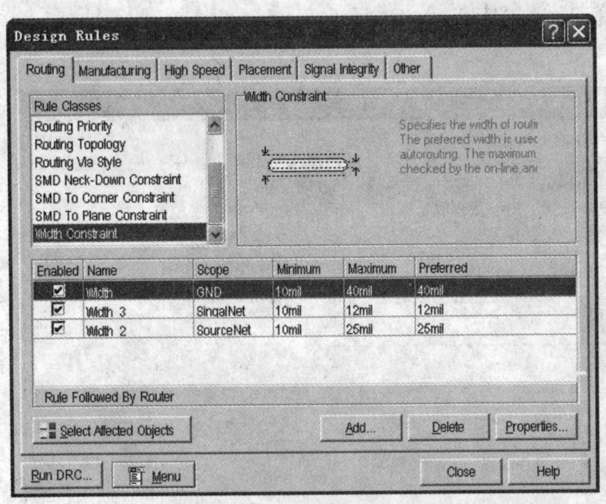

图 5-115　线约束的默认设置

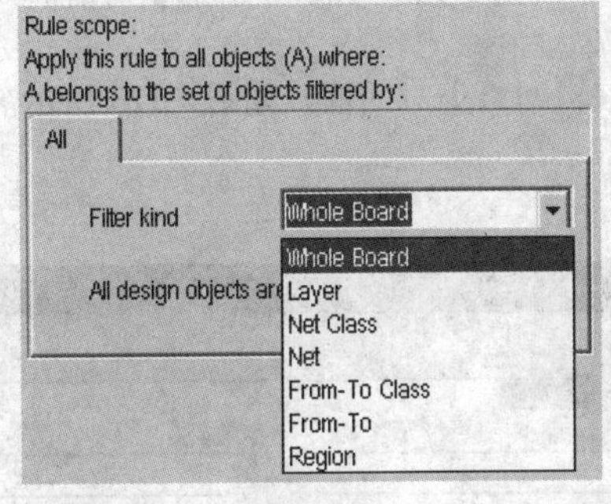

图 5-116　线约束编辑对话框

图 5-117　单击 Rule scope 区域中 Filter Kind 的下拉按钮

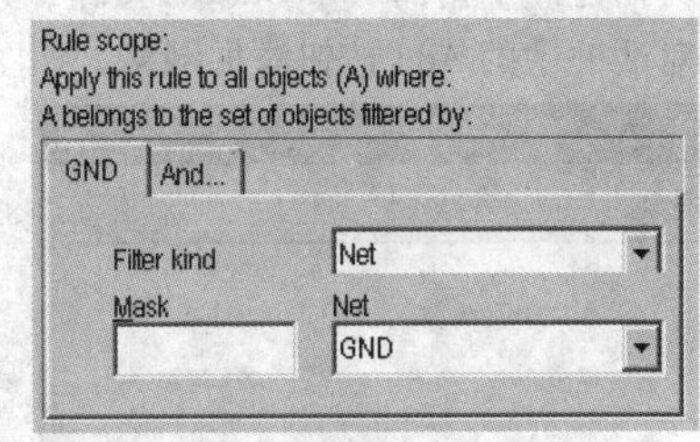

图 5-118　选择 Net 选项

分别设置地线网络 GND 的最小值（Minimum Width）、最大值（Maximum Width）和首选值（Preferred Width），在本例中地线的设置值如图 5-119 所示。

设置完成后，单击 OK 按钮确认设置。

本例中的电源网络（NetJ1_1、NetJ1_2、NetD1_1、NetD1_3、NetU2_4、NetU2_11）传输 ± 15V 电压，如图 5-120 所示。

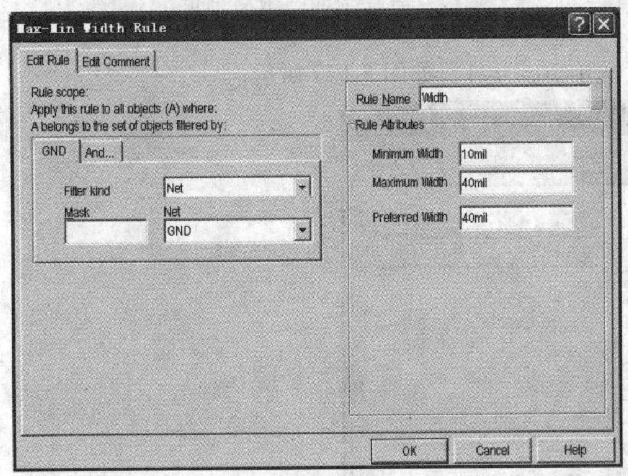

图 5-119　地线的设置

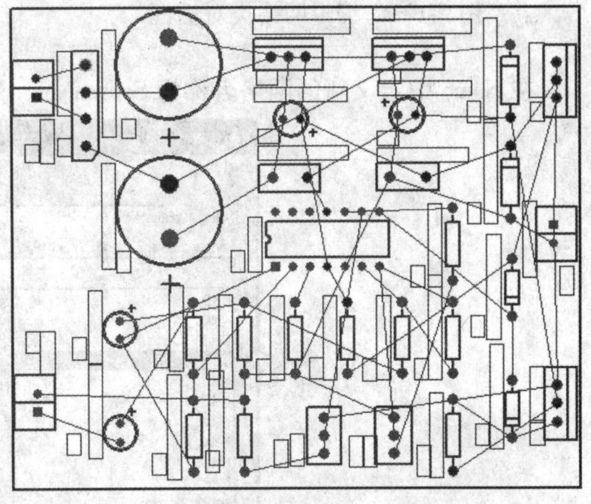

图 5-120　本例中的电源网络（黑点标注的网络）

用户也应加粗上述网络线路。单击规则设置对话框中的 Add，系统将弹出添加线约束对话框。在对话框中单击 Rule scope 区域中 Filter Kind 的下拉按钮，单击列表中的 Net Class 选项，如图 5-121 所示。

此时出现 Net Class 编辑对话框，如图 5-122 所示。

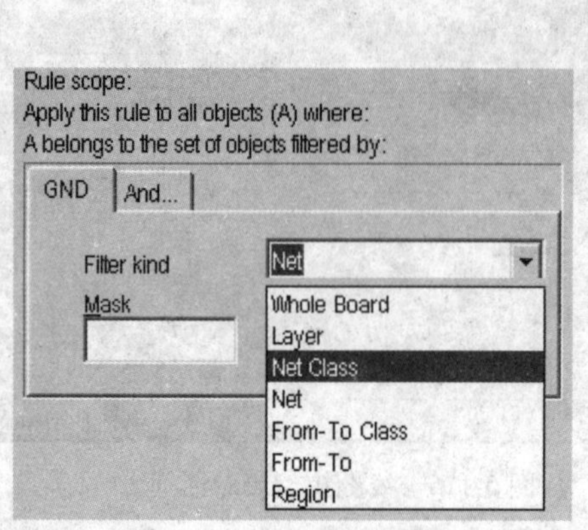

图 5-121　单击 Filter Kind 列表中的 Net Class 选项

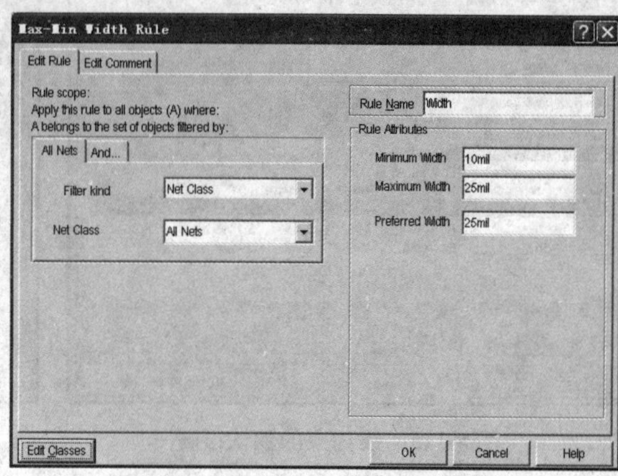

图 5-122　Net Class 编辑对话框

单击对话框左下角的 Edit Classes 按钮，系统将弹出编辑网络类对话框，如图 5-123 所示。

单击对话框中的 Add 按钮添加网络，如图 5-124 所示。

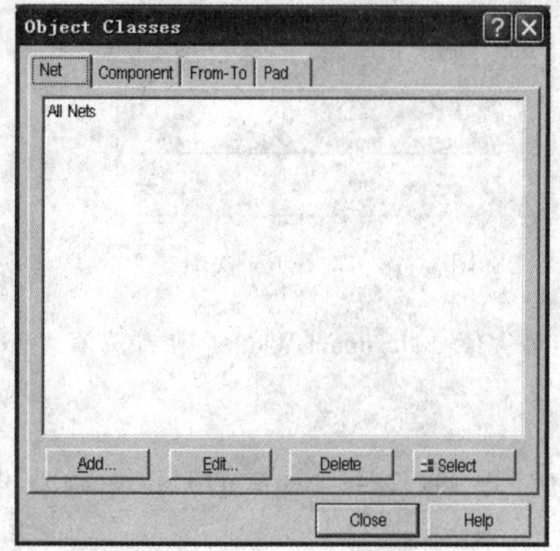

图 5-123　编辑网络类对话框

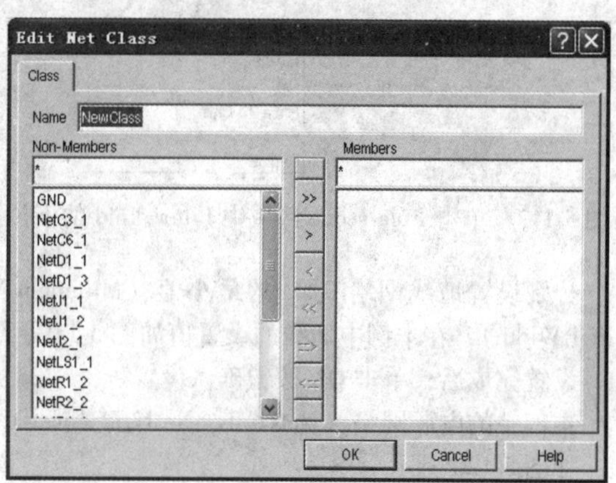

图 5-124　添加网络对话框

在 Name 中定义新的网络名称为 SourceNet，然后选中 NetD1_1，如图 5-125 所示。

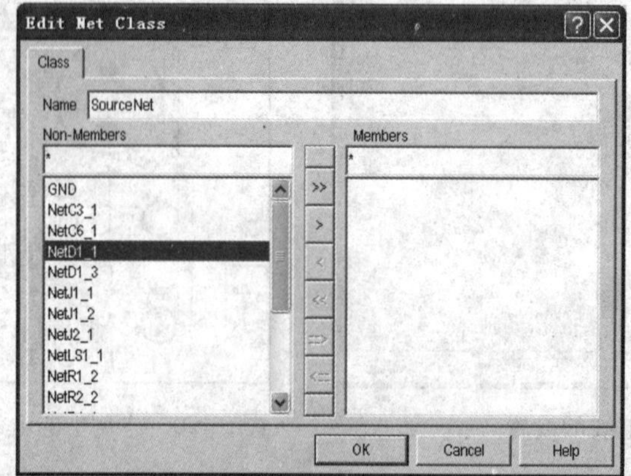

图 5-125　重新定义网络名称，并为新的网络添加成员

单击对话框中的“>”按钮，即可将 NetD1_1 添加到新的网络，如图 5-126 所示。

按照上述方式添加 NetJ1_1、NetJ1_2、NetD1_3、NetU2_4、NetU2_11 到新的网络，其结果如图 5-127所示。

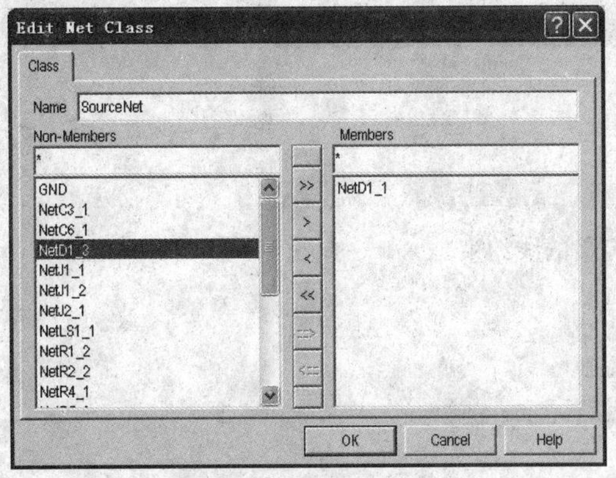

图 5-126　添加新的网络成员

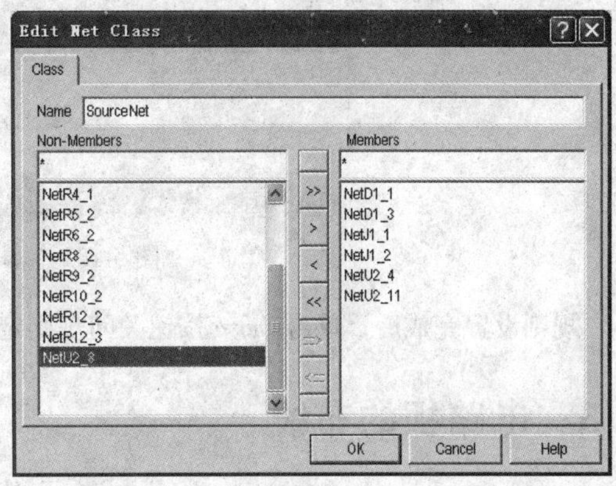

图 5-127　添加其他新成员到新的网络

添加完成后，单击 OK 按钮确认设置，然后定义电源网络的线宽，如图 5-128 所示。

接下来定义信号线的线约束。将除 GND 网络、SourceNet 网络之外的其他网络定义为 SingalNet，如图 5-129 所示。

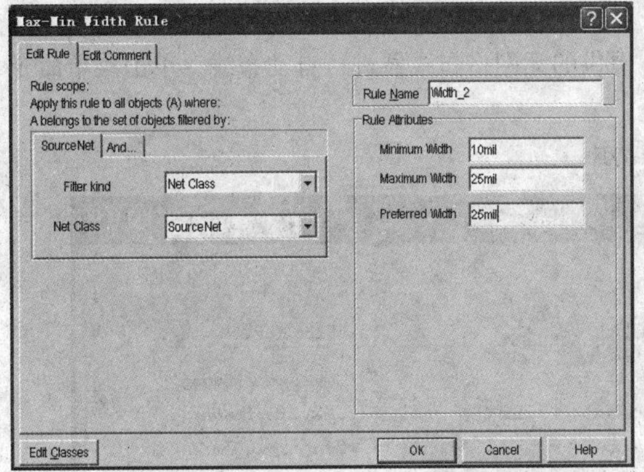

图 5-128　定义电源网络的线宽

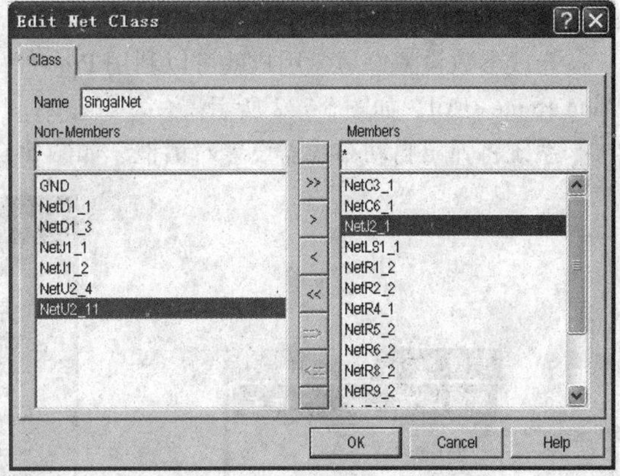

图 5-129　定义 SingalNet 网络

定义完成后，单击 OK 按钮确认设置。然后设置信号网络的线约束，如图 5-130 所示。

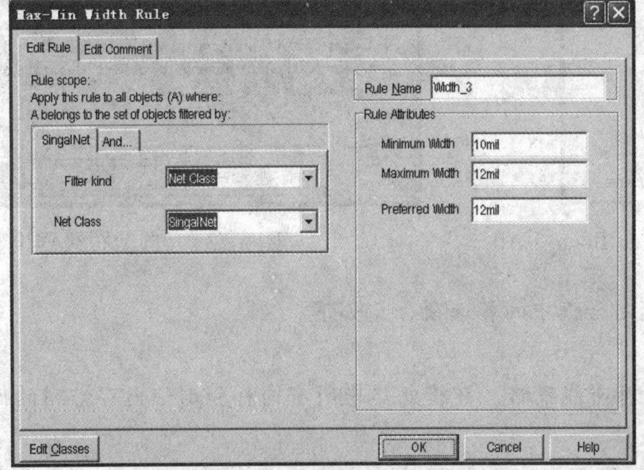

图 5-130　设置信号网络的线约束

在本例中定义的线约束如图 5-131 所示。

Enabled	Name	Scope	Minimum	Maximum	Preferred
☑	Width	GND	10mil	40mil	40mil
☑	Width 3	SingalNet	10mil	12mil	12mil
☑	Width 2	SourceNet	10mil	25mil	25mil

Rule Followed By Router

图 5-131　本例中定义的线约束

规则设置完成后，单击 Close 按钮关闭规则定义窗口。

5.3　电路板的布线

在 PCB 设计中，布线是完成产品设计的重要步骤，可以说前面的准备工作都是为它而做的。在整个 PCB 设计中，以布线的设计过程限定最高、技巧最细、工作量最大。PCB 布线分为单面布线、双面布线及多层布线 3 种。PCB 布线可使用系统提供的自动布线或手动布线两种方式。PCB 设计的好坏对电路抗干扰能力影响很大。在进行 PCB 设计时，必须遵守设计的基本原则，并应符合抗干扰设计的要求，使得电路获得最佳的性能。

1. 自动布线——All 方式

布线参数设置好后，用户就可以利用 Protel 99SE 提供的无网格布线器进行自动布线，单击菜单命令 Auto Route→All，如图 5-132 所示。

系统将弹出自动布线器设置对话框，如图 5-133 所示。

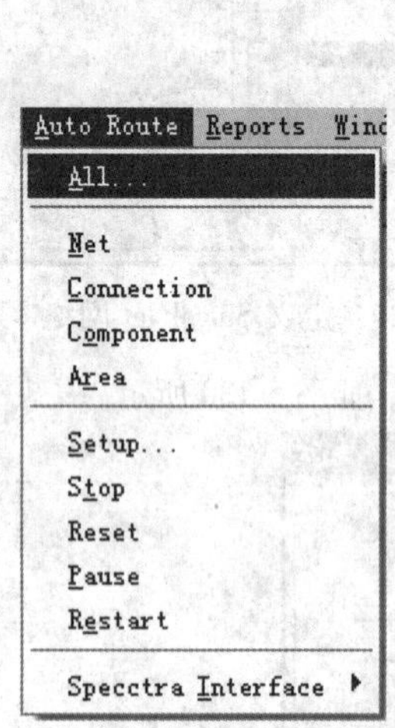

图 5-132　菜单命令 Auto Route→All

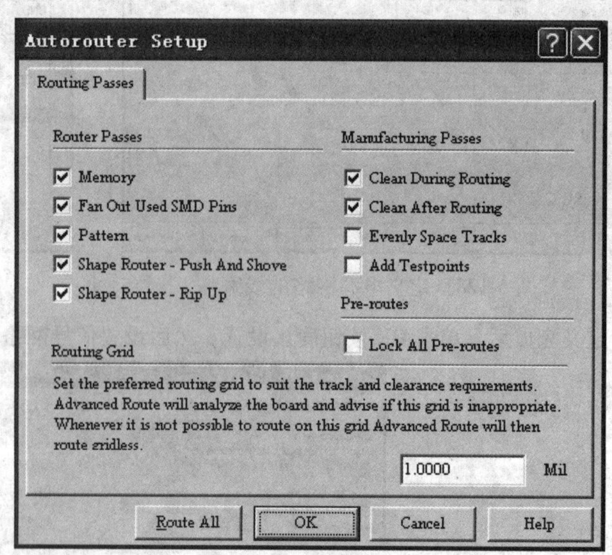

图 5-133　自动布线器设置对话框

注：自动布线器设置对话框中的各选项含义如下。

(1) Router Passes

1) Memory 为采用内存布线策略，即将电路中所有内存和类似内存排列的网络以几乎平行的走线方式完成各焊点间的铜膜连接。

2) Fan Out Used SMD Pins 为采用 SMD 扇出布线策略，即先将表面粘着式元件的焊点往外拉出一小段铜膜走线后，再放置导孔，然后与其他网络完成连接。

3）Pattern 为采用模式布线策略。Protel 布线程序已经针对各种布线模式设计了对应的处理程序，对此选项用户应每次都选中。

4）Shape Router-Push And Shove 为采用推挤式布线策略，即当前的走线遇到其他走线或导孔挡道时，就将它们推开，这是走线的一种策略。

5）Shape Router-Rip Up 为采用拆线式布线策略，即当前的走线遇到其他走线或导孔挡道时，就将它们拆掉，然后走线。

（2）Manufacturing Passes

1）Clean During Routing 为在布线过程中清除不必要的焊点。

2）Clean After Routing 为在所有布线流程结束后清除不必要的焊点。

3）Evenly Space Tracks 为在 CI 焊点间通过的走线不靠边而尽量从焊点间的中央通过。

4）Add Testpoints 为在电路板的每条网络线上都放置测试点。

（3）Pre-routes

Lock All Pre-routes 为锁定已完成走线，即当用户已用自动布线或手动布线方式布好部分电路，现在要使用自动布线方式完成剩余部分的布线时，可使用这一功能。

（4）Routing Grid　设置适合铜膜走线与走线间距的布线格点距离。

该区域用于本例中采用系统的默认设置，单击对话框中的 Route All 按钮，系统将弹出询问对话框，如图 5-134 所示。

图 5-134　询问对话框

系统询问用户是否将布线格点从 1mil 调整为 10mil，单击是（Y）按钮，系统进入自动布线状态，如图 5-135 所示。

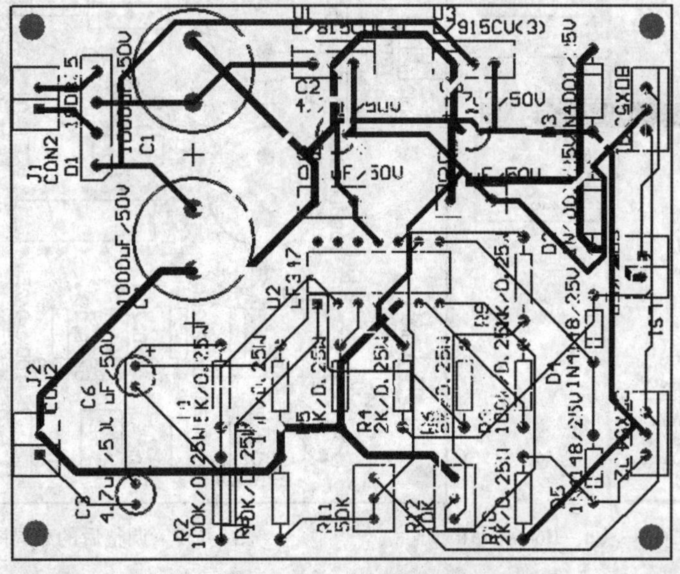

图 5-135　系统进入自动布线状态

当布线完成后，系统将弹出布线信息对话框，如图 5-136 所示。

其中，Routing completion 为布通率，本例为 100% 布通；Connections routed 为标注完成的铜膜走线条数，本例中共完成 61 条铜膜走线；Connections remaining 表示未完成的铜膜走线条数，本例为全部完成布线，未完成的铜膜走线条数为 0；Elapsed routing time 表示自动布线的耗时。

单击 OK 按钮关闭信息对话框，用户可查看电路自动布线结果，如图 5-137 所示。

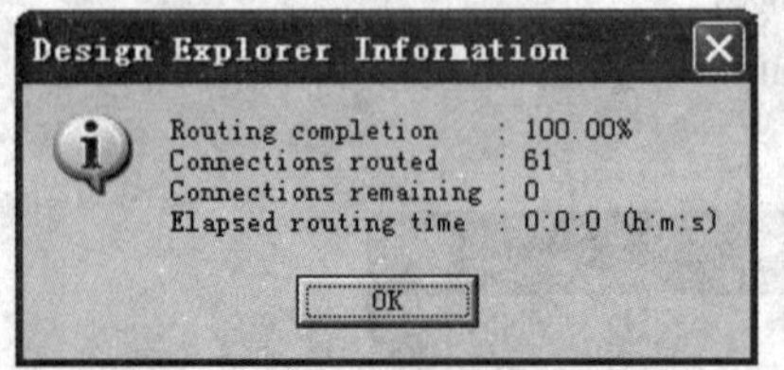

图 5-136　布线信息对话框

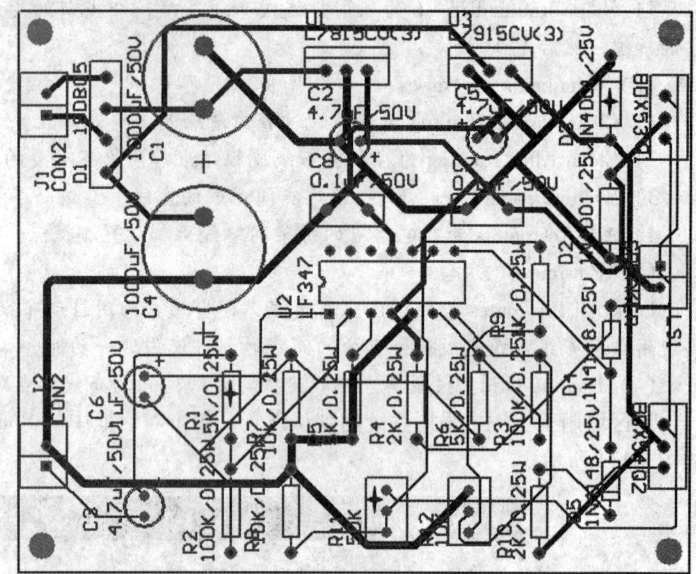

图 5-137　电路自动布线结果

从自动布局的结果可知，如果局部调整元件（如图 5-137 中用黑色四角星标注的元件），可改善自动布线结果。单击菜单 Tools→Un－Route→All 命令，如图 5-138 所示。

自动布线将被删除，用户可布局调整元件。调整后的布局图如图 5-139 所示。

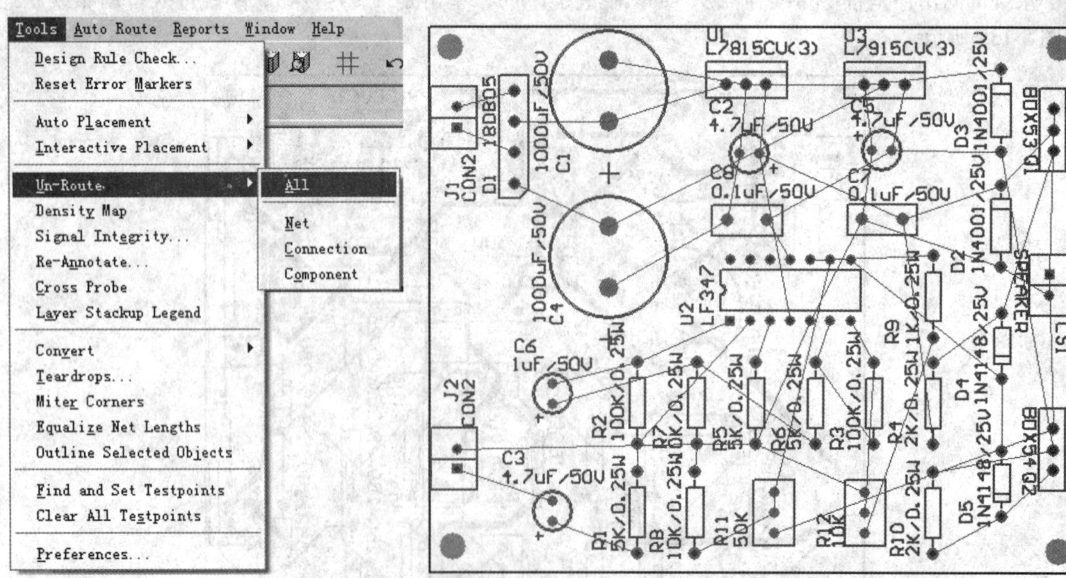

图 5-138　菜单命令 Tools→Un－Route→All　　　　图 5-139　调整后的布局图

再次进行自动布线，调整后的布线结果如图 5-140 所示。

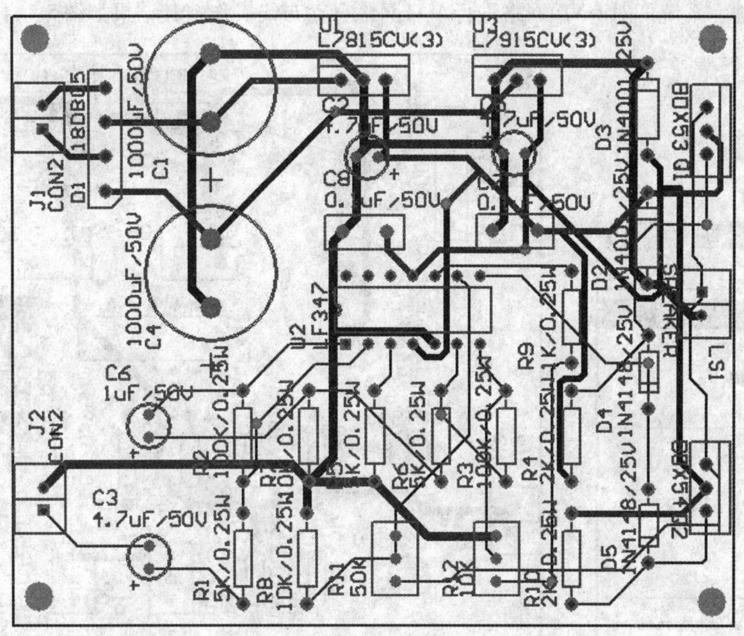

图 5-140　调整后的布线结果

继续调整，直至布线结果满足要求。

2. 自动布线——Net 方式

Net 方式布线，即用户可以以网络为单元，对电路进行布线。以本例为例，首先对 GND 网络进行布线，然后对剩余的网络进行全电路自动布线。

首先查找 GND 网络，用户可使用导航对话框查找，如图 5-141 所示。单击对话框中的 Select 按钮，即可将板框内的 GND 网络选中，如图 5-142 所示。

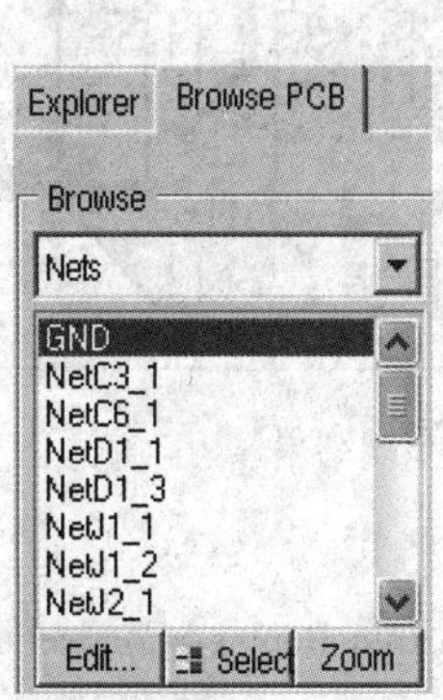

图 5-141　使用导航对话框查找网络

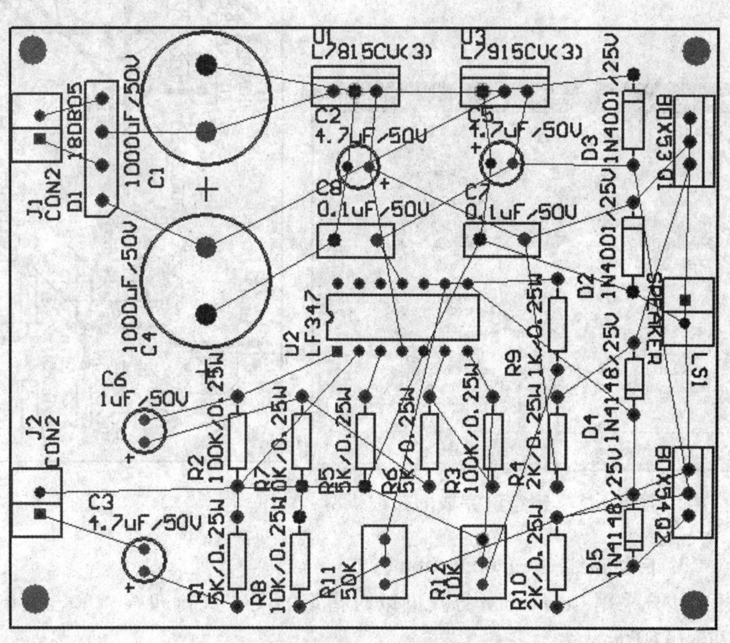

图 5-142　选中 GND 网络（黑点标注的网络）

单击菜单命令 Auto Route→Net，如图 5-143 所示。此时鼠标以十字光标形式出现，在 GND 网络的飞线上单击鼠标左键，系统即对 GND 网络进行单一网络自动布线操作，其结果如图 5-144 所示。

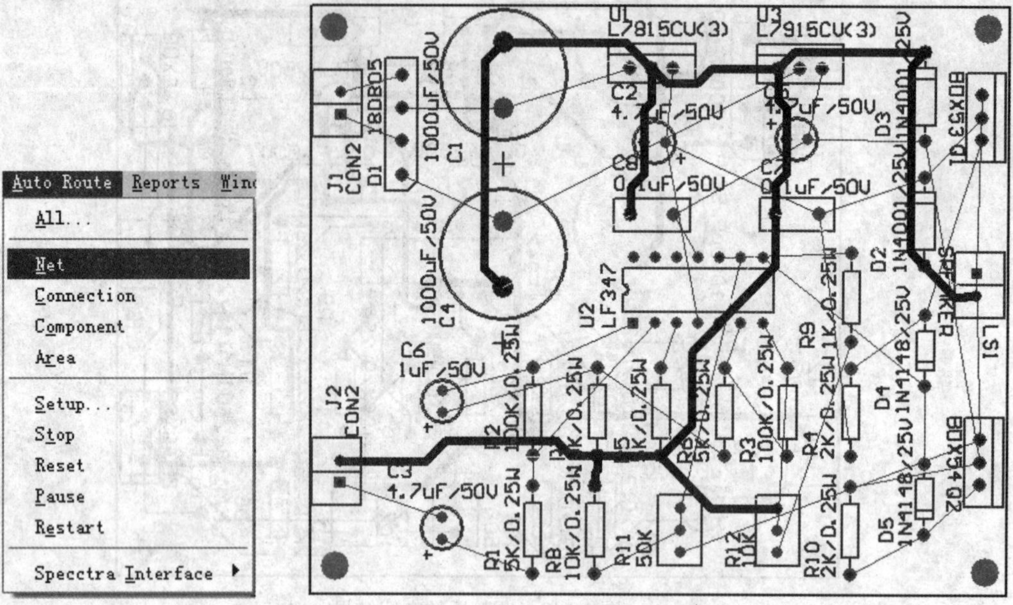

图 5-143　菜单命令 Auto Route→Net　　　　图 5-144　对 GND 网络进行单一网络自动布线

单击鼠标右键，对剩余电路进行布线，单击 Auto Route→All 命令，在弹出的对话框中锁定已完成的布线，如图 5-145 所示。

单击 Route All 按钮对剩余网络进行布线，布线结果如图 5-146 所示。

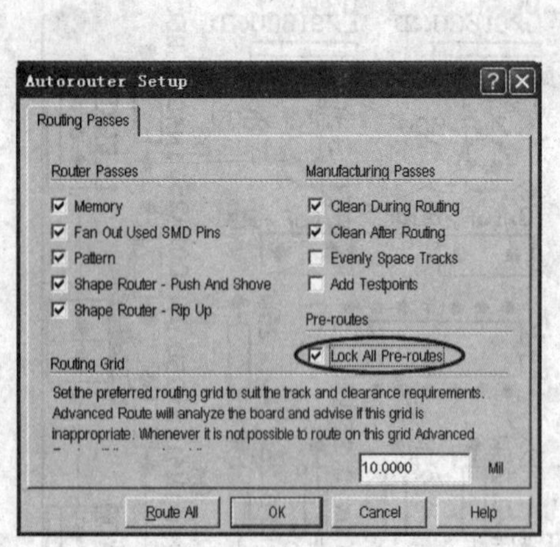

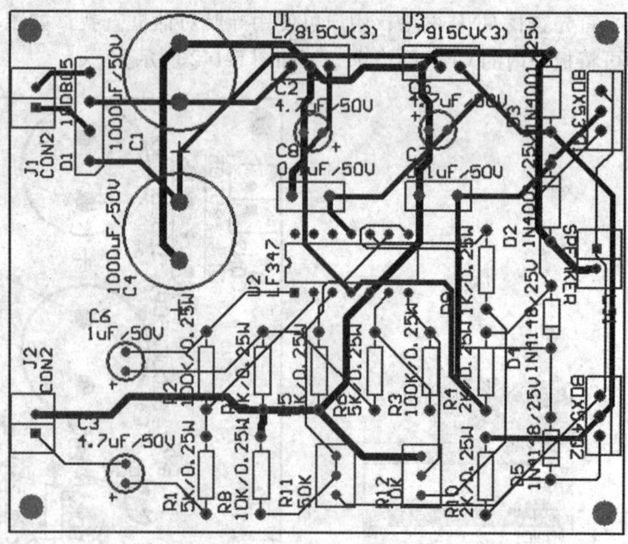

图 5-145　锁定已完成的布线　　　　图 5-146　分步布线结果

3. 自动布线——Connection 方式

用户采用 Connection 方式可以对指定的飞线进行布线。单击菜单命令 Auto Route→Connection，如图 5-147所示。

此时鼠标以十字光标形式出现，在期望布线的飞线上单击鼠标左键，即可对这一飞线进行单一连线自动布线操作，如图 5-148 所示。

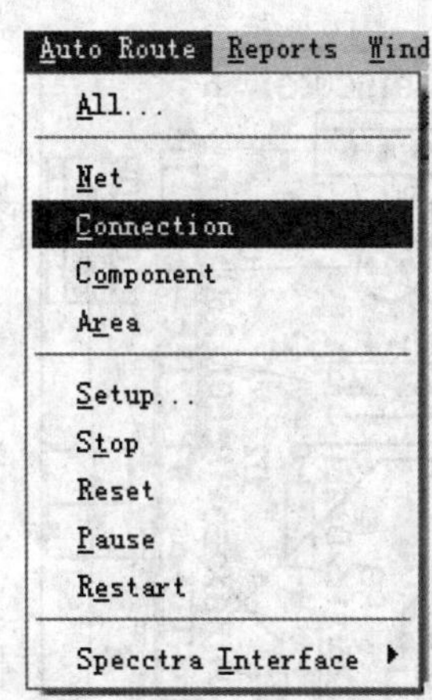

图 5-147　菜单命令 Auto Route→Connection

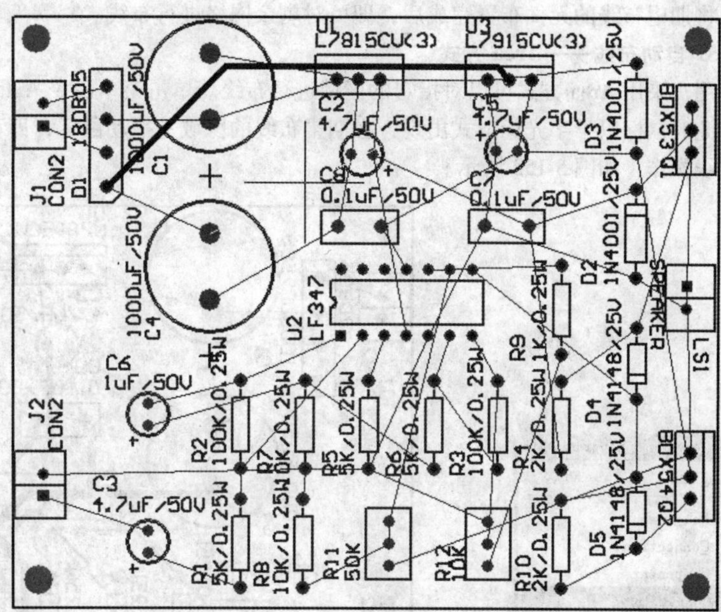

图 5-148　对单一连线进行自动布线操作

将期望布线的飞线布置完成后，即可对剩余网络进行布线。

4. 自动布线——Component 方式

用户采用 Component 方式可以对指定的元件进行布线。单击菜单 Auto Route→Component 命令，如图 5-149 所示。

此时鼠标以十字光标形式出现，在期望布线的元件上单击鼠标左键，即可对这一元件的网络进行单一连线自动布线操作，如图 5-150 所示。

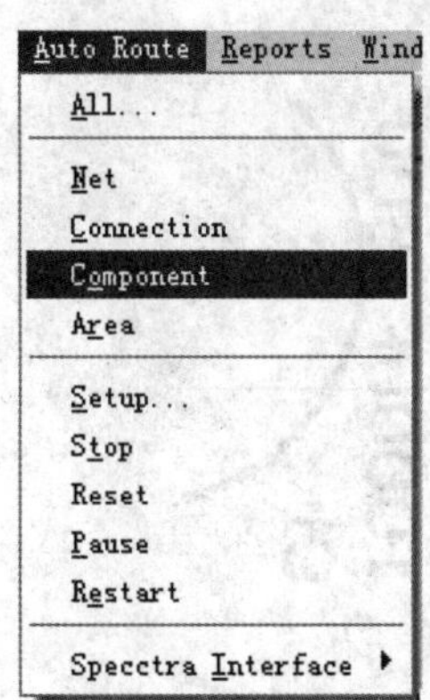

图 5-149　菜单命令 Auto Route→Component

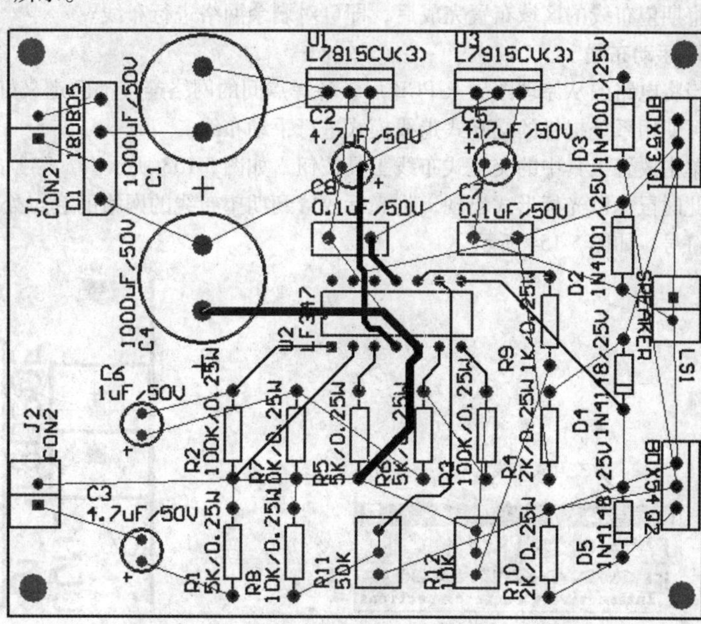

图 5-150　对单一元件进行自动布线操作

将期望布线的元件布置完成后，即可对剩余网络进行布线。

5. 自动布线——Area 方式

用户采用 Area 方式可以对指定的区域进行布线。单击菜单命令 Auto Route→Area，如图 5-151 所示。

此时鼠标以十字光标形式出现，在期望布线的区域上拖动鼠标，即可对选中的区域进行单一连线自动布线操作，如图 5-152 所示。

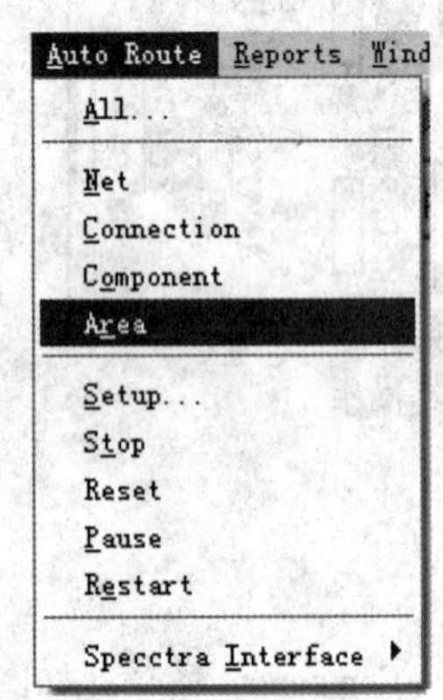

图 5-151　菜单命令 Auto Route→Area

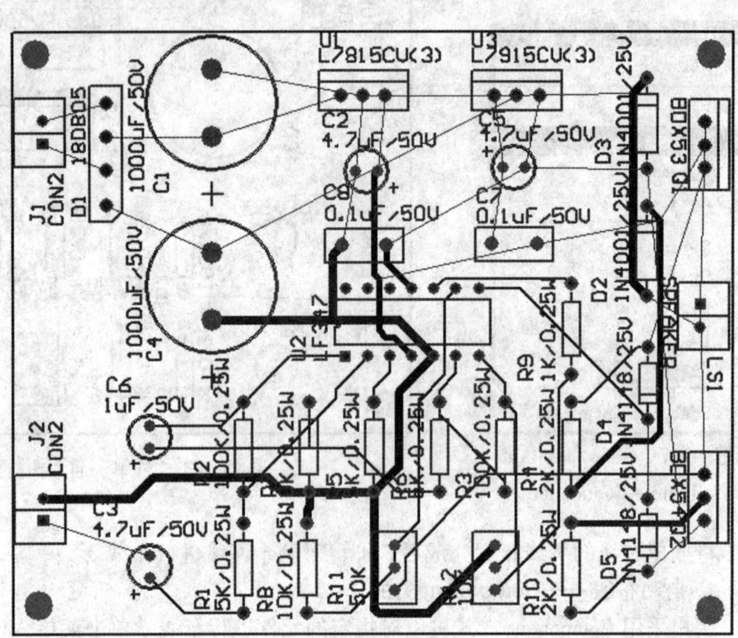

图 5-152　对单一区域进行自动布线操作

将期望布线的区域布置完成后，即可对剩余网络进行布线。

6. 手动布线

当将电路图从原理图导入 PCB 后，各焊点间的网络连接都已定义好了（使用飞线连接网络），此时用户可使用系统提供的交互式走线模式进行手动布线。

单击放置工具中的交互式布线工具按钮，如图 5-153 所示。

此时鼠标以光标形式出现，将光标放置到期望布线的网络的起点处，此时光标中心会出现一个八角空心符号，如图 5-154 所示。

图 5-153　交互式布线工具按钮

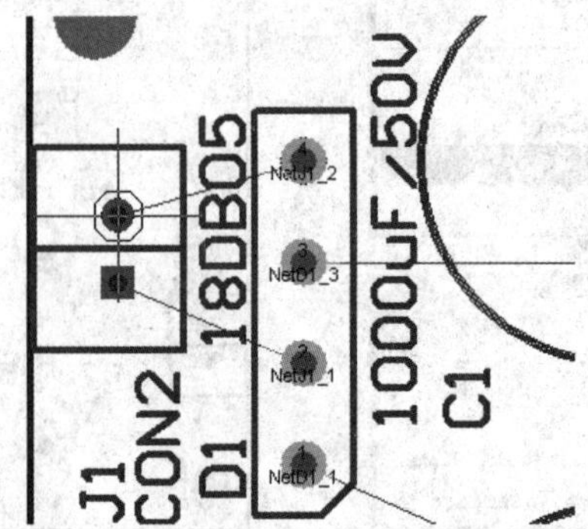

图 5-154　鼠标中心的八角空心符号

八角空心符号表示在此处单击鼠标左键会形成有效的电气连接。为此单击鼠标左键开始交互式布线，如图5-155所示。

在布线过程中按Tab键，即弹出交互式布线对话框，如图5-156所示。

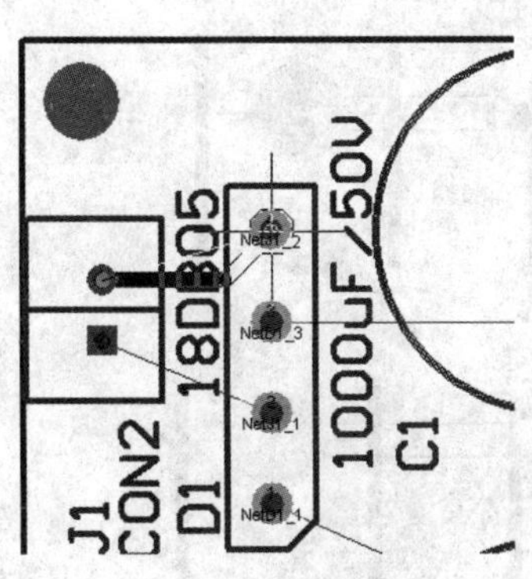

图5-155　交互式布线

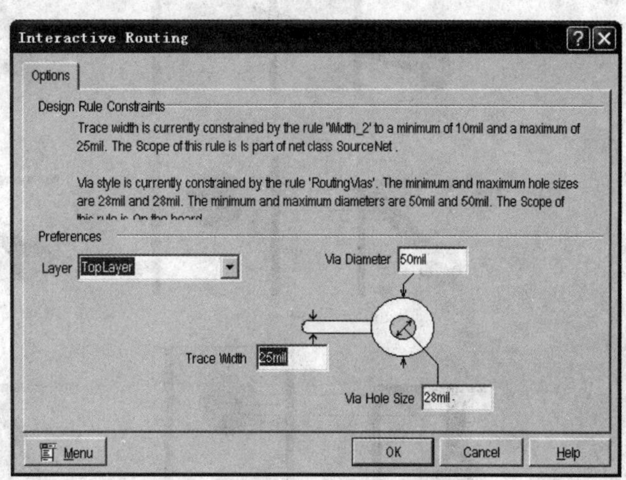

图5-156　交互式布线对话框

注：交互式布线对话框中的各选项含义如下。

1）Design Rule Constraints为设计规则约束，列出了当前走线宽度与导孔所应用的设计规则设置值。

2）Layer（层）的下拉列表中列出可选择的走线工作层，用户可定义走线所在层。

3）Trace Width为铜膜走线的宽度。

4）Via Diameter为钻孔内径。

5）Via Hole Size为导孔直径。

用户可根据实际布线需要修改相应的数值。此外，单击Menu按钮，系统将弹出如图5-157所示的下拉式菜单。

其中，Edit Width Rule选项可打开编辑走线宽度对话框；Edit Via Rule选项可打开编辑导孔尺寸对话框；Add Width Rule选项可打开新增走线宽度编辑对话框；而Add Via Rule选项可打开新增导孔尺寸编辑对话框。

本例中设置布线所在层为底层，如图5-158所示。

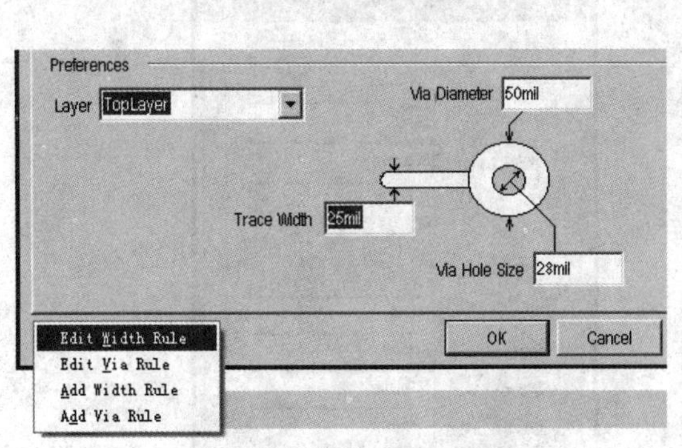

图5-157　Menu下拉式菜单

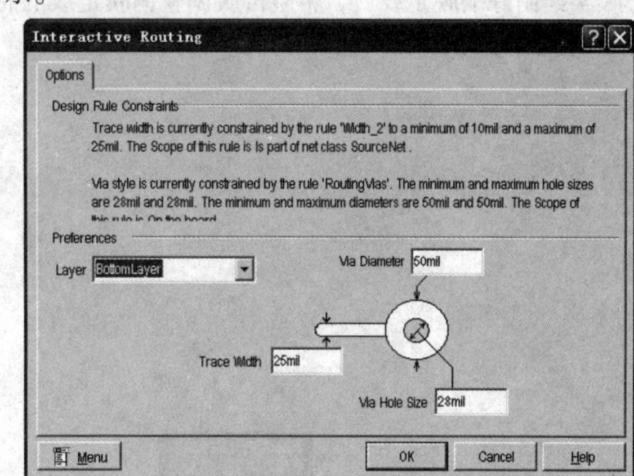

图5-158　设置布线所在层为底层

设置完成后，单击OK按钮确认设置。

此外，Protel 99SE提供了6种不同的走线形式，用户可使用Shift + Spacebar组合键进行切换，如图5-159所示。

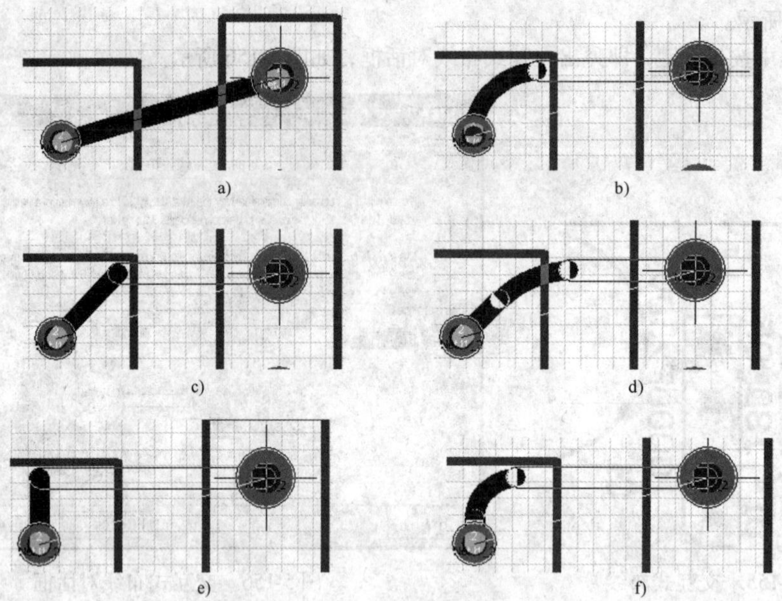

图 5-159　6 种不同的走线形式

a）任意角度走线　b）大圆弧弯角走线　c）45°角走线　d）平滑圆弧弯角走线　e）90°角走线　f）小圆弧弯角走线

同时用户可使用 Spacebar 键调整走线方向，如图 5-160 所示。

图 5-160　使用 Spacebar 键调整走线方向

a）调整前　b）调整后

调整结束后，在网络终点双击鼠标左键，然后单击鼠标右键，即可放置连接线，如图 5-161 所示。

当绘制好铜膜走线后，希望再次调整铜膜走线的属性时，用户可双击绘制好的铜膜走线，此时系统将弹出铜膜走线编辑对话框，如图 5-162 所示。

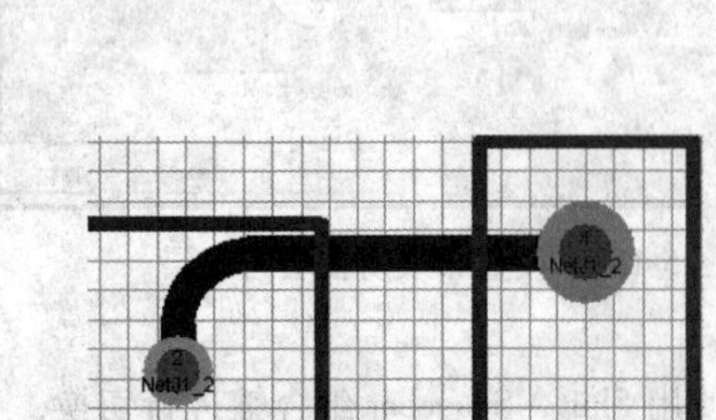

图 5-161　交互式布线方式连接网络

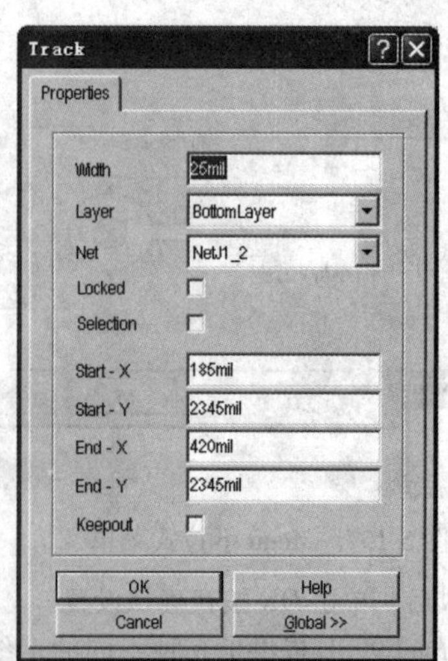

图 5-162　铜膜走线编辑对话框

在这一对话框中，用户可编辑铜膜走线的宽度、所在层、所在网络及其位置等信息。

按照上述方式布线，即可完成 PCB 的布线。对于简单的电路，用户可以采用手动方式布线，但对于比较复杂的网络，建议用户采用混合布线方式，即采用自动布线与手动布线相结合的方式布线。

7. 混合布线

Protel 99SE 的自动布线功能虽然非常强大，但是自动布线时多少也会存在一些令人不满意的地方，而一个设计美观的 PCB 往往都需要在自动布线的基础上进行多次修改，才能将其设计得尽善尽美。

首先采用自动布线中的 Net 方式布通电路中的 GND 网络，其结果如图 5-163 所示。

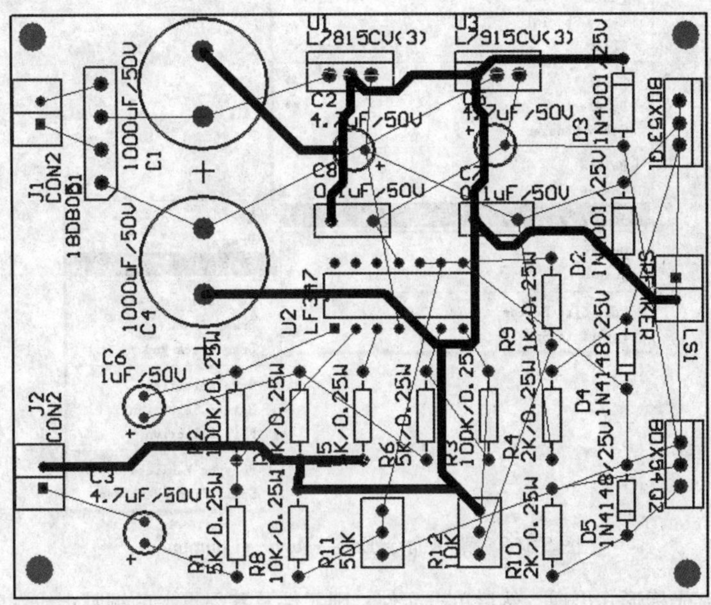

图 5-163　Net 方式布通电路中的 GND 网络

接着对 GND 网络中的部分线路进行调整。单击菜单命令 Tools→Preferences，在弹出的对话框中选择 Options 选项卡右下方的 Component drag 区域中 Mode 下拉式列表中的 Connected Tracks 选项，如图 5-164 所示。

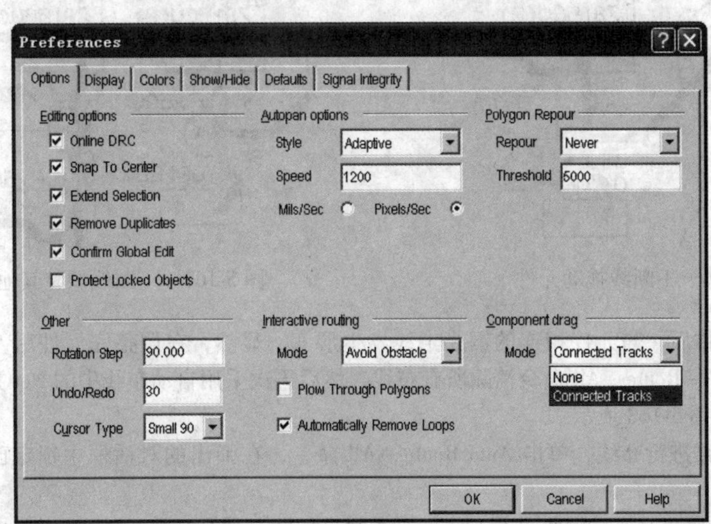

图 5-164　调整 GND 网络中的部分线路

设置完成后，单击 OK 按钮确认设置。单击菜单命令 Edit→Move→Component，如图 5-165 所示。

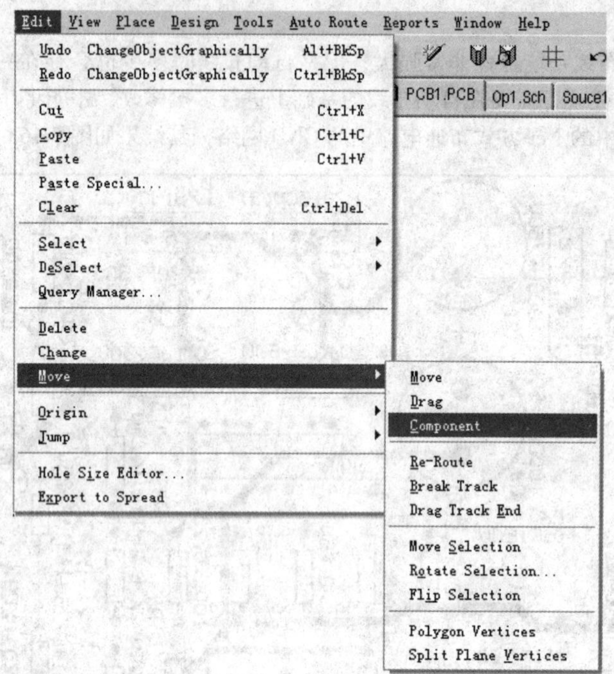

图 5-165　菜单命令 Edit→Move→Component

此时鼠标以十字光标形式出现，然后单击元件，则元件及其焊点上的铜膜走线都随着鼠标的移动而移动，如图 5-166 所示。在期望放置元件的位置单击鼠标左键即可放置元件。按照上述方式不断线调整其他元件，结果如图 5-167 所示。

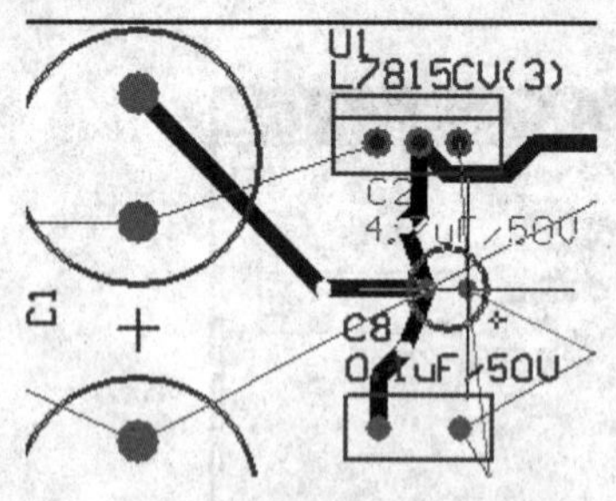

图 5-166　不断线拖动元件

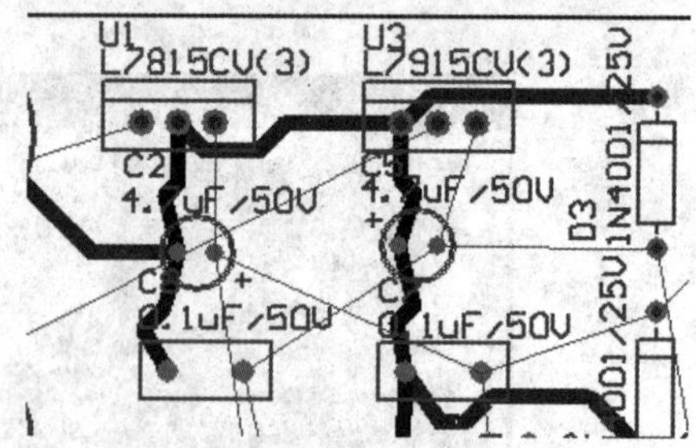

图 5-167　不断线调整其他元件

不断线调整元件后，与元件相连的铜膜走线发生形变，显然，在调整完元件后，用户需要重新布线。单击 Tools→Un－Route→All 命令清除所有布线，然后再次采用自动布线中的 Net 方式布通电路中的 GND 网络，结果如图 5-168 所示。

接着对剩余电路进行布线，单击 Auto Route→All 命令，在弹出的对话框中锁定已完成的布线，如图 5-169所示。

单击 Route All 按钮对剩余网络进行布线，布线结果如图 5-170 所示。

自动布线后，用户可调整不合适的连线。如图 5-171 所示的布线中铜膜走线与焊盘的距离较近。

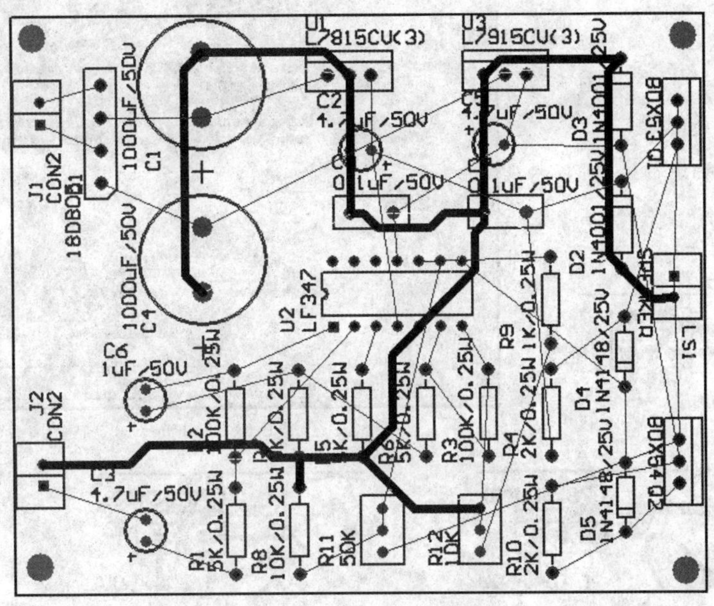

图 5-168　再次布通 GND 网络

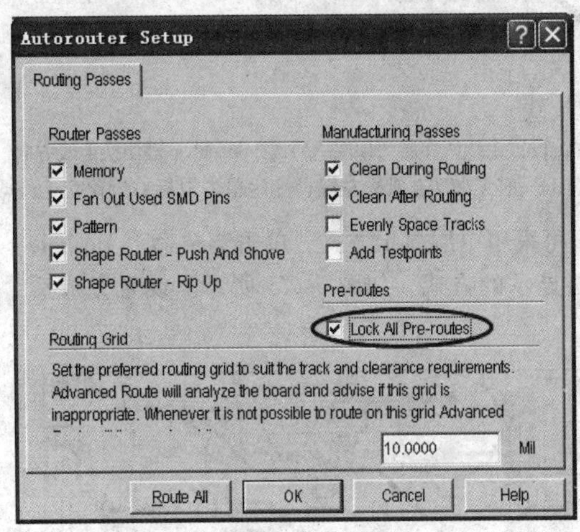

图 5-169　锁定已完成的布线

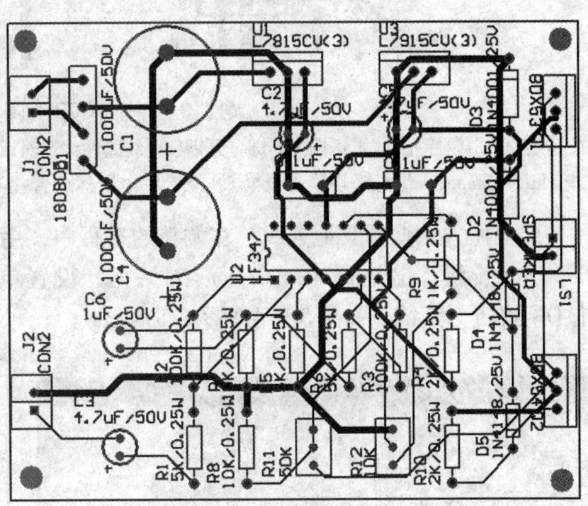

图 5-170　剩余网络布线结果

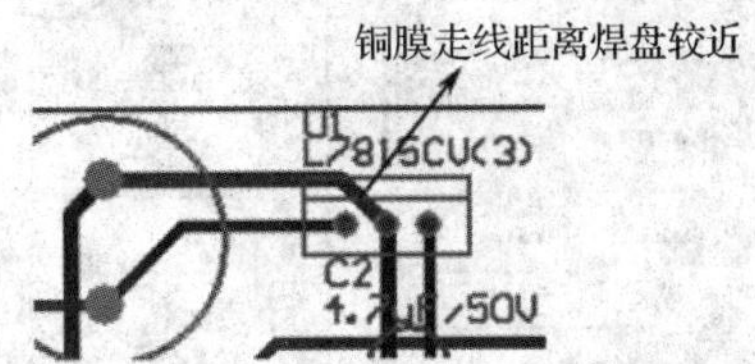

图 5-171　铜膜走线与焊盘的距离较近

单击放置工具中的交互式布线工具按钮，然后调整连线，调整步骤如图 5-172 所示。

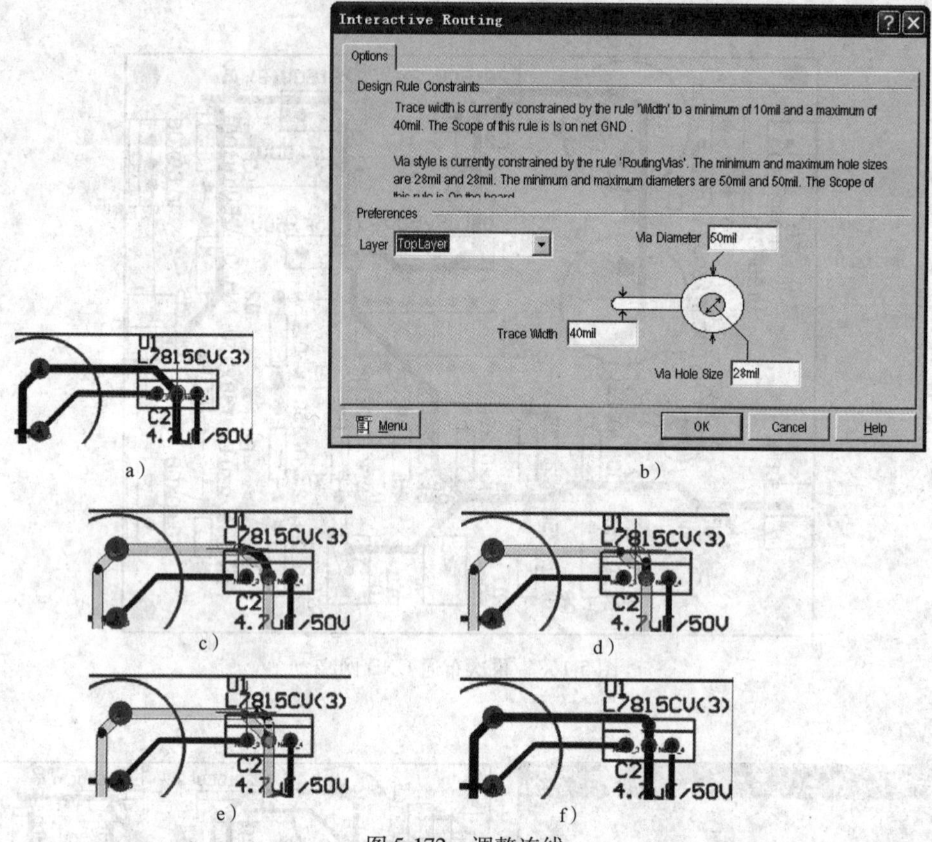

图 5-172　调整连线

a）在起点处单击鼠标左键　b）按 Tab 键打开铜膜走线属性编辑对话框，设置走线所在层为顶层　c）按 Spacebar 键切换走线方向　d）按 Shift + Spacebar 组合键切换走线模式　e）单击鼠标放置拐点　f）终点处双击鼠标左键，然后单击鼠标右键确定走线

按照上述方法调整其他连线。在调整的过程中，用户可采用单层显示方式，单击菜单命令 Design→Options，系统将弹出 Document Options 对话框，设置单层显示的方式，如图 5-173 所示。设置完成后，单击 OK 按钮，其结果如图 5-174 所示。

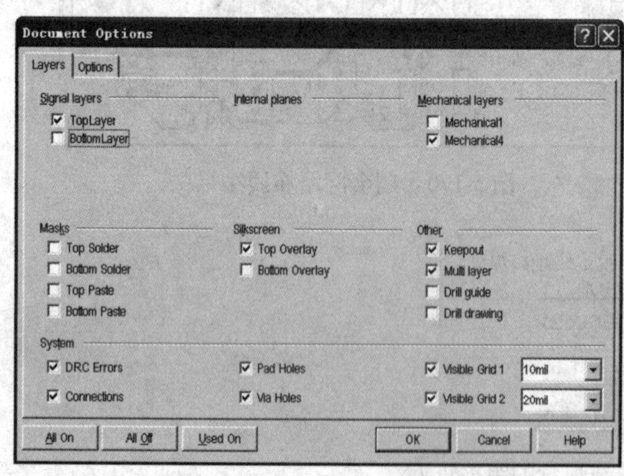

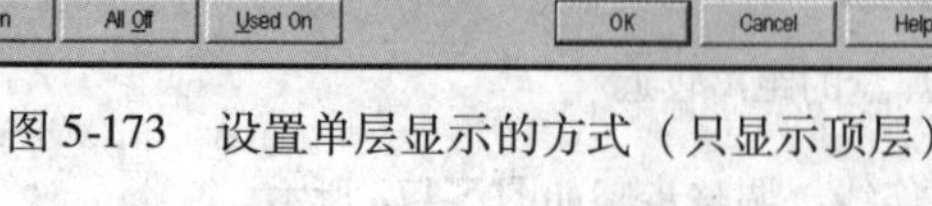

图 5-173　设置单层显示的方式（只显示顶层）

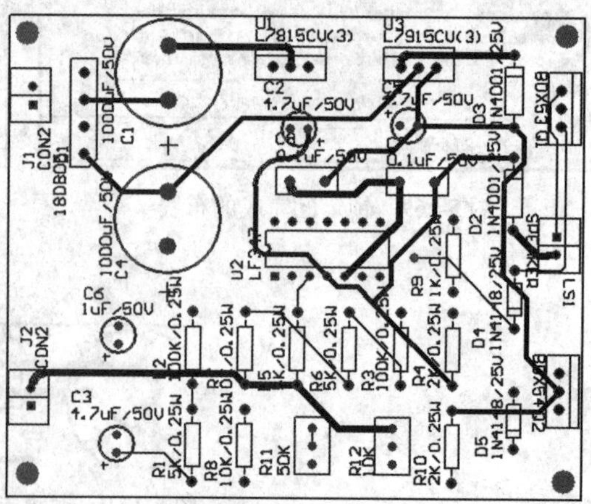

图 5-174　只显示顶层

用户根据实际电路连接调整布线，其结果如图 5-175 所示。

布线后的 3D 图如图 5-176 所示。

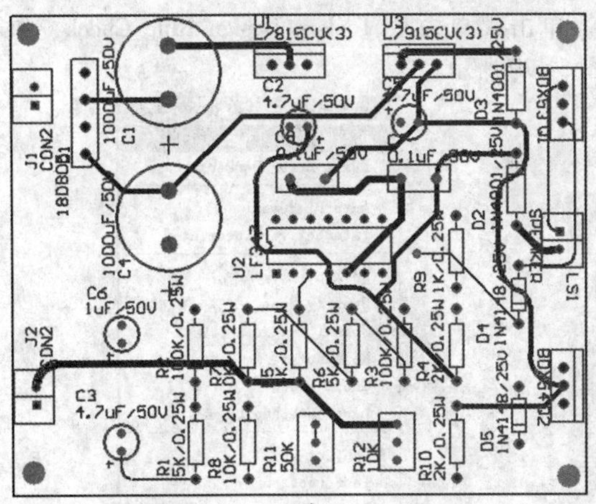

a）

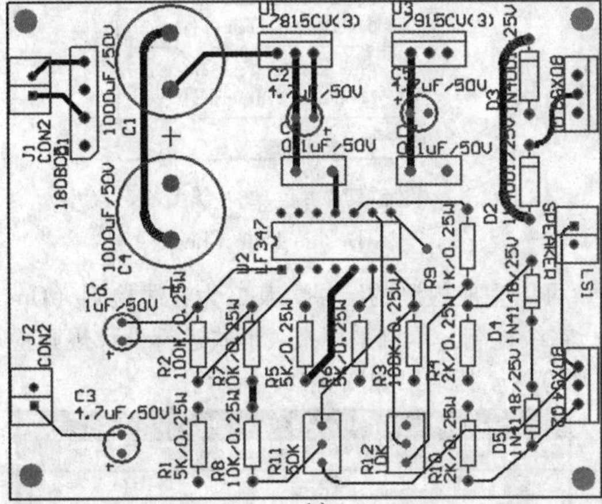

b）

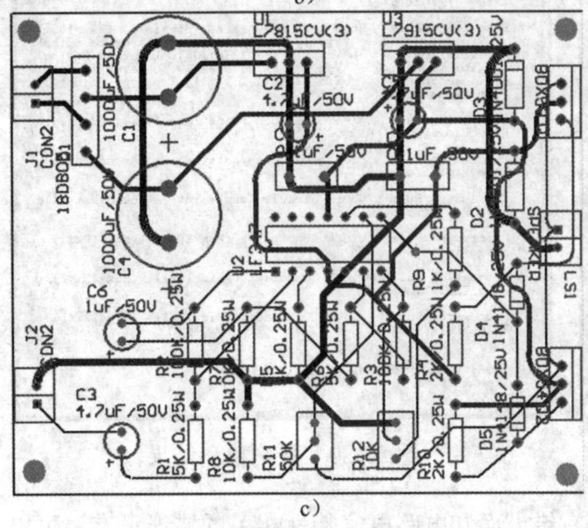

c）

图 5-175　电路布线调整结果

a）顶层布线调整结果

b）底层布线调整结果　c）整个电路布线结果

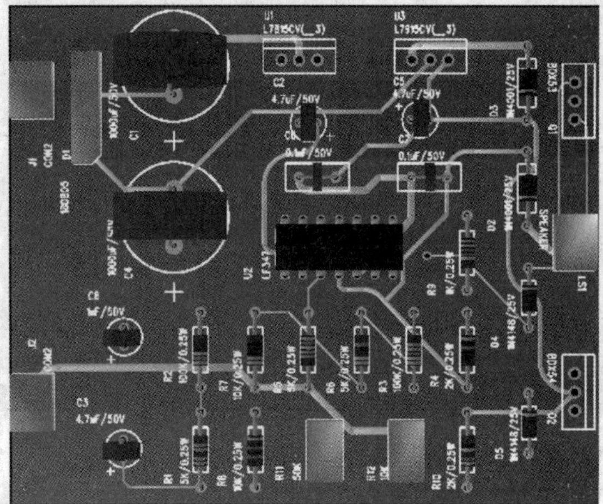

图 5-176　布线后的 3D 图

同时用户可对布线后的电路进行密度分析，其结果如图 5-177 所示。

密度分析的结果表明，电路布线相对均匀。

8. 设计规则检测

布线完成后，用户可利用 Protel 99SE 提供的检测功能进行规则检测，查看布线后的结果是否符合所设置的要求，或电路中是否还有未完成的网络走线。单击菜单命令 Tools→Design Rule Check，如图 5-178所示。此时，系统将弹出检测选项对话框，如图 5-179 所示。

图 5-177　布线后的密度分析结果

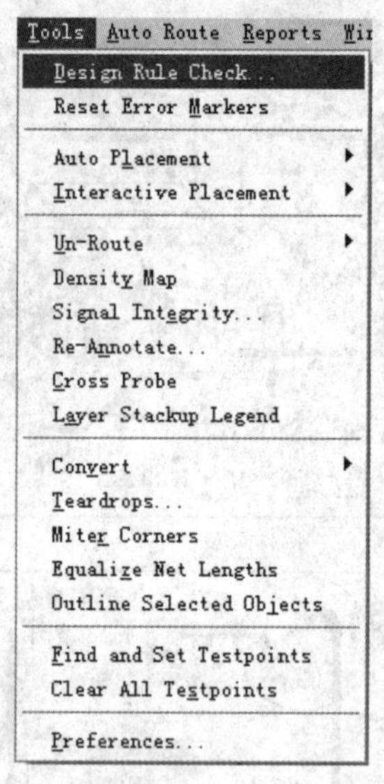

图 5-178　菜单命令 Tools→Design Rule Check

设计规则的检测有两种方式，其一为报表（Report），可以生成检测的结果。其二为在线检测（On-line），也就是在布线过程中按照用户设置的布线规则进行在线检测。本例采用报表形式进行设计规则检测，并采用系统的默认设置，单击 Run DRC 按钮进行规则检测。其结果如图 5-180 所示。

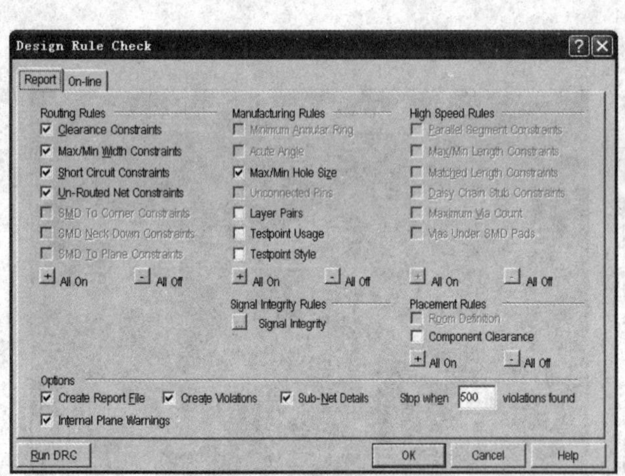

图 5-179　检测选项对话框

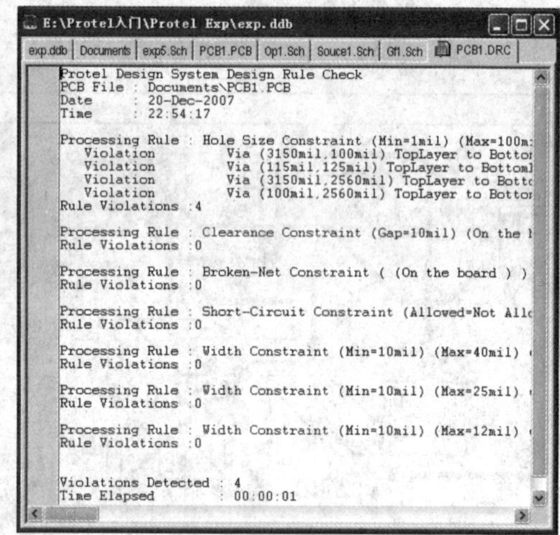

图 5-180　规则检测结果

检测结果中列出了 4 个错误，主要是安装孔的设置有错，而和电路电气特性相关的错误没有，可以认为本设计没有违反任何一条设计规则的要求，顺利通过设计规则检测。

习　题

5-1　元件布局方法有哪些?

5-2　元件布线方法有哪些?

第6章　设置测试点、补泪滴、覆铜及其他处理

内容提要：（建议2学时）

1. 设置测试点
2. 补泪滴
3. 覆铜

目的： 学会PCB设计的辅助技能

6.1　设置测试点

1. 设置测试点设计规则

为了便于仪器测试电路板，用户可在电路中设置测试点。单击菜单命令Design→Rules，在弹出的对话框中单击Manufacturing选项卡，弹出Manufacturing选项卡，如图6-1所示。选择Testpoint Style选项，单击Properties按钮，进入测试点设置对话框，如图6-2所示。

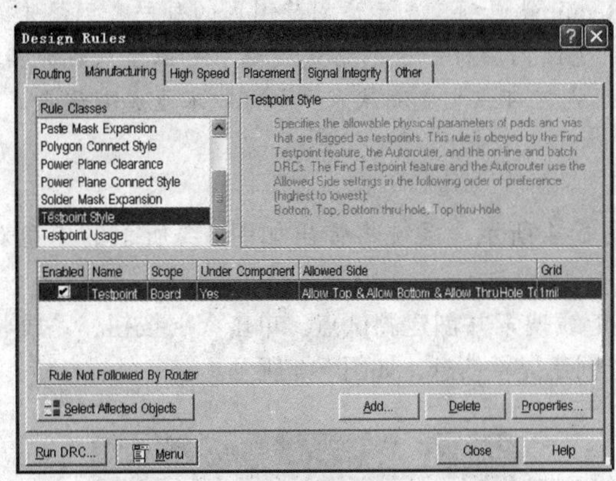

图6-1　单击规则设置对话框中的Manufacturing选项卡

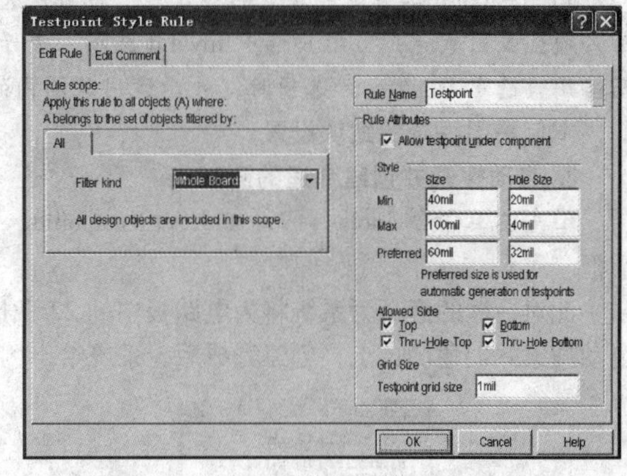

图6-2　测试点设置对话框

注： 测试点Edit Rule（编辑规则）选项卡中各选项含义如下。

1）Rule Scope为规则适用范围。

2）Rule Name为规则名称。

3）Rule Attributes为规则属性。

4）Allow testpoint under component为允许在元件下放置测试点。

5）Style为测试点风格，用户可定义测试点的铜膜尺寸（Size）和钻孔内径（Hole Size）。

6）Allowed Side为测试点形式，其中Top为顶层SMD焊点，Bottom为底层SMD焊点，Thru-Hole Top为顶层穿透式钻孔，Thru-Hole Bottom为底层穿透式钻孔。

7）Grid Side为格点单位，用户可在Testpoint grid size后的文本框中设置测试点格点单位。

本例采用系统的默认设置。按照上述方法，在弹出的Manufacturing选项卡中，选择Testpoint Usage选项，单击Properties按钮，进入Testpoint Usage Rule对话框，如图6-3所示。

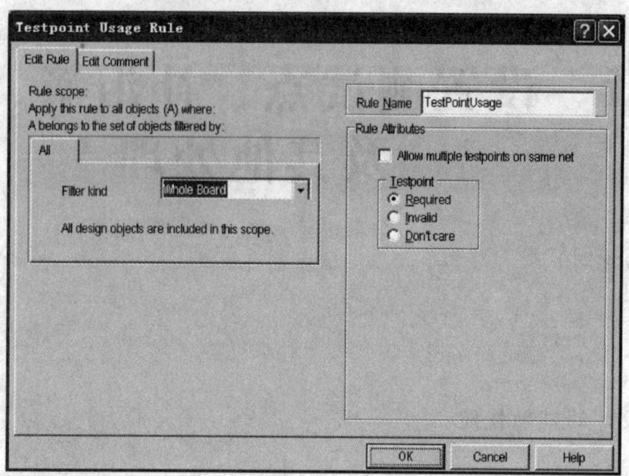

图 6-3　Testpoint Usage Rule 对话框

注：测试点 Edit Rule 选项卡中各选项含义如下。

1）Rule Scope 为规则适用范围。

2）Rule Name 为规则名称。

3）Rule Attributes 为规则属性。

4）Allow multiple testpoints on same net 为允许在同一条网络走线上创建多个测试点。

5）Testpoint 为设置测试点的有效性，当用户选中 Required 选项，表示适用范围内的每一条网络走线都必须生成测试点；当用户选中 Invalid 选项，表示适用范围内的每一条网络走线都不可以生成测试点；而当用户选中 Don't care 选项时，表示适用范围内的网络走线可以生成测试点，也可以不生成测试点。

本例采用系统的默认设置。

2. 自动搜索并创建合适的测试点

单击菜单命令 Tools→Find and Set Testpoints，如图 6-4 所示。系统将弹出如图 6-5 所示的信息对话框。

此对话框的意义为系统将为电路板中的 22 条网络走线搜索并创建测试点。单击 Yes 按钮，系统将自动搜索并创建测试点，创建完成后，系统给出测试点创建提示信息，如图 6-6 所示。

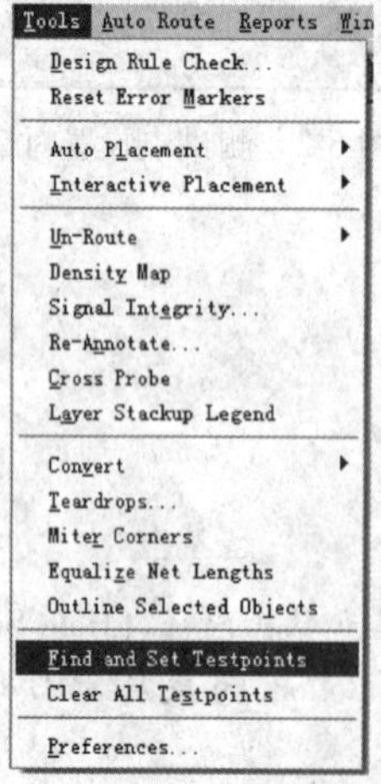

图 6-4　菜单命令 Tools→Find and Set Testpoints

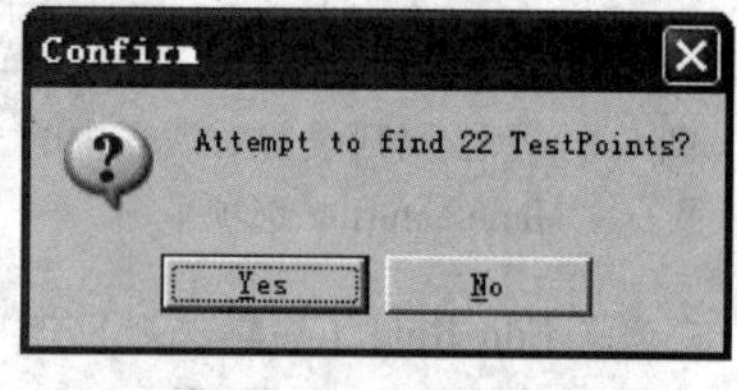

图 6-5　信息对话框

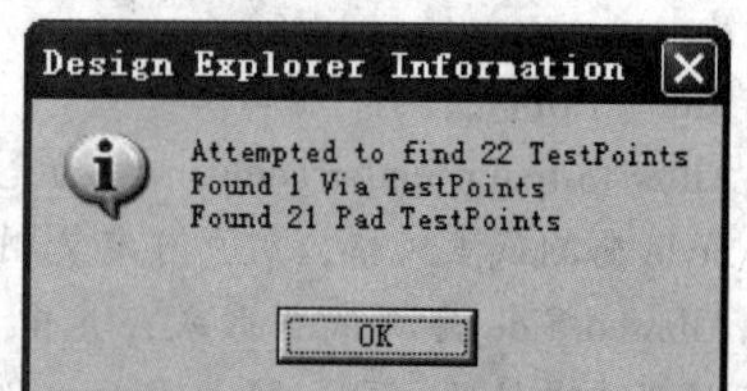

图 6-6　测试点创建提示信息

在这一提示信息中各选项含义如下。

1）Attempted to find 22 TestPoints 为试图搜索并创建 22 个测试点。

2）Found 1 Via TestPoints 为搜索并创建 1 个过孔测试点。

3）Found 21 Pad TestPoints 为搜索并创建 21 个焊盘测试点。

单击 OK 按钮确认，用户可看到如图 6-7 所示的黑色的焊盘或过孔即为系统自动创建的测试点。

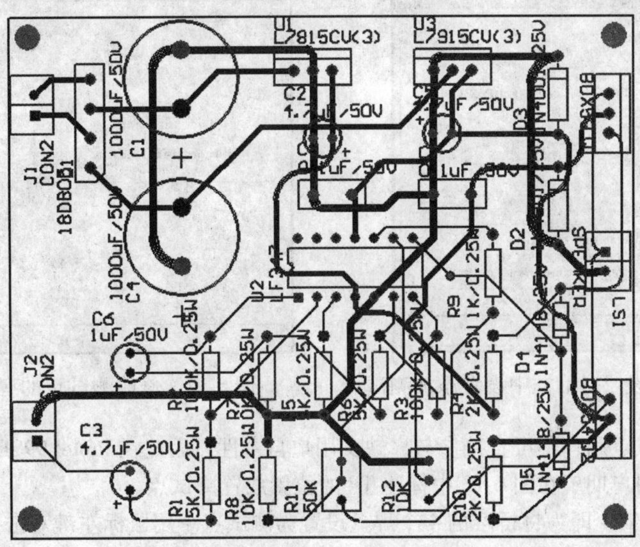

图 6-7　系统自动创建的测试点

单击保存按钮，即可保存系统自动生成的测试点。

此外，单击菜单命令 Tools→Clear All Testpoints，如图 6-8 所示。系统将弹出如图 6-9 所示的确认清除所有测试点对话框。单击 Yes 按钮，即可清除所有测试点信息，如图 6-10 所示。单击 OK 按钮确认即可。

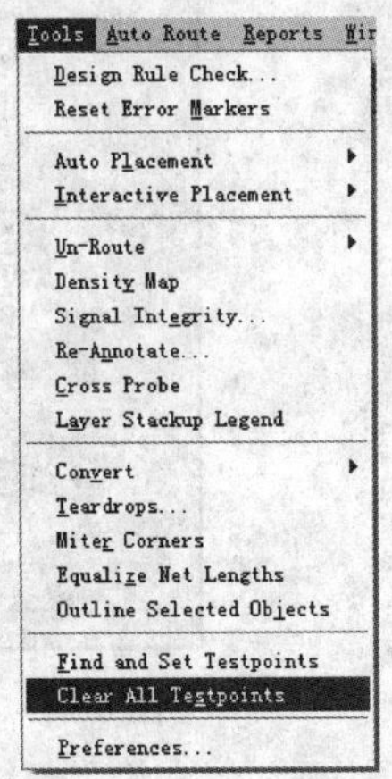

图 6-8　菜单命令 Tools→Clear All Testpoints

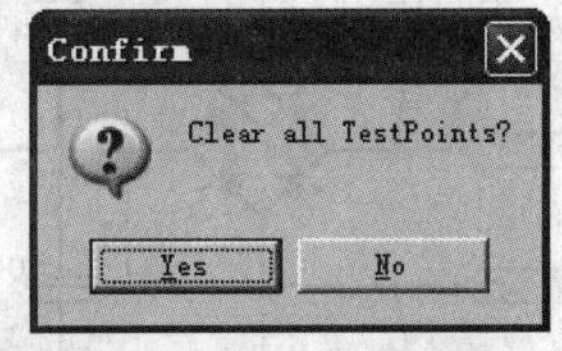

图 6-9　确认清除所有测试点对话框

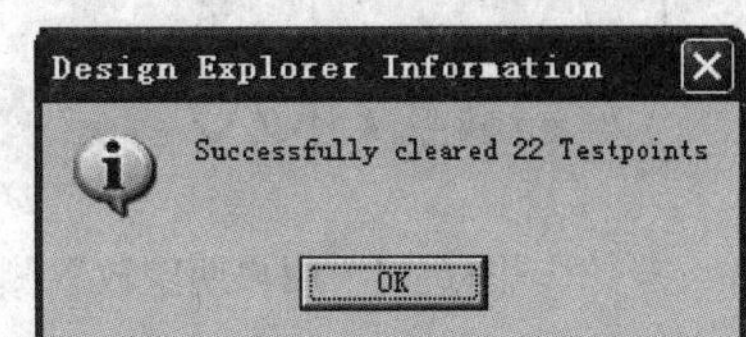

图 6-10　清除所有测试点信息

3. 布线时自动生成测试点

使用 Auto Route→All 命令自动布线时，在弹出的自动布线设置对话框的 Manufacturing Passes 选项区域中，勾选 Add Testpoints 复选框，设置添加测试点如图 6-11 所示。

此时在自动布线时，系统会自动生成测试点。

4. 手动创建测试点

首先设置测试点规则。单击菜单命令 Design→Rules，在弹出的对话框中打开 Manufacturing 选项卡，选择 Testpoint Style 选项，单击 Properties 按钮，进入测试点设置对话框，修改测试点的有效性为 Don't care，如图 6-12 所示。

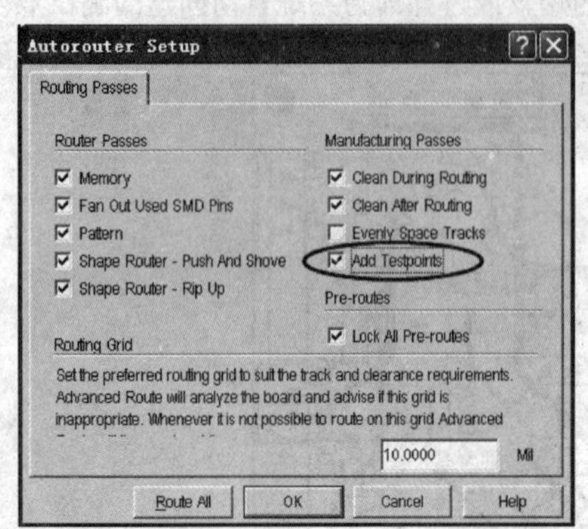

图 6-11　在自动布线设置对话框中设置添加测试点

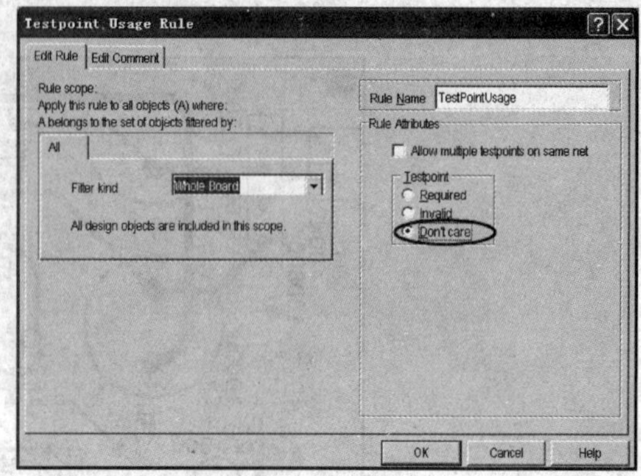

图 6-12　修改测试点的有效性为 Don't care

由于自动创建测试点用户不可直接参与，缺少用户自主性，因此在 Protel 99SE 中提供了用户手动创建测试点的功能，如用户期望在图 6-13 中标注 TP 的位置放置测试点。

其中测试点 TP1～TP4 即为将桥堆的 4 个焊盘设置为测试点。用鼠标左键双击要作为测试点的焊盘，在弹出的属性对话框中，选取 Top 或 Bottom 或两个都选取，如图 6-14 所示。

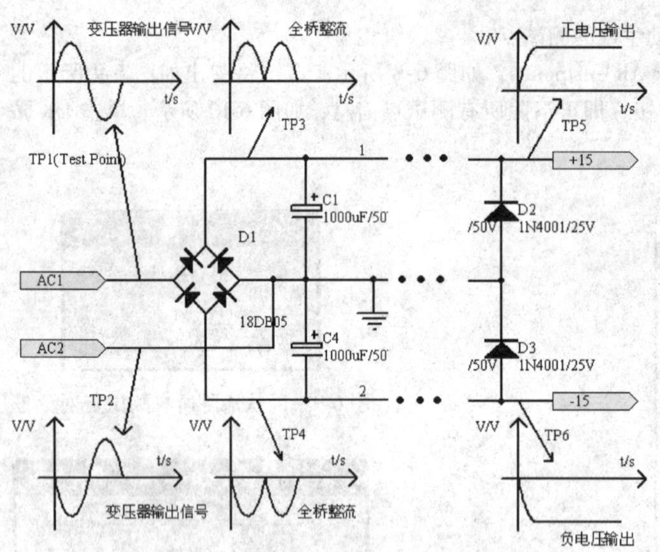

图 6-13　用户期望放置测试点的位置图

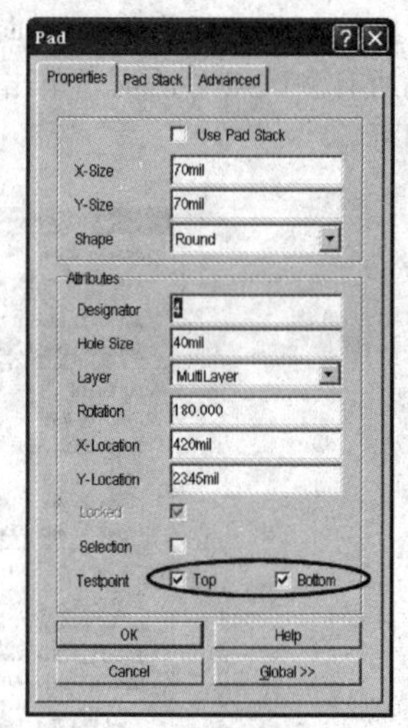

图 6-14　创建测试点

此时 Locked 项被选取，说明此焊盘或过孔被锁定，单击 OK 按钮生成测试点，如图 6-15 所示。

其他测试点的生成方法同上。本例中将所有的测试点都设置为双层（顶层和底层）测试点。

5. 放置测试点后的规则检测

在放置测试点之前，由于用户设置了相应的设计规则，因此用户可使用系统提供的检测功能进行规则检测，查看放置测试点后的结果是否符合所设置的要求。单击菜单命令 Tools→

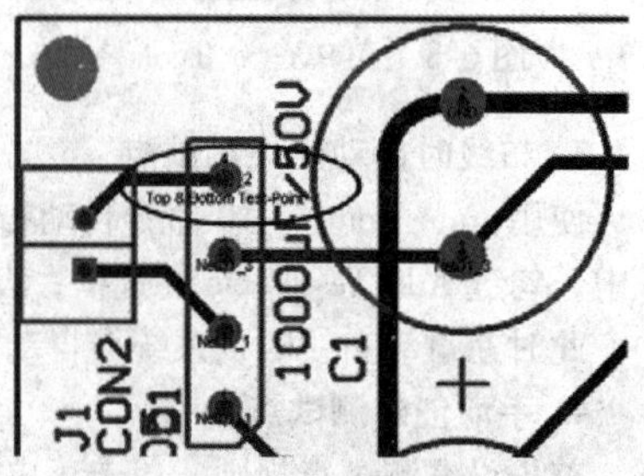

图 6-15　手动生成测试点

Design Rule Check，在弹出的检测选项对话框中，勾选 Testpoint Usage 和 Testpoint Style 选项，如图 6-16 所示。

设置完成后，单击 Run DRC 按钮进行规则检测，其结果如图 6-17 所示。

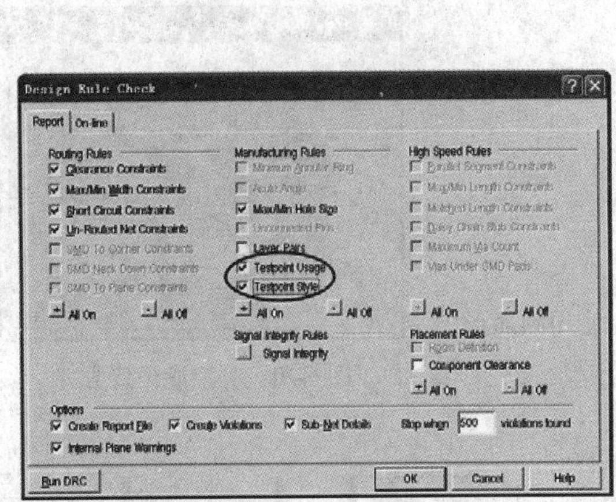

图 6-16　勾选检测测试点选项

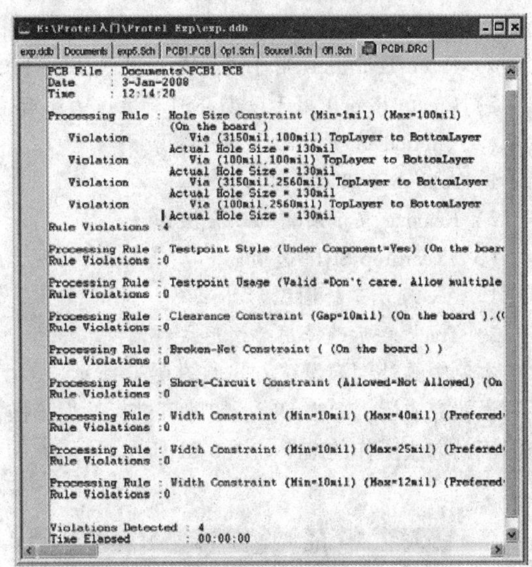

图 6-17　放置测试点后的规则检测结果

检测结果中列出了 4 个错误，主要是安装孔的设置错误，而和电路电气特性相关的错误没有，因此本设计没有违反任何一条设计规则的要求，顺利通过设计规则检测。

6.2　补泪滴

在电路板设计中，为了让焊盘更坚固，防止机械制板时焊盘与导线之间断开，常在焊盘和导线之间用铜膜布置一个过渡区，形状像泪滴，故常称作补泪滴（Teardrops）。

单击菜单命令 Tools→Teardrops，如图 6-18 所示。系统将弹出如图 6-19 所示的泪滴设置对话框。

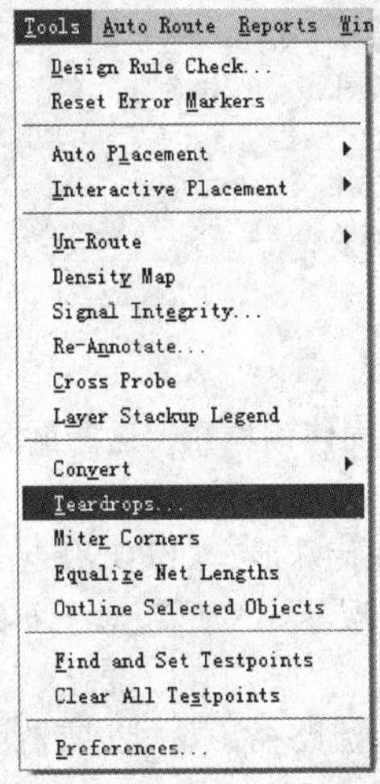

图 6-18　菜单命令 Tools→Teardrops

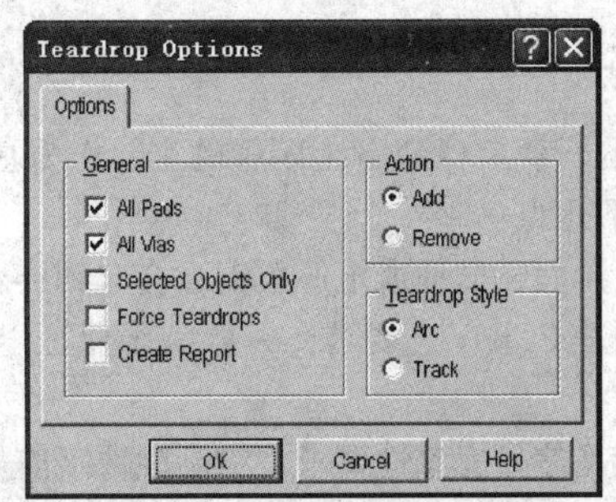

图 6-19　泪滴设置对话框

注：其中各选项的含义如下。

（1）General 选项区

1）All Pads 用于设置是否对所有的焊盘都进行补泪滴操作。

2）All Vias 用于设置是否对所有过孔都进行补泪滴操作。

3）Selected Objects Only 用于设置是否只对所选中的元件进行补泪滴。

4）Force Teardrops 用于设置是否强制性地补泪滴。

5）Create Report 用于设置补泪滴操作结束后是否生成补泪滴的报告文件。

（2）Action 选项区。

1）Add 表示泪滴的添加操作。

2）Remove 表示泪滴的删除操作。

（3）Teardrop Style 选项区

1）Arc 表示选择圆弧形补泪滴。

2）Track 表示选择用导线形式补泪滴。

本例中的补泪滴设置方式如图 6-20 所示。

设置完成后，单击 OK 按钮即可进行补泪滴操作。使用圆弧形补泪滴的方法操作的结果如图 6-21 所示。

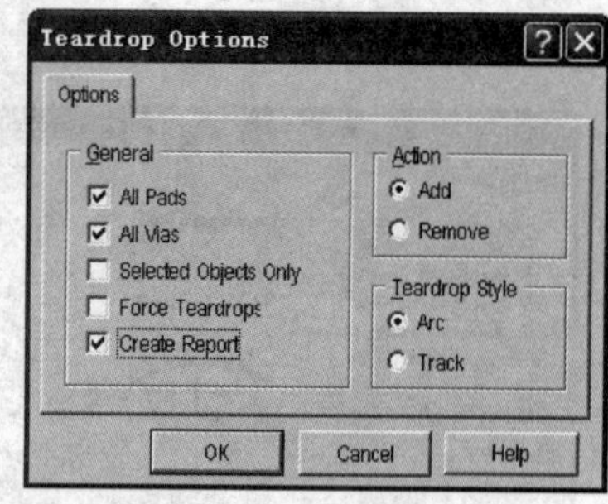

图 6-20　补泪滴设置方式

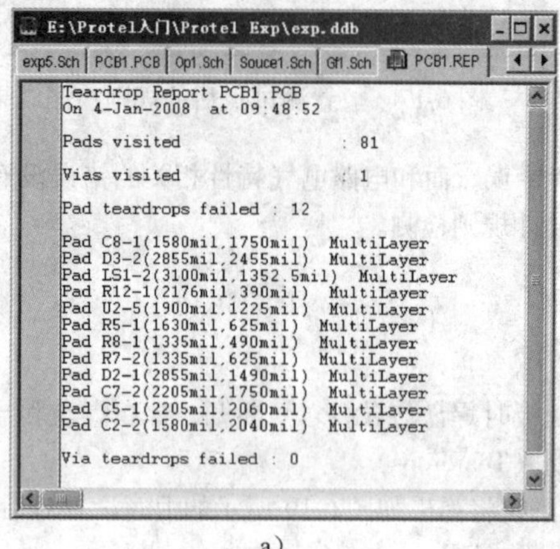

E:\Protel入门\Protel Exp\exp.ddb

exp5.Sch | PCB1.PCB | Op1.Sch | Souce1.Sch | Gf1.Sch | PCB1.REP

```
Teardrop Report PCB1.PCB
On 4-Jan-2008  at 09:48:52

Pads visited              : 81

Vias visited              : 1

Pad teardrops failed  : 12

Pad C8-1(1580mil,1750mil)  MultiLayer
Pad D3-2(2855mil,2455mil)  MultiLayer
Pad LS1-2(3100mil,1352.5mil)  MultiLayer
Pad R12-1(2176mil,390mil)  MultiLayer
Pad U2-5(1900mil,1225mil)  MultiLayer
Pad R5-1(1630mil,625mil)  MultiLayer
Pad R8-1(1335mil,490mil)  MultiLayer
Pad R7-2(1335mil,625mil)  MultiLayer
Pad D2-1(2855mil,1490mil)  MultiLayer
Pad C7-2(2205mil,1750mil)  MultiLayer
Pad C5-1(2205mil,2060mil)  MultiLayer
Pad C2-2(1580mil,2040mil)  MultiLayer

Via teardrops failed : 0
```

a）

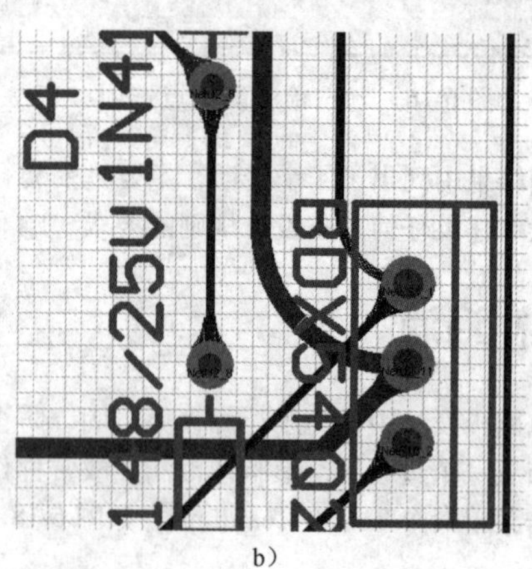

b）

图 6-21　圆弧形补泪滴

a）补泪滴报告文件　b）补泪滴后的电路图（局部电路）

单击保存按钮保存文件。

6.3　覆铜

所谓覆铜，就是将 PCB 上闲置的空间作为基准面，然后用固体铜填充，这些铜区又称为灌铜。覆铜的意义有以下几点：

1）对于大面积的地或电源覆铜，会起到屏蔽作用，对某些特殊地，如 PGND 起到防护作用。

2）覆铜是 PCB 工艺要求，一般为了保证电镀效果，或者层压不变形，对于布线较少的 PCB 板层覆铜。

3）覆铜是信号完整性要求，给高频数字信号一个完整的回流路径，并减少直流网络的布线。

4）覆铜有利于散热，特殊器件安装要求覆铜等。

1. 规则覆铜

单击放置工具栏中的覆铜工具按钮，如图 6-22 所示。系统将弹出覆铜设置对话框，如图 6-23 所示。

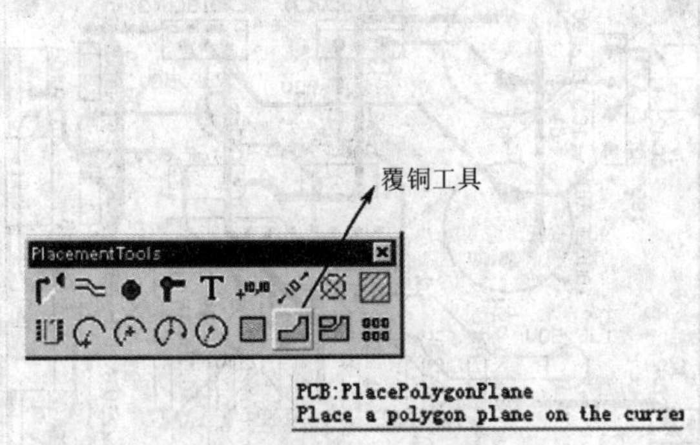

图 6-22　单击覆铜工具按钮

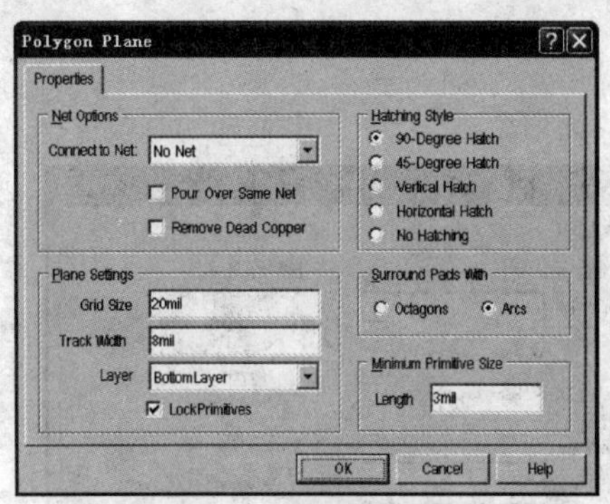

图 6-23　覆铜设置对话框

注：对话框中的各选项含义如下。

（1）Net Options 选项区

1）Connect to Net 为连接到何种网络。单击其后的下拉按钮，用户可选择相应的网络，如图 6-24 所示。通常用户选择 GND 网络进行覆铜。

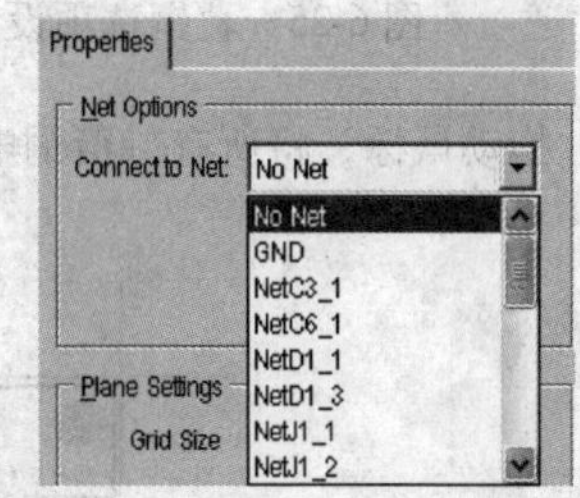

图 6-24　用户可选择相应的网络

2）Pour Over Same Net 为均地。

3）Remove Dead Copper 为删除死铜。

（2）Plane Settings 选项区

1）Grid Size 为网格尺寸。

2）Track Width 为线宽。

3）Layer 为覆铜所在层。

4）Lock Primitives 为锁定已覆铜部分。

（3）Hatching Style 选项区

1）90-Degree Hatch 为 90°辐条。

2）45-Degree Hatch 为 45°辐条。

3）Vertical Hatch 为垂直辐条。

4）Horizontal Hatch 为水平辐条。

5）No Hatching 为直覆。

其中，使用直覆方式的特点是焊盘的过电流能力很强，对于大功率回路上的元器件引脚一定要使用这种方式。而同时它的导热性能也很强，虽然工作起来对器件散热有好处，但是对于电路板焊接人员却是个难题，因为焊盘散热太快不容易挂锡，常常需要使用更大功率的烙铁和更高的焊接温度，降低了生产效率；使用直角辐条和 45°辐条会减小引脚与铜箔的接触面积，散热慢，焊起来也就容易多了。所以选择过孔焊盘覆铜的连接方式要根据应用场合，综合过电流能力和散热能力一起考虑，小功率的信号线就不要使用直覆了，而对于通过大电流的焊盘则一定要直覆。至于是直角还是 45°角就看美观的需要了。

（4）Surround Pads With 选项区

1）Octagons 为八角形。

2）Arcs 为弧形。

（5）Minimum Primitive Size 选项区　在该选项区中 Length 为长度。

在本例中设置覆铜的网络为 GND 网络，其他选项的设置如图 6-25 所示。

设置完成后，单击 OK 按钮完成设置。此时鼠标以十字形显示，单击鼠标左键，并拖动即可画线，如图 6-26 所示。

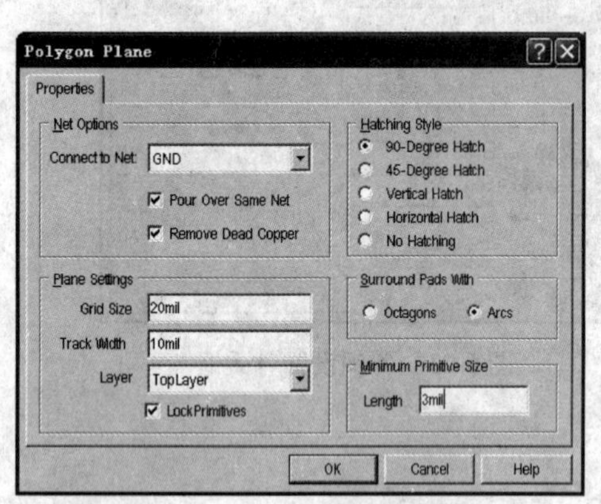

图 6-25　覆铜选项设置

图 6-26　用鼠标画线确定铺铜范围

拖动鼠标，将所有待覆铜电路包含到方框中，如图 6-27 所示。

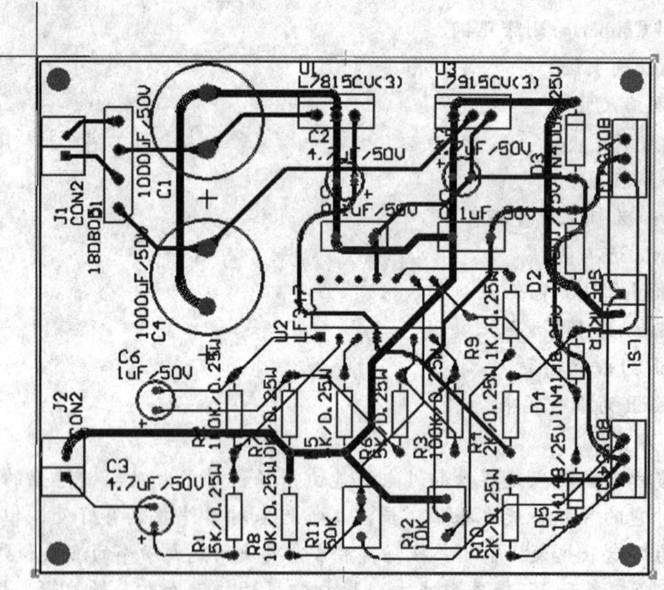

图 6-27　将所有待覆铜电路包含到方框中

单击鼠标左键闭合方框，系统自动进行覆铜，如图 6-28 所示。

从覆铜结果可知，覆铜是以弧形出现的，如图 6-29 所示。

鼠标双击电路中的覆铜部分，系统将弹出覆铜设置对话框，在对话框中设置采用八角形覆铜，如图 6-30所示。

设置完成后，单击 OK 按钮确认设置，此时系统将弹出确认重新覆铜对话框，如图 6-31 所示。

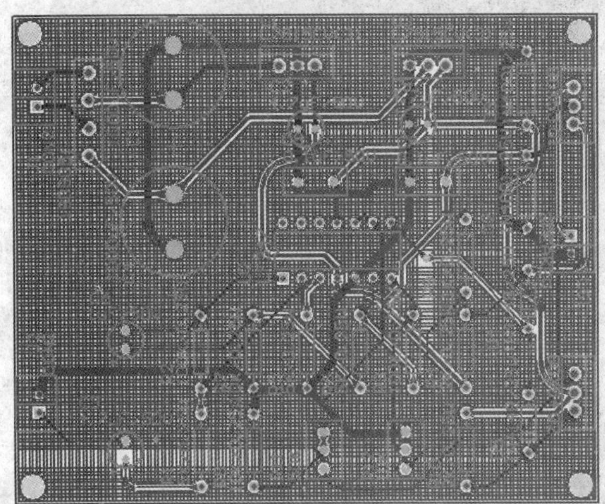

图 6-28　系统自动进行覆铜

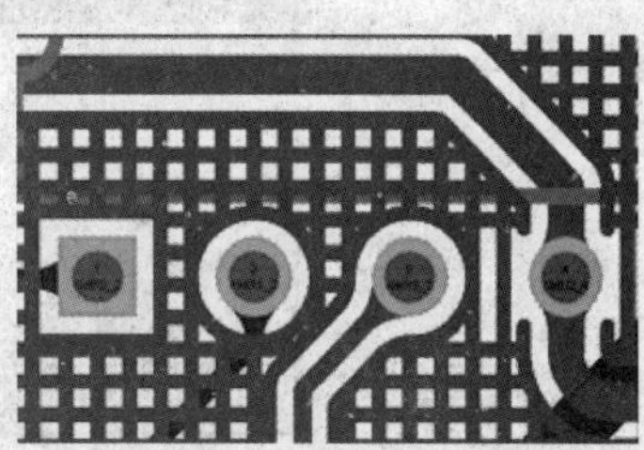

图 6-29　电路以弧形覆铜

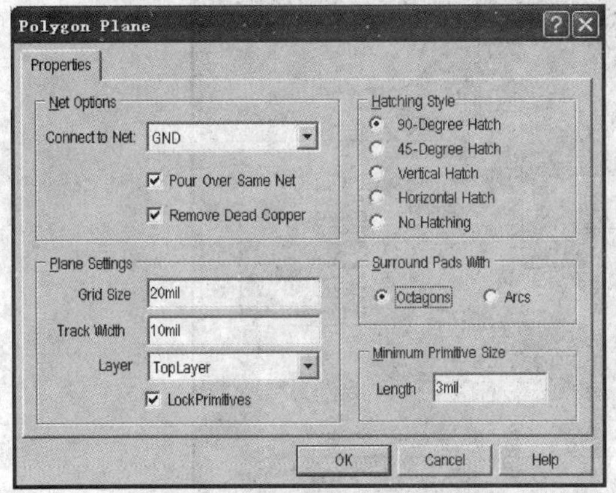

图 6-30　设置采用八角形覆铜

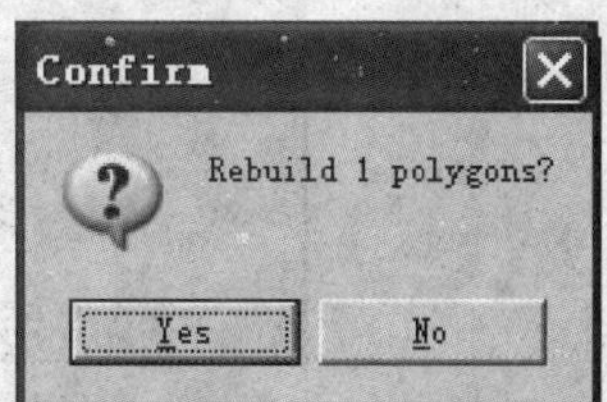

图 6-31　确认重新覆铜对话框

单击 Yes 按钮，系统开始重新覆铜。八角形覆铜如图 6-32 所示。

八角形和弧形各有优点，但通常采用弧形式。

此外，用户可以注意到电路中有些位置非均地，如图 6-33 所示。

图 6-32　八角形覆铜

图 6-33　电路中非均地部分

如图 6-32、图 6-33 所示，与 GND 相连的线路宽度不同，此时用户再次设置规则。单击菜单命令 Design→Rules，在弹出的规则设置对话框中打开 Manufacturing 选项卡，如图 6-34 所示。

选择 Rule Classes 列表中的 Polygon Connect Style 选项后，单击 Properties 按钮，系统将弹出覆铜连接类型对话框，如图 6-35 所示。

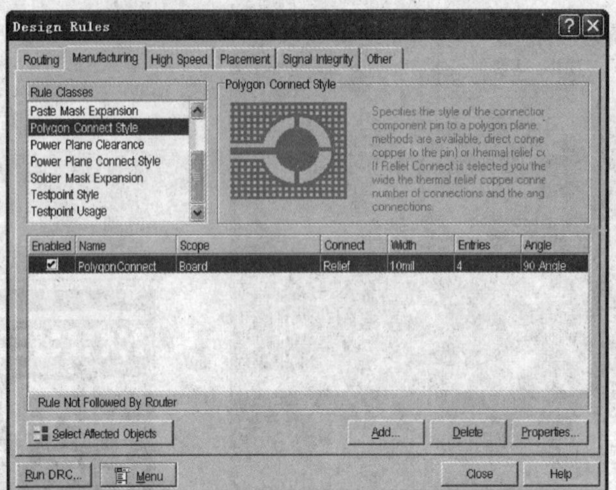

图 6-34　单击 Manufacturing 选项卡

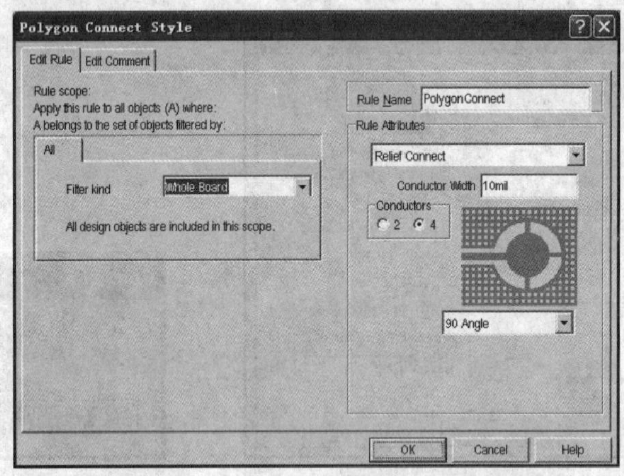

图 6-35　覆铜连接类型对话框

在 Conductor Width 中设置的导线宽度为 10mil，而用户设置的 GND 导线宽度为 40mil，为此用户需修改导线宽度值为 40mil，如图 6-36 所示。

设置完成后，单击 OK 按钮确认设置，然后重新覆铜，结果如图 6-37 所示。

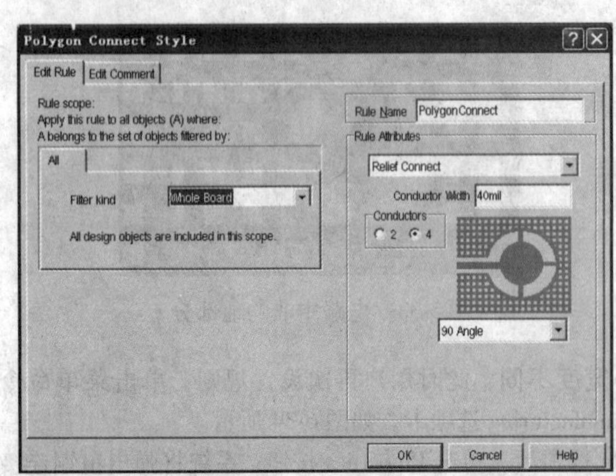

图 6-36　设置导线宽度

图 6-37　设置覆铜导线宽度后重新覆铜的结果

从如图 6-37 所示的结果可知，实现了均地。按照上述方法为底层覆铜，其结果如图 6-38 所示。

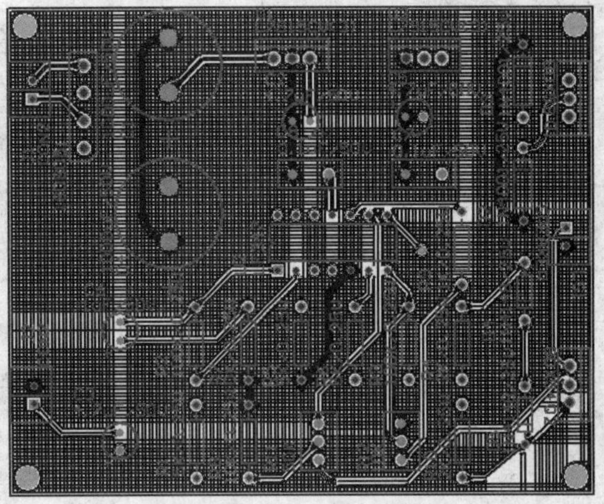

图 6-38　底层覆铜结果

覆铜后，进行电气规则检测，其结果如图 6-39 所示。

```
E:\师大工作材料\Protel 99 SE相关\我的课件\Protel 99SE原理图与印制电路板设计\Protel Expl\exp.ddb
exp.ddb | PCB4.PCB | PCB1.PCB | PCB1.DRC | exp4.Sch

Protel Design System Design Rule Check
PCB File : Documents\PCB1.PCB
Date     : 11-Aug-2011
Time     : 23:37:02

Processing Rule : Hole Size Constraint (Min=1mil) (Max=100mil) (On the board )
   Violation         Via (3150mil,100mil) TopLayer to BottomLayer  Actual Hole Size = 130mil
   Violation         Via (115mil,125mil) TopLayer to BottomLayer  Actual Hole Size = 130mil
   Violation         Via (3150mil,2560mil) TopLayer to BottomLayer  Actual Hole Size = 130mil
   Violation         Via (100mil,2560mil) TopLayer to BottomLayer  Actual Hole Size = 130mil
Rule Violations :4

Processing Rule : Testpoint Style (Under Component=Yes) (On the board )
Rule Violations :0

Processing Rule : Testpoint Usage (Valid =Required, Allow multiple per net=No) (On the board )
Rule Violations :0

Processing Rule : Clearance Constraint (Gap=10mil) (On the board ),(On the board )
Rule Violations :0

Processing Rule : Broken-Net Constraint ( (On the board ) )
Rule Violations :0

Processing Rule : Short-Circuit Constraint (Allowed=Not Allowed) (On the board ),(On the board )
Rule Violations :0

Processing Rule : Width Constraint (Min=10mil) (Max=40mil) (Prefered=40mil) (Is on net GND )
Rule Violations :0

Processing Rule : Width Constraint (Min=10mil) (Max=25mil) (Prefered=25mil) (Is part of net class SourceNet )
Rule Violations :0

Processing Rule : Width Constraint (Min=10mil) (Max=12mil) (Prefered=12mil) (Is part of net class SingalNet )
Rule Violations :0


Violations Detected : 4
Time Elapsed        : 00:00:00
```

图 6-39　覆铜后的电气规则检测结果

从规则检测结果可知，本设计没有违反任何一条设计规则的要求，顺利通过设计规则检测。

覆铜后的 3D 图如图 6-40 所示。

2. 删除覆铜

在覆铜区域单击鼠标，此时系统将弹出如图 6-41 所示的覆铜区域信息框。

选择 Polygon（GND）on Toplayer 选项，然后拖动鼠标，将顶层覆铜拖到电路之外，如图 6-42 所示。

单击鼠标左键并释放鼠标，系统将弹出询问是否重新覆铜对话框，如图 6-43 所示。

单击 No 按钮后，选中顶层覆铜，然后单击剪切工具将顶层覆铜删除。

同理，按照上述操作也可删除底层覆铜。

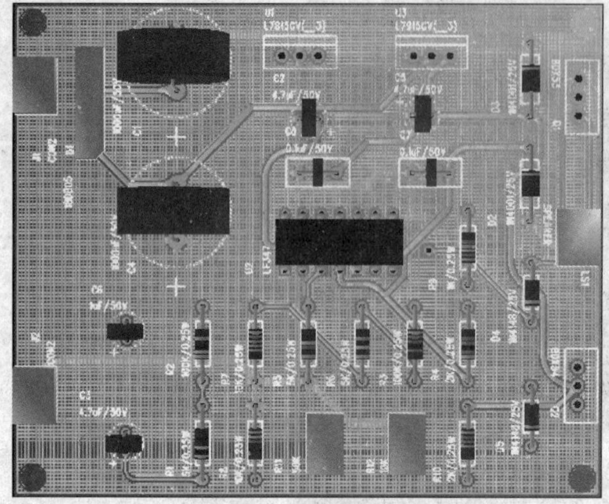

图 6-40　覆铜后的 3D 图

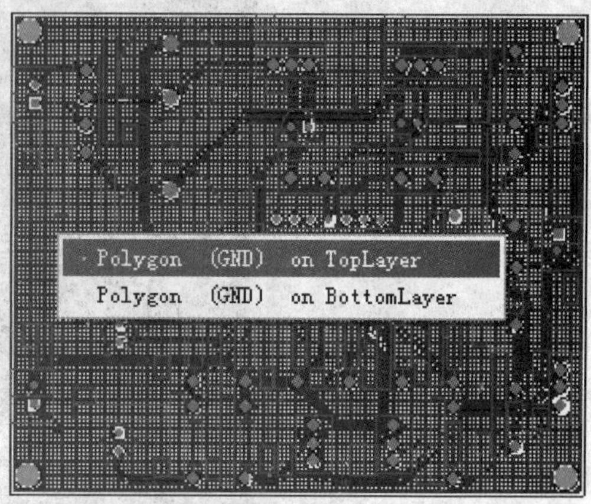

图 6-41　覆铜区域信息框

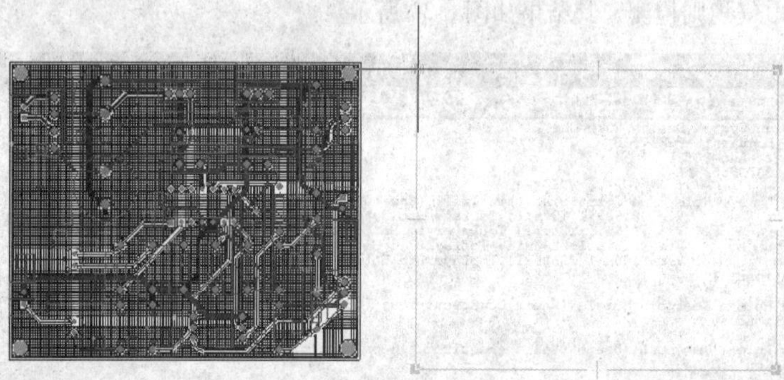

图 6-42　将顶层覆铜拖到电路之外

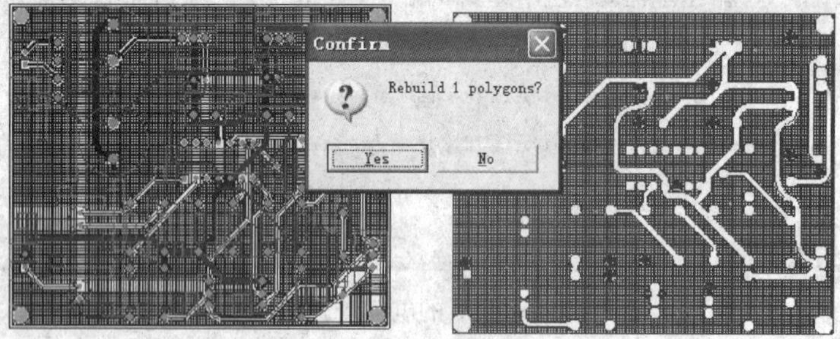

图 6-43　询问是否重新覆铜对话框

3. 不规则覆铜

对如图 6-44 所示的电路进行不规则覆铜。单击放置工具栏中的覆铜工具按钮，在弹出的覆铜设置对话框中进行如图 6-45 所示的设置。

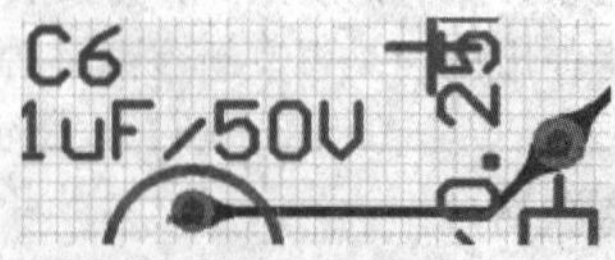

图 6-44　不规则覆铜电路

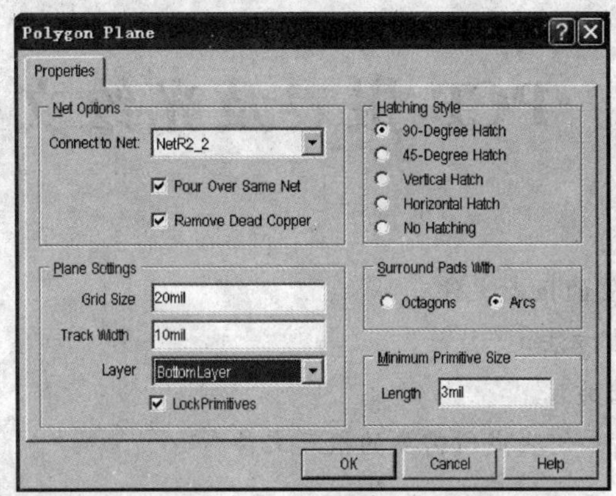

图 6-45　覆铜设置对话框

设置完成后，单击 OK 按钮确认。此时鼠标以十字形显示，单击鼠标左键，并拖动鼠标绘制覆铜区域，如图 6-46 所示。

单击鼠标左键闭合方框，此时系统自动进行覆铜，结果如图 6-47 所示。

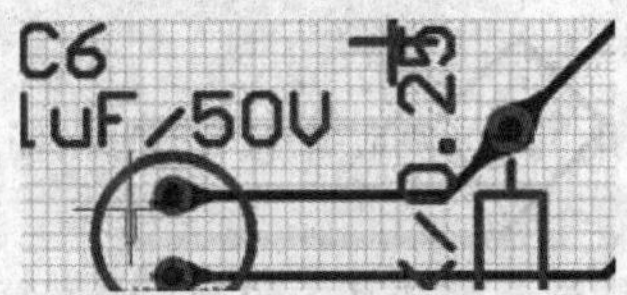

图 6-46　绘制覆铜区域

图 6-47　系统自动进行覆铜结果

注：覆铜的一大好处是降低地线阻抗（所谓干扰也有很大一部分是地线阻抗降低带来的）。

数字电路中存在大量的尖峰脉冲电流，因此降低地线阻抗显得更有必要。对于全由数字器件组成的电路，应大面积覆铜；而对于模拟电路，覆铜所形成的地线环路反而会引起电磁耦合干扰，得不偿失。

显然，并不是每个电路都要覆铜。

习　　题

6-1　如何设置测试点？

6-2　试述补泪滴的方法和目的。

6-3　如何覆铜？覆铜的目的是什么？

第 7 章　PCB 报表及光绘文件输出

内容提要：（建议 2 学时）

1. 熟悉 PCB 加工时需要的报表文件
2. 学会光绘文件的输出方法
3. 学会钻孔文件的输出方法

目的： 学会 PCB 加工时如何生成所需要的报表文件

Protel 99SE 的 PCB 设计系统提供了生成各种报表的功能，如生成 PCB 状态信息报表、引脚信息报表、零件封装信息报表、网络信息以及布线信息报表等。

7.1　PCB 报表输出

1. 引脚信息报表

引脚信息报表用于提供电路板上选取的引脚信息，用户可以选取若干个引脚，通过报表功能生成这些引脚相关信息，方便地检查网络上的连线。

首先双击期望选中的引脚，系统将弹出引脚编辑对话框，勾选其中的 Selection 复选框，如图 7-1 所示。设置完成后，单击 OK 按钮确认设置。选中的引脚如图 7-2 所示。

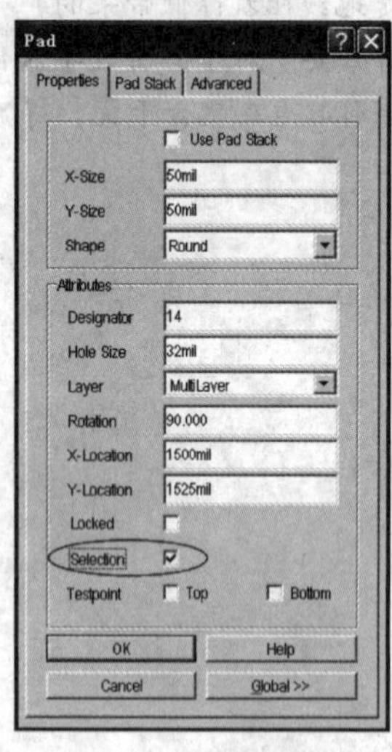

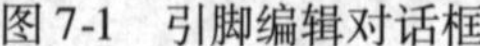

图 7-1　引脚编辑对话框

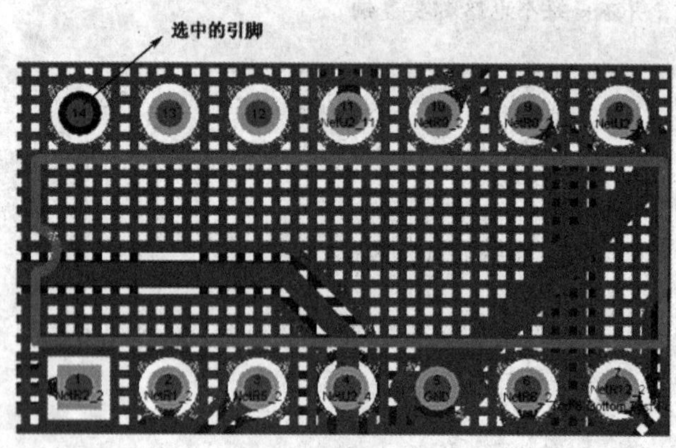

图 7-2　选中的引脚

按照上述方法选择其他期望的引脚，如图 7-3 所示。

单击菜单命令 Reports→Selected Pins，如图 7-4 所示。系统将弹出如图 7-5 所示的选取引脚信息对话框。

对话框中列出了选取引脚的信息，单击 OK 按钮，系统会进入文本编辑器，生成报表文件，如图 7-6 所示。

引脚信息报表为扩展名为 . DMP 的文件。

图 7-3　选择期望的引脚

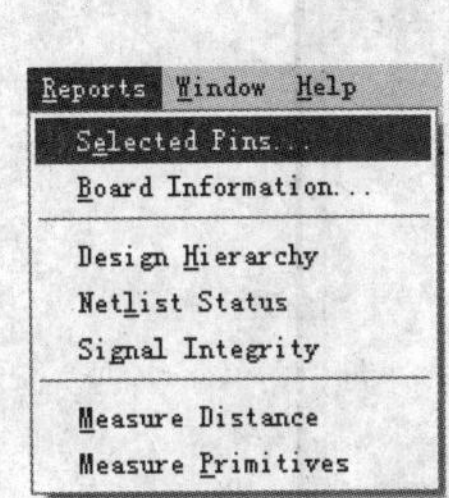

图 7-4　菜单命令 Reports→Selected Pins

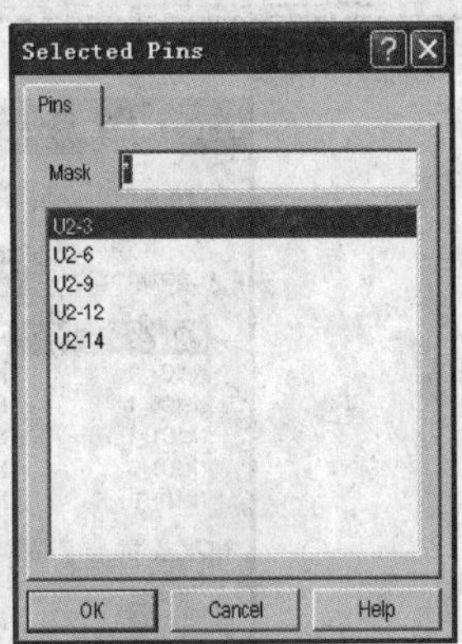

图 7-5　选取引脚信息对话框

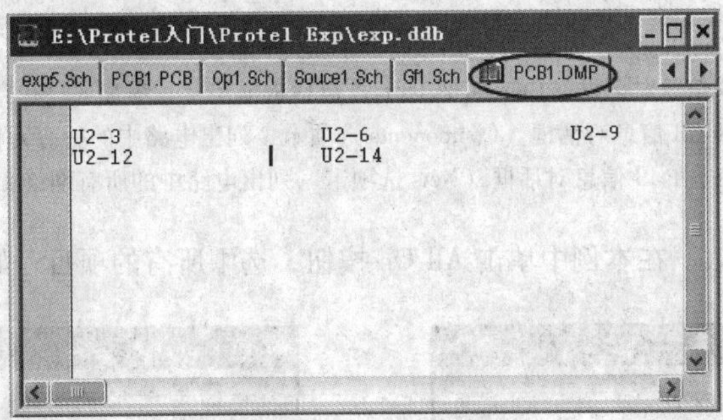

图 7-6　引脚信息报表

2. PCB 信息报表

PCB 信息报表用于为用户提供 PCB 的完整信息，包括 PCB 尺寸、焊盘、导孔的数量以及零件标号等。单击菜单命令 Reports→Board Information，如图 7-7 所示。系统将弹出如图 7-8 所示的 PCB 信息对话框。

用户可以选中任一选项卡，单击 Report 按钮。在本例中选择 General 选项卡，单击 Report 按钮，系统将弹出如图 7-9 所示的选择项目报表对话框。

单击 All On 按钮，可选中所有项目；单击 All Off 按钮，则不选择任何项目。另外用户可以勾选 Selected objects only 复选框，只产生

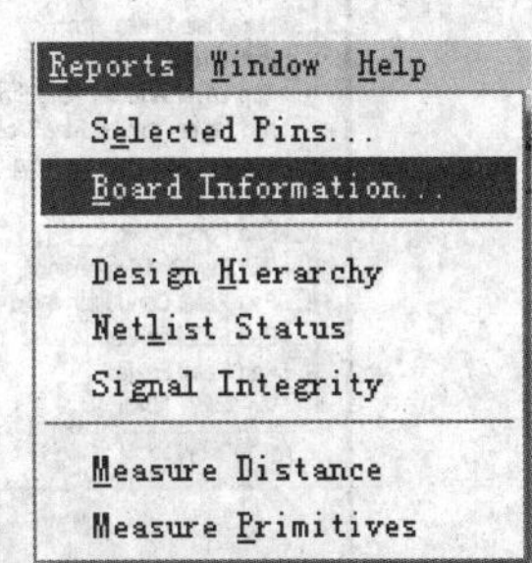

图 7-7　菜单命令 Reports→Board Information

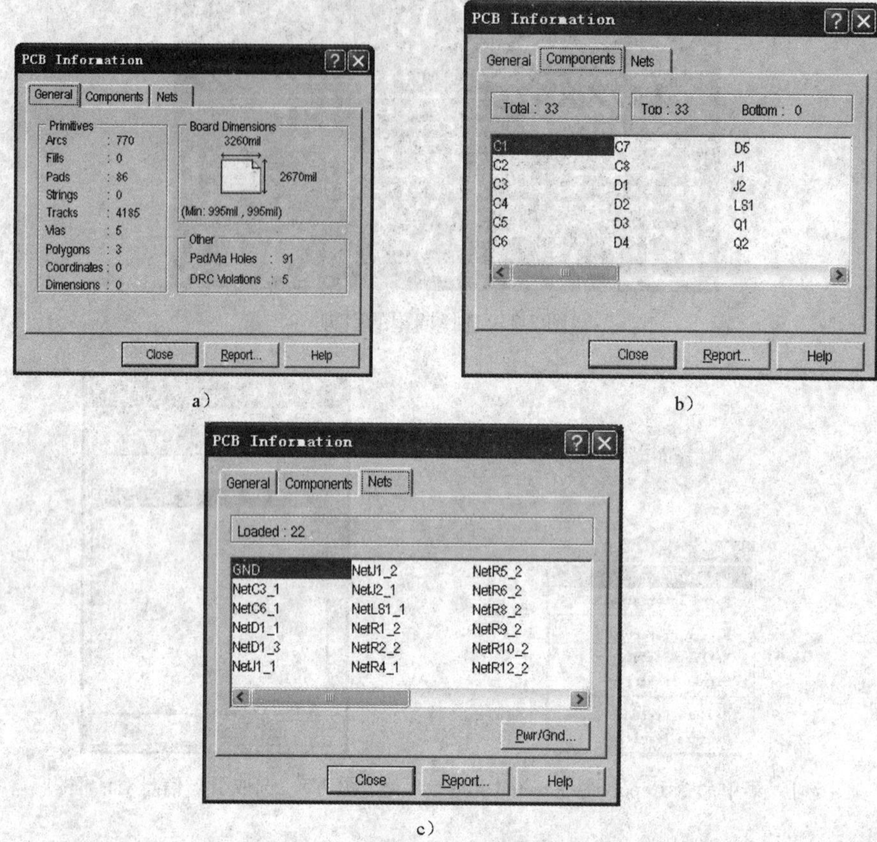

图 7-8　PCB 信息对话框

a）PCB 信息对话框（General 选项卡，包括板框尺寸、焊盘或过孔数量等）

b）PCB 信息对话框（Components 选项卡，列出电路中的所有元件）

c）PCB 信息对话框（Nets 选项卡，列出电路中的所有网络）

所选中对象的 PCB 信息报表。在本例中单击 All On 按钮，选中所有的项目，如图 7-10 所示。

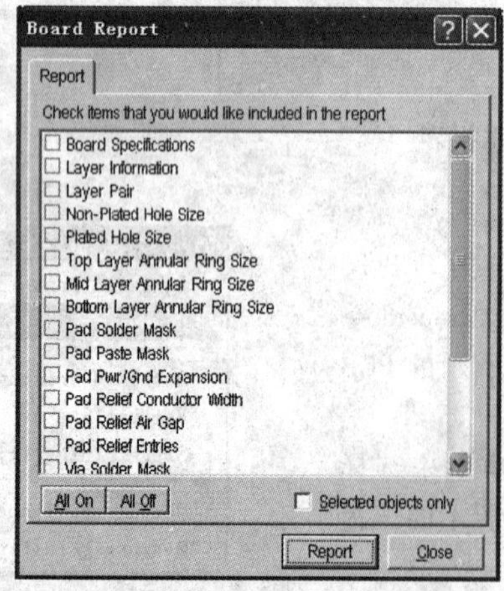

图 7-9　选择项目报表对话框

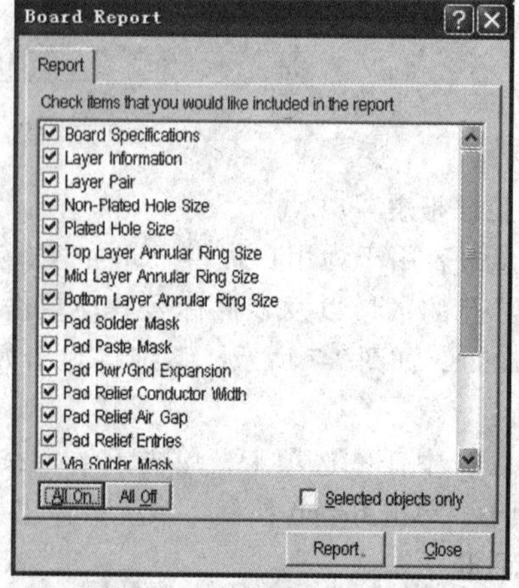

图 7-10　选中所有的项目

单击 Report 按钮，则系统生成 PCB 信息报表，如图 7-11 所示。

PCB 信息报表为扩展名为 . REP 的文件。

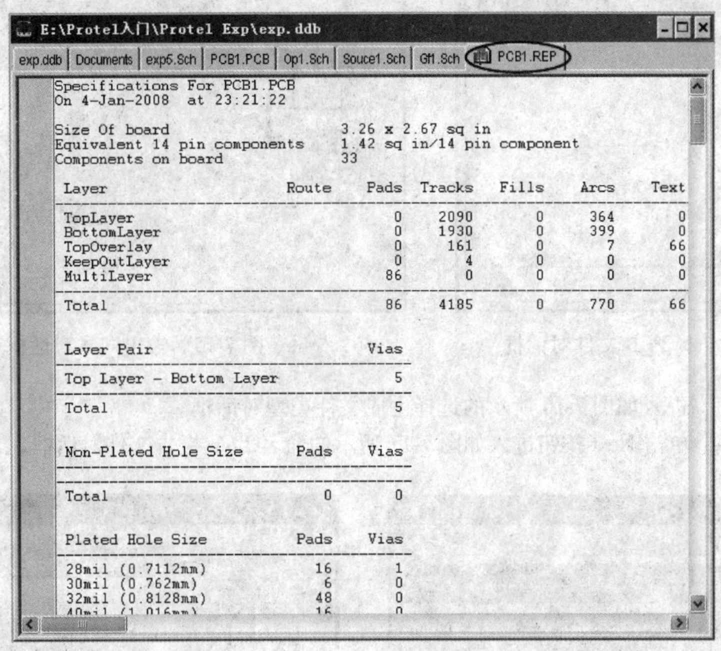


```
Specifications For PCB1.PCB
On 4-Jan-2008   at 23:21:22

Size Of board                     3.26 x 2.67 sq in
Equivalent 14 pin components      1.42 sq in/14 pin component
Components on board               33

 Layer                    Route    Pads  Tracks   Fills    Arcs    Text
 ----------------------------------------------------------------------
 TopLayer                             0    2090       0     364       0
 BottomLayer                          0    1930       0     399       0
 TopOverlay                           0     161       0       7      66
 KeepOutLayer                         0       4       0       0       0
 MultiLayer                          86       0       0       0       0
 ----------------------------------------------------------------------
 Total                               86    4185       0     770      66


 Layer Pair                         Vias
 ----------------------------------------
 Top Layer - Bottom Layer              5
 ----------------------------------------
 Total                                 5


 Non-Plated Hole Size       Pads    Vias
 ----------------------------------------
 ----------------------------------------
 Total                         0       0


 Plated Hole Size           Pads    Vias
 ----------------------------------------
 28mil (0.7112mm)             16       1
 30mil (0.762mm)               6       0
 32mil (0.8128mm)             48       0
 40mil (1.016mm)              16       0
```

图 7-11　PCB 信息报表

3. 元件报表

元件报表功能用来整理电路或项目的零件，生成元件列表，以便用户查询。

单击菜单命令 File→New，如图 7-12 所示。在弹出的对话框中选择 CAM output configure 图标，如图 7-13所示。

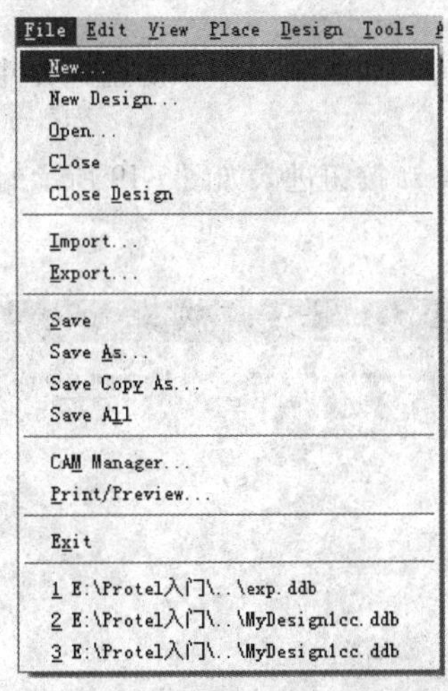

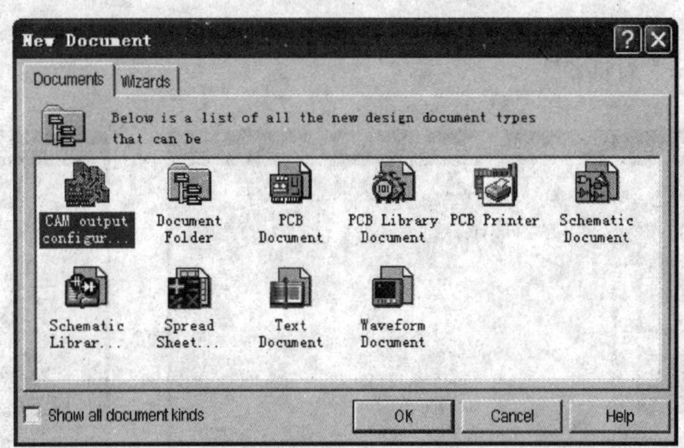

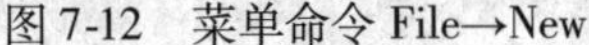

图 7-12　菜单命令 File→New　　　图 7-13　选择 CAM output configure 图标

双击图标，系统将弹出如图 7-14 所示的选择 PCB 文件对话框。

在本例中选择 PCB1. PCB 文件，单击 OK 按钮，系统将弹出如图 7-15 所示的输出向导对话框。

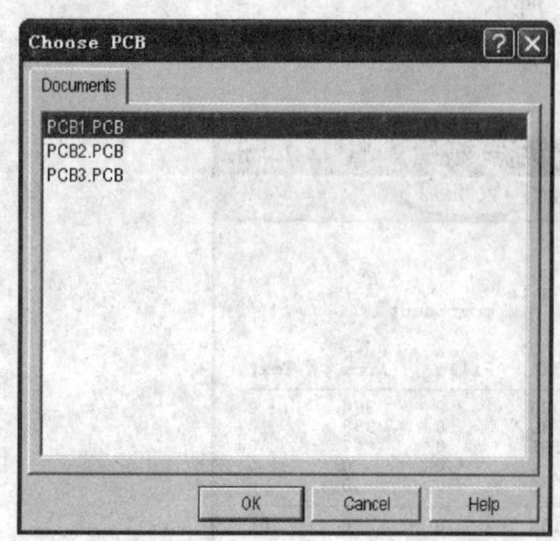

图 7-14　选择 PCB 文件对话框

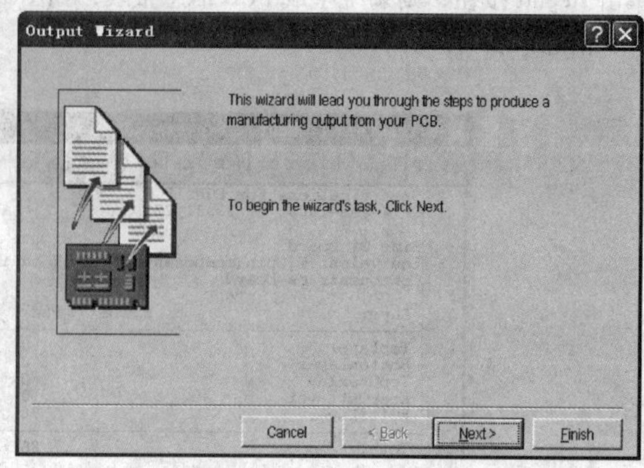

图 7-15　输出向导对话框

单击 Next 按钮，进入如图 7-16 所示的选择生成文件类型对话框。

选择 Bom 文件，单击 Next 按钮进入如图 7-17 所示的命名 Bom 报告文件对话框。

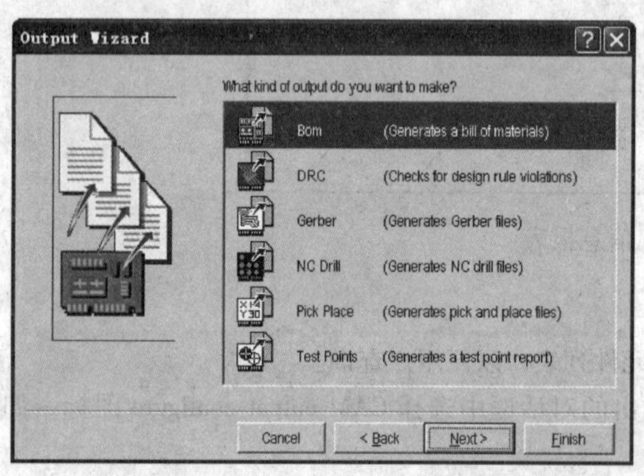

图 7-16　选择生成文件类型对话框

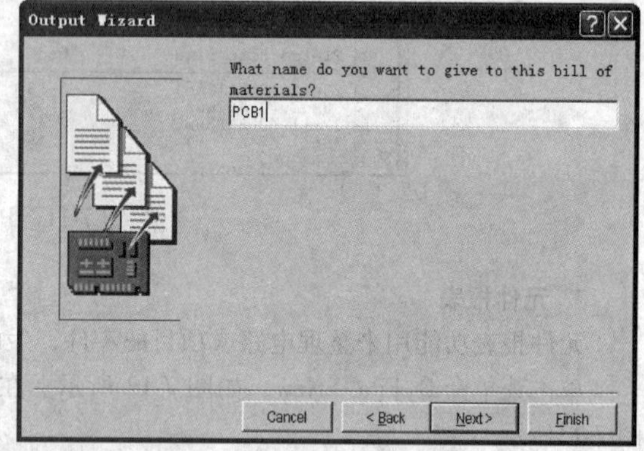

图 7-17　命名 Bom 报告文件对话框

在对话框中输入 PCB1 作为 Bom 文件的名称，单击 Next 按钮进入如图 7-18 所示的选择文件格式对话框。

采用系统的默认设置，即采用电子表格形式输出文件，单击 Next 按钮进入如图 7-19 所示的选择元件列表形式对话框。

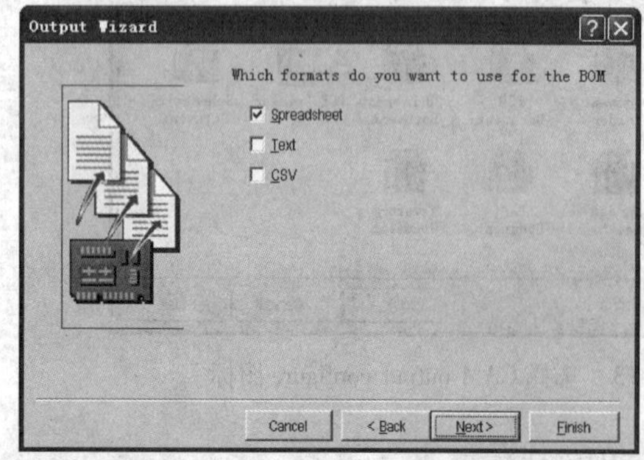

图 7-18　选择文件格式对话框

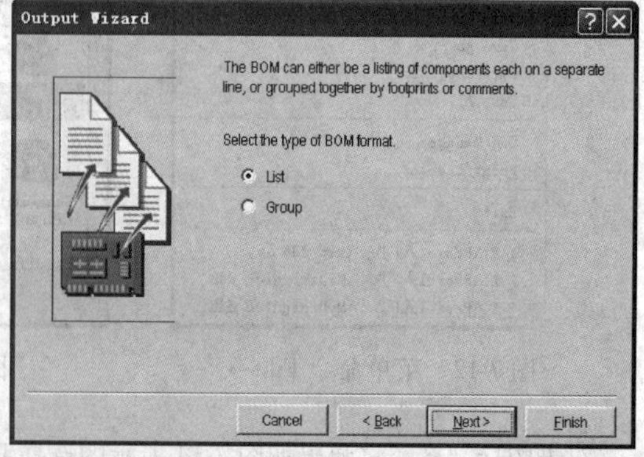

图 7-19　选择元件列表形式对话框

其中 List 为列表形式，而 Group 为组形式，在本例中选择列表形式后，继续单击 Next 按钮，进入如图 7-20 所示的选择元件排序依据对话框。

采用系统默认的排序依据后，单击 Next 按钮，进入如图 7-21 所示零件报表创建完成对话框。

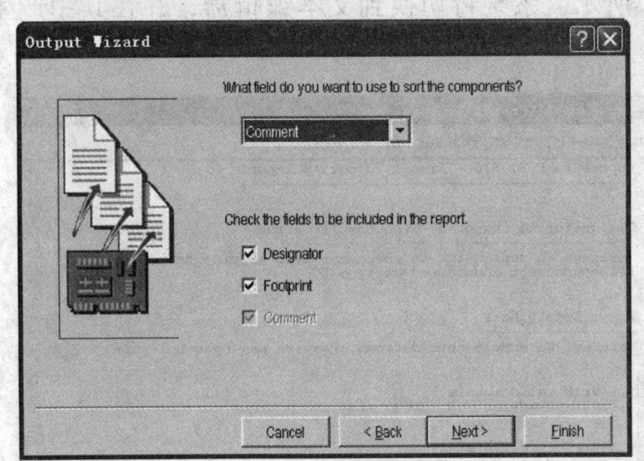

图 7-20　选择元件排序依据对话框

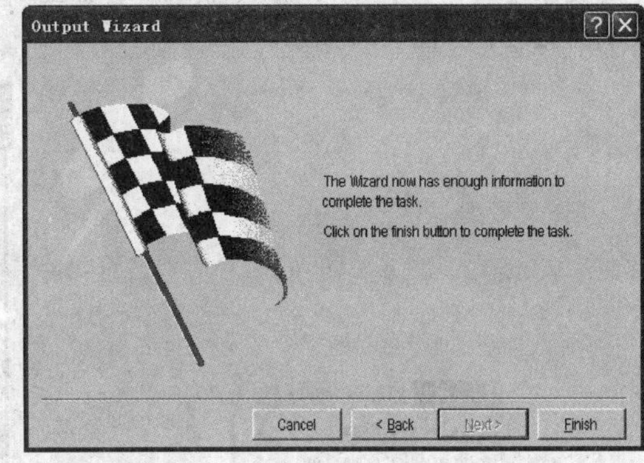

图 7-21　零件报表创建完成对话框

单击 Finish 按钮，完成辅助制造元件文件，如图 7-22 所示。

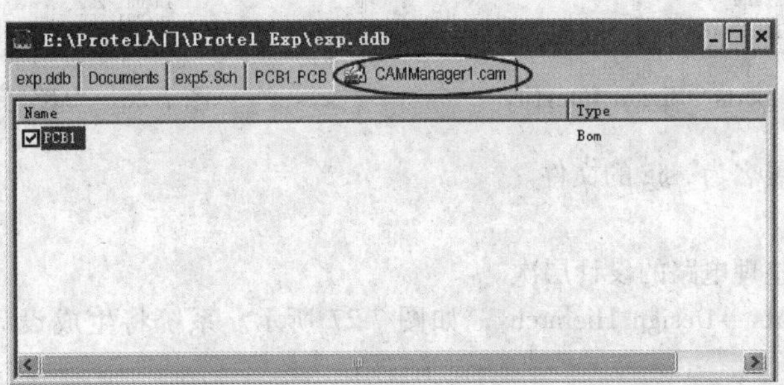

图 7-22　完成辅助制造元件文件

单击菜单命令 Tools→Generate CAM Files，如图 7-23 所示。系统将产生如图 7-24 所示的元件报表文件。

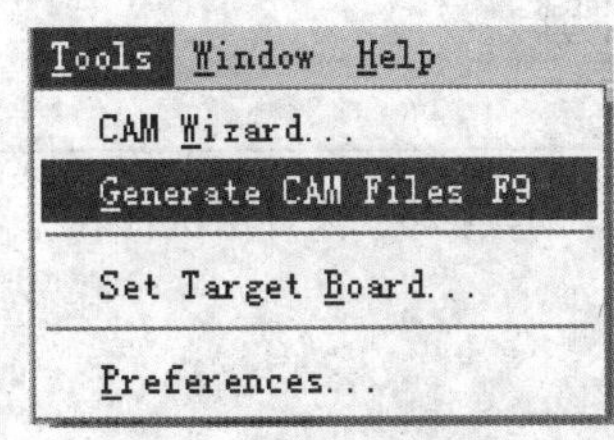

图 7-23　菜单命令 Tools→Generate CAM Files

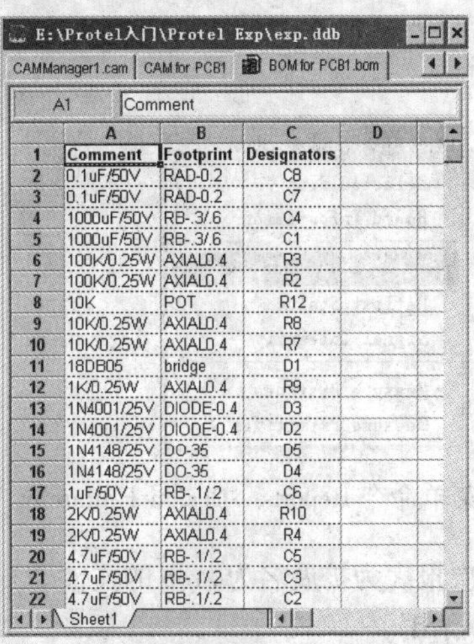

	A	B	C	D
1	Comment	Footprint	Designators	
2	0.1uF/50V	RAD-0.2	C8	
3	0.1uF/50V	RAD-0.2	C7	
4	1000uF/50V	RB-.3/.6	C4	
5	1000uF/50V	RB-.3/.6	C1	
6	100K/0.25W	AXIAL0.4	R3	
7	100K/0.25W	AXIAL0.4	R2	
8	10K	POT	R12	
9	10K/0.25W	AXIAL0.4	R8	
10	10K/0.25W	AXIAL0.4	R7	
11	18DB05	bridge	D1	
12	1K/0.25W	AXIAL0.4	R9	
13	1N4001/25V	DIODE-0.4	D3	
14	1N4001/25V	DIODE-0.4	D2	
15	1N4148/25V	DO-35	D5	
16	1N4148/25V	DO-35	D4	
17	1uF/50V	RB-.1/.2	C6	
18	2K/0.25W	AXIAL0.4	R10	
19	2K/0.25W	AXIAL0.4	R4	
20	4.7uF/50V	RB-.1/.2	C5	
21	4.7uF/50V	RB-.1/.2	C3	
22	4.7uF/50V	RB-.1/.2	C2	

图 7-24　元件报表（部分）文件

元件报表为扩展名为 . bom 的文件。

4. 电路特性报表

电路特性报表用于生成有关元件电气特性的资料。

单击菜单命令 Reports→Signal Integrity，如图 7-25 所示。系统将切换到文本编辑器，并在其中产生电路特性报表，如图 7-26 所示。

图 7-25　菜单命令 Reports→Signal Integrity

```
E:\Protel入门\Protel Exp\exp.ddb
exp.ddb | Documents | exp5.Sch | PCB1.PCB | PCB1.SIG

Documents\PCB1.SIG - Signal Integrity Report

Designator to Component Type Specification
Warning! No designator to component type mapping defined.
All components considered as type IC.

Power Supply Nets
Warning! No supply nets defined. Results may be unreliable.

ICs with valid models

ICs With No Valid Model
C1     1000uF/50V     Closest match in library w
C2     4.7uF/50V      Closest match in library w
C3     4.7uF/50V      Closest match in library w
C4     1000uF/50V     Closest match in library w
C5     4.7uF/50V      Closest match in library w
C6     1uF/50V        Closest match in library w
C7     0.1uF/50V      Closest match in library w
C8     0.1uF/50V      Closest match in library w
D1     18DB05         Closest match in library w
D2     1N4001/25V     Closest match in library w
D3     1N4001/25V     Closest match in library w
```

图 7-26　电路特性报表

电路特性报表为扩展名为 . sig 的文件。

5. 设计层次报表

设计层次报表用于整理电路的设计层次。

单击菜单命令 Reports→Design Hierarchy，如图 7-27 所示。系统将生成设计层次报表，如图 7-28 所示。

图 7-27　菜单命令 Reports→Design Hierarchy

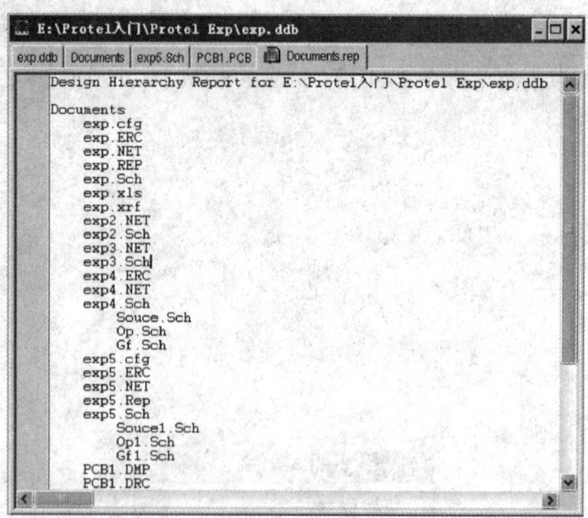

```
E:\Protel入门\Protel Exp\exp.ddb
exp.ddb | Documents | exp5.Sch | PCB1.PCB | Documents.rep

Design Hierarchy Report for E:\Protel入门\Protel Exp\exp.ddb

Documents
    exp.cfg
    exp.ERC
    exp.NET
    exp.REP
    exp.Sch
    exp.xls
    exp.xrf
    exp2.NET
    exp2.Sch
    exp3.NET
    exp3.Sch
    exp4.ERC
    exp4.NET
    exp4.Sch
        Souce.Sch
        Op.Sch
        Gf.Sch
    exp5.cfg
    exp5.ERC
    exp5.NET
    exp5.Rep
    exp5.Sch
        Souce1.Sch
        Op1.Sch
        Gf1.Sch
    PCB1.DMP
    PCB1.DRC
```

图 7-28　设计层次报表

设计层次报表为扩展名为 . rep 的文件。

6. 其他输出

在 Reports 菜单下，还有以下指令：Netlist Status 用于设置输出网络状态报表；Measure Distance 用于测量任意两点间的距离；Measure Primitives 用于测量电路板焊盘、连线和导孔的距离。

7.2　创建 Gerber 文件

光绘数据格式是以相量式光绘机的数据格式 Gerber 数据为基础发展起来的，并对相量式光绘机的数据格式进行了扩展，兼容了 HPGL 惠普绘图仪格式，Autocad DXF、TIFF 等专用和通用图形数据格式。一些 CAD 和 CAM 开发厂商还对 Gerber 数据进行了扩展。

Gerber 数据的正式名称为 Gerber RS-274 格式。相量式光绘机码盘上的每一种符号，在 Gerber 数据中，均有一个相应的 D 码（D-CODE）。这样，光绘机就能够通过 D 码来控制、选择码盘，绘制出相应的图形。将 D 码和 D 码所对应符号的形状、尺寸大小进行列表，即得到一个 D 码表。此 D 码表就成为从 CAD 设计到光绘机利用此数据进行光绘的一个桥梁。用户在提供 Gerber 光绘数据的同时，必须提供相应的 D 码表。这样，光绘机就可以依据 D 码表确定应选用何种符号盘进行曝光，从而绘制出正确的图形。

1. Gerber 文件的设置与生成

单击菜单命令 File→CAM Manager，如图 7-29 所示。系统将弹出如图 7-30 所示的输出向导对话框。

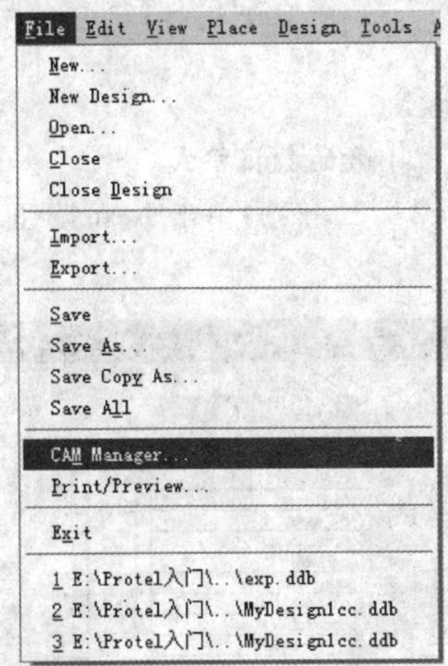

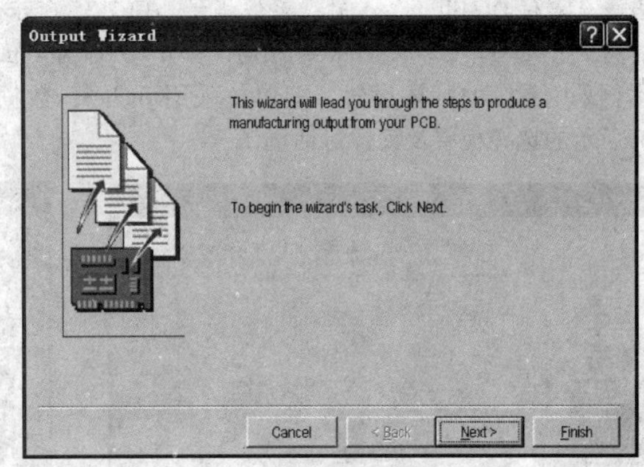

图 7-29　菜单命令 File→CAM Manager

图 7-30　输出向导对话框

单击 Next 按钮，进入如图 7-31 所示的选择输出文件类型对话框，在对话框中选择 Gerber 选项。单击 Next 按钮进入如图 7-32 所示的命名对话框。

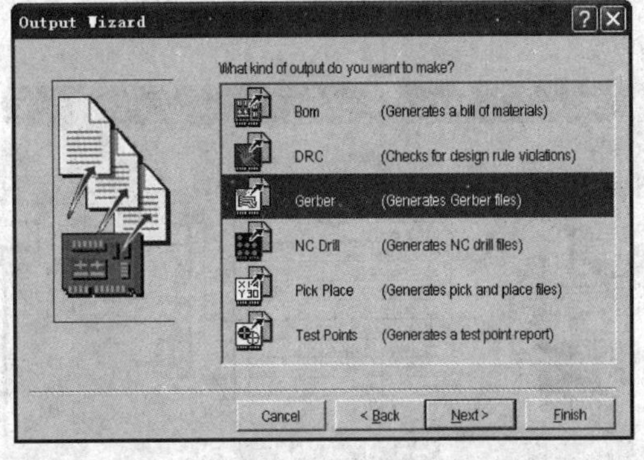

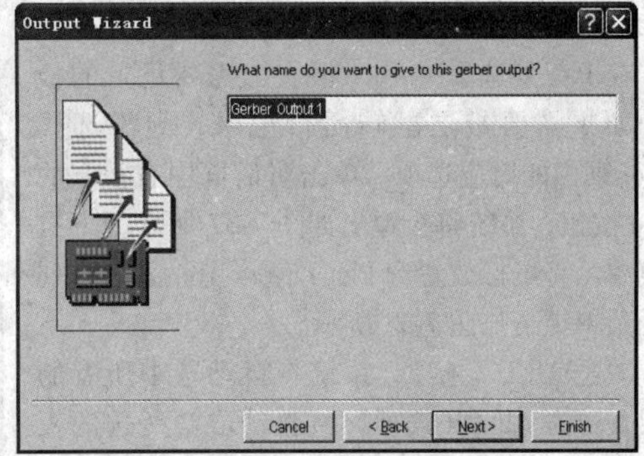

图 7-31　选择输出文件类型对话框

图 7-32　命名对话框

采用系统的默认设置后，单击 Next 按钮进入如图 7-33 所示的光绘孔径设置对话框。

单击 Next 按钮进入如图 7-34 所示的设置单位和格式对话框。

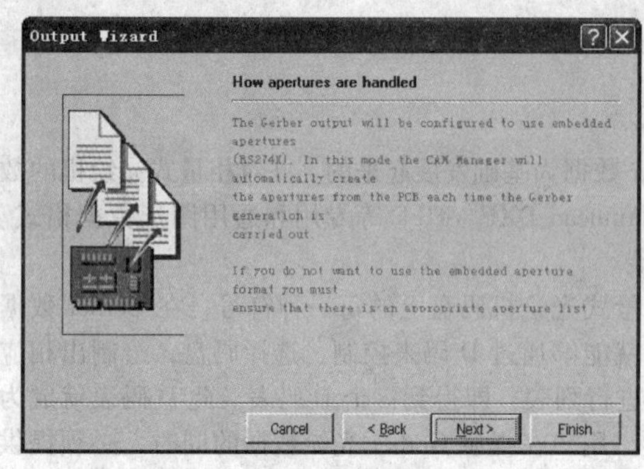

图 7-33　光绘孔径设置对话框

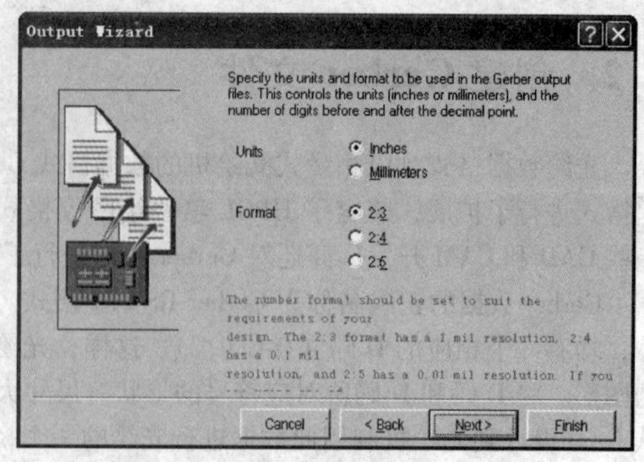

图 7-34　设置单位和格式对话框

注：在设置单位和格式对话框中各选项的含义如下。

1）Units 为数据单位，其中 Inches 为英寸，Millimeters 为毫米。

2）Format 为数据格式，其中 2∶3 即数据格式为 2 位整数 3 位小数，2∶4 即数据格式为 2 位整数 4 位小数，2∶5 即数据格式为 2 位整数 5 位小数。

当点选单位为 Millimeters 时，系统提供如图 7-35 所示的数据格式。

其格式含义与单位为 Inches 时相同，如 4∶2 即为 4 位整数 2 位小数的数据格式。

本例采用系统的默认设置，即单位采用 Inches，数据格式为 2∶3，然后单击 Next 按钮，进入如图 7-36所示的选择板层及镜像对话框。

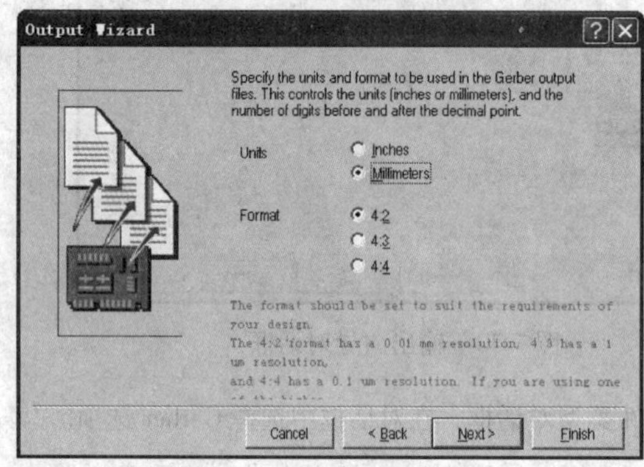

图 7-35　单位为毫米时系统提供的数据格式

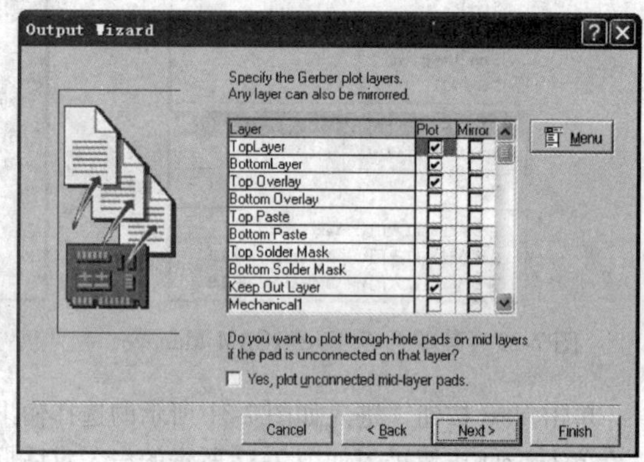

图 7-36　选择板层及镜像对话框

在 Plot 列选取 Gerber 报表内需要记录的板层。如果需要板层翻转后再记录，则需选择 Mirror 列中的对应选项。单击对话框中右上方的 Menu 按钮，系统将会弹出如图 7-37 所示的下拉式菜单。将鼠标放置到 Plot Layers 上，系统将列出子菜单项，如图 7-38 所示。

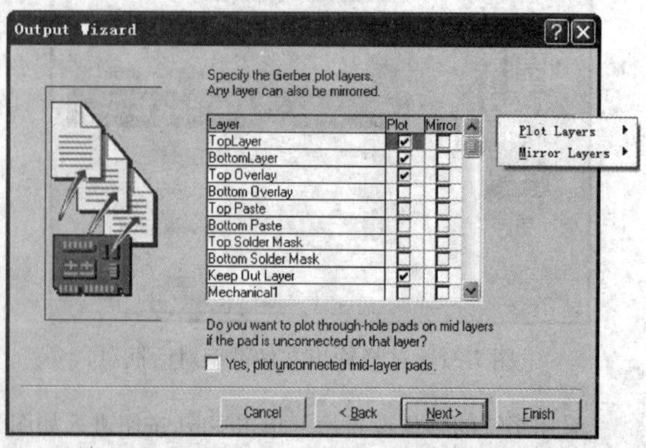

图 7-37　Menu 下拉式菜单

单击 All On 选项，系统将自动选中所有的板层，单击 All Off 选项，将自动取消所选的板层，而单击 Used On 选项，系统将自动选中用户用到的板层（建议使用 Plot Layer→Used On）。此外，将鼠标放置到 Mirror Layers 命令上，系统也相应地提供对应的子菜单，用户可根据实际情况选择相应的命令。本例使用 Plot Layer→Used On 选项进行设置，设置完成后，单击 Next 按钮，进入如图 7-39 所示的钻孔设置向导对话框。

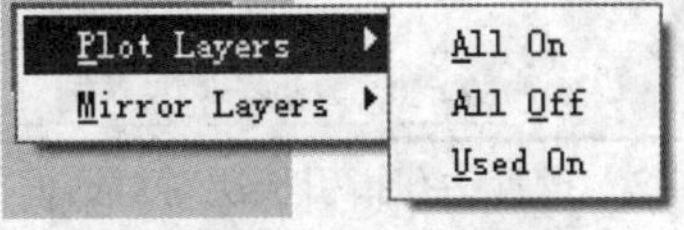

图 7-38　Plot Layers 子菜单项

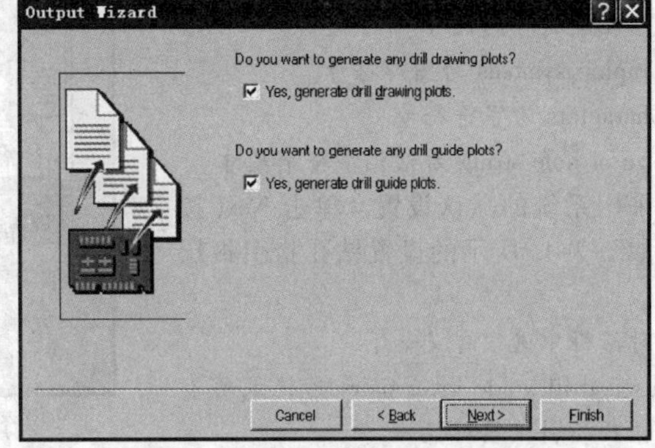

图 7-39　钻孔设置向导对话框

注：对话框中各选项含义如下。

1）Do you want to generate any drill drawing plots? 为是否生成钻孔孔位图数据。

2）Yes，generate drill drawing plots. 勾选这一选项，即在光绘文件中将记录钻孔孔位图数据。

3）Do you want to generate any drill guide plots? 为是否生成分孔图数据。

4）Yes，generate drill guide plots. 勾选这一选项，即在光绘文件中将记录分孔图数据。

本例采用系统的默认设置，单击 Nest 按钮，进入钻孔设置对话框，如图 7-40 所示。

注：对话框中各选项含义如下。

1）Plot used drill drawing layer pairs 为记录所有使用到的钻孔图板层对数。

如果不选取 Plot used drill drawing layer pairs 选项，如图 7-41 所示，用户可以在对话框中的列表栏中自由选取钻孔图板层对。

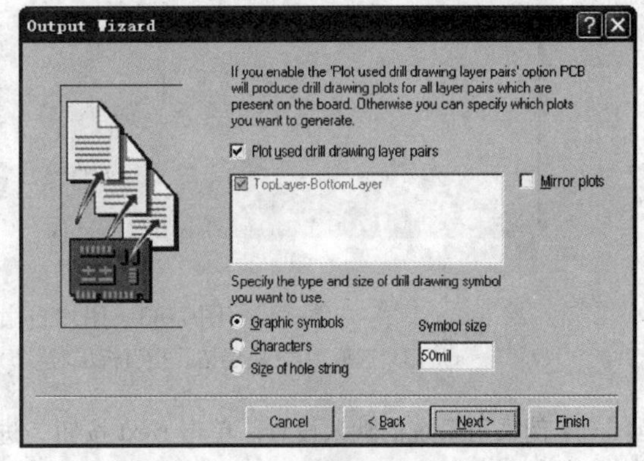

图 7-40　钻孔设置对话框

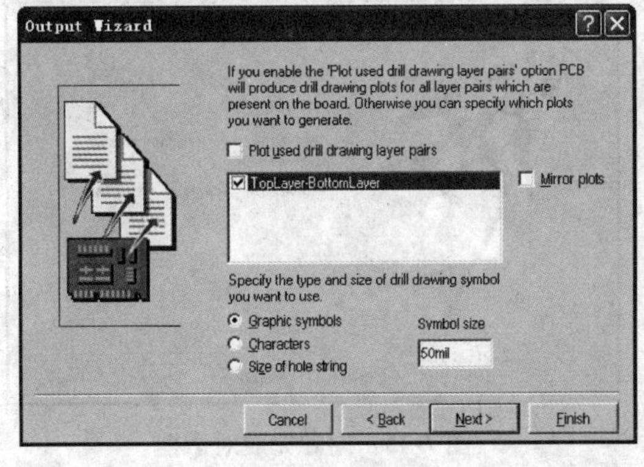

a）

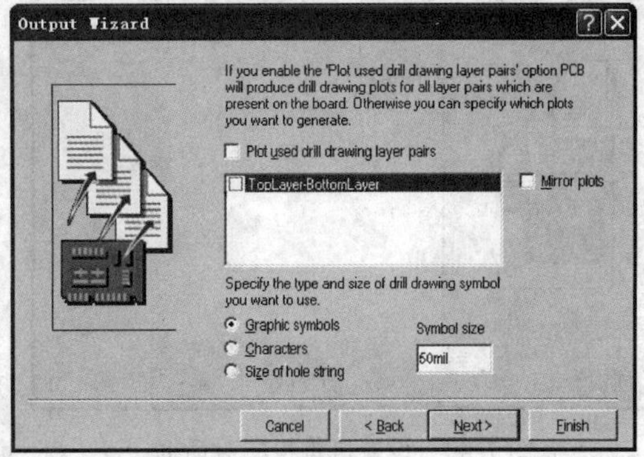

b）

图 7-41　用户自由选取钻孔图板层对

a）用户选取顶层-底层钻孔图板层对　b）用户撤销对顶层-底层钻孔图板层对的选取

2）Mirror plots 为将钻孔指引板层对数据翻转后记录。

3）Specify the type and size of drill drawing symbol you want to use 为指定 Symbol size 文本框内设置钻孔图符号的尺寸。

4）Graphic symbols 为图形符号。

5）Characters 为字符符号。

6）Size of hole string 为钻孔字符串尺寸。

本例采用系统的默认设置。单击 Next 按钮，进入如图 7-42 所示的设置钻孔指引板层对对话框。

注：对话框中选项含义如下。

Plot used drill guide layer pairs 为记录所有使用到的钻孔指引板层对数。

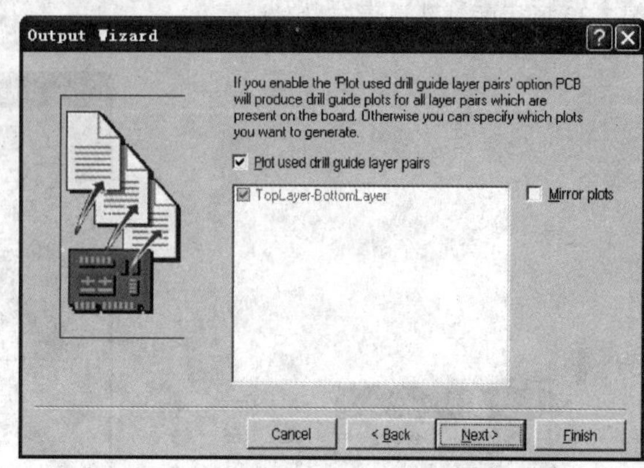

图 7-42　设置钻孔指引板层对对话框

如果不选取 Plot used drill guide layer pairs 选项，如图 7-43 所示，用户可以在对话框的列表框中自由选取钻孔指引板层对。

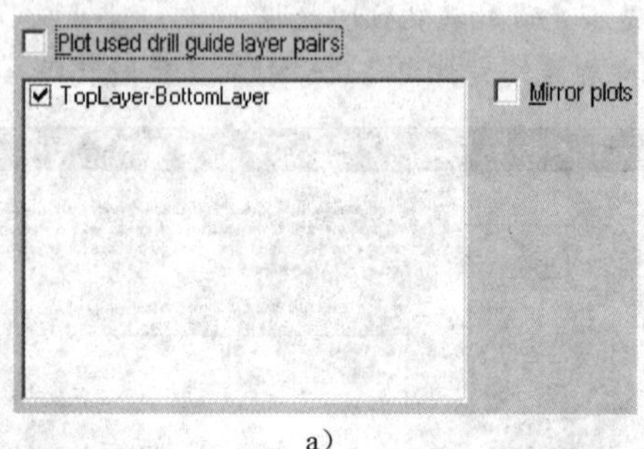

a）

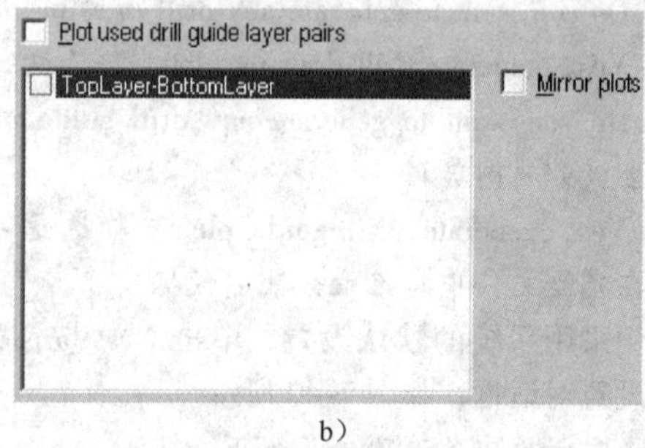

b）

图 7-43　用户自由选取钻孔指引板层对

a）用户选取顶层-底层钻孔指引板层对　b）用户撤销对顶层-底层钻孔指引板层对的选取

本例采用系统的默认设置。单击 Next 按钮，进入如图 7-44 所示的设置机构板层对话框。继续单击 Next 按钮，进入如图 7-45 所示的向导完成对话框。

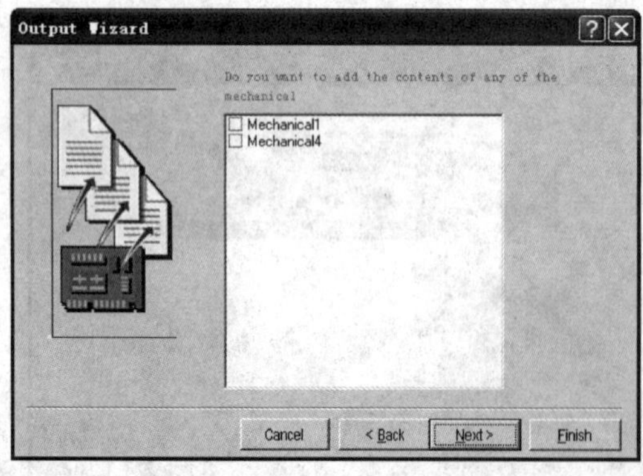

图 7-44　设置机构板层对话框

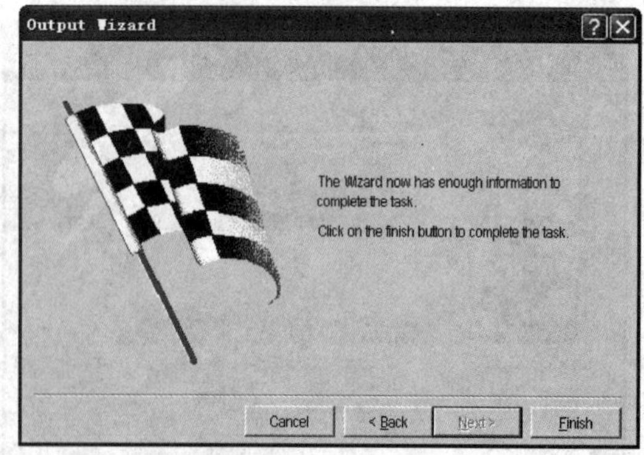

图 7-45　向导完成对话框

单击 Finish 按钮确认完成，系统将设置值存储起来，Gerber 文件设置完成如图 7-46 所示。

单击菜单命令 Tools→Preferences，如图 7-47 所示。系统将弹出如图 7-48 所示的 CAM Options 对话框。

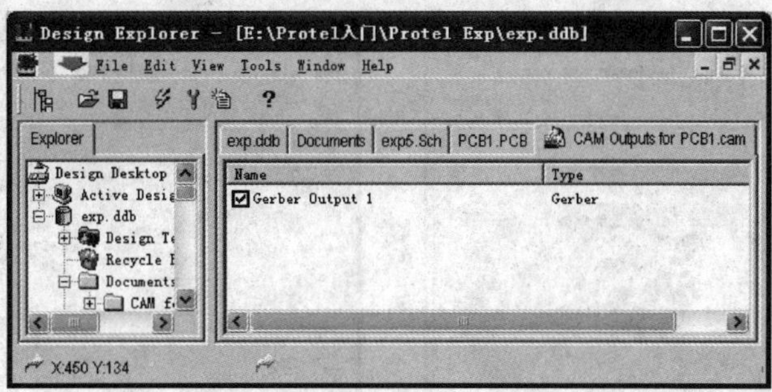

图 7-46　Gerber 文件设置完成

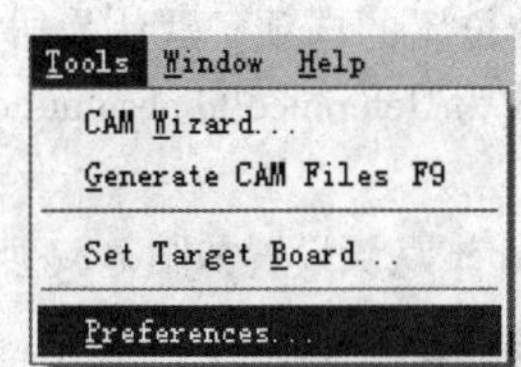

图 7-47　菜单命令 Tools→Preferences

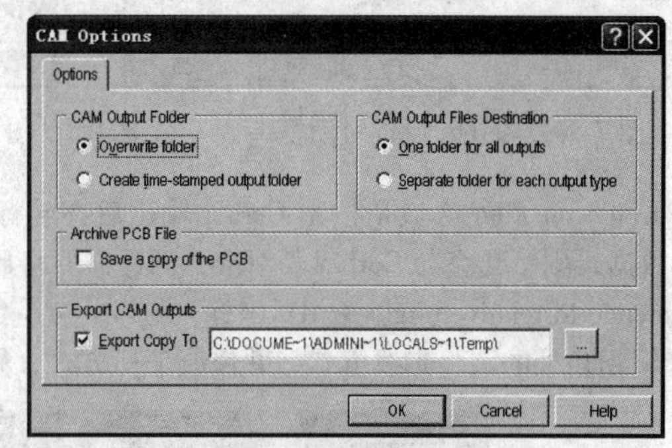

图 7-48　CAM Options 对话框

在 Export CAM Outputs 区域选择期望输出的 Gerber 文件的路径，然后单击 OK 按钮确认设置。

至此，Gerber 文件创建已经完成，但由于 Protel 的某些默认设置会给 PCB 的制造带来一些麻烦，所以用户还需要修改一下它的默认设置，如图 7-49 所示，用鼠标右键单击生成的 Gerber Output1 文件，在弹出的右键菜单中选择 Properties 选项，系统将弹出如图 7-50 所示的 Gerber 设置对话框。

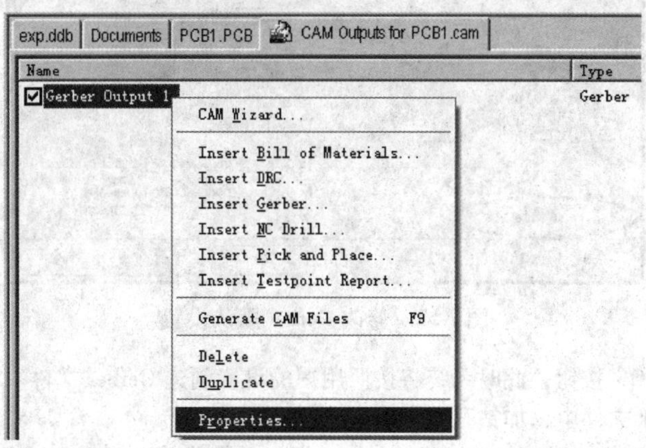

图 7-49　选择 Properties 选项

单击 Gerber 设置对话框的 Advanced 选项卡，如图 7-51 所示。

将选项卡中的 Use software arcs 选项去掉，因为这一选项会使覆铜的拐角处的圆弧变为折线式，使这些位置的间距与所设置的规则不一致。对于间距较密的 PCB 影响较大，间距的变化值与间距规则的大小和覆铜所用的线宽有关。

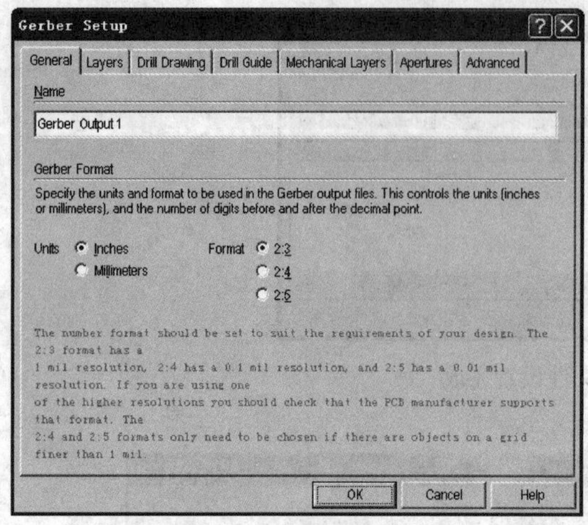

图 7-50　Gerber 设置对话框

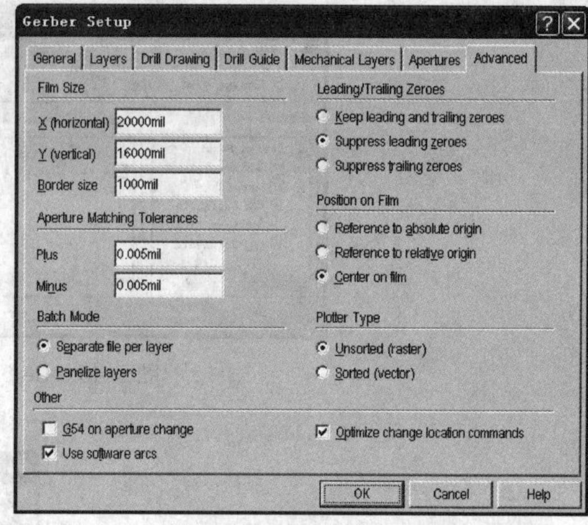

图 7-51　Gerber 设置对话框的 Advanced 选项卡

此外 Position on Film 区域是控制 Gerber 输出后在坐标系中的位置的选项，默认为居中。如果采用 CAM350 读数据，则钻孔会与 Gerber 不对准，因此需要将此项修改为 Reference to absolute origin（绝对坐标）或 Reference to relative origin（相对坐标）选项。

修改覆铜拐角处的圆弧走线方式，并修改坐标方式，修改 Gerber 默认设置如图 7-52 所示。

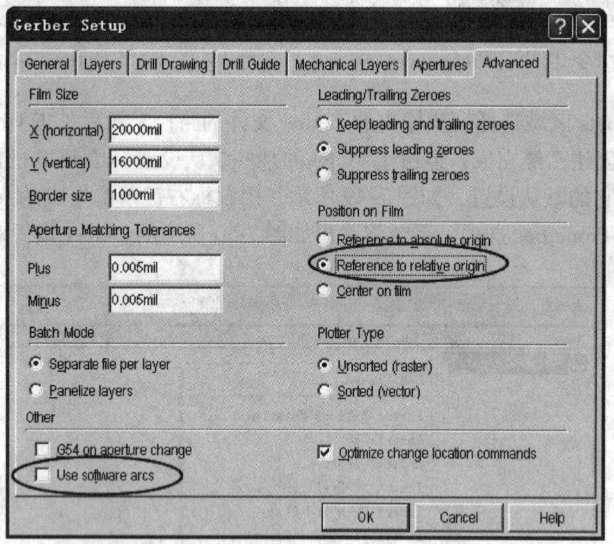

图 7-52　修改 Gerber 默认设置

设置完成后，单击 OK 按钮，此时系统将按照用户的设置创建 Gerber 文件。

2. 在导入的 Gerber 文件中添加钻孔属性表

将操作界面切换到 PCB 设计环境的 Drill Drawing 层，单击菜单命令 Place→String，此时按下 Tab 键，则出现如图 7-53 所示的 String 属性对话框。

单击 Text 下拉列表框中的下拉按钮，在出现的列表中选择 Legend，然后单击 OK 按钮，将其放置到 PCB 框边上，如图 7-54 所示。

此后生成 Gerber 文件时钻孔层就有钻孔图表。

将界面切换到 CAM Outputs for PCB1. cam，单击菜单命令 Tools→Generate CAM Files，如图 7-55 所示。系统将按照用户的设置创建 Gerber 文件。

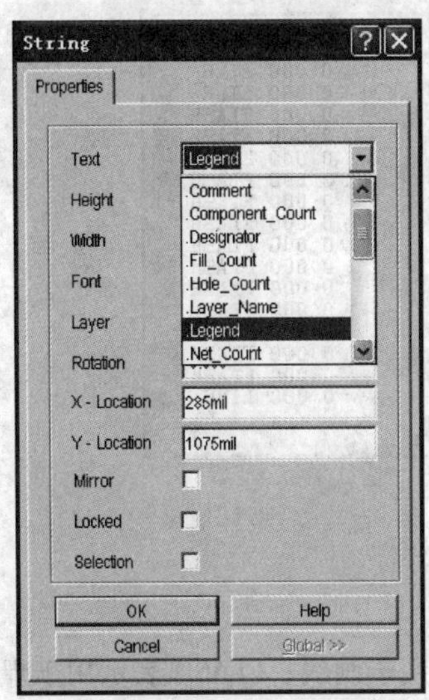

图 7-53　String 属性对话框

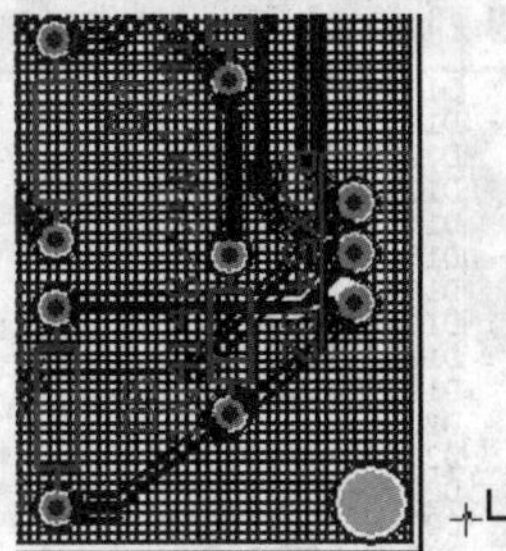

图 7-54　将 . Legend 文本放置到 PCB 框边

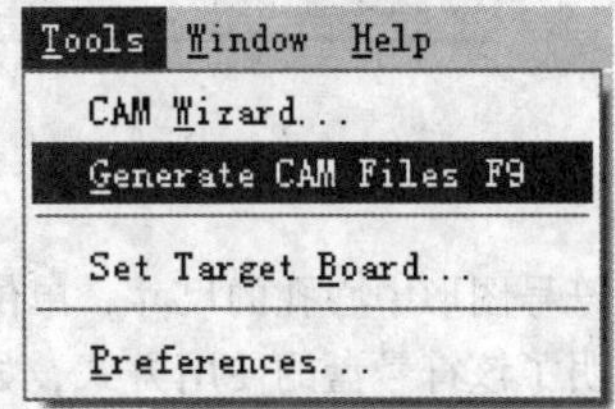

图 7-55　菜单命令 Tools→Generate CAM Files

3. Gerber 文件解释

将窗口切换到 CAM for PCB1 窗口，如图 7-56 所示。

其中各文件的含义如下。

1）PCB1. apr 为光圈表（D 码表）。

2）PCB1. GBL 为底层的光绘文件。

3）PCB1. GBS 为底层阻焊的光绘文件。

4）PCB1. GD1 为钻孔图层的光绘文件。

5）PCB1. GG1 为顶层及底层的过孔引导层光绘文件。

6）PCB1. GKO 为 KeepOutLayer 层的光绘文件。

7）PCB1. GPB 为底层焊盘锡膏层光绘文件。

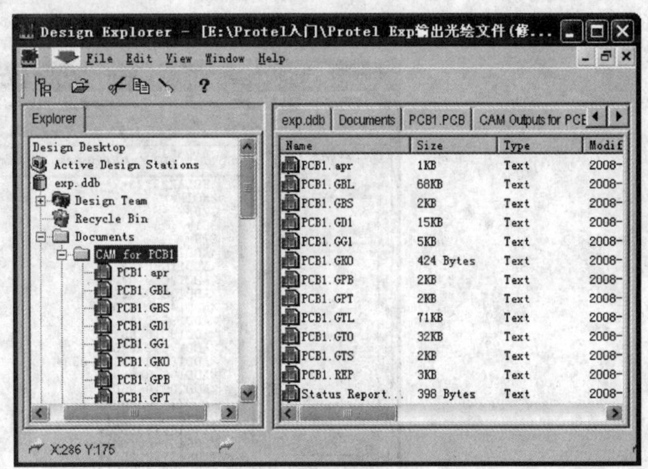

图 7-56　CAM for PCB1 窗口

8）PCB1. GTL 为顶层的光绘文件。

9）PCB1. GTO 为顶层丝印的光绘文件。

10）PCB1. GTS 为顶层阻焊的光绘文件。

11）PCB1. REP 为各光绘层的说明文件。

12）Status Report txt 为状态报告文件。

双击 PCB1. apr 文件打开光圈表，即 D 码表。在一个 D 码表中，一般应包括 D 码、每个 D 码所对应码盘的形状、尺寸以及该码盘的曝光方式，如图 7-57 所示。

每行定义了一个 D 码，包含了 6 种参数。

第 1 列为 D 码序号，由字母 D 加 1 个数字组成。

第 2 列为该 D 码代表的符号的形状说明，如 ROUNDED 表示该符号的形状为圆形，RECTANGULAR 表示该符号的形状为矩形。

第 3 列和第 4 列分别定义了符号图形的 X 方向和 Y 方向的尺寸，单位为 mil（1mil = 1/1000in，约等

exp.ddb | Documents | PCB1.PCB | CAM Outputs for PCB1.cam | CAM for PCB1 | PCB1.apr

D10	ROUNDED	12.000	12.000	0.000	LINE
D11	ROUNDED	25.000	25.000	0.000	LINE
D12	ROUNDED	40.000	40.000	0.000	LINE
D13	ROUNDED	10.000	10.000	0.000	LINE
D14	ROUNDED	100.000	100.000	0.000	FLASH
D15	ROUNDED	62.000	62.000	0.000	FLASH
D16	ROUNDED	70.000	70.000	0.000	FLASH
D17	RECTANGULAR	50.000	50.000	0.000	FLASH
D18	ROUNDED	50.000	50.000	0.000	FLASH
D19	ROUNDED	60.000	60.000	0.000	FLASH
D20	ROUNDED	130.000	130.000	0.000	FLASH
D21	ROUNDED	108.000	108.000	0.000	FLASH
D22	ROUNDED	78.000	78.000	0.000	FLASH
D23	RECTANGULAR	58.000	58.000	0.000	FLASH
D24	ROUNDED	58.000	58.000	0.000	FLASH
D25	ROUNDED	68.000	68.000	0.000	FLASH
D26	ROUNDED	138.000	138.000	0.000	FLASH
D27	ROUNDED	6.667	6.667	0.000	LINE

图 7-57　D 码表

于 0.0254mm）。

第 5 列为符号图形中心孔的尺寸，单位也是 mil。

第 6 列说明了该符号盘的使用方式，如 LINE 表示这个符号用于画线；FLASH 表示用于焊盘曝光；若标注为 MULTI，则表示既可以用于划线又可以用于曝光焊盘（本例中无此方式）。

在 Gerber RS-274 格式中，使用 D 码除了定义符号盘以外，还用于光绘机的曝光控制；另外还使用了一些其他命令用于光绘机的控制和运行。

双击窗口中的 PCB1. GBL 文件，系统将打开底层光绘文件，如图 7-58 所示。底层光绘文件中全部为 Gerber 命令语句。

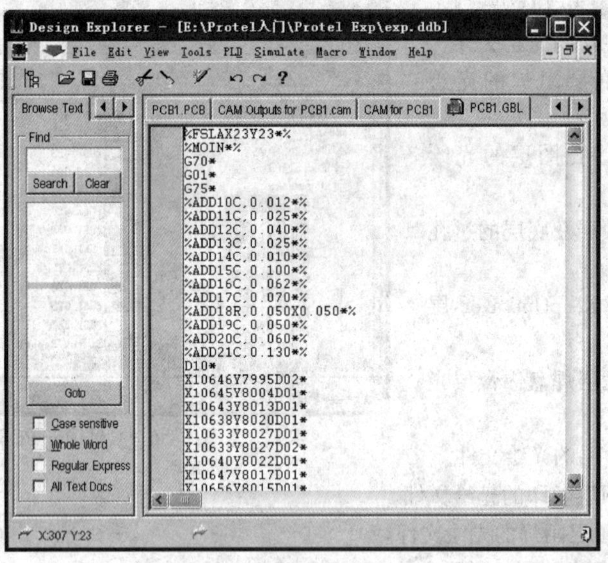

图 7-58　底层光绘文件

7.3　创建钻孔文件

钻孔文件用于记录钻孔的尺寸和钻孔的位置。当用户的 PCB 数据要送入 NC 钻孔机进行自动钻孔操作时，用户需创建钻孔文件。

1. 钻孔文件的设置与生成

将系统切换到 CAM 设置文件窗口，如图 7-59 所示。在空白处单击鼠标右键，此时系统将弹出右键菜单，如图 7-60 所示。

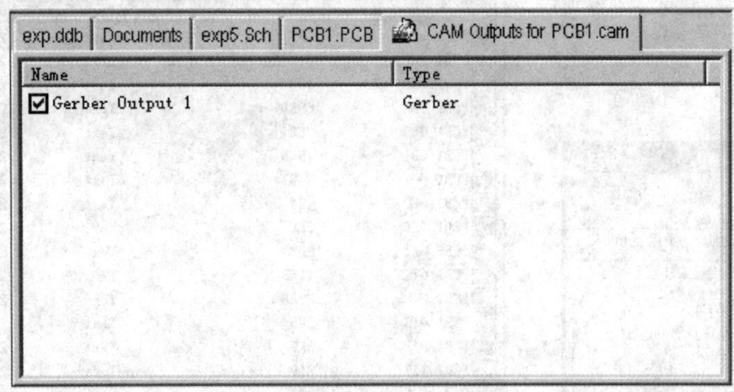

图 7-59　CAM 设置文件窗口

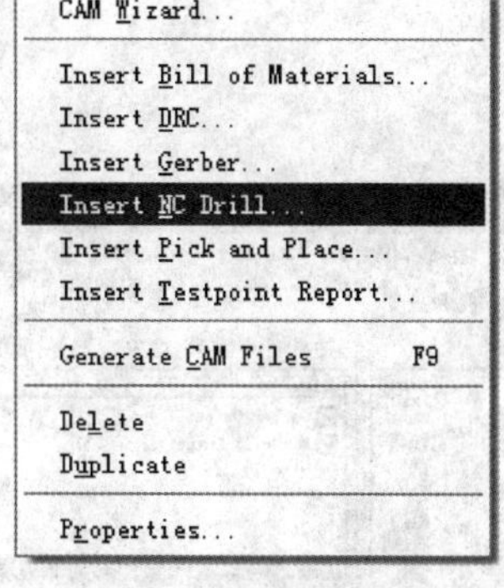

图 7-60　右键菜单

在菜单中选择 Insert NC Drill 命令，系统将弹出 NC Drill Setup 对话框，如图 7-61 所示。

注： NC Drill Setup 对话框中包含 Options 及 Advanced 两个选项卡，其中 Options 选项卡中各选项含义如下。

1）Name 为定义钻孔文件的文件名。

2）NC Drill Format 为设置钻孔文件的数据格式。用户可设置钻孔文件的单位及数据格式。

单击 NC Drill Setup 对话框中的 Advanced 选项卡，进入 Advanced 设置对话框，如图 7-62 所示。其中各选项含义如下。

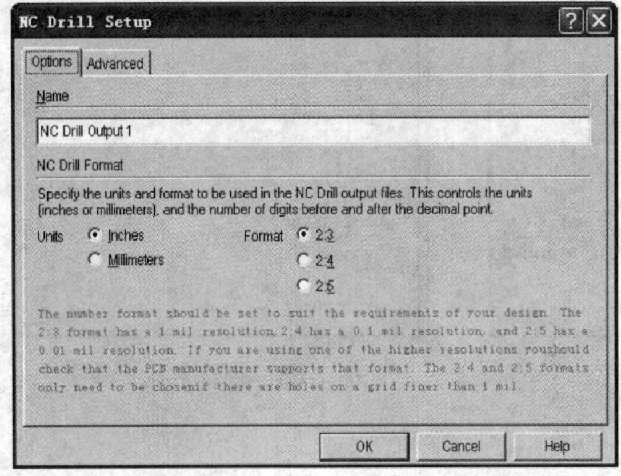

图 7-61　NC Drill Setup 对话框

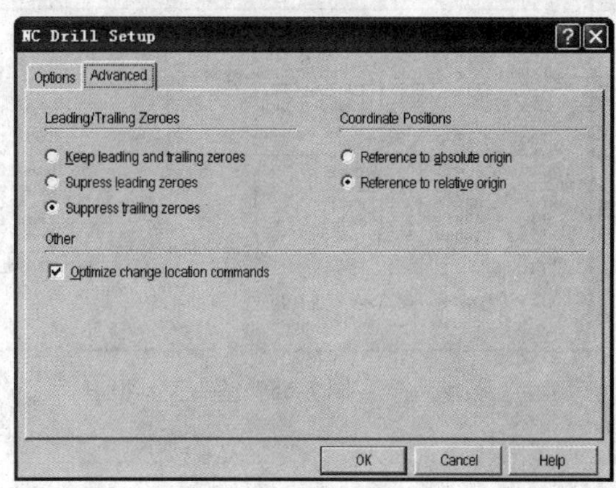

图 7-62　Advanced 设置对话框

1）Leading/Trailing Zeroes 为前导零/后接零设置选项区，系统提供了 3 种选项。Keep leading and trailing zeroes 为保留数据的前导零和后接零，Suppress leading zeroes 为删除前导零，Suppress trailing zeroes 为删除后接零。

2）Coordinate Positions 为设置同步位置选项区，系统提供了两种选项。Reference to absolute origin 为参考绝对零点，Reference to relative origin 为参考相对零点。

Optimize change location commands 选项为将需要更新位置的命令群最佳化。

本例采用系统的默认设置。单击 OK 按钮，此时系统将设置值存储起来，其结果如图 7-63 所示。

单击菜单命令 Tools→Generate CAM Files，创建钻孔文件。

2. 钻孔文件解释

将窗口切换到 CAM for PCB1 窗口，如图 7-64 所示。

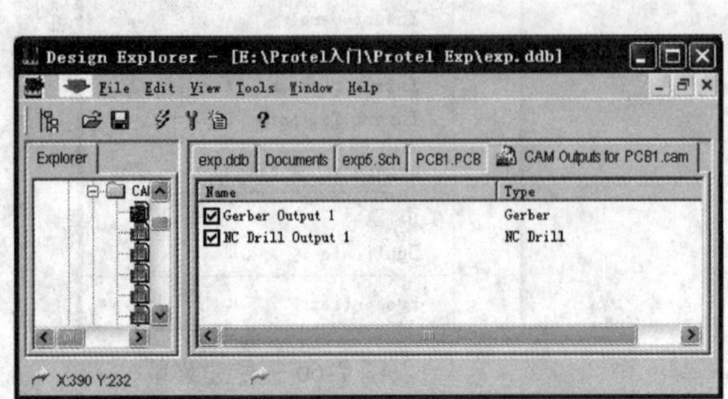

图 7-63　钻孔文件设置完成并存储

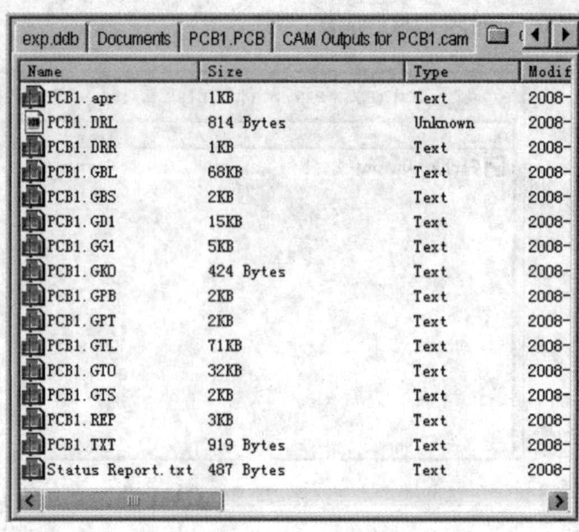

图 7-64　CAM for PCB1 窗口

其中 PCB1. DRL 为 EIA 格式钻孔文件，PCB1. DRR 为钻头工具表，PCB1. TXT 为钻孔文件。

双击 PCB1. DRR 文件，打开钻头工具报表，如图 7-65 所示。

在钻头工具表中列出了钻孔的尺寸及数量等信息。双击 PCB1. TXT 文件，查看钻孔文件，如图 7-66 所示。

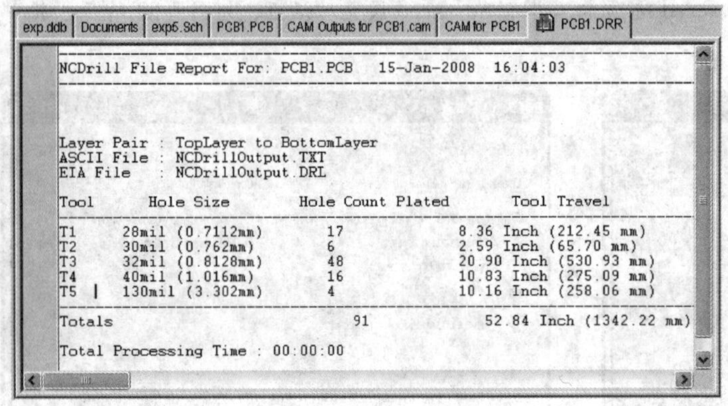

图 7-65　钻头工具报表

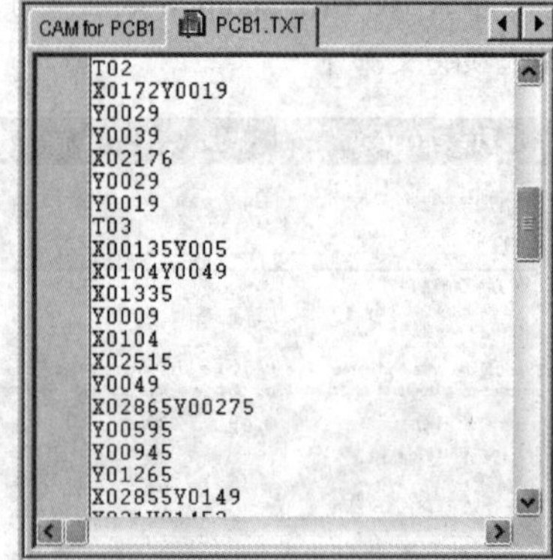

图 7-66　查看钻孔文件

7.4　用户向 PCB 加工厂商提交的光绘及钻孔文件的导出

1. 用户向 PCB 加工厂商提交的光绘及钻孔文件

当用户将设计完成的电路板信息提交给 PCB 加工厂商时，用户需向厂家提供以下文件。

1）各层的光绘文件，包括 PCB1. GBL、PCB1. GD1、PCB1. GKO、PCB1. GTL 及 PCB1. GTO 等。

2）钻孔文件，包括 PCB1. TXT、PCB1. DRR 等。

2. 光绘及钻孔数据文件的导出

将工作环境切换到 Document 窗口，如图 7-67 所示。

将鼠标放置到 CAM for PCB1 文件上，单击鼠标右键，系统弹出右键菜单，如图 7-68 所示。

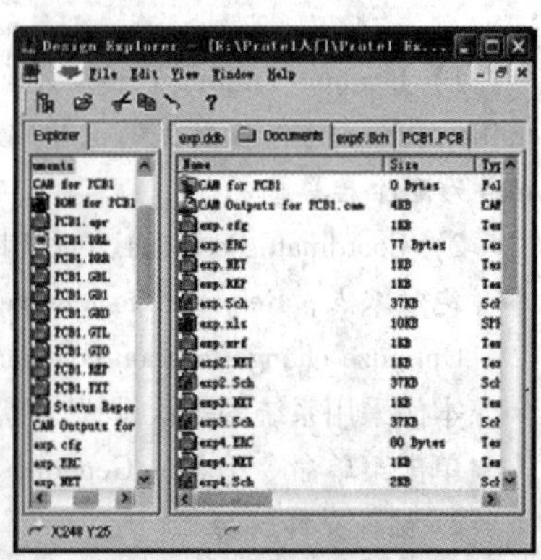

图 7-67　Document 窗口

单击 Export 命令，系统弹出选择导出文件存放位置对话框，如图 7-69 所示。

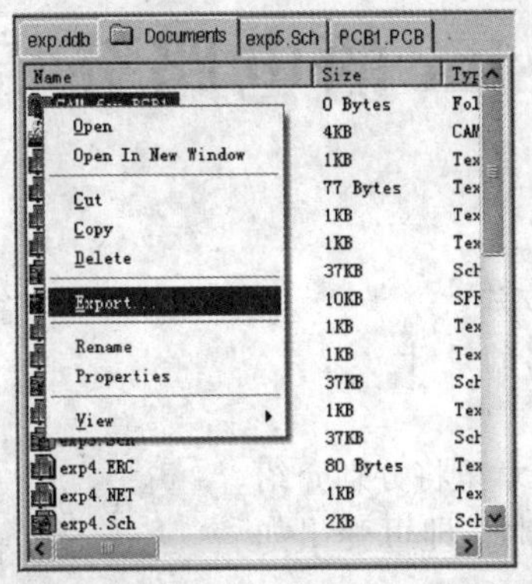

图 7-68　CAM for PCB1 文件的右键菜单

图 7-69　选择导出文件存放位置对话框

确定存放位置后，单击确定按钮即可导出文件，结果如图 7-70 所示。

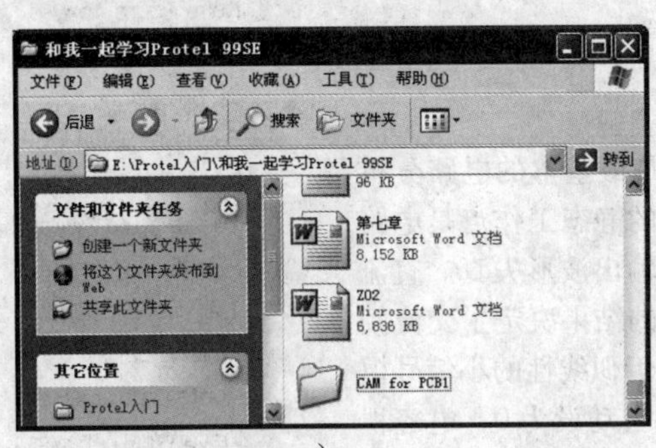

a）

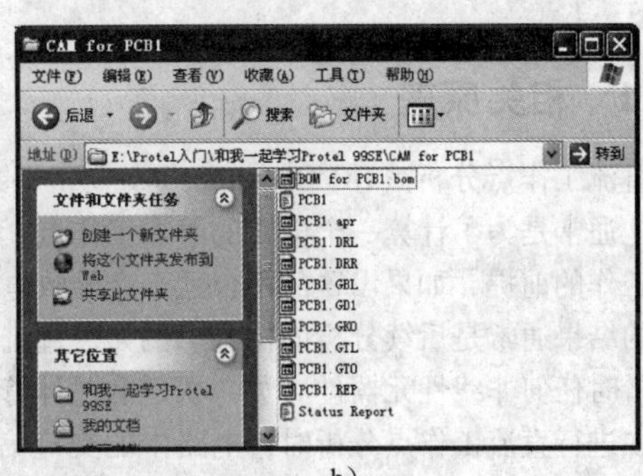

b）

图 7-70　导出文件

a）导出文件的存放文件夹 CAM for PCB1　b）导出的文件

习　题

7-1　为图 2-227 所示电路的 PCB 创建引脚信息报表、PCB 信息报表、元件报表、电路特性报表等。

7-2　为图 2-227 所示电路的 PCB 创建 Gerber 文件。

7-3　为图 2-227 所示电路的 PCB 创建测试点文件。

第 8 章　基于 Multisim 的电路分析

内容提要：（建议 4 学时）

熟练使用 Multisim 电路设计软件的 7 种常用分析方法

目的：理解各种分析方法的含义并应用于实际电路的设计

Multisim10 提供了非常齐全的仿真与分析功能，在本章里将分别介绍每个仿真分析的方法。当启动 Simulate→Analyses 命令时，即可弹出如图 8-1所示的分析子菜单。

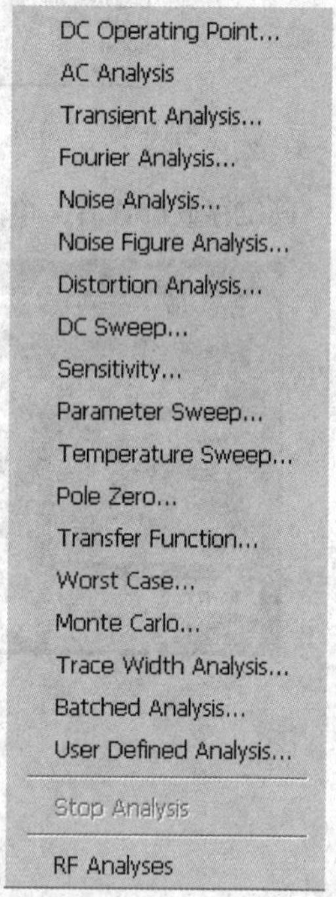

DC Operating Point...
AC Analysis
Transient Analysis...
Fourier Analysis...
Noise Analysis...
Noise Figure Analysis...
Distortion Analysis...
DC Sweep...
Sensitivity...
Parameter Sweep...
Temperature Sweep...
Pole Zero...
Transfer Function...
Worst Case...
Monte Carlo...
Trace Width Analysis...
Batched Analysis...
User Defined Analysis...
Stop Analysis
RF Analyses

图 8-1　分析子菜单

8.1　直流工作点分析

8.1.1　相关原理

直流工作点分析（DC Operating Point Analysis）是最基本的电路分析方法，通常是为了计算一个电路的静态工作点。合适的静态工作点是电路正常工作的前提，如果设置的不合适，会导致电路的输出波形失真。直流分析的结果通常是后续分析的桥梁。例如，直流分析的结果决定了交流频率分析时任何非线性元器件（如二极管和晶体管）的近似线性的小信号模型。在进行直流工作点分析时，电路中的交流信号将自动设为 0，电容视为开路，电感视为短路，数字元件被当成接地的一个大电阻来处理。

8.1.2　仿真设置

单击菜单栏 Simulate→Analyses→DC Operating Point 命令，弹出如图 8-2所示的直流工作点分析对话框。该对话框包括 Output、Analysis Options、Summary 三个选项卡。下面分别介绍每个选项卡的功能与设置。

1. Output 选项卡

如图 8-2 所示，该选项卡主要用来选择所要分析的节点。

（1）Variables in circuit 选项栏　该选项栏用于列出电路中可供分析的节点或变量。在下拉列表中可选择变量类型，如电压和电流、元件/模型参数等，默认选项是列出所有变量，如图 8-3 所示。

（2）Selected variables for analysis 选项栏　该选项栏用于显示已选择的待分析的节点或变量。通过下拉列表的选择，这部分也可对已选择变量的类型进行分类。

（3）Add 和 Remove 按钮　选中 Variables in circuit 选项栏中的一个或几个节点或变量，单击 Add 按钮，即可把待分析的节点或变量加到 Selected variables for analysis 选项栏内；同样选中 Selected variables for analysis 选项栏内一个或几个节点或变量，就能把不需要分析的节点或变量移回 Variables in circuit 选项栏。

（4）Filter Unselected Variables 按钮　单击该按钮后弹出图 8-4 所示的过滤节点对话框，通过勾选备选项，可在 Variables in circuit 选项栏中增加没有自动选择的一些变量，如内部节点、子模块和开路引脚。

（5）Add Expression 和 Edit Expression 按钮　这两个按钮用于增加或编辑表达式。表达式的功能是把一个或几个节点或变量的运算结果作为一个新增的输出节点来进行仿真。单击 Add Expression 按钮，弹出图 8-5 所示的表达式对话框。Variables 栏列出电路中可供分析的节点或变量。单击 Change Filter 按钮

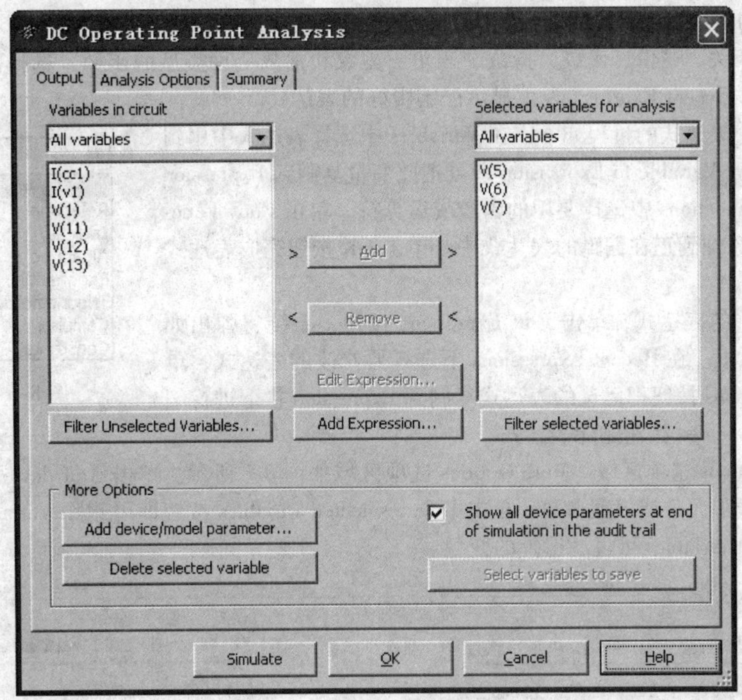

图 8-2 直流工作点分析对话框

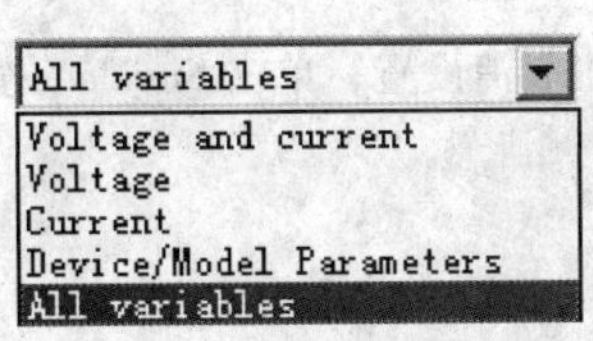

图 8-3 变量类型选择菜单

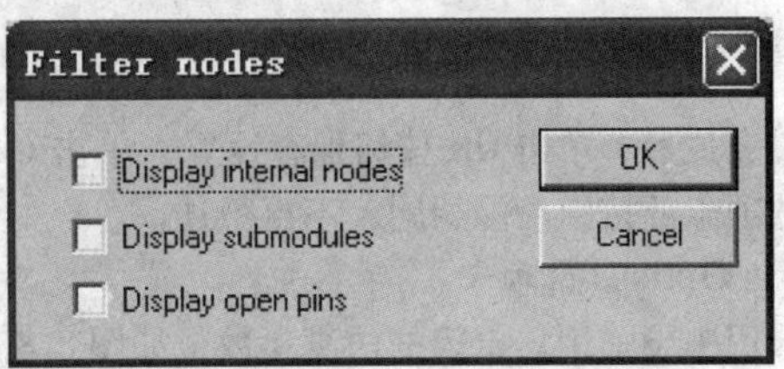

图 8-4 过滤节点对话框

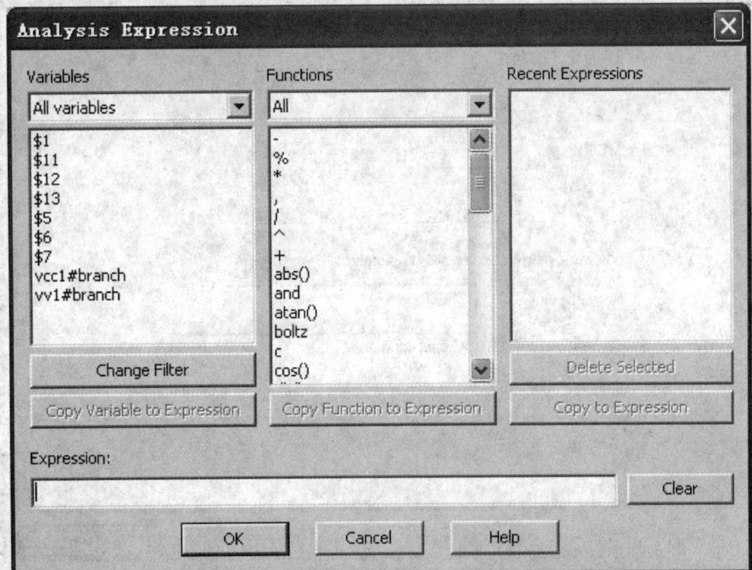

图 8-5 表达式对话框

弹出图 8-5 所示的对话框，可添加变量。Functions 栏为函数及运算符列表，在如图 8-6 所示的函数类型下拉列表中，有相关、逻辑、代数、指数、三角、复数和常数 7 种类型的函数，选择 All，则显示所有的函数及运算符。Recent Expressions 下显示已编辑好的表达式。

具体创建一个表达式的过程如下：在 Variables 中选择表达式中用到的变量，单击 Copy Variable to Expression 即可把此变量复制到 Expression 栏中；同样，在 Functions 中选择要用的函数或运算符，单击 Copy Function to Expression 添加到正在编辑的表达式中。单击 OK 按钮完成表达式编辑。

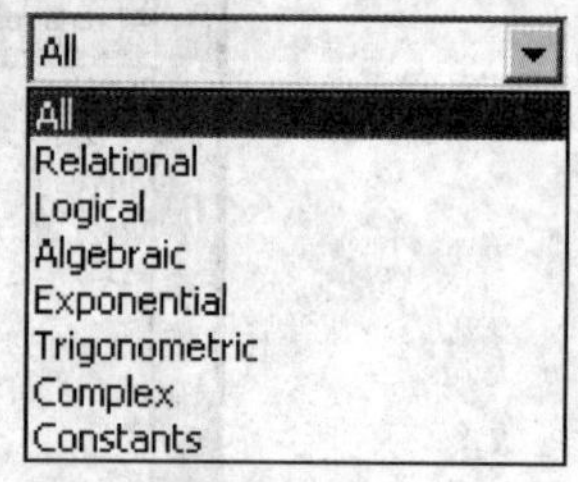

图 8-6　函数类型

选择已编辑好的表达式，单击 Edit Expression 按钮，系统将弹出如图 8-5 所示的对话框。在 Recent Expressions 下选择要修改的表达式，单击 Copy to Expressions 按钮把已选的表达式复制到 Expression 栏下进行编辑；单击 Delete Selected 按钮删除表达式。

（6）More Options 选项区域　More Options 选项区域如图 8-7 所示。单击 Add device/model parameter 按钮可在变量中添加元件或模型参数，单击 Delete selected variables 按钮即可删除 Variables 下的某变量，单击 Filter selected variables 可过滤选择的变量。

图 8-7　More Options 选项区域

以上设置完成后，单击 OK 按钮保存设置；单击 Cancel 按钮取消设置；单击 Simulate 按钮直接进入仿真。其他选项卡的按钮功能相同，不再赘述。

2. Analysis Options 选项卡

该选项卡用来设置用户希望的仿真参数，如图 8-8 所示。

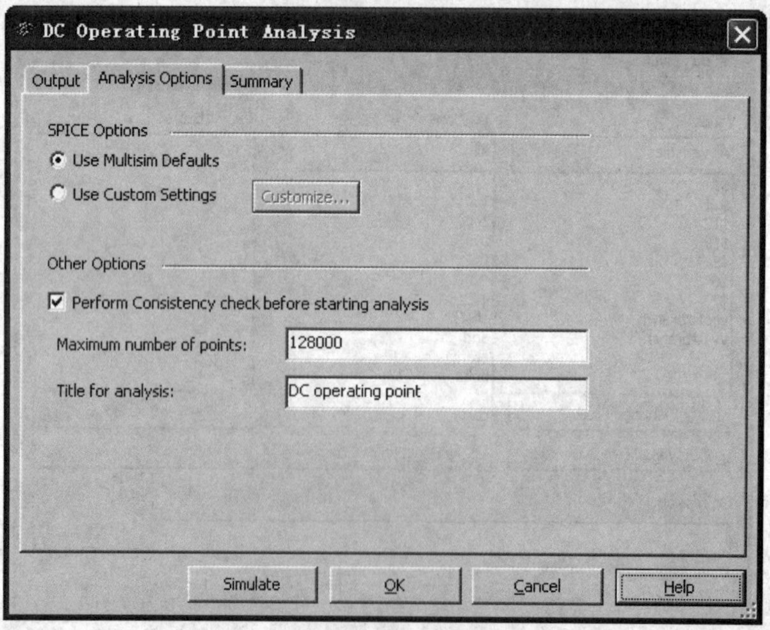

图 8-8　分析选项卡

（1）SPICE Options 选项区域　该选项区域主要用于设置仿真具体的环境参数，有两个备选项，选择第一个表示采用 Multisim 的默认参数设置；而第二项为用户自定义设置，选中这一备选项后，Customize 可用，单击进入可进行仿真环境参数的高级的设置。

（2）Other Options 选项区域　如图 8-8 所示，勾选第一项表示在开始前进行连续检查；Maximum number of points 后的空白区域用来设置最大取样数；默认的标题是 DC operating point，用户也可以自定义标题。

3. Summary 选项卡

用户可以在这里对以上的分析设置进行总结确认，Summary 选项卡如图 8-9 所示。如确认无误，单击 Simulate 按钮即可进行仿真分析。

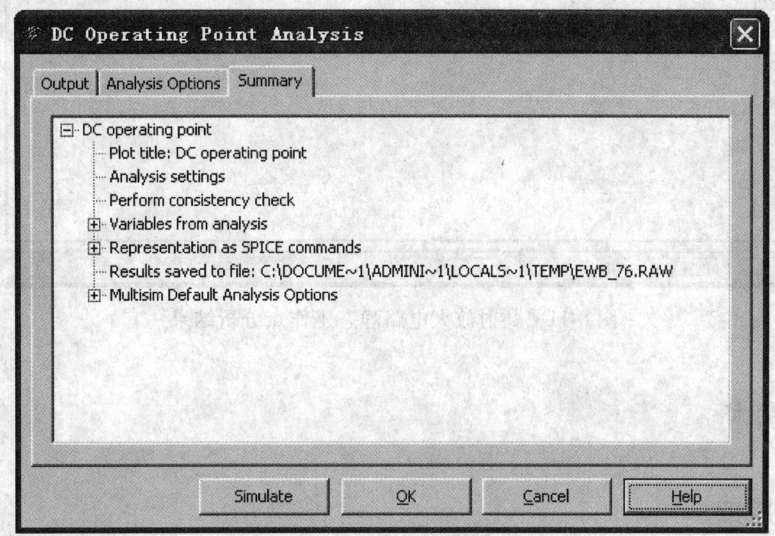

图 8-9　Summary 选项卡

8.1.3　实例仿真

以图 8-10 所示共射放大电路为例来对所有直流工作点仿真方法加以说明。选择 5、6、7 点为仿真节点来分析放大电路的静态工作点，单击 Simulate 按钮，得到共射放大电路静态工作点分析结果如图 8-11 所示。由工作在静态工作区时晶体管基极、集电极和发射极需满足的电压关系可知，此放大电路可稳定工作。

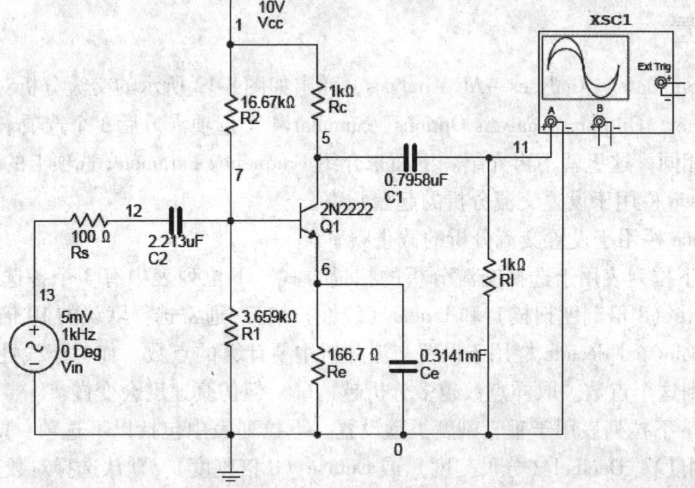

图 8-10　共射放大电路

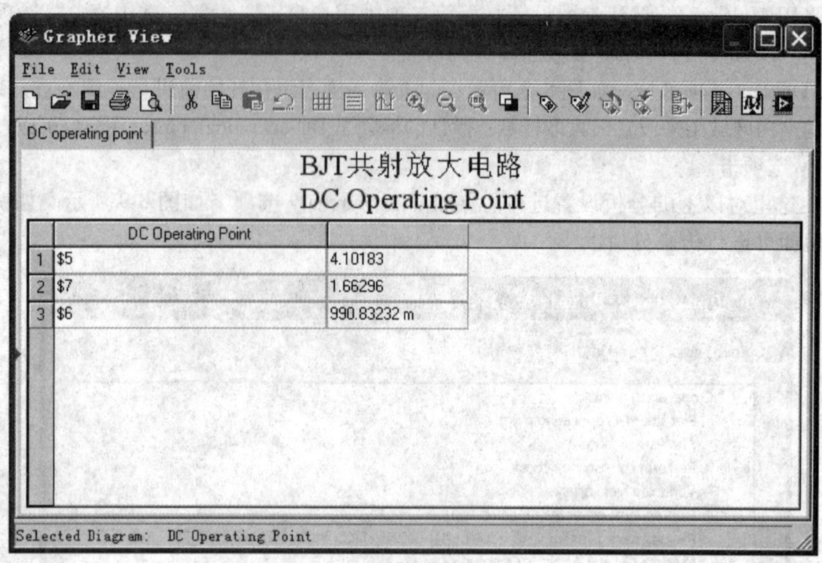

图 8-11 共射放大电路静态工作点分析结果

8.2 交流分析

8.2.1 相关原理

交流分析（AC Analysis）用来计算线性电路的频率响应。在交流分析中首先通过直流工作点分析计算所有非线性元件的线性、小信号模型，然后建立一个包含实际和理想元件的复矩阵，建立复矩阵时，直流源设为 0，交流源、电容和电感用它们的交流模型来表示，非线性元件用计算出的线性交流小信号模型来表示。所有的输入源信号都将用设定频率的正弦信号代替，即如果信号发生器设置的波形是矩形波或三角波，分析时实际波形将自动转换成正弦波。在小信号的模拟电路中，数字元件通常等效为接地的大电阻。在进行交流分析时，电路的信号源的属性设置中必须设置交流分析的幅值和相角，否则电路将会提示出错。

8.2.2 仿真设置

选择菜单命令 Simulate→Analyses→AC Analysis，弹出如图 8-12 所示的交流分析对话框。该对话框包括 Frequency Parameter、Output、Analysis Options、Summary4 个选项卡。后 3 个选项卡的设置和直流工作点分析中的选项卡相同，这里就不再介绍。下面来介绍 Frequency Parameter 选项卡的功能与设置。

1）Start frequence 栏用于设置交流分析的起始频率。

2）Stop frequence 栏用于设置交流分析的截止频率。

3）Sweep type 下拉列表用于选择交流分析的扫描方式。下拉列表中有 3 个备选项，即 Decade（10 倍刻度扫描）、Octave（8 倍刻度扫描）和 Linear（线性扫描）。通常选择默认的 10 倍刻度扫描。

4）Number of point per decade 栏用于设置交流分析中要计算的点数。如对于线性扫描类型，在扫描开始和结束时将用到这个点数。取样点数越多分析越精确，但仿真速度会变慢。

5）Vertical scale 下拉列表用于垂直刻度类型设置。下拉列表中包括以下选项：Linear（线性刻度）、Logarithmic（对数刻度）、Decibel（分贝刻度）或 Octave（8 倍刻度）。默认选择对数刻度。

6）Reset to default 按钮用于把所有设置恢复为默认设置。

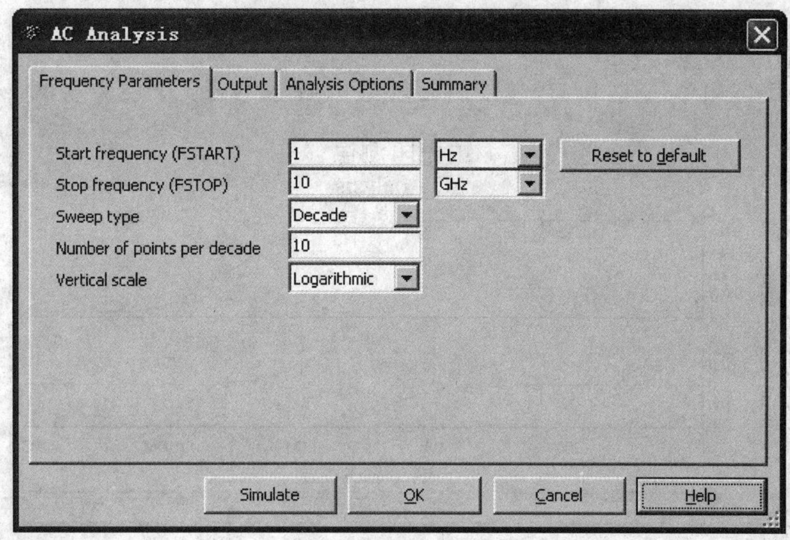

图 8-12　交流分析对话框

8. 2. 3　实例仿真

图 8-13 所示为铂电阻测温电路图，输入电压源选择小信号的交流源代替。对此电路进行交流分析，可以看到所设计电路的频带宽度。频率参数全部选择默认设置，观察电路中输出端 21 点的交流分析结果，如图 8-14 所示，可见此电路具有低通特性，截止频率约为 1MHz 左右。

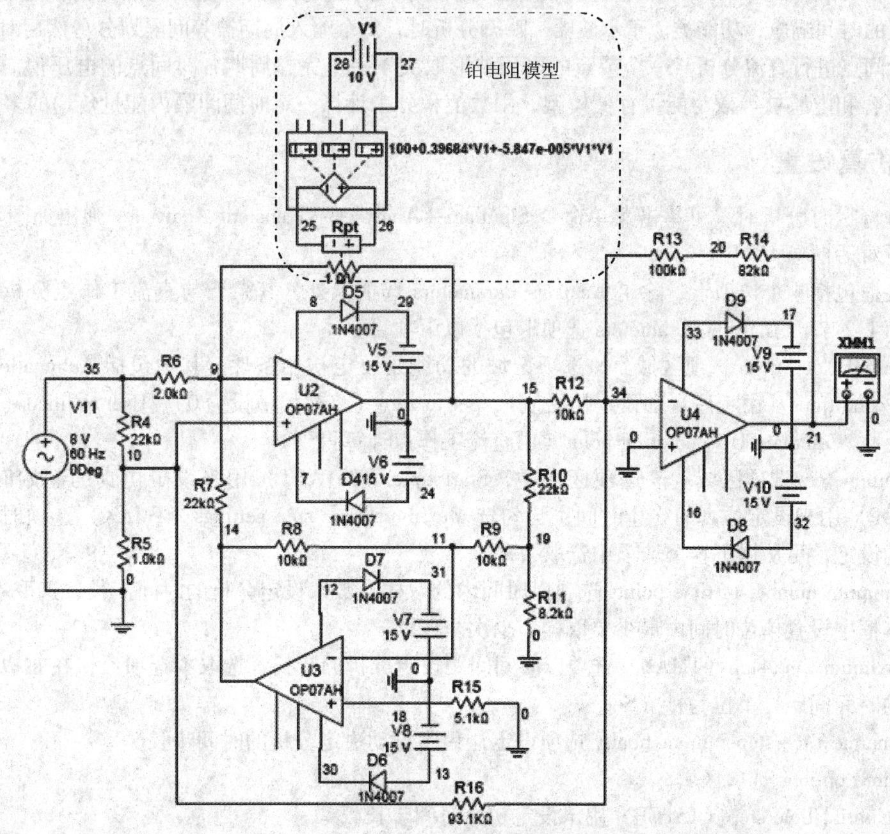

图 8-13　铂电阻测温电路

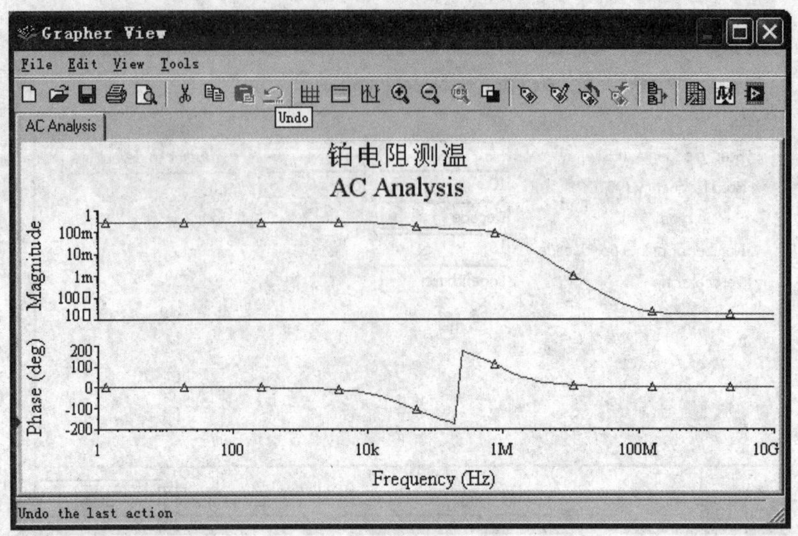

图 8-14　交流分析结果

8.3　瞬态分析

8.3.1　相关原理

瞬态分析（Transient Analysis）也称时域瞬态分析，相当于连续性的直流工作点分析，通常是为了找出电子电路的时间响应，功能类似于示波器。瞬态分析时，每个输入周期被等间隔划分，然后对这个周期中的每个时间点进行直流分析。一个节点的电压波形取决于一个完整周期各时间点的电压值。另外，瞬态分析时电容和电感被等效为能量存储模型，用数值积分来计算一定时间间隔内能量传递的多少。

8.3.2　仿真设置

当要进行瞬时分析时，可单击菜单命令 Simulate→Analyses→Transient Analysis，弹出如图 8-15 所示的瞬态分析对话框：

该对话框包括 4 个选项卡，除了 Analysis Parameters 选项卡外，其余皆与直流工作点分析的设定一样，详见 8.1.2 节。Analysis Parameters 选项卡包括以下项目。

（1）Initial Conditions 选项区域　该选项区域的功能是设定初始条件，其中包括 Automatically determine initial conditions（由程序自动设定初始值）、Set to zero（将初始值设为 0）、User defined（由使用者定义初始值）、Calculate DC operating point（由直流工作点计算得到）。

（2）Parameters 选项区域　该选项区域中，Start time（TSTART）用来设定仿真的起始时间；End time（TSTOP）用来设定仿真的终止时间；当勾选 Maximum time step settings（TMAX）选项时，可进行时间步长的设定，可从以下 3 个选项中选取一种。

1）Minimum number of time points 选项以时间内的取样点数来设定分析的时间步长，选取本选项后，在右边文本框中设置单位时间内最少要取样多少次。

2）Maximum time step（TMAZ）选项以时间间距设定分析的步长，选取本选项后，在右边文本框中设置最大的时间间距，单位为秒（Sec）。

3）Generate time steps automatically 选项设定让程序自动决定分析的时间步长。

（3）More options 选项区域

1）Set initial time step（TSTEP）用于设定初始时间步长。

2）Estimate maximum time step based on net list（TMAX）选项用于设置由网表估计最大时间步长。

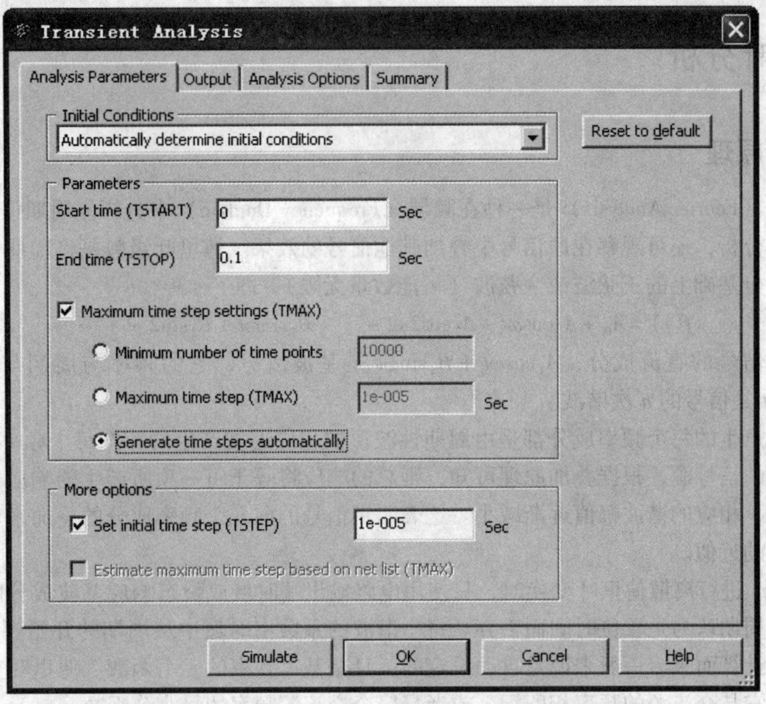

图 8-15　瞬态分析对话框

（4）Reset to default 按钮　本按钮用于把所有设定恢复为程序默认值。

8.3.3　实例仿真

以图 8-13 的电路为例，选取 Automatically determine initial conditions 选项，由程序自动设定初始值，然后将开始分析的时间设为 0，结束分析的时间设为 0.1 秒（总共分析 0.1 秒），在最大时间步长设定中选择 Generate time steps automatically 选项。另外，在 Output 选项卡的 Variables 页里，指定分析 21 节点（即测温电路的输入端）；其他设置为默认，最后单击 Simulation 按钮进行分析，其瞬态分析结果如图 8-16所示。如果把输入改接直流源，对输出节点进行瞬态分析将得到一条直线，读者可自行验证。

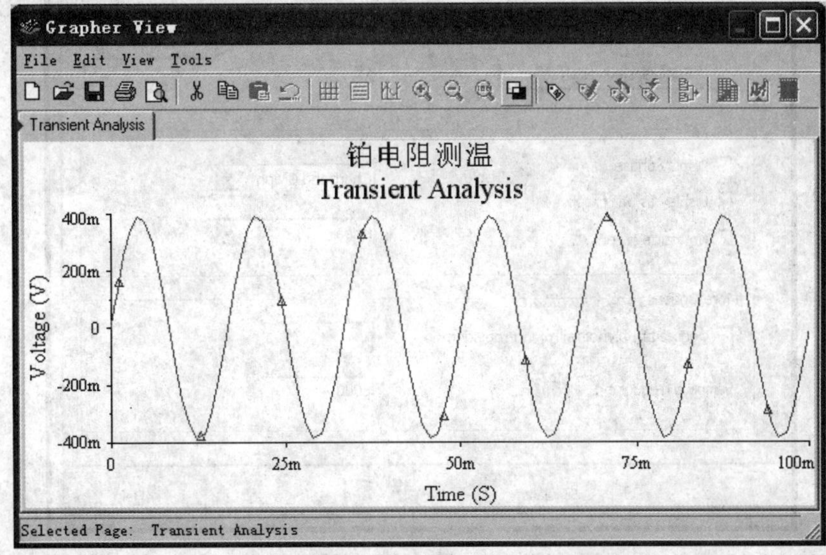

图 8-16　瞬态分析结果

8.4 傅里叶分析

8.4.1 相关原理

傅里叶分析（Fourier Analysis）是一种在频域（Frequency Domain）中分析复周期信号的方法，可用于电路的进一步分析，还可观察在原信号中叠加其他信号的效果。傅里叶级数是将周期性的非正弦波信号转换成直流成分基础上的正弦波或余弦波（可能数量无限），即

$$f(t) = A_0 + A_1\cos\omega t + A_2\cos2\omega t + \cdots + B_1\sin\omega t + B_2\sin2\omega t + \cdots \tag{8-1}$$

式中，A_0是原始信号的直流成分；$A_1\cos\omega t + B_1\sin\omega t$ 是基波成分，它的频率与周期与原始信号相同；$A_n\cos\omega t + B_n\sin\omega t$ 是信号的 n 次谐波。

傅里叶分析产生的每个频率成分都是由周期性波形的相应谐波产生的。把每个频率成分（每一项）理解为一个独立的信号源，根据叠加原理可知，则总的响应将等于每一项所产生的响应之和。当信号谐波的阶次增加时，相应的谐波幅值逐渐减小。这表明用信号的前几个频率成分的叠加来代替原信号是对信号的一个很好的近似。

当用 Multisim 进行离散傅里叶变换时，只使用电路输出端时域或瞬态响应基波成分的第二个周期来进行计算，第一周期认为是置位时间而丢弃。每一谐波的系数由时域中从周期的开始到时间 t 这段时间内采集到的数据计算而来，一般来说是自动设定的，且是基本频率的一个函数。傅里叶分析需要设定一个基本频率，使它与交流源的频率相匹配，或者是多个交流源频率的最小公因数。

8.4.2 仿真设置

当需要进行傅里叶分析时，可单击菜单命令 Simulate→Analyses→Fourier Analysis，将弹出如图 8-17 所示的傅里叶分析设置对话框。

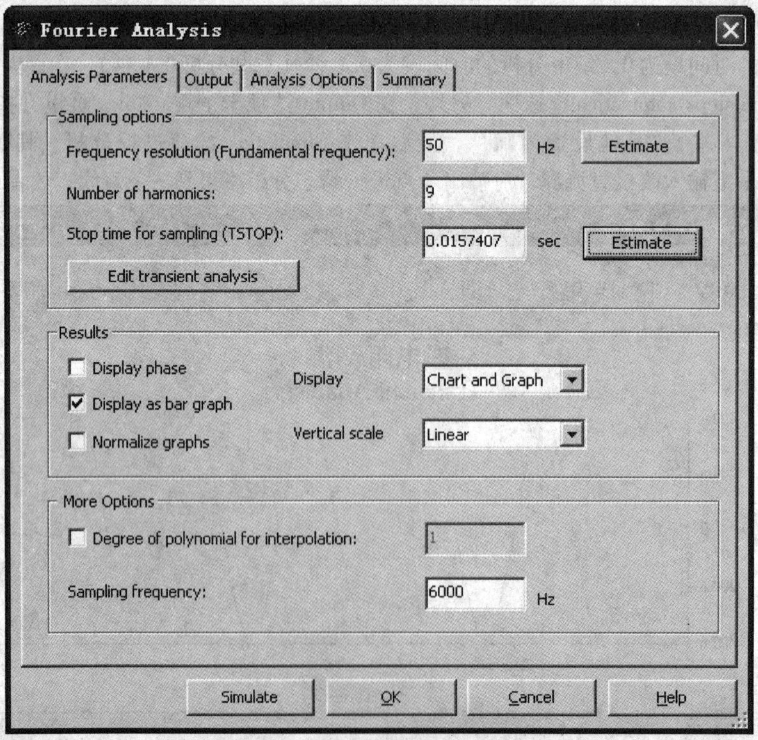

图 8-17　傅里叶分析设置

该对话框包括 4 个选项卡，除了 Analysis Parameters 选项卡外，其余皆与直流工作点分析的设定一样，详见 8.1.2 节。Analysis Parameters 选项卡下包括以下项目。

（1）Sampling options 选项区域　这部分用来设定与采样有关的参数，包括以下内容。

1）Frequency resolution（Fundamental Frequency）栏用于设定基本频率，如果电路之中有多个交流信号源，则取各信号源频率之最小公因数。如果不知道如何设定时，也可以单击 Estimate 按钮，由程序帮助预估。

2）Number of harmonics 栏设定用于计算的基本频率的谐波次数。

3）Stopping time for sampling（TSTOP）栏用于设定停止取样的时间。如果不知道如何设定时，也可以单击 Estimate 按钮，由程序帮助预估。

4）Edit transient analysis 按钮用于设定相关瞬时分析的选项。单击本按钮后，将打开如图 8-18 所示的瞬态分析设置对话框。

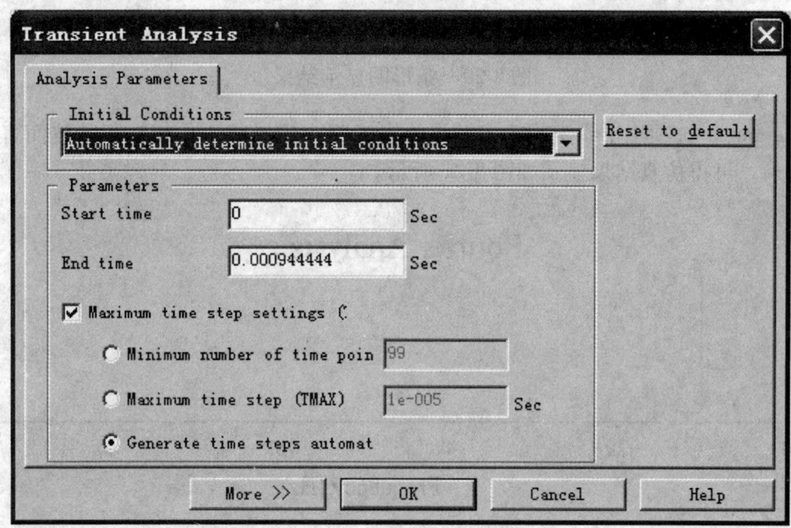

图 8-18　瞬态分析设置

此对话框里的各项，都与时域的瞬时分析一样，详见 8.3.2 节。

（2）Results 选项区域　该区域用于设置结果的显示方式，具体选项的功能如下。

1）Display phase 选项用于设定结果连相位图一并显示。以图 8-13 的电路为例，把输入交流源用 1KHz/5V 的方波电源代替，仿真时如果仅勾选此项，可得如图 8-19 所示的含相位图的仿真结果。

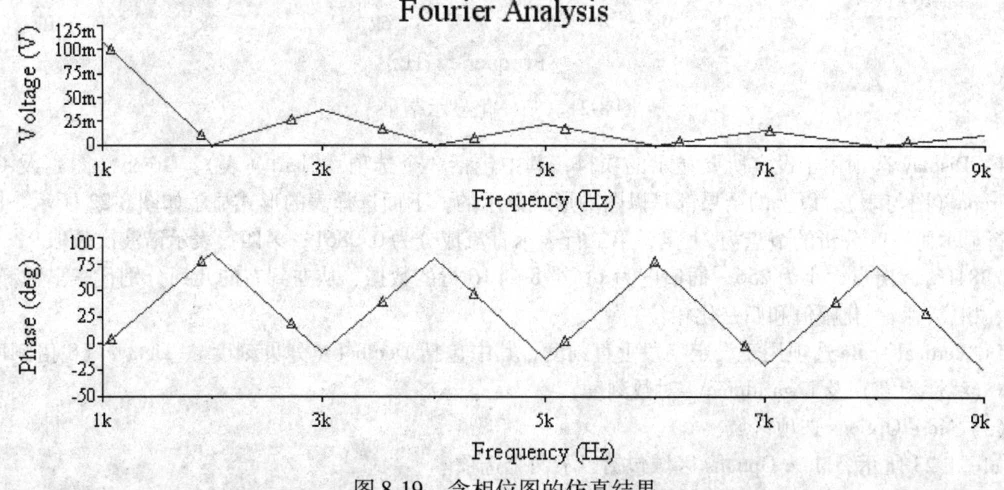

图 8-19　含相位图的仿真结果

2）Display as bar graph 选项用于设定结果以条形图显示，如果不选此项，则结果以线性图表示，如图 8-19 所示。若单选此项，上面的结果可显示为如图 8-20 所示。

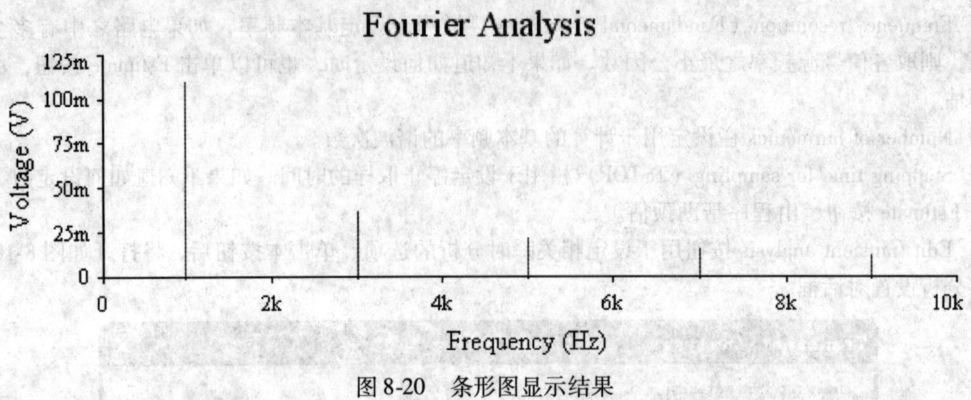

图 8-20　条形图显示结果

3）Normalize graphs 选项用于设定将输出结果的幅值归一化，归一化相对于基波而言。将以上 3 个复选框全部勾选后，可得仿真结果显示如图 8-21 所示。

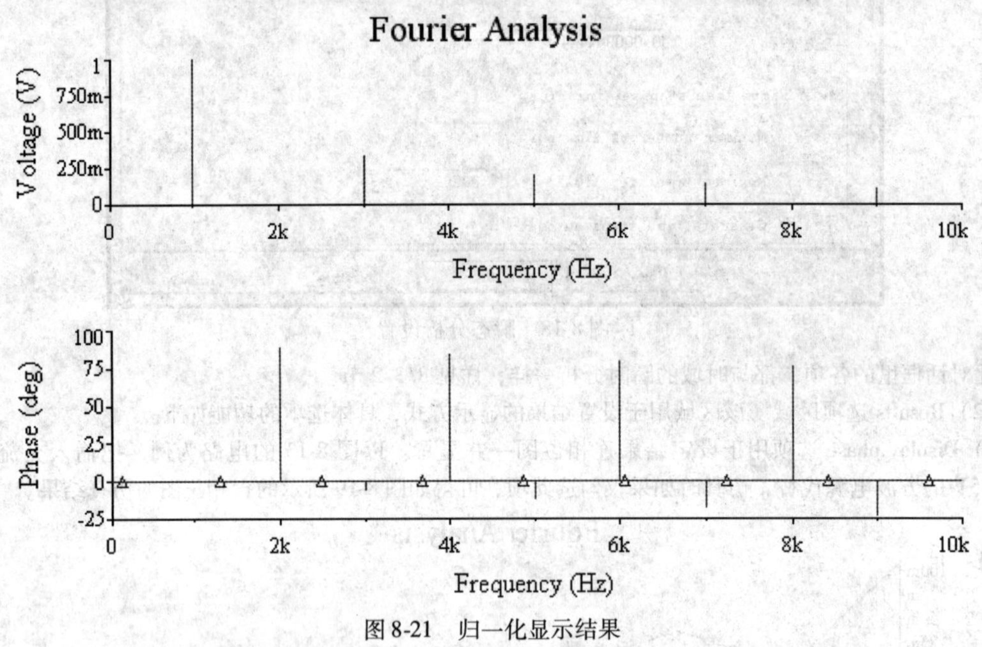

图 8-21　归一化显示结果

4）Display 选项用于设定所要显示的项目，其中包括 3 个选项：Chart（表）、Graph（图）及 Chart and Graph（图与表）。以上的结果都是以图的形式显示的，下面选择表的形式显示如图 8-22 所示。图中第一行显示傅里叶分析的节点为 21 点；第二行表示直流成分为 0. 0861；第四行表示谐波次数取 9，THD 为 42. 3841%，格点大小为 256，插值度为 1；第 8 到 16 行的数据，从左到右的几列分别代表谐波频率、幅值、相位、归一化幅值和归一化相位。

5）Vertical scale 选项用于设定字段垂直刻度，其中包括 Decibel（分贝刻度）、Octave（8 倍刻度）、Linear（线性刻度）及 Logarithmic（对数刻度）。

（3）More Options 选项区域

如图 8-23 所示，More Options 区域包括以下两个选项。

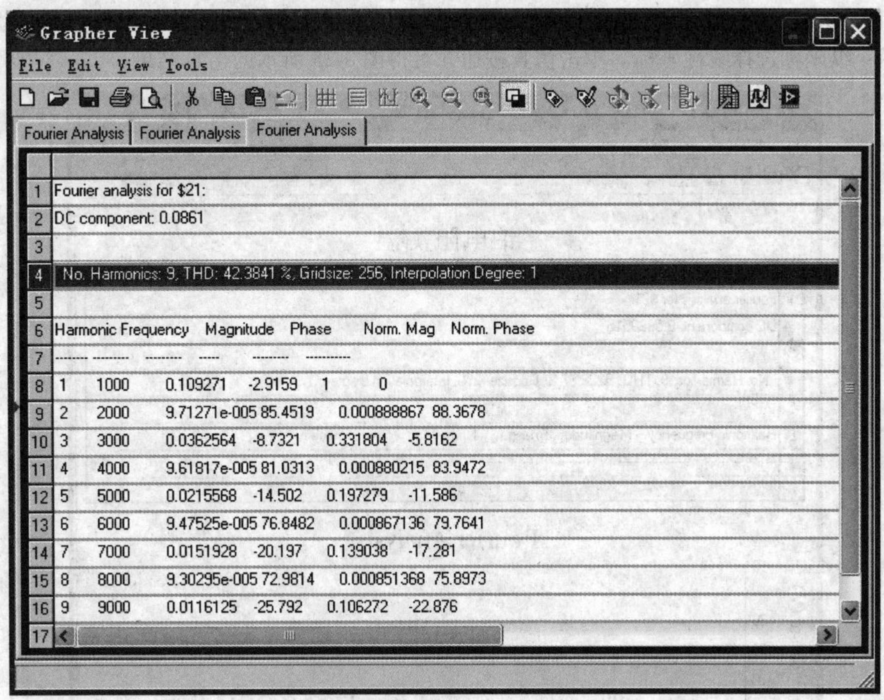

图 8-22　chart 选项

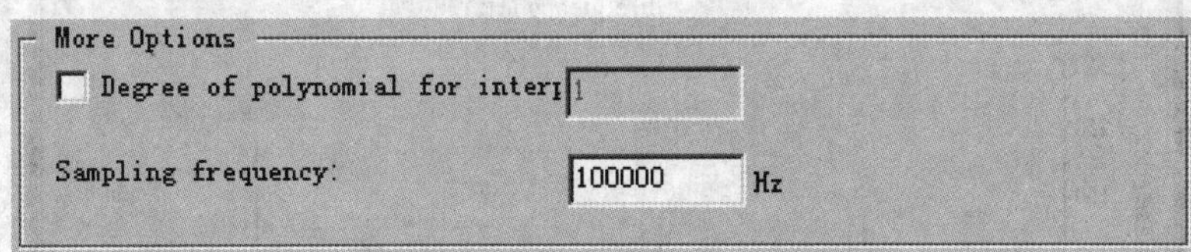

图 8-23　More Options 区域

1）Degree of polynomial for interpolation 选项的功能是设定仿真中用于点间插值的多项式的次数，选取本选项后，即可在其右边方框中指定多项式次数。

2）Sampling Frequency 栏用于设定采样率。

8.4.3　实例仿真

把图 8-13 所示电路的交流源用图 8-24 的电源代替，对修改后电路进行傅里叶分析。基本频率和停止时间均单击 Estimate 按钮由程序设定，基频值最后选定为 20Hz（对于多个交流源，取它们频率的最小

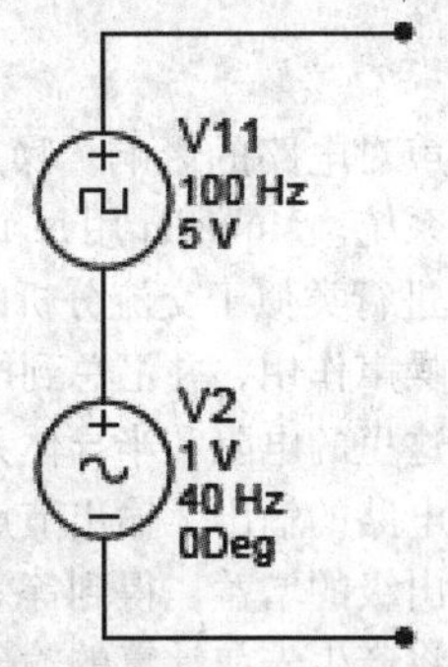

图 8-24　多交流源情况

公因素)；谐波数设为9；结果显示选择显示相位图，显示方式为条形图，并对图形归一化；以图和表的形式显示；纵坐标选择线性坐标。单击仿真按钮，可得图8-25所示的仿真结果。

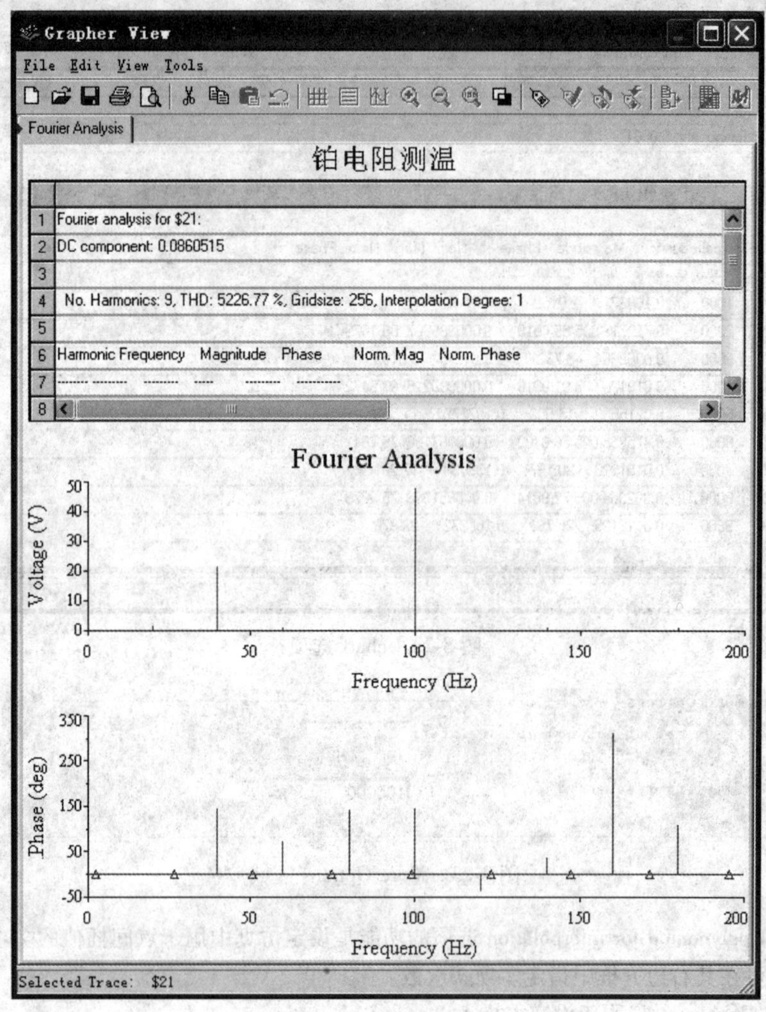

图8-25 仿真结果

8.5 噪声分析

8.5.1 相关原理

噪声分析（Noise Analysis）是分析噪声对电路的影响。噪声是减小信号质量的电的或电磁的能量，它影响数字电路、模拟电路和所有的通信系统。Multisim 用每个电阻和半导体元件的噪声模型（而非交流模型）建立一个电路的噪声模型，然后进行类似于交流分析的仿真分析。通过在设定好的频率范围内对电路进行扫描，来分析计算每个元件的噪声作用，并汇总到电路的输出端。噪声分析计算特定输出节点上每个电阻和半导体元件的噪声作用，这里的电阻和半导体元件被等效为一个噪声源。计算得到的每个噪声源的作用通过合适的传递函数传到电路的输出。输出节点的总的输出噪声是单个噪声作用的平方根之和。然后，将结果除以从输入级到输出级的增益，得到等效的输入噪声。如果将这个等效噪声加到一个无噪声电路的输入源中，则在输出端将产生先前计算的输出噪声。总的输出噪声可参考于地，也可参考于电路中的其他节点。

Multisim 可建立三种噪声的模型，分别如下。

1）热噪声（Thermal Noise）也就是约翰逊噪声（Johnson Noise）或白色噪声（White Noise），这种噪声敏感于温度的变化，由导体中的自由电子和振动离子之间的热量的相互作用而产生。它的频率在频谱中均匀分布，其功率由约翰逊公式可得

$$P = kTBW \tag{8-2}$$

式中，P 是噪声的功率（W）；k 是波耳兹曼常量（Boltzman's constant），$k=1.38\times10^{-23}$J/K；T 是电阻的温度，在此采用热力学，即 $T=273+$摄氏温度；BW 为系统的频宽（Hz）。

热电压可以用串有电阻的电压源的二次方表示为

$$e^2 = 4kTRBW \tag{8-3}$$

或者用电流的二次方表示为

$$i^2 = 4kTBW/R \tag{8-4}$$

2）闪粒噪声（Shot Noise）是由各种形式半导体中载流子的分散特性而产生的，这种噪声为晶体管的主要噪声。二极管中放射噪声的方程为

$$i = (2qI_{dc}BW)^{1/2} \tag{8-5}$$

式中，i 是放射噪声电流（有效值）；q 为电子的带电量，即 1.6×10^{-19}C；I_{dc} 为直流电流（A）；BW 为系统的带宽（Hz）。

对于其他的元器件（如晶体管），没有有效的方程式来描述，可查阅原件的厂家说明书。

3）闪烁噪声（Flicker Noise）又称为超越噪声（Excess Noise）、粉红噪声（Pink Noise）或 $1/f$ 噪声，通常由双极型晶体管（BJT）和场效应晶体管（FET）产生，且发生在频率小于 1KHz 以下。闪烁噪声反比于频率而正比于温度和直流电流，即

$$V^2 = kI_{dc}/f \tag{8-6}$$

元件的噪声作用由它的 SPICE 模型决定，其中两个参数将影响噪声分析的输出：

AF = Flicker noise component（AF = 0）和 KF = Flicker Noise（KF = 1）。

8.5.2　仿真设置

在进行仿真之前，首先要观察电路选择输入噪声参考源、输出节点和参考点。当要进行噪声分析时，单击菜单命令 Simulate→Analyses→Noise Analysis，屏幕出现如图 8-26 所示的噪声分析对话框。其中包括 5 个选项卡，除了 Analysis Parameters、Frequency Parameters 选项卡外，其余皆与直流工作点分析的设定一样，详见 8.1.2 节。

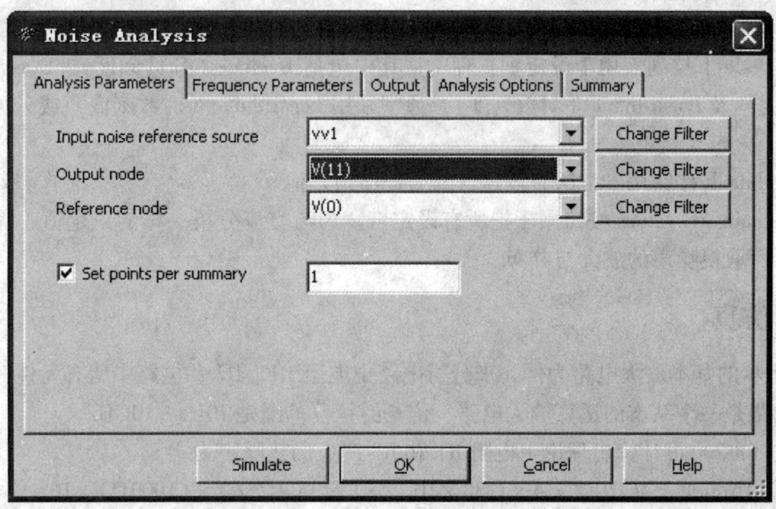

图 8-26　噪声分析对话框

（1）Analysis Parameters 选项卡　如图 8-26 所示，Analysis Parameters 选项卡包含以下内容。

1）Input noise reference source 下拉列表用于指定输入噪声的参考电压源，这个输入源应为交流源。

2）Output node 下拉列表用于指定噪声的输出节点，在此节点将所有噪声贡献求和。

3）Reference node 下拉列表用于设定参考电压的节点，通常取 0（接地）。

4）Set point per summary 选项用于设定每个汇总的取样点数，其值越大表示频率的步进数越大，输出结果的分辨率越低。当勾选该复选项时，仿真将产生一条已选元件的噪声功率谱密度曲线，单位是 V^2/Hz 或 A^2/Hz。

（2）Frequency Parameters 选项卡　如图 8-27 所示，Frequency Parameters 选项卡包含以下内容。

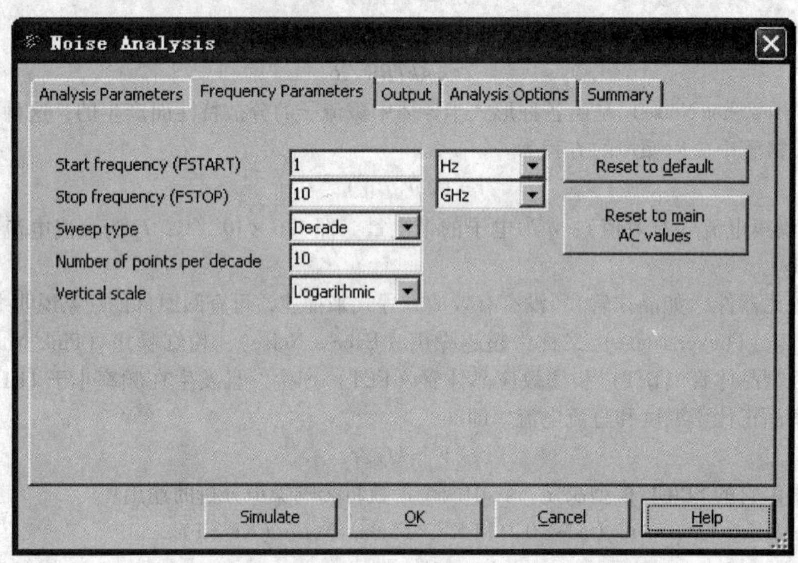

图 8-27　Frequency Parameters 选项卡

1）Start frequency（FSTART）栏用于设定扫描的起始频率。

2）Stop frequency（FSTOP）栏用于设定扫描的终止频率。

3）Sweep type 下拉列表用于设定扫描方式，其中包括 Decade（10 倍刻度扫描）、Octave（8 倍刻度扫描）及 Linear（线性刻度扫描）。

4）Number of points per decade 栏用于设定每 10 倍频率的取样点数，点数越多，图的精度越高。

5）Vertical scale 下拉列表用于设定垂直刻度，其中包括 Decibel（分贝刻度）、Octave（8 倍刻度）、Linear（线性刻度）及 Logarithmic（对数刻度），通常采用 Logarithmic（对数刻度）或分贝刻度（Decibel 选项）。

6）Reset to default 按钮用于把所有设定恢复为程序预置值。

7）Reset to main AC values 按钮用于把所有设定恢复为与交流分析一样的设定值，噪声分析也是通过执行交流分析而取得噪声的放大与分布。

8.5.3　实例仿真

以图 8-28 所示的基本放大电路为例，来分析电路中电阻 R1、R2 和电路中所有元件对电路的总的噪声影响。这个电路是一个基本的运算放大电路，仿真的频率范围是 10Hz ~ 10GHz。

首先根据式（8-2）可计算出理论上电阻 R1 和 R2 产生的热噪声为

$$Noise1 = 4kTRBW = 4 \times 1.38 \times 10^{-23} \times (273K + 25K) \times (1000\Omega) \times 10^{9} \approx 164.5\text{nV}^2$$

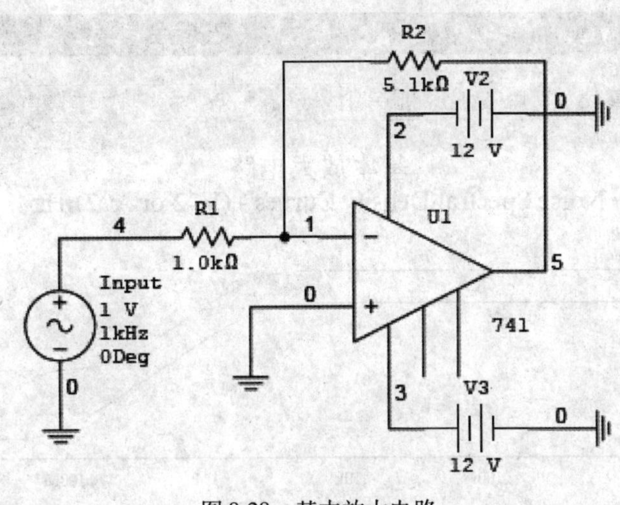

图 8-28　基本放大电路

$$Noise2 = 4kTRBW = 4 \times 1.38 \times 10^{-23} \times (273K + 25K) \times (51000\Omega) \times 10^{9} \approx 838.9\text{nV}^2$$

下面用 Multisim 对电路进行仿真，在 Analysis Parameters 选项卡中将 vinput 作为输入噪声参考源、输出节点设为 5、并参考地。在 Frequency Parameters 选项卡中起始时间设为 1Hz、终止时间设为 10GHz、扫描方式设为 Decade、每 10 倍频的取样点数设为 5、垂直刻度设为对数坐标。然后观察电路中电阻 R1、R2 和电路中所有元件对电路的总的噪声影响，结果如图 8-29 所示，可见仿真结果与理论计算值基本相符，而电路总的噪声是电路中各个元件的噪声的总和。

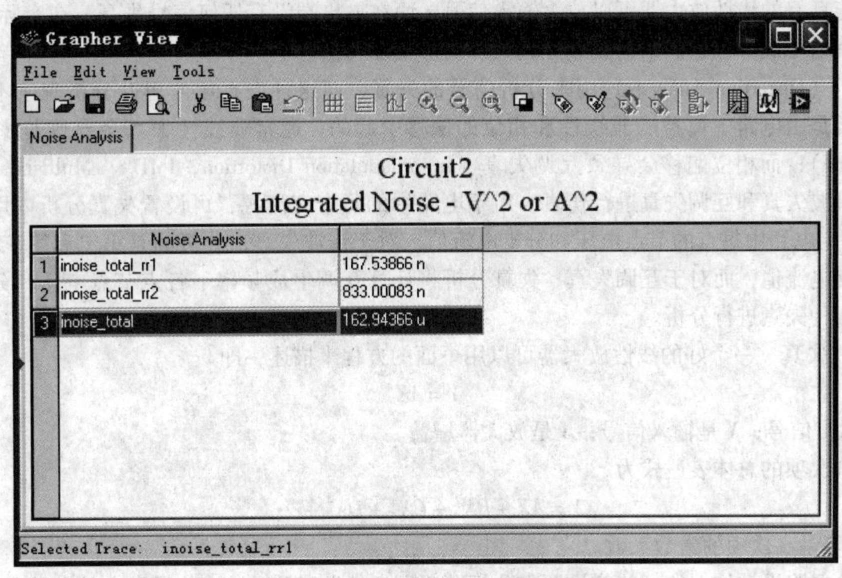

	Noise Analysis	
1	inoise_total_rr1	167.53866 n
2	inoise_total_rr2	833.00083 n
3	inoise_total	162.94366 u

图 8-29　各部分噪声作用仿真

当勾选 Set point per summary 复选项时，仿真将产生已选元件的噪声功率谱密度曲线，如图 8-30 所示。图中上面的曲线为电阻 R1 的输出噪声曲线，下面的曲线为整个电路的输出噪声曲线，随着频率的增加，曲线有下降趋势。

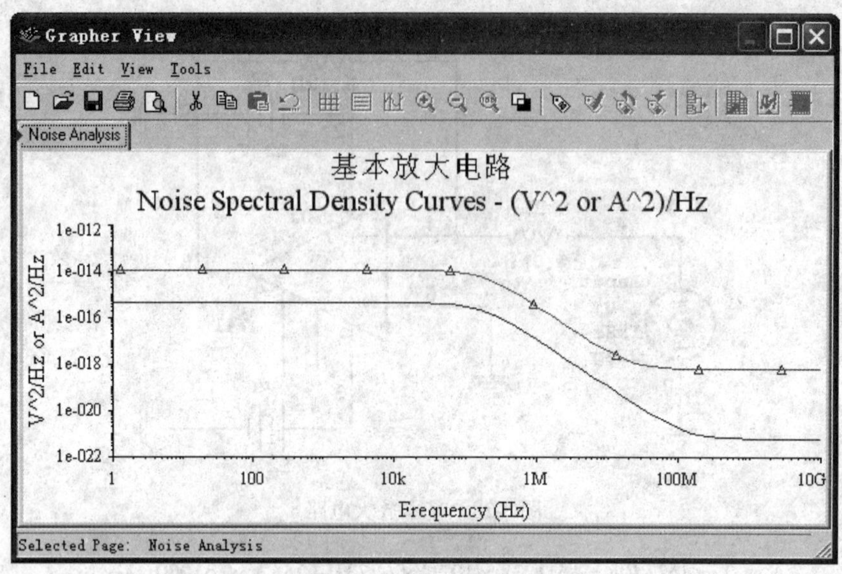

图 8-30 噪声功率谱密度曲线

8.6 失真分析

8.6.1 相关原理

一个性能良好的线性放大器可以放大输入信号，而在输出端没有任何信号失真。在实际应用中，信号中常有虚假信号成分，它们以谐波或互调失真的形式加到信号中。

失真分析（Distortion Analysis）用来分析信号的失真，而这种失真用傅里叶分析观察不是很明显。信号失真通常是由电路中增益的非线性和相位的偏移引起的，通常非线性失真会导致谐波失真（Harmonic Distortion）；而相位偏移会导致互调失真（Intermodulation Distortion，IMD）。Multisim 可对模拟小信号电路的谐波失真和互调失真进行仿真。对于电路中的每个交流源，可设置失真分析中用到的参数。Multisim 将决定电路中每点的节点电压和分支电流值。对于谐波失真，分析的是第二和第三谐波下的节点电压和分支电流值，而对于互调失真，失真分析将计算互调生成频率下各点节点电压和分支电流值。下面分别对两种失真进行分析。

（1）谐波失真　一个好的线性放大器可以用下面的方程来描述，即

$$Y = AX \tag{8-7}$$

式中，Y 是输出信号；X 是输入信号；A 是放大器增益。

包括高阶次项的总体表达式为

$$Y = AX + BX^2 + CX^3 + DX^4 + \cdots \tag{8-8}$$

式中，B、C 等是高次项的常数系数。

可通过给电路设计加上纯净的信号源来分析谐波失真。失真是对输出信号和它的谐波进行分析后决定的。当 Multisim 在用户定义的频率范围内进行扫描时，它将计算谐波频率 2f 和 3f 处的节点电压和支路电流，并显示对应于输入频率 f 的结果。

（2）互调失真　互调失真在放大器有两个或两个以上信号同时输入时产生。在这种情况下，信号的相互作用产生互调效应。这个分析将给出在互调产生频率 f1 + f2，f1 − f2 和 2f1 − f2，以及用户自定义扫描频率下节点电压和分支电流的对比结果。

8.6.2　仿真设置

在进行失真分析之前，必须决定要用什么电源，每个电源失真分析参数的设定都是独立的。可按以下步骤设定交流源的参数，要进行谐波分析，按步骤 1）和 2）进行；要进行互调失真分析，则要把以下 3 步全部执行。

1）双击信号源。

2）在 Value 栏下选择失真频率 1 幅值（Distortion Frequency 1 Magnitude），设定输入幅值与相位。

3）在 Value 栏下选择失真频率 2 幅值（Distortion Frequency 2 Magnitude），设定输入幅值与相位（仅互调失真设定该步）。

当要进行失真分析时，可单击菜单命令 Simulate→Analyses→Distortion Analysis，屏幕出现如图 8-31 所示的失真分析对话框。

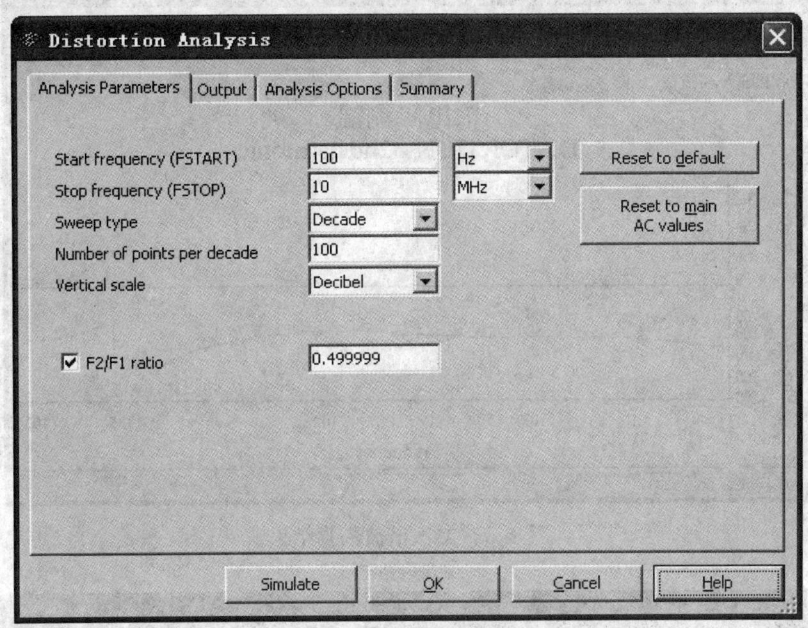

图 8-31　失真分析对话框

该对话框包括 4 个选项卡，除了 Analysis Parameters 选项卡外，其余皆与第 8.1.2 节的设定一样。Analysis Parameters 选项卡包括下列条目。

1）Start frequency（FSTART）栏用于设定扫描的起始频率。

2）Stop frequency（FSTOP）栏用于设定扫描的终止频率。

3）Sweep type 下拉列表用于设定交流分析中频率的扫描方式，其中包括 Decade（10 倍刻度扫描）、Octave（8 倍刻度扫描）及 Linear（线性刻度扫描）。

4）Number of points per decade 栏用于设定每 10 倍频率的采样点数。

5）Vertical scale 下拉列表用于设定垂直刻度，其中包括 Decibel（分贝刻度）、Octave（8 倍刻度）、Linear（线性刻度）及 Logarithmic（对数刻度），通常采用 Logarithmic（对数刻度）或分贝刻度（Decibel 选项）。

6）F2/F1 ratio 选项仅当进行互调失真时勾选。若信号含有两个频率（F1 和 F2），可由使用者指定 F2 与 F1 之比，F1 频率是在起始频率与终止频率之间扫描的频率，而 F2 频率为 F1 的起始值（FSTART）与 F2/F1 之乘积。在勾选该复选项后，紧接着在右边的反白处，指定 F2/F1 之比，它的值必须在 0.0 到 1.0 之间。这个数应该是无理数，但计算机的计算精度是有限的，所以应取一个多位数的浮点数来代替。

7）Reset to default 用于把所有设定恢复为程序预置值。

8）Reset to main AC values 用于把所有设定恢复为与交流分析一样的设定值。

8.6.3 实例仿真

以图 8-13 的电路为例，首先来分析电路的谐波失真。双击交流源 v11，选择 Value 选项卡，把失真频率 1 的幅值（Distortion Frequency 1 Magnitude）设为 8V，相位设为 0deg，然后就可以进行仿真。仿真参数设置中，将起始频率设为 1Hz，终止频率设为 10MHz，频率扫描方式设为 10 倍频扫描，取样点为 100，垂直刻度选择线性刻度，输出节点设为 21，单击仿真按钮将产生两个图，图 8-32 所示为二次谐波失真结果，图 8-33 所示为三次谐波失真结果。由这两个图可以看到，在 10kHz ~ 10MHz 的范围内，存在谐波失真，应对信号进行滤波等处理。

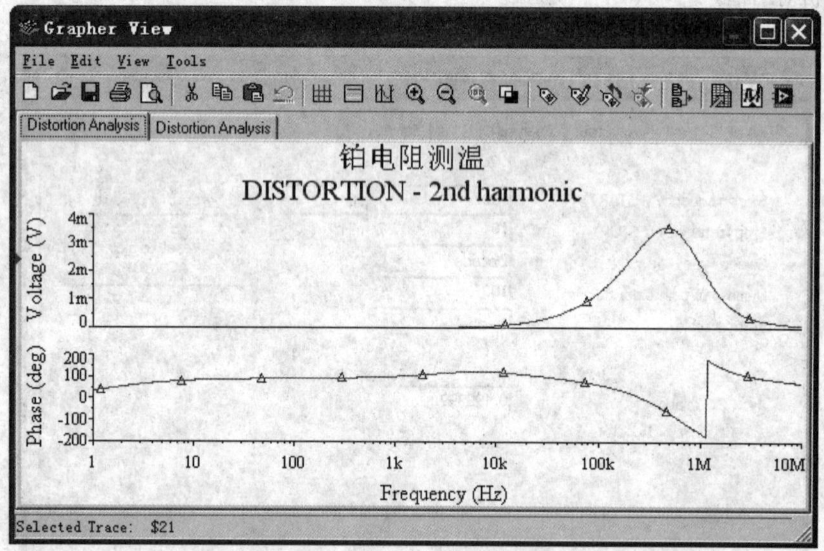

图 8-32 二次谐波失真结果

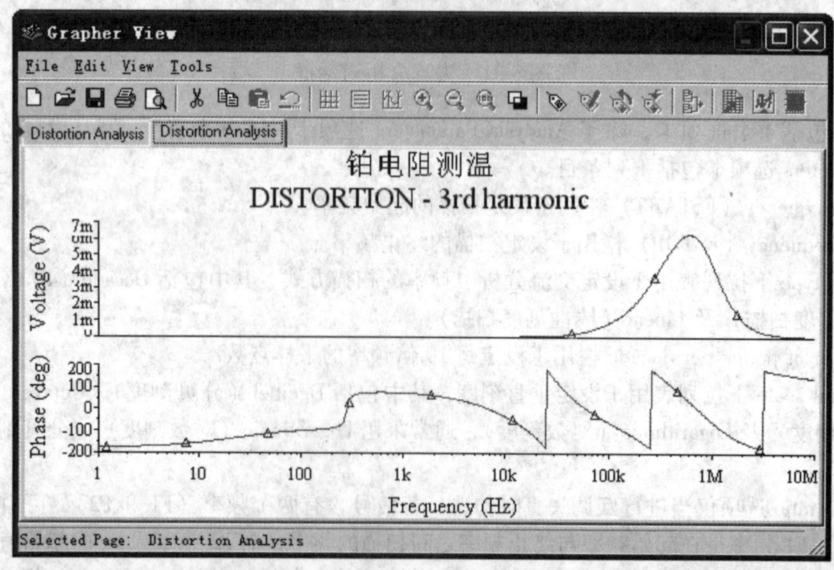

图 8-33 三次谐波失真结果

还是以图 8-13 的电路为例来研究互调失真。双击交流源 v11，在 Value 选项卡中将失真频率 1 和 2 的幅值和相位都分别设为 8V 和 0deg。在仿真参数设置中，起始频率为 100Hz，终止频率为 10MHz，频率扫描类型为 10 倍频，垂直刻度为线性刻度，F2/F1 的比率为 0. 499999，输出节点为 21。单击仿真按钮后将产生三个图，分别显示互调频率 f1 + f2，f1 - f2 和 2f1 - f2 下电路的互调失真，如图 8-34、图 8-35、图 8-36 所示。

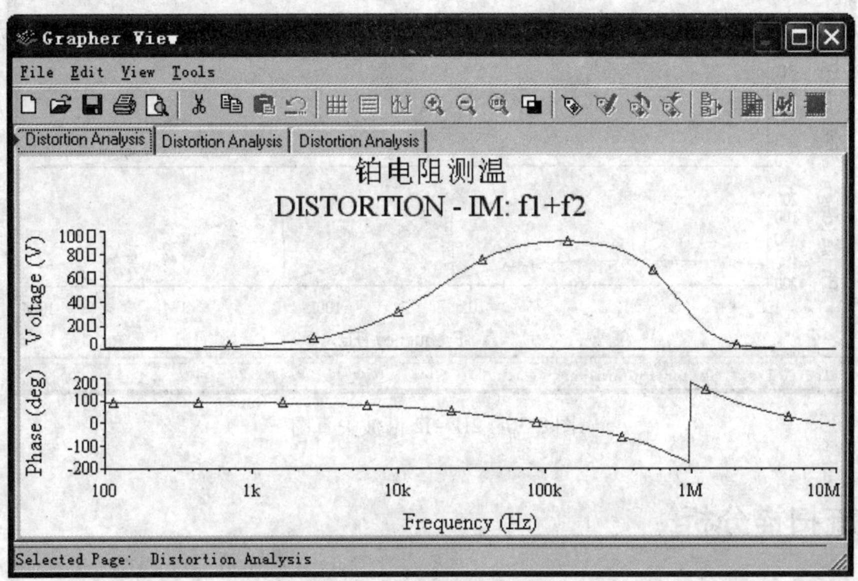

图 8-34　f1 + f2 谐波失真图

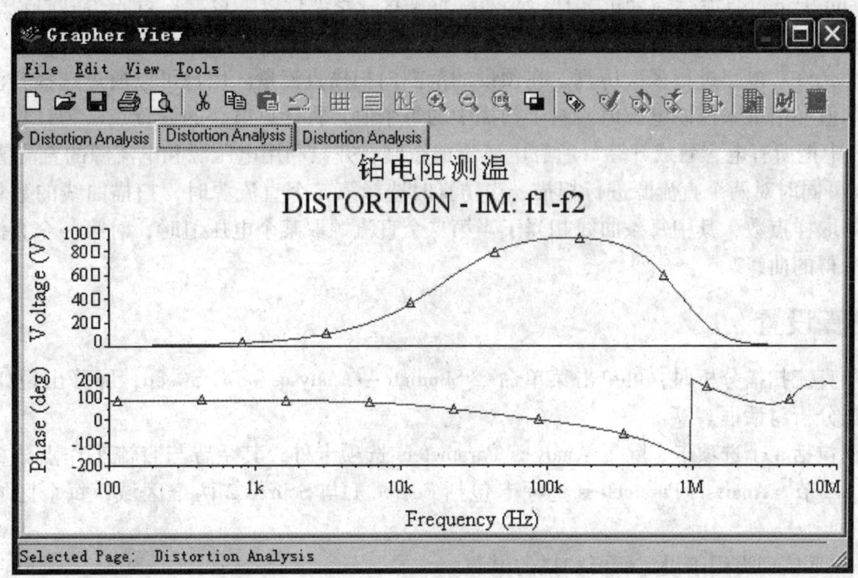

图 8-35　f1 - f2 谐波失真图

由图 8-34 可以看到，当 f1 达到较高的频率（1kHz 到 1MHz），如果混入 f2（约 50Hz），则 f1 + f2 谐波的幅值大幅增加，在这些频率点处，需要用滤波器把信号中 f1 + f2 谐波分量滤除掉。对于 f1 - f2 谐波和 2f1 - f2 谐波的分析与处理方法与 f1 + f2 谐波类似。

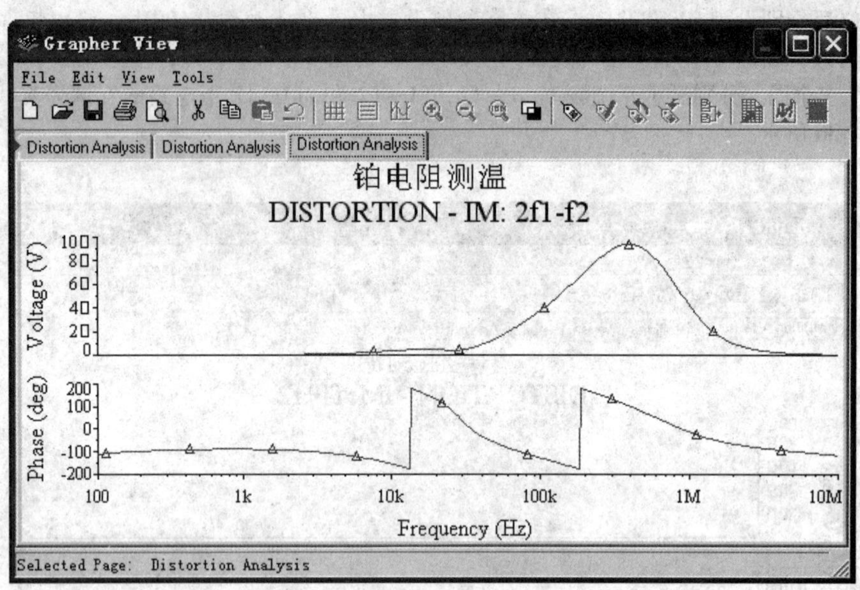

图 8-36　2f1 − f2 谐波失真图

8.7　直流扫描分析

8.7.1　相关原理

在 Multisim 中进行直流扫描分析（DC Sweep Analysis）要进行以下过程：首先得到直流工作点，然后增加信号源的值，重新计算直流工作点。

这个过程允许对电路进行多次仿真，在预设的范围内扫描直流量。用户可以通过选择直流源范围的起始值、终止值和增量来控制电源值。对于扫描中的每个值，将计算电路的偏置点。为计算电路的直流响应，SPICE 中把所有电容看成开路，所有电感看成短路，并只利用电压源和电流源的直流值。

Multisim 可同时对两个直流源进行扫描，当仿真时选择第二个直流源时，扫描曲线的数量等于对第二个直流源的取样点数，其中每条曲线相当于当第二个直流源取某个电压值时，对第一个直流源进行直流扫描分析所得的曲线。

8.7.2　仿真设置

当要进行直流扫描分析时，可单击菜单命令 Simulate→Analyses→DC Sweep，屏幕出现如图 8-37 所示的直流扫描分析对话框。

该对话框包括 4 个选项卡，除了 Analysis Parameters 选项卡外，其余皆与直流工作点分析的设定一样，详见 8. 1. 2 节。Analysis Parameters 选项卡包括 Source 1 与 Source 2 两个区域，每个区域各有下列项目。

1）Source 下拉列表用于设定所要扫描的电源。

2）Start value 栏用于设定开始扫描的电压值。

3）Stop value 栏用于设定终止扫描的电压值。

4）Increment 栏用于设定扫描的增量（或间距）。

如果要指定第二组电源，则需勾选 Use source 2 选项。

DC Sweep Analysis

Analysis Parameters | Output | Analysis Options | Summary

Source 1

Source: vv12　Change Filter

Start value: 1 V

Stop value: 20 V

Increment: 5 V

☑ Use source 2

Source 2

Source: vv1　Change Filter

Start value: 0 V

Stop value: 100 V

Increment: 20 V

Simulate　OK　Cancel　Help

图 8-37　直流扫描分析对话框

8.7.3　实例仿真

把图 8-13 中所示的交流源用直流源代替，然后进行仿真参数设置，直流源 1 选择 vv1，从 0 ~ 100V 每隔 5V 扫描一次（模拟温度从 0 ~ 100℃ 变化），直流源 2 选择 vv12（代替交流源的直流源），从 1 ~ 20V 每隔 3V 扫描一次，输出节点选择 21，进行仿真得直流扫描分析结果如图 8-38 所示，可以看到输出随温度（vv1）变化而线性变化，输入直流源 vv12 增加时，放大的倍数增加。

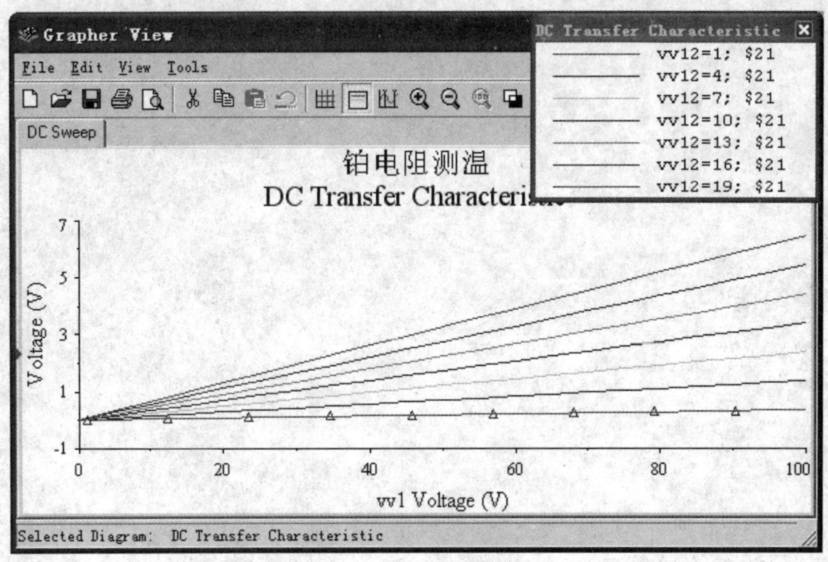

图 8-38　直流扫描分析结果

习　　题

8-1　傅里叶分析可分析电路的什么特性？

8-2　失真分析可分为哪两种失真，它们产生的原因是什么？

8-3　电路中的噪声主要有哪几种，产生的原因分别是什么？

参 考 文 献

[1] 周润景，张丽娜 . Protel 99SE 原理图与印制电路板设计 [M]. 北京：电子工业出版社，2008.
[2] 清源计算机工作室 . Protel 99SE 电路设计与仿真 [M]. 北京：机械工业出版社，2001.
[3] 谢淑如，郑光钦，杨渝生 . Protel PCB 99SE 电路板设计 [M]. 北京：清华大学出版社，2001.